SQL Server 数据挖掘与商业智能基础及案例实战

谢邦昌　著

中国水利水电出版社
www.waterpub.com.cn

内 容 提 要

本书全面介绍了数据挖掘与商业智能的基本概念与原理，包括经典理论与趋势发展，并深入叙述了各种数据挖掘的技术与典型应用。通过本书的学习，读者可以对数据挖掘与商业智能的整体结构、概念、原理、技术和发展有深入的了解和认识。

本书共四部分：第一部分介绍数据仓库、数据挖掘与商业智能之间的关系；第二部分对 Microsoft SQL Server 的整体架构进行介绍，并详细阐述直接与数据挖掘相关的两个服务：分析服务和报表服务；第三部分逐一阐述 Microsoft SQL Server 中包含的九种数据挖掘模型；第四部分提供四个数据挖掘的案例以及数据挖掘模型的评估，通过模仿练习，读者可获得实际的数据挖掘经验，稍加修改就能在自己所处的领域中加以应用。

本书配有案例的相关素材文件，读者可以从万水书苑以及中国水利水电出版社网站下载，网址为：http://www.wsbookshow.com 和 http://www.waterpub.com.cn/softdown/。

图书在版编目（ＣＩＰ）数据

SQL Server数据挖掘与商业智能基础及案例实战 / 谢邦昌著. -- 北京 : 中国水利水电出版社, 2015.8（2019.1 重印）
ISBN 978-7-5170-3541-1

Ⅰ. ①S… Ⅱ. ①谢… Ⅲ. ①关系数据库系统 Ⅳ. ①TP311.138

中国版本图书馆CIP数据核字(2015)第190956号

策划编辑：周春元　　责任编辑：杨元泓　　封面设计：李　佳

书　　名	SQL Server 数据挖掘与商业智能基础及案例实战
作　　者	谢邦昌　著
出版发行	中国水利水电出版社 （北京市海淀区玉渊潭南路 1 号 D 座　100038） 网址：www.waterpub.com.cn E-mail：mchannel@263.net（万水） sales@waterpub.com.cn 电话：（010）68367658（发行部）、82562819（万水）
经　　售	全国各地新华书店和相关出版物销售网点
排　　版	北京万水电子信息有限公司
印　　刷	三河市铭浩彩色印装有限公司
规　　格	184mm×240mm　16 开本　22.75 印张　515 千字
版　　次	2015 年 8 月第 1 版　2019 年 1 月第 3 次印刷
印　　数	5001—6500 册
定　　价	58.00 元

推荐序

Microsoft 商业智能解决方案为整个组织提供突破性的洞察能力，也为端对端商业智能解决方案树立了一套新标准。通过遍及整个组织的数据探索功能，提供新的洞察能力。过去 20 年企业已累积了大量的商业数据，并运用数据仓库来分析过去的信息，然而，过去了解，并不表示就拥有丰富的商业知识，数据挖掘提供预测的功能，可协助企业洞悉商机，也是现今提升竞争力的重要课题。

要发挥数据挖掘最大功效，有 3 项要素不可或缺：了解算法并加以运用、具备 Domain Know-How（译者注：领域专业知识整合及解释）的能力、熟悉工具的使用并与现行系统整合。此书不但针对这些关键要素有深入浅出的介绍，还搭配了实践案例帮助读者融会贯通。Microsoft SQL Server 2014 在继承旧版本的关键任务功能的基础上，为您的关键任务应用程序提供了突破性的效能、可用性和管理性。SQL Server 2014 针对在线事务处理（OLTP）和数据仓库提供了把核心数据库内置于内存中的（In-Memory）新功能，完善了我们现有的内存中数据仓库和 BI 功能，成为市场上最全方位的内存数据库解决方案。

谢邦昌教授一直是业界推广数据挖掘技术的先行者，不仅拥有长期的教学经验，丰富的实践及项目顾问经验，其在商业智能与海量数据处理方面的专业知识更是有口皆碑，也是我个人崇拜的良师。要想一窥最新数据挖掘技术与算法的神奇与奥妙，本书绝对是您最佳的选择，让我们一起来探索崭新信息平台与数据探索的绝妙境界吧！诚挚推荐您阅读这本不可错过的好书。

周慕义 Jack Chou

微软　产品营销经理

序

Microsoft 商业智能中一项重要的技术为数据挖掘的分析技术，主要是在大量数据库中寻找有意义或有价值的信息的过程。透过机器学习技术或是统计分析方法论，根据整合的资料加以分析探索，发掘出隐含在数据中的特性，通过专业领域知识（Domain Know-how）整合及解释，从中找出合理且有用的信息，经过相关部门针对该模型的评估后，再提供给相关决策单位加以运用。

近年来，数据量的增加速度越来越快，加上商业智能的运用早已受到企业的重视。将企业累积的数据库，透过大量的信息与相关信息的分析，更能找出顾客区分、消费行为、业务成本与效率等对企业极为重要的信息。通过商业智能的应用，使之更深入了解客户，并可协助业务的开发以及增加在顾客管理上的有效性。

随着知识经济时代来临，企业间的竞争模式从传统的采用压低成本与价格的杀价流血竞争，到近来倡导以创新为核心竞争力。不论哪一种策略模式，都是不断在技术研发、制造生产、营销销售、客户服务或资源分配等相关问题上，寻求问题的发生原因并尝试找出解决方案。在不同运营阶段，陆续累积的庞大数据，往往就是答案的隐身之所。因此，如何善用数据，从运营的历史记录中，挖掘出深藏其中的宝贵经验（金矿），就是数据挖掘（Data Mining）的目的。

相对于其他数据库系统或数据挖掘软件，微软最新推出的数据库系统 Microsoft SQL Server 2014 可为您的关键任务应用程序提供突破性的性能、可用性和可管理性。SQL Server 2014 还针对在线事务处理（OLTP）和数据仓库提供了把核心数据库内置于内存中（In-Memory）的新功能，完善了现有数据仓库和商业智能的功能。借助这些功能，极大提升了企业在商业智能处理方面的性能与效率。然而如何充分发挥 Microsoft SQL Server 在商业智能应用中的效力，则需要一定的专业知识和学习过程。针对业界实务上的需求，我们编写了这本教程，以期在实务应用和理论方法之间搭建一座桥梁。让读者迅速掌握现代商业智能应用的主要内容。

谢邦昌

目　录

PART II Microsoft SQL Server 概述

PART III Microsoft SQL Server 中的数据挖掘模型

PART IV Microsoft SQL Server 数据挖掘应用实例

PART

I

数据仓库、数据挖掘与商业智能

CHAPTER

1

绪论

1-1 商业智能

1-1-1 什么是商业智能

根据 2014 年 IDC 报告，2013 年的全球数据量有 4.4ZB，预计 2020 年时，全球数据量将增至 44ZB。在如此庞大的数据当中，究竟如何才能挖掘出对决策者真正有用的信息，是现在大家所关注的问题。商业智能的应用也随着信息量的增加而逐渐受到企业界的重视。通过商业智能的应用，企业可将原始的客户数据做更深入的分析，进而建立有效的预测模式及客户市场区分，使 CRM（Customer Relationship Management，客户关系管理）的运用更具成效，也有助于未来 KM（Knowledge Management，知识管理）的落实（潘启铭，2002）。商业智能是指利用组织化及系统化的流程来取得、分析、发布对其商业活动有重大影响的信息；利用商业智能的协助来预测客户或竞争者的行动，以及市场活动或趋势的变化情形（Hannula & Pirttimaki，2003）。

所谓商业智能是指企业利用信息科技以企业内部及外部既有的数据库数据为基础，根据所需解决的问题进行数据的汇整，整合成数据仓库后，利用适当的工具进行数据处理及利用在线实时分析（OLAP）及数据挖掘（Data Mining）等技术分析数据，将所发现的潜在特性或是建立的预测模型传递给决策者，以协助其进行决策的制定，并达到企业目标的一个程序。

远擎管理顾问公司（2002）认为，商业智能是一种利用信息科技，将分散于企业内部、外部的结构化数据加以汇整，并依据某些特定需求进行分析与运算，再以最优的方法将结果呈现给决策者、管理者或是知识工作者的一种分析机制。换言之，企业将可通过商业智能的使用，使得企业中的决策者得以获得适当的信息，以协助其作出最正确的决策。

而栾斌（2002）则认为将企业内各种数据转换为有意义的信息，提供企业了解现状或是预测未来，更能让企业快速掌握关键商机，将不同平台的异质性数据，通过智能型的转换分析，产出结构化知识的整合交互式分析工具，以利企业内部决策、判断、分析的依据基础，使企业改善决策制订的方法与过程就是商业智能。

1-1-2 商业智能作用及意义

商业智能之所以重要，探究其原因，不外乎是由于企业同业间的彼此激烈竞争，企业经营者为求生存不得不竭尽所能让企业生存下去，因此企业主们必须随时随地根据所掌握的信息做出实时的决定，但是事后回过头来审视这些当时的决策，会发现其中既包含了有效解决问题的决策也包含了无法解决问题的决策，除了决策者自身的个性会影响决策外，影响决策有效性最重要的因素就是做决策时所掌握信息的充分性及正确性。而商业智能的含义就是指通过企业所拥有的数据，透过数据仓库的汇总，结合在线实时分析及数据挖掘分析技术挖掘出潜藏在数据库中的有用信息，并将其提供给决策者或部门主管作为营运策略制定的依据。而当企业面临危机或亟需立即做出重大决策时，更能依据数据仓库所提供的正确数据及时做出正确的决策，协助企业顺利解决问题，化危机为转机，因此更可以看出商业智能的重要性，王茁在《商业智能》一书中更提到“商业智能所争取的就是充分利用企业在日常经营过程中搜集的大量资料，并将它们转化为信息和知识来免除企业的瞎猜行为和无知状态。”

对于一般企业来说，商业智能主要可以应用在：

（1）了解营运状况：商业智能可以帮助企业了解自身营运状况及其推动力量，协助使用者清楚了解产品未来趋势、运营上出现哪些异常情况和哪些行为正对业务产生影响。

（2）衡量绩效：商业智能可以用来确立对员工的期望，帮助他们跟踪并管理其绩效。

（3）改善关系：商业智能亦可透过客户关系管理的整合运用，有效地为客户、员工、供应商、股东和大众提供关于企业及其业务状况的有用信息，从而提高企业的知名度，强化整体信息的一致性。利用商业智能，企业可以在问题变成危机之前，很快地检测出问题所在并提出相关建议方案加以解决。商业智能也有助于加强顾客忠诚度，一个参与其中并充分掌握信息的顾客更加有可能会购买您的产品或提供的服务。

（4）创造获利机会：掌握各种商务信息的企业可以出售这些信息获取利润。但是，企业需要发现信息的买主并找到合适的传递方式。

近年来，企业发展的节奏越来越快，商业复杂性越来越高。虽然许多因特网的企业都消失了，但是因特网的速度不仅没有减慢反而更加突显出其意义。不论企业规模的大小，都需要面对瞬息万变的市场趋势，并根据既有信息做出决策，然而这些决策所依据的是正确无误的信息，由此可见，企业经营管理中信息的重要性仅次于人才的重要性。

1-1-3 商业智能架构

有许多人会将商业智能误认为企业中技术层的电子化解决方案，然而商业智能却是整合了“管理”“决策”及“信息科技”等三项要素的有效分析机制（远勤管理顾问公司，2002），因此企业必须从策略层的观点来看商业智能，才能了解其重要性。就应用层来看，因为现今信息科技与因特网的兴起，商业智能的应用范畴日益增加，不论是企业界中众人熟知的客户关系管理、供应链管理、企业资源规划，或者是知识管理，都是商业智能实际的运用。为了使企业中的决策人员实时地取得正确及所需的数据，商业智能的操作层工具可以说是商业智能中最重要的核心，这些工具包含了数据仓库（Data

Warehouse)、在线实时分析、数据挖掘等。

在实际应用中，若以商业智能在客户关系管理上的应用为例，企业常通过数据仓库的技术汇整来自于不同数据库的信息，进而利用数据挖掘的技术进行各项分析，并以此针对客户过去购买记录、个人基本数据等，分析客户的产品贡献度、细分市场，以便于营销方案的制定，或是针对不同特性客户进行交叉销售（Cross Selling）与向上销售（Up Selling）以提升顾客的产值。

商业智能在企业中的实施流程（商业智能流程）如图 1-1 所示。由图中可以了解，企业引入商业智能应用方案过程前，必须清楚地了解企业本身对于引入商业智能的需求是什么，也就是必须理清企业引入商业智能解决方案的原因、整合的组织层级、各部门支持的程度和企业本身对此的重视程度等。若企业管理层不重视，各部门不提供协助，或是主管的层级不够，即使商业智能解决方案再完整，也无法解决企业的问题，达成企业的需求，而终将面临失败。

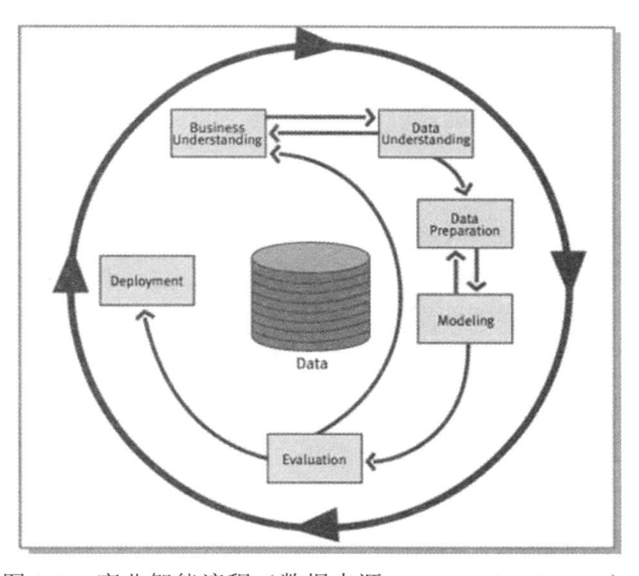

图 1-1　商业智能流程（数据来源：www.crisp-dm.org）

企业本身既然已经了解引入商业智能的目的及其需求，下一步则是要了解企业本身所拥有的数据，商业智能的解决方案不外乎是针对企业既有的数据透过增值分析探索出潜藏的特性，因此对企业本身数据的掌握就更显重要。

以往的企业中，各部门常会根据自身的需求，通过促销活动等方式搜集顾客的信息，但往往是根据部门自身需求而制定的，缺乏整体性考虑，无法将信息与企业整体的客户数据库进行整合，导致许多重要的客户信息都是不完整的，所分析出的信息容易造成偏差，无法真正为企业解决问题。商业智能的核心工作在于根据企业数据库整合成可以作为分析使用的数据仓库，再进一步通过分析技术来探索数据。而对于数据仓库的建立，

《Building the Data Warehouse》的作者 William Inmon 认为数据仓库必须具备“面向主题（Subject-oriented）”“集成性（Integrated）”“时变性（Time-variant）”及“稳定性（Non-volatile）”四个特性，事实上数据仓库是有别于传统的数据库系统的，且是企业必须特别注意的。

企业在构建商业智能基础的过程中，实时数据查询分析功能扮演着非常重要的角色（远勤管理顾问公司，2002）。简单来说，在线实时分析就是能让用户依据本身决策需求来浏览数据、动态且实时地产生其所需的报表，以提高分析效率的技术。事实上，它除了能提供在线实时数据分析模块外，更重要的是能展示多维度（Multi-Dimensional）的数据。

然而商业智能的另一项重要技术是数据挖掘的分析技术，主要是在大量数据中寻找有意义或有价值的信息的过程。通过机器学习技术或是统计分析方法论，根据整合的数据加以分析探索，发掘出隐含在数据中的特性，通过专业领域知识（Domain Know-how）整合及解释，从中找出合理且有用的信息，经过相关部门针对该模型的评估后，再提供给相关决策单位加以运用。

近年来，商业智能的运用已经逐渐受到企业的重视，例如 ING 安泰人寿自 1998 年起，逐步导入 IBM 的商业智能解决方案，逐渐累积数据库，透过相关信息的分析，找出顾客群体、消费行为、业务成本与效率等对其公司极为重要的信息。通过商业智能的应用，使 ING 安泰人寿能够更深入了解客户，并可协助业务的开发以及增加在顾客管理上的有效性。另外，可口可乐公司亦透过商业智能的导入，以 mySAP.com 作为基础平台，统整财务信息，提升财务规划的能力，以强化管理市值达 200 亿美元的企业管理能力。上述例子都是企业运用商业智能的成功典范，因此在产业竞争越来越激烈的环境下，如何运用商业智能将成为企业强化竞争力的关键之一。

1-1-4 商业智能中的挑战

商业智能活动在美国和欧洲发展的程度较其他地区发达，商业智能已经变成企业 e 化的主要项目之一。欧美企业希望能够通过商业智能充分利用企业以往对信息技术的投入、改善决策、提高利润、提高营运效率和增强信息透明度。然而针对欧美企业应用商业智能的目的而言，Gartner 在 2002 年进行的商业智能调查中发现，美国企业与欧洲企业对于商业智能工具的使用略有不同，美国企业主要是利用商业智能做在线实时分析，而欧洲企业则是透过商业智能进行高级分析。

纵观欧美企业对商业智能的应用层面，较可惜的是，商业智能的运用并未被广泛地提升到策略层面，致使企业即使使用商业智能，也不一定能成功地运用商业智能。有些企业的商业智能或数据仓库项目实现了预期的效益，有些企业这方面的项目则因资金不足、人员不足，或因采取了未能跟策略性的营运目标整合一致的方法而终遭失败。由于缺乏有效、适当的规划，很多项目变得僵化、孤立，无法适应不断变化的市场环境，最后不得不停止。

美国著名商业智能专家Shaku Atre于2003年所提出的商业智能白皮书中明确指出企业的商业智能项目之所以失败，主要有下面的10个原因：

（1）未能认识到商业智能项目是跨部门的商务整合计划，未能理解商业智能不同于那些孤立的解决方案。

（2）缺乏积极参与的支持者或支持者在企业中没被充分授权。

（3）缺乏来自业务部门的代表或参与者不够积极主动。

（4）缺乏有技术、有执行能力的人员或者未充分利用人力。

（5）约乏有反馈机制的软件开发方法。

（6）缺乏分工、缺乏方法论。

（7）缺乏业务分析或活动标准。

（8）缺乏对“劣质数据影响一切”的认知和对策。

（9）缺乏对元数据的必要性认知和使用方式。

（10）过分依赖分散的方法和工具。

从上述原因中，不难看出其主要原因是企业没有把商业智能看成是影响企业兴衰和存亡的大事。如果企业把商业智能和数据仓库看成是策略性问题，而不是一般性或不重要的问题，就会提升实行商业智能项目成功的可能性。

微软公司（Microsoft）的 Microsoft SQL Server 是一个完整的商业智能（Business Intelligence，BI）平台，为用户提供了可用于构建典型和创新的分析应用程序所需的各种特性、工具和功能。其中引入了大量新的数据挖掘功能，允许企业给出这些问题和其他问题的答案。本书将讨论数据挖掘可以解决的各种问题，并介绍 Microsoft SQL Server 处理这些问题的模式。

1-2 数据挖掘

在信息科技发展日进千里的今天，数据处理与存储管理的问题，在软件技术与速度不断的改良，以及硬件设备的购置成本大幅降低之下，都变得简单了，也因此间接带动了企业在与营运相关的数据库的部署与投资。

而所谓“知识经济”时代的来临，企业间的竞争模式，从传统的“红海策略”（采用压低成本与价格的杀价流血竞争），到近来倡导以“创新”为核心竞争力的“蓝海策略”。不论哪一种策略模式，都是不断在技术研发、制造生产、营销、客户服务或资源配置等营运的相关问题上，寻求问题的发生原因，并尝试找出解决方案。而在整个运营阶段中，陆续累积的庞大数据，往往就是答案的隐身之所。因此，如何善用数据资料，从营运历史的记录里，挖掘出深藏其中的宝贵经验（金矿），就是“数据挖掘”（Data Mining）的目的。

企业在尝试分析其数据时都面临若干问题。一般而言，并不缺乏数据。事实上，很多企业感觉到它们被数据淹没了；它们没有办法完全利用所有的数据，将其变成有用的信息，尤其是当数据从不同的操作系统涌入时，如何得到一致性的信息，是一直困扰企业运营的问题。为了处理这方面的问题，开发了数据仓库技术，让企业将源于不同操作系统间的数据，加以利用并将其变成有用的信息。

一个适当运作的数据仓库是具有惊人强大功能的解决方案。公司可以对信息进行分析，并加以利用，以进行明智的决策。通过使用数据仓库，可以为您提供以下问题的答案：

- 哪些产品最受15～20岁的女性欢迎？
- 特定消费者的订单前置时间和按时交付的百分比与所有消费者的平均值相比如何？
- 病房花在每个患者身上的成本和时间是多少？
- 在签约阶段停滞时间超过十天的项目所占的百分比为多少？
- 如果某个特定的实验室在某类特定的药品上投入了较多的资金，临床试验结果是否显示病人健康状况好于其他实验室？

除了这些通常可通过使用分析应用程序得出答案的问题之外，数据仓库还支持各种数据交换格式。分析应用程序设计供分析人员使用，分析人员会对数据进行分类，研究有助于管理与决策的分析结果；报表应用程序会生成书面报表或在线报表，这些报表供功能要求略低的用户使用，提供静态内容，或提供有限的深入挖掘功能；另对于业务决策者而言，计分卡是非常强大的功能，可以提供公司关键绩效指标（Key Performance Indicator，KPI）的概况，使决策者知道其身处何处。

尽管数据仓库功能强大而实用，但其自身有一个局限：它实质上反映的是过去的历史。由于数据仓库经常在特定周期或时间进行数据加载和处理，因此它只是表示一个时间上的快照（Snapshot）。即使是建构了实时（Real-Time）或近似实时（Near Real-Time）的数据仓库，其数据仍然只表示当前和历史的数据，无法达到“预测”的需要，因此为了发现数据的因果关系，数据仓库需要利用其他科学方法，进行定量的分析。

与传统的统计分析方法不同，“数据挖掘”不是让人提出假设，然后据此去找相关数据，而是让数据仓库确定数据关联性，并允许采用以往不同的模式对数据进行分析。透过数据挖掘，可以得出诸如以下这样的问题的答案：

- 客户将购买什么产品？哪些产品将一起销售？
- 公司如何预测哪些消费者可能会流失？
- 市场状况如何，将会如何发展？
- 企业如何对其网站使用模式进行最佳的分析？

- 组织如何确定营销活动是否成功？
- 什么是分析非结构化数据（如无格式文件）的最好技术？

1-3 大数据

1-3-1 何谓大数据

William 于 1991 年将数据挖掘定义为从现有的大量数据中，提取不明显的、之前未知的、可能有用的信息。其目的是建立决策模型并根据过去的行动来预测未来的行为。

所谓的大数据技术，指的是从不同类型的数据中，快速获得有价值信息的能力。适用大数据的技术，包括大规模并行处理（MPP）数据库、数据挖掘电网、分布式文件系统、分布式数据库、云计算平台、互联网和可扩展的存储系统。到目前为止，对于大数据尚未有统一的定义。因此，除了数据量的增加之外，经常听到一些科技领导厂商与研究机构所提出的几个关于大数据的特性，如 Variaty（多样性，指结构性、半结构性与非结构性数据，包含文字、影音、网页、串流等）、Velocity（实时性）和 Veracity（可疑性）等。

大数据具体来说有以下 4 个基本特征：

1. **数据量巨大**（Volume）：百度数据表明，其新版首页的导航每天需要提供的数据就超过 1.5PB（1PB=1024TB），这些数据如果打印出来将超过 5 千亿张 A4 纸。有资料证实，到目前为止，人类生产的所有印刷材料的数据量仅为 200PB。
2. **数据类型多样**（Variaty）：现在的数据类型不仅是文字形式，更多的是图片、影像、网页、地理位置信息等多类型的数据，个性化数据占绝对多数。
3. **处理速度快**（Velocity）：由于数据量的庞大，数据的存取将不再与过去一样是那么简单直接的任务。除了软件技术、数据搜索算法的改进，硬件设备也需要有效提升，存储设备需要借用云端架构，CPU 需要通过并行计算，其目的都是为了能实时有效处理从大数据中分析出来的有效信息。
4. **可疑性**（Veracity）：指的是当数据的来源变得更多元时，这些数据本身的可靠度、质量是否足够，若数据本身就是有问题的，那分析后的结果也不会是正确的。

1-3-2 大数据的应用

“啤酒、尿布、星期五”“飓风和草莓夹心酥”这两个例子你一定不陌生，美国知名零售商，分析过去数十年民众购物行为，找出这些高度相关的商品信息。数据挖掘（Data mining）过去十年被成功运用于零售商店、电子商务平台等领域，贡献了不少的业绩。Google、IBM、亚马逊等早已拥有大量数据的公司，发展出无数公式。更有不少公司抢先一步，利用这些数据分析，达成商业目标。除了可以直接联想到的商业用途，大数据也可用在你可能没有想过的地方，以下就几个案例进行介绍。

- 大数据渗入政治圈？奥巴马也靠它？

  选举对候选人来说，可以说是一场“豪赌”，尤其是国家级的选举活动。2012 年，美国总统奥巴马寻求连任之际，他的竞选团队花了两年的时间，搜集分析资料，并发现了几个惊人的事实。

  竞选团队发现，影星乔治·克隆尼（George Clooney）对美西 40～49 岁的女性，有非常巨大的吸引力，且他们是最有可能为了与乔治·克隆尼和奥巴马共进晚餐而自掏腰包的群体。同样的，在其他区域，也发现某些群体喜欢名人、喜欢聚餐，重要的是，他们愿意自掏腰包来与他们的偶像共进晚餐。竞选团队举办了多场类似的募款餐会，为奥巴马筹集到 10 亿美元的竞选资金。随后，这项技术也被用来预测选情，针对各州胜出的可能性分配适当的资源，最终奥巴马获得连任。

- Amazon 及 Netflix 网络消费经验

  Amazon 会根据你浏览过的商品，告诉你曾经浏览过此商品的人又看过了什么其它商品，或是买过这个商品的人也会购买其它什么商品，然后给你一份商品推荐清单，其中还包括你自己的浏览以及购物记录，这种推荐方式是根据历史购买记录计算的。根据统计数据，这种推荐方式让 Amazon 在一秒钟能够多卖出 79.2 种商品。

  根据 2012 年的数据，美国最大的在线影音出租服务网站 Netflix 统计表明，每十部它推荐的影片大概有 7.5 部以上会被使用者接受，推荐成功机率非常之高。更神奇的是，你看完这部片子，可以针对这个片子进行评价，在你做完评价之前，它已经对你将要做出的评价做了预测，而且上下不会超过半颗星的误差。这些计算是根据你收看这些片子的喜好，包含导演、明星的组合，当然背后有个算法，可能是采取数据挖掘的方式，或是加上一些机器学习的功能，其实这都是长期对用户的行为做大数据分析之后提炼出来的。

1-4 云计算

云运算（Cloud Computing）是因特网的一个重要演变，它不仅是一种计算模式，更是发展出了许多新的商业模式，已成长为下一代的因特网。它将日常数据、工具及程序放到因特网上的虚拟空间，因此称之为云端。1996 年 Oracle 创办人拉里·埃里森（Larry

Ellison）预言，未来用户不须把应用程序放在计算机硬盘就能通过网络执行应用程序。

云计算主要是一种基于网络的新的 IT 服务开发、使用和交付模式，通常包括通过网络来提供动态的、功能易扩充的而且经常是虚拟化的资源。云计算包括 3 种层次的服务，为基础设施作为服务（IaaS）、平台作为服务（PaaS）和软件作为服务（SaaS），分别简述如下：

1. **基础设施作为服务**（IaaS）：用户可以使用“基础运算资源”，如处理能力、存储空间、网络组件或中间件。用户可以掌控操作系统、存储空间、已部署的应用程序及网络组件（如防火墙、负载均衡等），但并不掌控云端的基础设施。
2. **平台作为服务**（PaaS）：用户可以使用主机布置及操作应用程序。用户掌控运行应用程序的环境（也拥有主机部分掌控权），但并不掌控操作系统、硬件或运行的网络基础架构。平台通常是应用程序基础架构。
3. **软件作为服务**（SaaS）：用户可以使用应用程序，但并不掌控操作系统、硬件或运行的网络基础架构。软件服务提供商以租赁的形式向用户提供服务，比较常见的模式是提供一组账号密码。

随着网络技术的进步，云计算的应用也越来越先进，从早期 Apple 做出全世界第一台个人 PC，到现在的智能手机以及 iPad 等平板电脑，计算机已经越缩越小。拜网络发达之赐，人们已进入后 PC 时代，只要通过一个触摸屏以及网络就能连接远在世界各国的大型计算中心，并执行庞大的信息计算技术。

云计算的本质继承自：

1. **分布式计算**（Distributed Computing）：将大型计算任务划分成小块后，分别交给众多计算机各自进行计算再汇整计算结果，以完成单一计算机无法胜任的工作。
2. **网格运算**（Grid Computing）：为分布式计算的发展，主要特点在于将各种不同平台、不同架构、不同级别的计算机，通过分布式计算的方式做整合应用。所谓的“网格”，指的则是以公开的基准处理分散各处的数据。

云计算具有以下优点：

- 节省硬件费用
- 节省构建及运维数据中心的成本
- 降低运维人力成本
- 减少运营风险
- 确保数据安全保存、流量顺畅
- 简化信息管理流程
- 更快速有效地管理信息
- 即选即用服务

- 省却采购流程，也无需购买短期需求设备
- 高扩充性
- 资源扩充与存储空间可依需求调配
- 良好经营弹性
- 依照需求选择服务，弹性调度资源
- 提高系统使用率
- 发挥系统主机的最高效益

目前已有许多云端服务是大家耳熟能详的，社交网络如：Facebook、g+、twitter 等，字处理服务如：Office Web Apps、Google Docs 等。近年从微软、Google、亚马逊、思科、IBM、DELL、iCloud 等云端服务的出现，可见云端服务已经成为一个趋势。

CHAPTER

2

数据仓库

2-1 数据仓库定义

数据仓库（Data Warehouse）是运用新信息技术所提供的大量数据存储、分析能力，将以往无法深入整理分析的客户数据建立成为一个强大的客户关系管理系统，以协助企业制定精准的运营决策。“数据仓库”对于企业的贡献在于“有效性”（Effectiveness），能适时地提供高级主管最需要的决策支持信息，做到“在适当的时间将正确的信息传递给适当或需要的人”。简单地说，就是运用信息技术将宝贵的营运数据，建立成为协助主管作出各种管理决策的一个整合性“智库”，利用这个“智库”，企业可以灵活地分析所有细致深入的客户资料，以确立强大的“客户关系管理”优势。

2-2 数据仓库特性

数据仓库与传统的数据库是不同的。数据库是未经整理的数据集合；数据仓库是从数据库中抽取出来，经过整理、规划、建构而形成的一个系统的数据库的子集合。数据仓库具有下列几种特性：

一、面向主题（Subject Orient）

数据仓库的信息系统，数据建立的着重点在于以重要的主题组件为核心，作为建构的方向。数据需求者只要把要研究的相关主题数据，从数据库中提取、整合之后就可以做研究分析。

二、集成性（Integrated）

各应用系统的数据须经过整合，以方便执行相关分析作业。

三、时变性（Time Variance）

数据仓库系统，为了执行趋势的分析，常需保留 1～10 年的历史数据。这与数据库保留日常性的数据有所不同。

四、稳定性（Non-Volatile）

数据库（Database）的数据可以随时被改动，但是数据仓库的数据，并非日常性的数据而是历史性的数据，通常作为长期性分析用途，只有内部相关人员会定期地修改数据结构，但频率不会太高，数据仓库并不允许使用者去做更新，所以其数据较少变动。

由于数据仓库内的数据具备上述特性，故须通过一连串的程序（配合良好的软硬件设备）方可部署完成，而非一个即买即用的产品。

2-3 数据仓库架构

创建数据仓库是一种能正确地组合与管理不同数据源的技术，其目的在于回答业务经营上的问题以便做出正确决定。数据仓库的整体架构如图 2-1 所示。

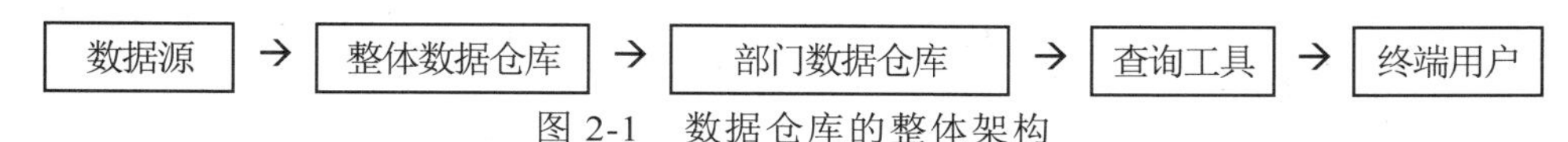

图 2-1　数据仓库的整体架构

数据仓库的基本架构及整体概念，分为以下几个基本组件说明：

专业顾问通过与企业了解需求，建立数据仓库的模型，然后将企业内各种数据整合于数据库中，并部署前端分析数据的工具以及管理工具，该过程即为创建数据仓库的基本过程。

- Design

  即数据仓库的数据模型的设计，这部分是最重要的，若模型设计得不够周全或不理想，那不管以后的报表设计得多么精美，也有可能得出错误的信息，这也是需要选择有经验的专业顾问来创建数据仓库的一个重要原因。

- Integrate

  即数据的整合转换过程，包含数据提取（Data Extraction）、数据转换（Data Transformation）、数据清理（Data Cleaning）、数据加载（Data Load），并将各种来源的数据整合转换加载到数据仓库中。数据转换的程序编写不易，自动化处理困难，经常要人工参与操作，约占用 DW 项目的 60%～70%的人力及时间。

- Management

  即数据仓库的中心，是一个容量巨大及提供 ad hoc 查询（注：即席查询）的数据库。

- Visualize

  即前台呈现给用户使用的形式，例如数据挖掘（Data Mining）及 OLAP 工具，用以呈现分析过的数据类型。

- Administration

  为管理的工具，例如：网络流量监控、安全管理等。

如图 2-2 所示为一个完整数据仓库的逻辑概要架构。

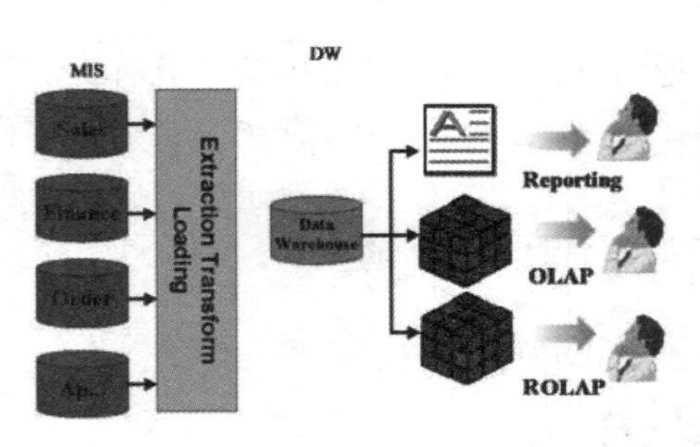

图 2-2 数据仓库架构

由 IT 用户将平日的作业数据存入（作业/数据源）数据库，通过多种数据转换工具将数据以各种转换方式汇整至整体数据仓库。再由整体数据仓库使用数据复制、发布工具，依需求将数据复制及发布到部门数据仓库。提供给业务使用者，以各种不同的信息访问方式及工具，完成各类业务信息需求，如图 2-3 所示。其中信息的访问工具须可提供至部门及整体数据仓库的访问功能，否则数据仓库将因其本身的架构及组成工具而限制了用户对信息的获取以及整体仓库的价值。

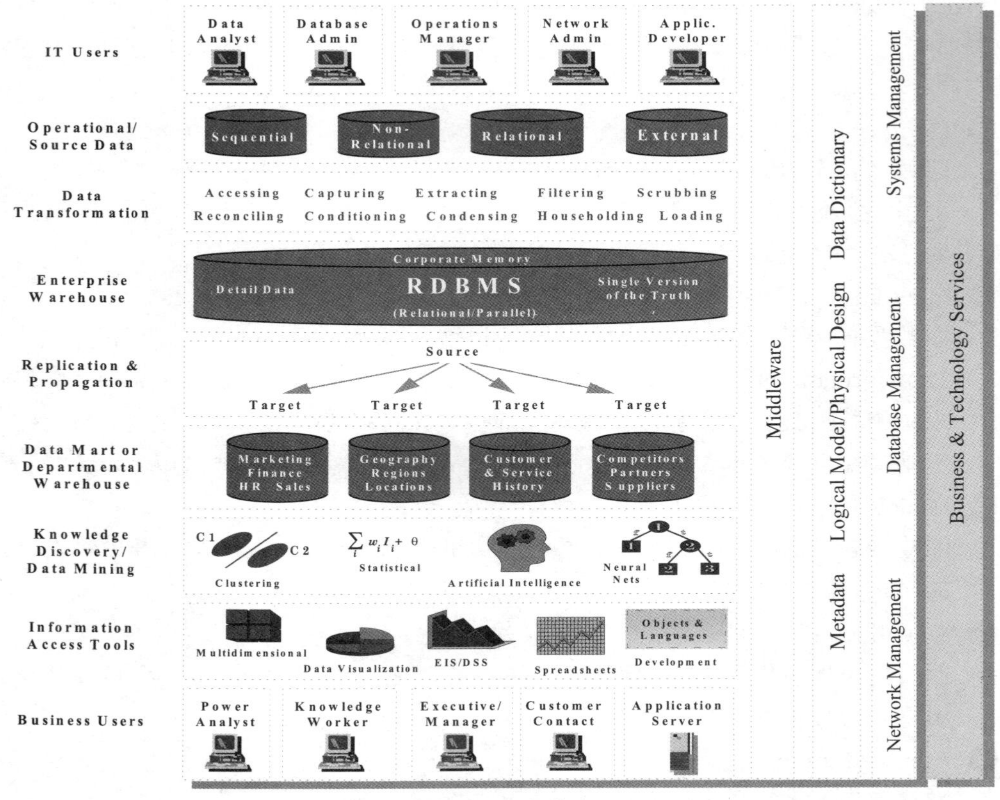

图 2-3 数据仓库流程

2-4 创建数据仓库的目的

e 世纪的来临加上因特网的发展，使我们能够快速地取得数据，但同时也给现代企业带来了一些问题：数据太多，信息不足。随着企业成长及规模的扩大，一般公司内部每天要处理的数据量与日俱增。身为管理人员，常常可能为了生成一张报表花费整整一个礼拜的时间来搜集、分析及处理各方的数据，最后再辛辛苦苦地将所搜集到的原始数据转化成有用的信息。在讲求效率的时代中，企业这样做将会失去竞争力。为解决上述问题，数据仓库系统应运而生，通过它可以轻轻松松拥有完整、一致且极为丰富的信息，并获得经过分析处理且具有管理意义的报表。

如果不将搜集的数据库先行整理、清理、归类、系统化，我们将无法从庞大的数据库中取得想要的数据进行分析。唯有先将数据库转换为数据仓库，才能从中获取想要的信息，否则数据库中的数据仍只是一些数字和文字，并不能成为企业决策的参考。

创建数据仓库的主要目的在于为企业提供一个决策分析用的环境，让决策人员制定更好的作战策略，或找出企业潜在的问题，以改善企业状况并提高竞争力。数据仓库系统的最终目的就是提高企业的竞争能力，帮助企业降低成本、提高顾客满意度、创造利润。

数据仓库运用新信息技术提供的大量数据存储、分析能力，将以往无法深入整理分析的客户数据建立成为一个强大的客户关系管理系统，以协助企业制定精准的营运决策。“数据仓库”对于企业的贡献在于“有效性”（Effectiveness），能适时地为高级主管提供最需要的决策支持信息，做到“Deliver The Right Thing To The Right People At The Right Time”。简单地说，就是运用信息技术将宝贵的营运数据，建立能协助主管作出各种管理决策的一个集成性的“智库”，利用这个“智库”，企业可以灵活地分析所有细致深入的客户资料，以确立强大的“客户关系管理”优势。目前，全球的先进服务业者正纷纷积极地部署“数据仓库”信息应用系统，近三年来每年皆有超过 30%的高幅增长。

“数据仓库”对于企业的功能运作，如图 2-4 所示，是一个生生不息、不断增强的循环过程。首先，利用“数据仓库”的分析研究，将客户资料整理转化为企业智能，再以这些宝贵的知识为基础，制订出营销策略；将营销计划付诸实施，对于目标客户互动产生效果后，再反馈到“数据仓库”作更进一步的分析研究，建立起这样以“数据仓库”为核心的“智库”运作模式，使得学习/行动两大机制不断良性循环，企业的竞争力自然与日俱增了。

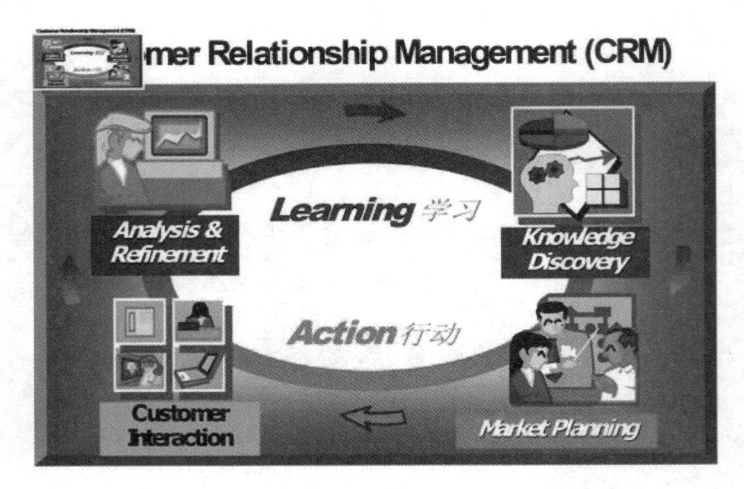

图 2-4 “客户关系管理”数据仓库

2-5 数据仓库的运用

数据仓库的运用面非常广泛，若有正确的数据源，则可以此为基础部署各种不同的分析应用系统，例如：

- 客户关系管理（Customer Relationship Management）
- 企业资源规划（Enterprise Resource Planning）
- 销售分析（Sales Analysis）
- 利润分析（Profit Analysis）
- 风险管理（Risk Management）
- 欺诈案件管理（Fraud Management）

部署数据仓库的各种技术，其着眼点均在于如何支持用户从庞大的数据中快速地找出其想要的答案，这和 OLTP 系统是截然不同的。这些技术包括：

- 快速且扩展性高的数据库系统（High Performance，High Scalability Database System）
- 异质数据库的连接（Hetrogeneous Database Connectivity）
- 数据提取、转换与加载（Data Extraction, Transformation and Loading）
- 多维数据库设计（Multi-Dimention Database Design）
- 大容量数据存储系统（Mass Storage System）
- 高速网络（High Speed Network）
- 支持即席查询（Ad-Hoc Query Support）
- 用户友好的前台界面（User-Friendly Front End）

- 数据挖掘（Data mining）

以上是部署数据仓库的技术准则，在不同的案例中不一定全部运用上。必须以客户的需求为准，并在预算、效能和未来的扩展性之间取得平衡。

2-6　数据仓库的管理

数据仓库的存储容量至少是传统数据库的四倍，有可能大到几兆字节，这要看欲存储的历史数据有多少而定。数据仓库并没有和相关的操作数据保持同步，如果应用程序有需要的话，可以做到一天更新一次。

几乎所有的数据仓库产品都可以访问多个企业数据源，不必重写应用程序来解释和利用数据。而且在异质数据仓库环境，有许多种数据库常驻在不同的数据仓库，因此需要网络连接工具。没有特殊的数据仓库网络连接技术可供使用，而且传统数据仓库必须依赖相同通信软件当作信息和事务处理系统，因此管理这种基础组件的需求是相当明显的。

管理数据仓库包括：

- 安全性和优先级管理
- 监视多个源的更新
- 数据质量检验
- 管理和更新媒介数据
- 审查和报告数据仓库使用状况（管理响应时间和资源利用，提供费用回收信息）
- 清除数据
- 数据的复制、设定子集合、分配
- 备份和还原
- 数据仓库存储管理（如：容量规划、层级存储管理 HSM、清除过时的数据）

2-7　No SQL 数据库

NoSQL 是对不同于传统的关系型数据库的数据库管理系统的统称。与关系型数据库最为不同也是最重要的地方在于 NoSQL 不使用 SQL 作为查询语言。其数据存储可以不需要固定的表格模式，也经常会避免使用 SQL 的 JOIN 操作，一般有水平可扩展性的特征。

随着数据量越来越多且累积速度越来越快，传统的关系数据库渐渐无法负荷如此庞大的数据量，因此，能够管理大量数据的 NoSQL 便再度开始引起大家注意。

NoSQL 名词最早出现在 1998 年，是 Carlo Strozzi 开发的一个轻量、开源、不提供 SQL 功能的关系数据库。

目前比较热门的NoSQL数据库大概可分为4种，分别是Key-Value数据库、内存数据库（In-memory Database）、图形数据库（Graph Database）及文件数据库（Document Database）。

2-7-1 Key-Value型数据库

Key-Value型数据库是NoSQL数据库中占比最大的数据库类型，这类数据库最大的特色就是采用Key-Value数据结构，取消了原本的关系数据库中常用的字段结构（Schema），有高度可扩展性，不以关联性方式存储数据，每条数据各自独立，所以可以打造分布式和高扩充的特性。例如Google的BigTable、Hadoop的HBase、Amazon的Dynamo、Cassandra、Hypertable等都是此类数据库。

2-7-2 内存数据库（In-memory Database）

将数据存储在内存的NoSQL数据库就叫做内存数据库，包括了Memcached、Redis、Velocity等。这类数据库将数据改为存储在内存中，以提高读取效率，大多用来快取常用网页，加快传递网页的速度，减少读取硬盘的次数，不过系统关机后就无法保存。

2-7-3 文件数据库（Document Database）

文件数据库主要是用来存储非结构性的文件，最常见的非结构化数据就是Html网页。一个Html网页不像一般表格那样有固定的字段，每个字段也没有特定数据类型和大小。像是网页里有Head和Body结构，Body元素中可能会有10个段落，段落中会有文字、链接、图片等。文件数据库的数据结构往往是松散的树状结构。很多文件数据库都是商用数据库系统，文件数据库的概念源自IBM的Lotus Notes存储文件的方式，XML数据库也是一种文件数据库。常见的开源文件数据库像是MongoDB、CouchDB以及Riak等。

2-7-4 图形数据库（Graph Database）

图形数据库指的是运用图形结构来存储节点间关系数据的数据库架构，最大的优势是对复杂数据结构的扩充能力，关系越复杂的数据越适合使用图形数据库。这类数据的数据结构没有标准，基本的图形数据包括了节点（Node）、关系（Relation）和属性（Property）三种结构，最后可以用网络图来呈现数据的结构。常见的图形数据库如Neo4j、InfoGrid、AllegroGrph等。

2-8 Hadoop

Hadoop 是一个开放源码（Open Source）数据库，主体是由 Java 语言开发而成，主要思路是根据 Google 发表的 MapReduce 的分布式计算论文所实现。Hadoop 目前为 Apache 软件基金会下的热门项目之一，具有优秀的系统容错能力、适用于分布式计算以及成本低廉等优点。Hadoop 由 Yahoo 前工程师 Doug Cutting 提出。Hadoop 的应用，可以比利用集群运算更加节省时间，并且可以处理 PB 量级的数据。

Hadoop 包括许多子计划，例如 Hadoop MapReduce（提供分布式计算环境）、Hadoop Distributed File System（提供大量存储空间）、HBase（一个类似 BigTable 的 NoSQL 分布式数据库），另外还有其他可将这三个主要部分连接在一起的部分，能方便地整合云服务。

Hadoop 是目前最常见且已经实际投入大规模商业应用的云计算平台之一，强大而完整的基础架构可以减少大量的云架构开发时间，大量部署时也相当迅速，所以，Hadoop 不但有许多重量级的云端服务提供商正在使用及投入开发，与 Google 的云环境相似，Hadoop 也成为教育培训、学术研究及云服务开发的最佳平台。

CHAPTER 3

数据挖掘简介

3-1 数据挖掘的定义

"Data mining is the process of seeking interesting or valuable information in large data bases."

数据挖掘（Data Mining）是近年来数据库应用领域中相当热门的议题。数据挖掘一般是指在数据库中，利用各种分析方法与技术，从过去所累积的大量繁杂的历史数据中，进行分析、归纳与整合等工作，以抽取出有用的信息，找出有意义且用户感兴趣的模式（Interesting Patterns），作为企业管理层级在进行决策时的参考依据。

数据挖掘是指寻找隐藏在数据中的信息，如"趋势（Trend）""模式（Pattern）"及"相关性（Relationship）"的过程，也就是从数据中发掘信息或知识（有人称为 Knowledge Discovery in Databases，KDD），也有人称为"数据考古学"（Data Archaeology）、"数据模式分析"（Data Pattern Analysis）或"功能依赖性分析"（Functional Dependency Analysis），目前已被许多研究人员视为结合数据库系统与机器学习技术的重要领域，许多业界人士也认为此领域是一项增加各企业潜能的重要指标。

事实上，数据挖掘并不只是一种技术或是一套软件，而是一种结合多种专业技术的应用。但我们对数据挖掘应有一个正确的认知，就是它不是一个无所不能的魔法，数据挖掘工具是从数据中发掘出各种假设（Hypothesis），但它并不查证、确认这些假设，也不判断这些假设的价值。

3-2 数据挖掘的重要性

数据挖掘蓬勃发展的原因在于现代企业经常搜集"大量资料"或"多维资料"，包括市场、客户、供货商、竞争对手以及未来趋势等重要信息，但是"信息超载与无结构化"使得企业决策单位无法有效利用现有的信息，甚至使决策行为产生混乱与误用。如果能通过数据挖掘技术，从大量的数据库中挖掘出不同的信息与知识，作为决策支持之用，必能提高企业的竞争优势。

3-3 数据挖掘的功能

一般而言，数据挖掘功能可包含下列五项，这些功能大多为已成熟的计量及统计分析方法：

一、分类（Classification）

按照分析对象的属性分门别类加以定义，建立类（class）。例如，将信用卡申请人的风险属性，区分为低信用申请者、中信用申请者及高信用申请者。使用的技巧有决策树（decision tree）、基于存储推理（memory-based reasoning）等。

二、评估（Estimation）

根据既有连续性数值的相关属性数据，以获知某一属性未知之值。例如按照信用卡申请者的教育程度、行为来评估其信用卡消费量。使用的技巧包括统计方法上的相关分析、回归分析及类神经网络方法。

三、预测（Prediction）

根据对象属性的过去观察值来评估该属性未来之值。例如由客户过去的刷卡消费量预测其未来的刷卡消费量。使用的技巧包括回归分析、时间系列分析及类神经网络方法。

四、关联分组（Affinity grouping）

从所有对象决定哪些相关对象应该放在一起。例如超市中相关的盥洗用品（牙刷、牙膏、牙线）放在同一货架上。在客户营销系统上，此种功能是用来确认交叉销售（Cross-Selling）的机会以设计出吸引人的产品组合。

五、聚类分组（Clustering）

将异质母体细分为具有同构型的聚类（Clusters），换言之，其目的是将组与组之间的差异识别出来，并对个别组内相似样本进行挑选。同质分组相当于营销术语中的细分（Segmentation）。如果事先未对数据细分加以定义，而根据数据类型自然生成细分。使用的技巧包括 k-means 法及 agglomeration 法。

3-4 数据挖掘的步骤

数据挖掘的过程会随不同专业领域的应用，而有所变化，而每一种数据挖掘技术也会有各自的特性以及使用步骤，针对不同问题需求所发展出的数据挖掘过程也会有差异化的存在，如数据的完整程度、专业人员支持的程度等都会对建立数据挖掘过程有所影响（蔡维欣，2003）；也因此造成数据挖掘在各不同领域间规划整个流程时产生差异性，即使是同一产业，也会因为不同分析技术结合不同程度的专业知识而产生明显的差异。因此对于数据挖掘过程的系统化、标准化就显得格外重要，如此一来不仅可以较容易跨领域应用，也可以结合不同的专业知识发挥数据挖掘的精髓。

数据挖掘完整的步骤如下：

（1）理解数据与进行的工作。

（2）获取相关知识与技术（Acquisition）。

（3）整合与审核数据（Integration and Checking）。

（4）去除错误或不一致的数据（Data Cleaning）。

（5）开发模型与假设（Model and Hypothesis Development）。

（6）实际数据挖掘工作。

（7）测试与验证所挖掘的数据（Testing and Verfication）。

（8）解释与使用数据（Interpretation and Use）。

由上述步骤可看出，数据挖掘牵涉了大量的准备工作与规划过程，事实上许多专家皆认为整套数据挖掘的进行有80%的时间精力是花费在数据前置作业阶段，其中包含数据的净化与格式转换及表格的连接。由此可知数据挖掘只是数据挖掘过程中的一个步骤而已，在进行此步骤前还有许多的工作要完成。

3-5 数据挖掘建模的标准 CRISP-DM

CRISP-DM 是 CRoss-Industry Standard Process for Data Mining 的简称，中文翻译为“数据挖掘交叉行业标准过程”，CRISP-DM 是由欧洲委员会与几家在数据挖掘应用上有经验的公司共同筹划组织的一个特别小组所提出的。目前 CRISP-DM 模型为该小组在1997—1999 年研究后，于 2000 年提出的数据挖掘标准化过程，并加以推广。此组织的成员包括数据仓库供货商 NCR、德国汽车航天公司 Daimler-Chrysler、统计分析软件供货商 SPSS 和荷兰的银行保险公司 OHRA。除利用 NCR 与 SPSS 在数据挖掘应用的经验之外，也有实际的厂商参与实验，通过实际操作过程，整体规划设计，在 2000 年推出CRISP-DM 1.0 模型，在整体规划下，通过实际分析，把数据挖掘过程中必要的步骤都加以标准化。CRISP-DM 模型强调完整的数据挖掘过程，不能只针对数据整理、数据呈现、数据分析以及构建模式，仍需要对企业的需求问题进行了解，以及后期对模式的评价与模式的扩展应用都是一个完整的数据挖掘过程不可或缺的要素。CRISP-DM 是从方法学的角度强调实施数据挖掘项目的方法和步骤，并独立于每种具体数据挖掘算法和数据挖掘系统。

CRISP-DM 分为六个阶段（Phase）和四个层次（Level），分别简介如下。六个阶段分别为：

一、定义商业问题（Business Understanding）

本阶段主要的工作是针对企业问题以及企业需求进行了解确认，针对不同的需求做深入的了解，将其转换成数据挖掘的问题，并拟定初步构想，在此阶段中，需要与企业进行讨论，确定分析者对问题能有非常清楚的了解，才可以正确地针对问题拟定分析过程。

二、数据理解（Data Understanding）

此部分包含创建数据库与分析数据。在该阶段必须收集初步数据，了解数据的内涵与特性再选择要进行数据挖掘所必须的数据，然后进行数据整理及评估数据的质量，必要时再将分属不同数据库的数据加以合并及整合。数据库建立完成后再进行数据分析，找出影响预测最大的数据。

三、数据预处理（Data Preparation）

此步骤和第二步骤——数据理解阶段为数据处理的核心，这是建立模型之前的最后一步数据准备工作。数据预处理任务很可能要执行多次，并且没有任何规定的顺序。

四、建立模型（Modeling）

针对已净化筛选的数据加以分析，配合各种技术方法加以应用，针对既有数据建构出模式，替企业解决问题；面对同一种问题，会有多种可以使用的分析技术，但是每一种分析技术却对数据有些限制及要求，因此需要回到数据前置处理的阶段，来重新转换需要的变量数据加以分析。

五、评估和解释（Evaluation）

从数据分析的观点看，在开始进入这个阶段时已经建立了看似高质量的模型，但在实际应用中，随着应用数据的不同，模型的准确率肯定会变化。在这里，一个关键的目的是确定是否有某些重要的商业问题还没有充分地考虑。此阶段的结尾，应该获得使用数据挖掘结果的判定。

六、实施（Deployment）

一般而言，创建模型完成并不意味着项目结束。模型建立并经验证之后，可以有两种主要的使用方法。第一种是提供给分析人员做参考，由分析人员通过查看和分析这个模型之后提出行动方案建议；另一种是把此模型应用到不同的数据集上。此外，在应用了模型之后，当然还要不断监控它的效果。

四个层次（level）分别为 phase→generic task→specialized task→process instance。每个 phase 由若干 generic task 组成，每个 generic task 又实施若干 specialized task，每个 specialized task 由若干 process instance 来完成。其中，上两层独立于具体数据挖掘方法，即一般数据挖掘项目均需实施的步骤，这两层的任务将结合具体数据挖掘项目的“上下文”（context）映射到下两层的具体任务和过程。所谓项目的“上下文”是指项目开发中密切相关、需要综合考虑的一些关键问题，如应用领域、数据挖掘问题类型、技术难点、工具及其提供的技术等。

3-6 数据挖掘的应用

Data Mining 可应用于 CRM 之中。CRM（Customer Relationship Management）是近来引起热烈讨论与高度关切的议题，尤其在直销模式的崛起与网络的快速发展带动下，跟不上 CRM 的脚步如同跟不上时代。事实上 CRM 并不算新发明，奥美直销推动十多年的 CO（Customer Ownership）就是现在大家谈的 CRM。

Data Mining 应用在 CRM 的主要方式可对应 Gap Analysis 的三个部分：

（1）针对 Acquisition Gap，可利用 Customer Profiling 找出客户的一些共同的特征，以此深入了解客户，通过 Cluster Analysis 对客户进行分类后再通过 Pattern Analysis 预测哪些人可能成为我们的客户，以帮助销售人员找到正确的营销对象，进而降低成本，提高营销的成功率。

（2）针对 Sales Gap，可利用采购车分析（Basket Analysis）帮助了解客户的产品消费模式，找出哪些产品客户最容易一起购买，或是利用 Sequence Discovery 预测客户在买了某一样产品之后，在多久之内会买另一样产品等。利用数据挖掘可以更有效地决定产品组合、产品推荐、进货量或库存量，或是在店里要如何摆设货物等，同时也可以用来评估促销活动的成效。

（3）针对 Retention Gap，可以由原客户后来转成竞争对手的客户群中，分析其特征，再根据分析结果到现有客户资料中找出可能转向的客户，然后设计一些方法预防客户流失；更有系统的做法是通过神经网络，根据客户的消费行为与交易记录对客户忠诚度进行 Scoring 的排序，如此则可区分流失率的等级进而配合不同的策略。

数据挖掘在各行业的应用，整理如表 3-1 所示。

表 3-1 数据挖掘在各行业的应用

信用卡公司	信用卡公司可使用数据挖掘来增加信用卡的应用，做购买授权决定、分析持卡人的购买行为、并检测诈骗行为，成功的案例有 American Express 及 Citibank
零售商	了解顾客购买行为及偏好对零售商的策略来说是必需的，数据挖掘可以提供所需的信息，像菜篮分析或采购车分析，利用电子销售点数据，并运用其结果来极力投入有效的促销及广告，或者有些商店也会应用数据挖掘技术来检测收银员诈骗的行为
金融服务机构	证券分析师广泛使用数据挖掘来分析大量的财务数据以建立交易及风险模式来发展投资策略
银行	虽然数据挖掘已经显得对银行有非常大的潜力，但这仍是在起步阶段而已，大约只有 11% 的银行懂得使用数据仓库来促进数据挖掘的活动，银行应该以他们自有的能力来搜集并分析详细的客户信息，然后整合那些结果成营销策略，银行也可使用数据挖掘以识别客户的贷款活动、调整金融商品以符合顾客需求、寻找新的客户及加强客户服务
电话销售及直销	电话销售及直销公司因使用数据挖掘节省许多金钱并能够精确地定位目标顾客，电话销售公司现在不只能够减少通话数而且可以增加成功通话的比率。直销公司正依客户过去的购买数据及地理数据来配置及邮寄他们的产品目录，而直销也可利用数据挖掘分析客户群的消费行为与交易记录，结合基本数据，并依其对品牌价值等级的高低来区分顾客，进而达到差异化营销的目的
航空业	当航空从业者不断地增加，竞争也愈来愈激烈，了解客户需求已经变得极为重要，航空业者取得顾客资料以制定应变策略
制造业	数据挖掘已广泛地使用在制造工业的控制及规划技术生产程序。例如：使用数据挖掘来侦测潜在的质量问题，减少不良品
电信公司	电信公司过去最有名的就是削价策略，但新的策略是了解他们的客户将会比过去更好，使用数据挖掘，电信公司可以提供各种新服务
保险公司	保险公司对数据的需求是极为重要的，数据挖掘最近已提供保险业者从大型数据库中取得有价值的信息以进行决策，这些信息能够让保险业者更加了解他们的客户并有效地预防保险欺诈
医疗业	预测手术、用药、诊断或是流程控制的效率

3-7 数据挖掘软件介绍

Data Mining 工具市场大致可分为三类：

（1）一般分析目的用的软件包。

- Microsoft SQL Server
- SAS Enterprise Miner
- IBM Intelligent Miner
- Unica PRW

- SPSS Clementine
- SGI MineSet
- Oracle Darwin
- Angoss KnowledgeSeeker。

（2）针对特定功能或产业而研发的软件。

- KD1（针对零售行业）
- Options & Choices（针对保险行业）
- HNC（针对信用卡诈欺或坏账检测）
- Unica Model 1（针对营销行业）

（3）整合 DSS/OLAP/Data Mining 的大型分析系统

- Cognos Scenario and Business Objects

以下介绍一般常用的工具分类，如表 3-2 所示。

表 3-2　数据挖掘分析工具

分析工具	定义	代表性产品
Case-based Reasoning	在关系数据库中提供一个 Means 找出记录以发现类似规范的记录或一般记录	1.CBR Express 2.Esteen 3.Kate-CBR 4.The Easy Reasoner
Fuzzy Query and Analysis	模糊理论积极地承认主观性问题的存在，进而以模糊集合来处理不易量化问题，故能找出意想不到的信息	1.CubiCalc 2.FuziCalc 3.Fuzzy TECH for business 4.Quest
Data Visualization	其目标是从不同的角度，让信息以图形方式呈现，让用户容易和快速地使用。该工具集合不同数据或汇总不同数据，让用户快速地了解	1.Alterian 2.AVS/Express 3.Visualization Edition 4.Axum 5.Discovery 6.SPSS Diamond 7.Visual Insight
Knowledge Discovery	这些工具特别设计以便确认那些已存在变量间的显著关系，也就是当它们可能有多重关系时，特别有用。这些数据挖掘工具能帮助指出大量变量间的关系，发现盲点以创造巨大的商机	1.Aria 2.Answer tree 3.CART 4.DARWIN 5.Enterprise Miner 6.DataEngine

续表

分析工具	定义	代表性产品
Neural Networks	神经网络技术的目标是发现与预测数据的关系，它与传统统计方法的区别是可以训练学习发现的关系，并且适用于线性与非线性的情况，并可以弥补数据质量较差的情况，进一步处理质量不错的信息	1.BackPack 2.BrainMaker 3.Loadstone 4.NeuFrame/NeuroFuzzy 5.Neural network Browser 6.Neural connection 7.Neural network Utility 8.Neuralyst For Excel

3-8 数据挖掘与 Excel

数据挖掘除了使用专业的数据库之外，其实微软的 Excel 也可以操作 SQL。通过大家常用的 Office，即使对编程语法不慎熟悉的用户也能很容易地使用 SQL Server 对数据进行分析研究。

在家里或是公司的计算机中，先将 SQL Server 安装完成后，再安装 Excel 的数据挖掘加载宏，便能简单地使用 SQL 来分析数据。

CHAPTER

4

数据挖掘的主要方法

4-1 回归分析（Regression Analysis）

回归分析主要是了解自变量与因变量之间的数量关系，主要用于寻找两个或两个以上的变量之间互相变化的关系；并以此来了解变量间的相关性，亦可用于通过控制自变量来影响因变量，达到所谓以价制量的效果，也可进一步通过回归分析来进行预测。针对数据库中某些有用的信息，便可对未知的变量做预测。然而在考虑自变量的选择时，必须要注意所选的自变量与因变量是否存在着因果关系。

4-1-1 简单线性回归分析（Simple Linear Regression Analysis）

最简单的回归，只包括了一个因变量 Y 与一个自变量 X，而我们希望它们之间的关系是线性关系

$$Y_i = \beta_0 + \beta_1 X_i + \varepsilon_i，\ i = 1, 2, ..., n$$

式中：

Y：因变量（dependent variable，response variable）；

X：自变量（independent variable）；

ε：误差项。

这样的关系，叫做线性模型（linear model），而模型中的参数（parameters），又叫做回归因子（regression coefficient）。

4-1-2 多元回归分析（Multiple Regression Analysis）

在研究变量间关系上，影响因变量 Y 的自变量 X_i 往往不只一个，而有 k 个，如影响小麦产量的因子有雨量 X_1、气温 X_2、湿度 X_3、土壤肥力 X_4 等独立变量；又如影响人们体重的因素有食物摄取量 X_1、运动量 X_2 及睡眠时间 X_3 等三个自变量，而因变量与自变量间也可以通过数学模式表示：

$$Y_i = \beta_0 + \beta_1 X_{i1} + + \beta_1 X_{i2} + ... + + \beta_k X_{ik} + \varepsilon_i，\ i = 1, 2, ..., n$$

该式中，各自变量皆为一次式，称为多元线性回归模式，其中 β_0 为截距，β_i 为回归因子。

4-1-3 脊回归分析（Ridge Regression Analysis）

当自变量间存在共线性关系，如果有此情形发生，显然不适合放在同一模型中。当

自变量间存在高度共线性时，可能导致回归因子变异增加，使得即使某一自变量确实与因变量相关也不能被有限样本数据检验出显著性，而建立一个不理想的回归模型。所以需要有一测定自变量间共线性的方法，才能在建立模式时，选择避开共线性问题，如避开选择有高度相关的自变量于同一模型、利用统计方法克服，或是利用脊回归来降低回归因子估计值的变异。共线性就是自变量间有相关性存在，假设有 m 个自变量被考虑放入一回归模型中，如果利用简单相关只能测定两个自变量间的相关程度，因此可利用某一自变量与其他 $m-1$ 个自变量间多元回归决定系数来判断共线性程度。若第 i 个自变量与其他 $m-1$ 个自变量的估计回归式为：

$$\hat{x}_i = s_i + t_1x_1 + \cdots + t_{i-1}x_{i-1} + t_{i+1}x_{i+1} + \cdots t_m x_m,\quad i=1,2,\cdots,m$$

其中，s_i 为第 i 个多元回归模型的截距；t_m 为第 m 个多元回归模型的回归因子。

此模型得到的回归判定系数为：

$$R_i^2 = \frac{SSR_i}{SSTo_i} \quad i=1,2,\cdots,m$$

因此可以定义出一个变量波动因子（Variance Inflation Factor，VIF）来作为测量共线性的指数：

$$VIF = \frac{1}{1-R_i^2} \quad i=1,2,\cdots,m$$

当 $R_i^2=0$ 时（第 i 个自变量与其他 $m-1$ 个自变量间无相关），则 $VIF_i=1$；当 $R_i^2\to 1$（第 i 个自变量与其他 $m-1$ 个自变量趋近于完全相关），则 $R_i^2\to\infty$，故 VIF_i 具有测度共线性的能力。

因为 VIF_i 反映了标准化回归因子 b_i' 与标准化模式均方差 MSE_S 间的比例大小，因此能测量出自变量间共线性而导致 b_i' 变异波动的能力。m 个自变量可以计算出 m 个 VIF 值，其中若是最大的 VIF 值超过 10，则认为自变量存在着高度共线性。当自变量数目过多时，可以对 m 个 VIF 值取平均数：

$$\overline{VIF} = \frac{1}{m}\sum_{i=1}^{m} VIF_i$$

若 $\overline{VIF}$ 明显大于 1，则认为共线性存在。

VIF 值的计算可以利用自变量的相关系数矩阵来求得：

$$(r_{XX}+kI)^{-1}r_{XX}(r_{XX}+kI)^{-1}$$

其中，r_{XX} 为自变量的相关系数矩阵，k 为最佳偏化常数，I 为单位矩阵。当 $k=0$ 时，VIF_i 值是上式的矩阵对角线元素，并可以计算出 $\overline{VIF}$ 值来判断自变量之间存在的共线性程度。在判断出自变量存在着高度共线性时，可以利用上式，调整不同的 k 值 $(0<k<1)$，来求得不同 k 值的 $\overline{VIF}$ 值，并找出 $\overline{VIF}$ 值最接近 1 的 k 值来作为线性转换量 Z 的 k 值。

4-1-4 逻辑回归分析（Logistic Regression Analysis）

回归分析是利用一系列的现有数值来预测一个连续数值的可能值。若将范围扩大亦可以利用逻辑回归来预测类别变量。逻辑回归包括了相当一大类的问题，它可以讨论类别、定量的自变量对一个类别变量的关系，是否独立；不独立时又会具有什么形式的关系，线性或是非线性的关系等。当因变量是一个二进制的数据，只取 0 和 1 两个值时，$y=1$ 的概率 $p=(P(y=1))$ 就是要研究的对象。如果有很多因素影响 y 的变动，则这些因素就是自变量，这些自变量既有分类的变量，也有定量的变量。最重要的一个条件是 $\ln[p/(1-p)_k]=a_0+a_1x_1+\cdots a_kx_k$ 也即 $\ln[Ey/(1-Ey)]$ 是 $x_1,\cdots,x_k$ 的线性函数。上式则称为线性逻辑回归。从该式也可以看出，如果有已知的函数 $g(x_1,\cdots,x_k)$，其中含有若干特定的参数，则相应的模型成为非线性逻辑回归模型。

4-2 关联规则（Association Rule）

关联规则可以用于发现大量数据中变量间的关联性。随着不停地收集和存储大量数据，从大量商业交易的记录中发现有趣的关联关系，有助于许多商业决策的制定，如商品组合设计、交叉销售等。

关联规则中最典型的一个例子，就是购物车分析。该方法通过记录客户放入其购物车中不同产品之间的关系，分析顾客的购买特性。了解哪些商品被顾客同时购买的概率高低，通过此关联的发现，可以协助零售商拟定产品组合的营销策略。例如，在同一次去超级市场，如果客户购买牛奶，也同时购买面包的可能性有多大？通过帮助零售商有选择地规划商品的摆设地点和促销组合，以此方式来引导销售，提升其商品取得的便利性，进一步提升其销售量。

4-3 聚类分析（Cluster Analysis）

聚类分析是一种分类的方法，目的是将相似的事物归类。可以将变量分类，但更多的应用是通过客户特性分类，使同类中的事物相对于某些变量来说是相同的、相似的或是同质的；而类与类之间却有着显著的差异或是异质性。聚类分析主要是检验某种相互依存关系，主要是顾客间特性的相似或是差异关系；通过将客户特性进一步拆分成若干类别而达到市场细分的目的。

在该方法中，所有客户所属的分类，是事前未知的；所细分的类别个数也是未知的。通常为了得到比较合理的分类，首先必须采用适当的指标来定量地描述研究对象之间的同构性。常用的指标为“距离”和“相似系数”。假定研究对象均用所谓的“点”来表示。在聚类分析中，一般的规则是将“距离”较小或是“相似系数”较大的点归为同一类，将“距离”较大或是“相似系数”较小的点归为不同的类别。

若用 X 与 Y 表示 s 空间中的两个点，如果是对变量聚类，那么 X 和 Y 分别表示两个变量，其维数 s 就是样本量 n；如果是对样本做聚类，则 X 和 Y 分别表示两个个体，维数 s 就是聚类变量的个数 k。

而常用的距离指标为欧氏距离（Euclidean Distance）：

$$D(X,Y)=\sqrt{\sum_i (X_i-Y_i)^2}\text{，} \quad i=1,2,\cdots,s$$

而常用的相关系数指标为：

余弦系数（COSINE）

$$S(X,Y)=(\sum_i X_iY_i)\Big/\sqrt{(\Sigma X_i^2)(\Sigma Y_i^2)}\text{，} \quad i=1,2,\cdots,s$$

皮尔森相关系数（Pearson Correlation）：

$$S(X,Y)=\sum_i Z_{xi}Z_{yi}\Big/(s-1)\text{，} \quad i=1,2,\cdots,s$$

其中 Z_{xi} 和 Z_{yi} 表示 X 和 Y 的标准常态得分。

而常用的聚类分析方法为两大类，层级聚类法（Hierarchical Clustering）和非层级聚类法（Non-Hierarchical Clustering），其中层级聚类法又称系统聚类法，是一种聚类过程可以利用层级结构或是树状结构来描述的方式。具体又可以分为聚集法（Agglomerative Clustering）和拆分法（Divisive Clustering）两种。聚集法是先将所有的数据各自算成一类，将彼此间距离最小或是相似系数最大的数据合并成一群，再将这群和其他群中距离最小或是相似系数最大的合并，持续合并，直到所有的数据皆合并为一群为止。拆分法正好相反，先将所有的数据看成一大群，然后拆分成两类，使一群中的数据点尽可能远离另外一群，再继续拆分，直到每一数据皆成为单一群体为止。

常用的聚集法有：

（1）链接法（Linkage Methods）：链接法是最常用的聚集法，根据事先定义的群与群之间的距离的计算规则，将各个群逐步合并。由于聚类间距离的定义不同，链接法可以分为三种：

- 单一链接法（Single Linkage）：也叫做最短距离法或是最近紧邻链接法，两个群之间的距离定义为分别来自两群中的元素之间的最短距离，并依此群间距离选择最靠近的群来合并。
- 完全链接法（Complete Linkage）：也叫做最长距离法或是最远近邻链接法，两个群之间的距离定义为分别来自两群中的元素之间的最长距离，并依此群间距离选择最靠近的群来合并。
- 平均链接法（Average Linkage）：也叫华德法（Ward’s sprocedure），其分群想法

与变异数分析类似。即在分群的过程中，使群内元素间的变异平方和尽可能小，而群间的变异平方和尽可能大。

（2）重心法（Centroid Method）：两个群之间的距离定义为两群的重心间的距离，然后与链接法类似，将群逐步合并。

（3）非层级聚类法：亦称为逐步聚类法、k-means 聚类法或是快速聚类法，该类型的聚类法又可以分成序列阈值法（Sequential Threshold Method）、平行阈值法（Parallel Threshold Method）以及最优分离法（Optimizing Partitioning Method）。其中序列阈值法事先规定一个阈值，选择一个中心点，将与该中心点的距离在阈值之内的所有点都归入同一群，然后再选择一个中心，对还没有归类的点重复该过程，直到所有点都归入某一群为止；而平行阈值法与序列阈值法类似，所不同的只是所有的聚类中心是同时选择的，将阈值范围之内的点归到离中心最近的那一群；而最优分离法是允许重新分配已归类的点到其他群，使总体的分类标准达到最优化。分类标准可以事先规定，例如取群内距离的平均等。

4-4 判别分析（Discriminant Analysis）

数据挖掘中的分类功能，是在已知的分类之下，一旦遇到有新的样本时，可以利用此法选定一判别标准，以判定如何将新样本归类到哪一族群中。例如，根据消费者的一些背景资料，如何判定哪些消费者会是忠诚客户？或者想要知道忠诚用户与非忠诚用户在人口的基本特征方面到底有哪些不同？如何区分价格敏感型的顾客和非价格敏感型的顾客？哪些心理特征或生活形态特征可以作为判别或是区分的标准？这些问题的共通性，都是需要根据从个体所测定或观察到的一些指标来判断个体属于哪种类型及母体。

判别分析就是研究判断个体所属类型的一种多元统计方法。具体来说，判别分析中的因变量或判别准则是类别变量，而自变量或预测变量基本上是等距变量。分析的过程就是建立自变量的线性组合，使之能最佳地区分出因变量的各个类别。例如，若因变量为某种产品的价格敏感型用户和非敏感型用户，而自变量为对一组消费观念的态度得分的李克特五分量表，在判别分析中可进行的主要有：

- 建立判别函数，即找到能最适合区分因变量的各类别自变量的线性组合；或确定事后概率，即计算每个个体落入各类别的概率。
- 检验各类别在预测变量方面是否存在显著的差异。
- 确定哪些预测变量是区分类别差异的最重要的变量。
- 根据预测变量的值对个案进行分类。
- 对分类的准确程度进行评估。

判别分析模型用一个或几个判别函数来表示，在两个类别的情况只需一个判别函数。

最简单的也是比较常用的判别函数为线性函数：

$$D_i = b_0 + b_1 X_{1i} + b_2 X_{2i} + b_3 X_{3i} + \cdots + b_k X_{ki}$$

其中

D = 判别得分，D_i 表示对应于第 i 个个体的得分；

b = 判别系数或权重，b_j 表示对应于第 j 个自变量或预测变量的系数；

X = 自变量或预测变量，X_{ij} 表示对应于第 i 个个体和第 j 个自变量的值。

根据所收集样本的数据，可以计算出一个判别临界值 D_c，作为判定某个个体归属到哪一个类别的基准。在判别分析中有一基本的假设，每一个类别都是取自一个多元常态母体的样本，而且所有常态母体的共变异数矩阵或是相关矩阵都假定是相同的，在数据挖掘的实际应用中，常用的办法是将原始数据经过抽样后，抽出两部分，利用其中一部分作为分析样本或是训练样本，进行分析，求出判别函数后，再利用另外一个样本（验证样本）来检查判别的效果。

4-5 神经网络（Artificial Neural Network）

神经网络的相关研究及其应用范围在近年来发展极为迅速，其应用领域包括工业工程、商业与金融、社会科学及科学技术等。其最大优点除了可应用于构建非线性模式外，对于传统统计方法在构建模式时所要求的许多假设条件亦可予以弥补。神经网络的原始想法与基本构造皆与神经生物学中的神经元构造相似。根据 Freeman（1992）的定义，神经网络是模仿生物神经网络的信息处理系统，通过使用大量简单连接的人工神经元来模仿生物神经网络的能力。而在一个网络模型中，一个人工神经元将从外界环境或其他人工神经元取得信息，依据信息的相对重要程度给予不同的权重，并予以加总后再经由人工神经元中的数学函数转换，并输出其结果到外界环境或其他人工神经元当中。其运作概念可整理如图 4-1 所示。

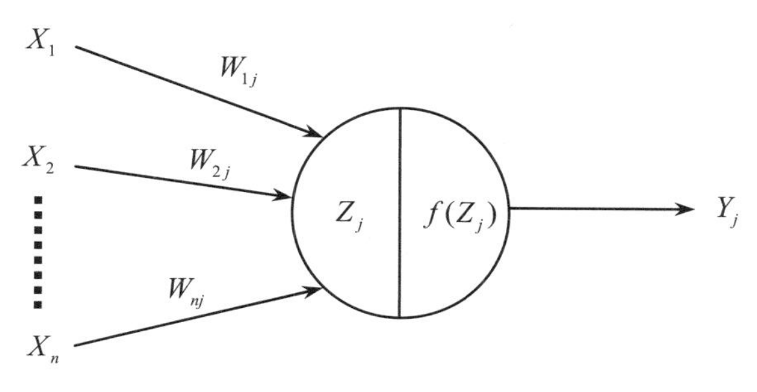

图 4-1 神经网络运作概念

- X_n：称为神经元的输入（Input）。

- W_{nj}：称为权重值（Weights），神经网络的训练就是调整权重值，使其变得更大或是更小，通常由随机的方式产生介于+1～−1之间的初始值。权重值可视为一种加权效果，其值越大，则代表连接的神经元更容易被激发，对神经网络的影响也更大；反之，则代表对神经网络并无太大的影响，而太小的权重值通常可以移除以节省计算机计算的时间与空间。
- Z_j：称为加法单元（Summation），此部分是将每一个输入与权重值相乘后做一加总的动作。
- $f(Z_j)$：称为激活函数（Activation Function），通常是非线性函数，有数种不同的形式，其目的是将 Z 的值做映像得到所需要的输出。
- Y_j：称为输出（Output），亦即我们所需要的结果。

将上述神经元组合起来就成为一个神经网络。到目前为止，许多学者针对欲解决问题的不同，提出许多神经网络模型，每一种神经网络的算法并不相同。常见的网络有：倒传递网络、霍普菲尔网络、半径式函数网络，这些神经网络并非适用所有的问题，我们必须针对欲解决问题的不同选择合适的神经网络。要使得神经网络能正常地运作，必须通过训练的方式，让神经网络反复地学习，直到对于每个输入都能正确对应到所需要的输出。因此在学习神经网络前，必须拆分出一个训练样本，使神经网络在学习的过程中有一个参考，训练样本的建立来自于实际系统输入与输出或是以往的经验。神经网络的工作性能与训练样本有直接的关系，若训练样本不正确、太少或是太相似，神经网络的工作区间与能力将大打折扣。换句话说，训练样本就是神经网络的老师，因此，训练样本越多、越正确、差异性越大，神经网络的能力就越强。

神经网络训练的目的，就是让神经网络的输出越来越接近目标值。亦即，相同的输入进入到系统与神经网络，得到的输出值亦要相同。神经网络未训练前，其输出是凌乱的，随着训练次数的增加，神经网络的权重值会逐渐地被调整，使得目标值与神经网络的输出两者误差越来越小。

学习率在神经网络训练过程中是一个非常重要的参数，学习率影响着神经网络收敛的速度，若学习率选择较大则神经网络收敛的速度将变得较快，反之，较小的学习率会使得神经网络的收敛速度变慢。选择太大或太小的学习率对神经网络的训练都有不良的影响。

当神经网络经由训练样本训练完成后，虽然神经网络的输出已经与我们所要求的数值接近，但对于不是由训练样本所产生的输入，我们并不知道会得到何种输出。因此，我们必须使用另一组神经网络从未见过的样本进入到神经网络中，测试其正确性，测试其结果是否与所要求的值接近，而此样本称之为测试样本。当神经网络训练完成后，对于与训练样本相近的输入，神经网络亦能给予一个合理的输出，但是如果测试样本与训练样本的差异过大，神经网络仍是无法给予正确的数值，则表示该模型无法实际有效地被应用。

4-6 决策树（Decision Tree）

决策树是同时提供分类与预测的常用方法。通过一连串的问题和规则将数据分类，可以通过相似的形态来推测相同的结果。决策树的数据分析方法是一种用树来展现数据受各变量的影响情形的预测模型，能利用树形图的拆分自动确认和评估细分。由树形图可获取数据中的群组，再透过收益图，可方便地在不同区间之间做成本和效益的比较，并找出最佳获利的细分。

决策树分析应用较为广泛，如建构专家系统、动力控制等。其主要功能是通过已知分类的事例来建构一树状结构，所生成的决策树则具有规则，与神经网络不同。规则可以用文字或数字来表达，所建立的决策树模型亦能用来作预测。

而常用的决策树方法有 CHAID 以及 CART，其中 CHAID 全名为卡方自动互动检视法，该方法在分析数据时，常会遇到变量之间不仅具有相关关系，而且具有交互影响关系，当两个或是两个以上变量间存在交互影响关系时，某一变量数值的改变所引起的反应，将受其他变量数值大小之影响。在商业上，研究人员通常不能确定哪几个变量间存在交互影响关系，且预测变量的数目众多，模型变得庞大复杂，加上预测变量间的交互影响关系可能为乘法关系，亦可能为非乘法关系，大幅增加运算困难。而 CHAID 决策树只限于处理类别变量，如果是连续变量必须采用区间的方式，先转换数据成为类别变量，才可以使用。

其分析流程如下（黄登源，2003）：

（1）针对每一变量计算所有可能把原样本一分为二的细分方式，找出一个最优细分方式。所谓“最优”是指数据经过拆分后，准则变量的组间变异为最大。假设 Y 代表准则变量，样本数为 n，如果对预测变量一无所知，则 $\overline{Y}$ 可为最优估计值，而 Y 的误差平方和为：

$$\sum(Y_i-\overline{Y})^2=\sum Y_i^2-n\overline{Y}^2$$

假设将原样本细分成两组，各组所含样本数为 n_1 和 n_2，各组准则变量的平均数分别为 $\overline{Y}_1$ 和 $\overline{Y}_2$，其误差平方和为

$$\sum_{i=1}^{2}\sum_{j=1}^{n_i}(Y_{ij}-\overline{Y}_{..})^2=\sum_{i=1}^{2}\sum_{j=1}^{n_i}(Y_{ij}-\overline{Y}_{i.})^2+\sum_{i=1}^{2}n_i\overline{Y}_{i}^2-n\overline{Y}_{..}^2$$

$$\left(\sum_{i=1}^{2}\sum_{j=1}^{n_i}(Y_{ij}^2-n\overline{Y}^2)\right)-\sum_{i=1}^{2}\sum_{j=1}^{n_i}(Y_{ij}-\overline{Y}_{i.})^2=n_1\overline{Y}_{1.}^2+n_2\overline{Y}_{2.}^2-n\overline{Y}_{..}^2$$

若通过拆分，则误差平方和将会降低，若此值为正，表示 $n_1\overline{Y}_{1.}^2+n_2\overline{Y}_{2.}^2$ 大于 $n\overline{Y}_{..}^2$，亦即经过拆分成两组后，其同构性已提高。而所谓最佳的拆分方式是指可使拆分后减少的误差平方和为最大，即 $n_1\overline{Y}_{1.}^2+n_2\overline{Y}_{2.}^2$ 大于 $n\overline{Y}_{..}^2$ 之值为最大。

（2）比较各预测变量在“最优拆分方式”下的组间变异，然后找出一个组间变异最

大的变量，即为最佳的预测变量。

（3）用最佳预测变量的最佳拆分方式把原始数据区隔成两组。

（4）拆分后两组样本的每一组是唯一原始样本，根据上述步骤，进行拆分工作。

（5）重复上述步骤，直到找到最佳拆分为止。

而在实际应用时，通常事先定一些控制参数或是限制条件，须适时停止持续拆分过程。譬如拆分后所减少的准则变量的误差平方和必须超过所预定的水平时才可以继续将样本拆分；或是当任一组样本的误差平方和大于所定的水平，才可以进一步拆分；研究人员也可以针对原始样本拆分的组数加以限定，或是每组中的样本有多少笔数据等限制条件的设定。

另外一种为 CART 决策树，该算法由 Brieman（1984）提出，采用来自经济学的分散度量法，CART 借助一个单一输入变量函数，在每一个节点细分数据，以建构一个二分式决策树。此方法就是将一个矩形以递归的方式不断将不同属性的数据分开，最后同属性的数据将会被区分在相同的区块中，在每个区块中分别利用回归方式适配不同的统计模型。而决策树也就是二元树的应用，是将分类时的决策判断过程以树状结构来表示，而且样本需够大，主要是根据某一准则变量将整个样本划分成若干同构的类别加以应用；需注意的是，决策树的阶层数不宜过多或是过少。如果太少，即表示拆分过程太早结束，所建构的模型也未必产生良好的分类规则；相反，如果过多，则表示其拆分过多，所产生的规则也会失去其原始功能。

4-7 其他分析方法

除了上述的分析方法以外，还有其他相当多种类的分类及预测分析技术，整理如表 4-1 所示。

表 4-1 各项分析方法整理

<table>
<tr><th>类别</th><th>模式</th><th colspan="2">摘要</th></tr>
<tr><td rowspan="3">分类技术</td><td>分类</td><td colspan="2">➤ 根据一些变量的数值计算，再依照结果分类
➤ 用一些根据历史经验已经分类好的数据来研究它们的特征，然后再根据这些特征对其他未经分类或新的数据预测</td></tr>
<tr><td>聚类</td><td colspan="2">➤ 将数据分组，其目的在于将组间的差异找出来，同时也将组内成员的相似性找出来
➤ 与分类不同，分析前并不知道会以何种方式或依据来分类，所以必须要配合专业领域知识来解释这些分群的意义</td></tr>
<tr><td>理论技术</td><td>传统技术（统计分析）</td><td>➤ 因素分析（Factor Analysis）——精简变量
➤ 判别分析（Discriminant Analysis）——分类
➤ 聚类分析（Cluster Analysis）——区分群体</td></tr>
</table>

续表

<table>
<tr><th>类别</th><th>模式</th><th colspan="2">摘要</th></tr>
<tr><td>分类技术</td><td>理论技术</td><td>改良技术</td><td>➤ 决策树（Decision Tree）—— 用树状结构展现数据在受各变量的影响情况下得到的预测模型，根据对目标变量产生的效应不同而建立分类规则
➤ 多用在对客户数据的分析上
➤ 常用的分类方法为 CART 和 CHAID 两种</td></tr>
<tr><td rowspan="4">估计预测类</td><td>回归</td><td colspan="2">➤ 使用一系列的数值来预测一个连续数值的可能值
➤ 可利用逻辑回归来预测类别变量</td></tr>
<tr><td>时间序列</td><td colspan="2">➤ 用现有的数值来预测未来的数值
➤ 与回归不同：时间序列所分析的数值都与时间有关</td></tr>
<tr><td rowspan="2">理论技术</td><td>传统技术（统计分析）</td><td>1. 回归——连续变量
2. 逻辑回归——类别变量
3. 时间序列——与时间相关的变量</td></tr>
<tr><td>改良技术</td><td>神经网络——仿真人脑思考结构的数据分析模式，根据输入变量与目标变量进行自学，并根据学习得到的知识不断调整参数来建立数据模式（patterns）。
➤ 传统回归分析相比：
• 优点：在进行分析时无须限定模式，特别当变量间存在交互效应时可自动检测出来
• 缺点：分析过程为一黑盒子，通常无法对模型进行解释
➤ 神经网络多用在数据属于高度非线性且变量具有相当程度的交互效应时</td></tr>
<tr><td rowspan="4">序列规则类</td><td>关联规则</td><td colspan="2">➤ 找出在某一组事务中会同时出现的一些事务组合，例如如果 A 是某一事件的一种选择，则 B 也出现在该事件中的概率有多少</td></tr>
<tr><td>序列分析</td><td colspan="2">➤ 序列分析与关联规则不同的是，序列分析事件的相关是以时间因素来作区隔</td></tr>
<tr><td rowspan="2">理论技术</td><td>传统技术（统计分析）</td><td>缺乏</td></tr>
<tr><td>改良技术</td><td>规则归纳法——由一连串的“如果…则…（If/Then）”的逻辑规则对数据进行细分，在实际运用时，如何界定规则的有效性是最大的问题，通常需要先将数据中发生次数太少的样本剔除，以避免产生无意义的逻辑规则</td></tr>
</table>

CHAPTER

5

数据挖掘与相关领域的关系

5-1　数据挖掘与统计分析

特意区分数据挖掘和统计分析的差异其实是没有太大意义的。数据挖掘有相当大的比重是由高等统计学中的多变量分析所支撑。但是为什么数据挖掘的出现会引发各领域的广泛注意呢？主要原因在于相较传统统计分析而言，数据挖掘有下列几项特性：

（1）处理大量实际数据更有优势，且无须太专业的统计背景去使用数据挖掘的工具。

（2）数据分析趋势为从大型数据库提取所需数据并使用专门计算机分析软件，数据挖掘的工具更符合企业需求。

（3）就理论的基础点来看，数据挖掘和统计分析有应用上的差别，毕竟数据挖掘的目的是方便企业终端用户使用而非给统计学家检测用。

5-2　数据挖掘与数据仓库

若将 Data Warehouse（数据仓库）比作矿坑，数据挖掘就是深入矿坑挖掘的工作。毕竟数据挖掘不是一种无中生有的魔术，也不是点石成金的炼金术，若没有足够丰富完整的数据，是很难期待数据挖掘能挖掘出什么有意义的信息的。

如果数据仓库是集合成功且有效地探测数据的世界，则挖掘出对决策有用的数据与知识，是创建数据仓库与使用数据挖掘的最大目的。而从数据仓库中挖掘有用的资料，则是数据挖掘的研究重点，两者的本质与过程是两码事。换句话说，数据仓库应先建立完成，数据挖掘才能有效率地进行，因为数据仓库本身所含数据是“干净”的（不会有错误的数据掺杂其中）、完整的，而且是经过整合的。因此两者的关系可认为“数据挖掘是从巨大数据仓库找出有用信息的一种过程与技术”。

表 5-1 与表 5-2 为数据仓库与数据库的比较。

表 5-1　数据仓库与传统数据库的比较

	数据仓库	传统数据库
主要目的	信息取得与分析	支持每日交易数据
架构	关系数据库管理系统	关系数据库管理系统
数据模型	星型架构（star schema）	正规化表格（normalized relations）
查询方式	通过 OLAP 或 MOLAP 接口	SQL
数据形式	分析性数据	交易性数据
数据存储状况	历史性、描述性数据	经常改变的、实时性的数据

表 5-2 数据库与数据仓库的比较

特性	数据库（Database）	数据仓库（Data Warehouse）
数据的时间性	当时的运算数据	经过处理的历史数据
数据库的规划方式	由下往上（Bottom-Up）	由上往下（Top-Down）
数据库的纲要设计	个体一关系模式配合正规化	星型架构（Star Schema）
数据特性	无重复存储	大量重复存储，并预先加总
数据维护者	数据库管理员（DBA）	数据质量监控（DQM）
变动的频率	经常变动（故称 OLTP）	少有变动，大多为查询
变动的数据数量	平时均有大量的变动处理	定期大量加载并聚合加总
性能要求	须能承受大量的更新要求	查询速度要够快
查询的频率	少量需求	大量需求（故称 OLAP）
查询的范围	较狭隘	相当宽广
查询的复杂度	较单纯	相当复杂
内含的数据量	数兆字节（Megabytes）	数百 GB 以上
内含数据的错误率	可以容忍错误与缺项存在	极少错误与数据缺项
数据的精度	存放单笔交易的详细数据	存放大量加总过的数据
整合性	依功能区分数据库，未整合	整个组织的数据完全整合
主题性	按面向功能区分数据库	按面向主题
随时间变动的特性	很少会按时间流逝增加内容	随时间的流逝而增加其内容
暂存性	只保留目前最新的数据	完整保留所有历史数据
适合建置的系统	关系数据库管理系统	多维度数据库管理系统

5-3 数据挖掘与知识发现（KDD）

根据 Fayyad 等人（1996）对 KDD 的定义："它是一个指出数据中有效、崭新、潜在效益的非琐碎（nontrivial）流程，其最终的目标是了解数据的模式（Patterns）。"而在进行知识发现时其主要的步骤可以整理如图 5-1 所示。

其流程步骤是：先理解要应用的领域、熟悉相关知识，接着创建目标数据集，并专注所选择（Selection）的数据子集；再从目的数据中作前置处理（Pre-processing），去除错误或不一致的数据；然后作数据简化与转换工作（Transformation）；再经由"数据挖掘"的技术程序成为模式（Patterns）、并做回归分析或找出其分类形态；最后经过"Interpretation/Evaluation（翻译/评估）"成为有用的知识。这些程序是一个循环的关系，一直重复的步骤，最后才得到一些有用的知识。所以，KDD 是一连串的程序，数据挖掘只是其中的一个步骤而已。

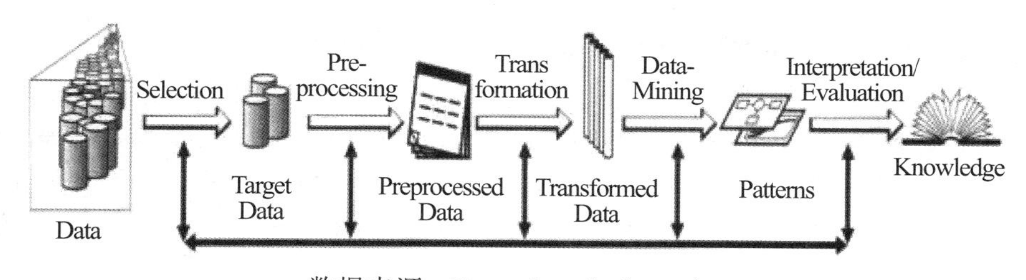

数据来源：Fayyad et al.（1996）

图 5-1　知识发现的流程（The KDD Process）

5-4　数据挖掘与 OLAP

所谓 OLAP（Online Analytical Process）是指由数据库连接出来的在线查询分析程序。数据挖掘用于产生假设，OLAP 则用于查证假设。简单来说，OLAP 是由用户所主导，用户先有一些假设，然后利用 OLAP 来查证假设是否成立；而数据挖掘则是用来帮助用户产生假设。所以在使用 OLAP 或其他查询工具时，用户是自己在做探索（Exploration），但数据挖掘是用工具在帮助做探索。

数据挖掘常能挖掘出超越归纳范围的关系，但 OLAP 仅能利用人工查询及可视化的报表来确认某些关系，所以数据挖掘自动找出甚至是不会被怀疑的数据类型与关系的特性，事实上已超越了过去经验、教育、想象力的限制，OLAP 可以和数据挖掘互补，但这项特性是数据挖掘无法被 OLAP 取代的，如表 5-3 所示。

表 5-3　OLAP 及数据挖掘的比较

在线分析处理（OLAP）	数据挖掘（Data Mining）
公司邮件广告的顾客回复率如何	哪些顾客容易回复公司的邮寄广告
新产品销售与客户的数量	何种类型的既有客户较倾向购买公司新产品
公司上年度十大客户	公司上年获利度最高的十大客户
哪些客户上个月并未续约	哪些客户较可能在未来的半年中不再续约
哪些客户的货款逾期未付	哪些顾客的货款较易逾期支付
上一季度地区性销售报告	明年各地区产品可能的销售收入
昨日生产线的不良率	如何提高产品的良率

（数据来源：Noonan 2000）

5-5 数据挖掘与机器学习

机器学习这门学科所关注的问题是：计算机程序如何随着经验累积自动提高性能？近年来，机器学习被成功地应用于很多领域，从检测信用卡交易欺诈的数据挖掘程序，到获取用户阅读兴趣的信息过滤系统，再到能在高速公路上自动行驶的汽车。同时，这个学科的基础理论和算法也有了重大的进展。

在数据挖掘领域，机器学习算法理所当然地被用来从包含设备维护记录、借贷申请、金融交易、医疗记录、天文分析等类似信息的大型数据库中发现有价值的信息。例如：学习分类新的天文结构——机器学习方法已经被用于从各种大规模的数据库中发现隐藏的一般规律。如，决策树学习算法已经被美国国家航空和航天局（NASA）用来分类天体，数据来自第二帕洛马天文台太空调查（Fayyad et al. 1995）。这一系统现在被用于自动分类太空调查中的所有天体，其中包含了 3TB 字节的图像数据。

机器学习算法在很多应用领域被证明有很大的实用价值。它们在以下方面特别有用：①数据挖掘问题，即从大量数据中发现可能包含在其中的有价值的规律（例如，从患者数据库中分析治疗的结果，或者从财务数据中得到信用贷款的普遍规则）；②在某些困难的领域中，人们可能还不具有开发出高效算法所需的知识（比如，从图像库中识别出人脸）；③计算机程序须动态地适应变化的领域（例如，在原料供给变化的环境下进行生产过程控制，或适应个人阅读兴趣的变化）。

5-6 数据挖掘与 Web 数据挖掘

如果将 Web 视为 CRM 的一个新的领域，则 Web 挖掘可单纯看做数据挖掘应用在网络领域的泛称。利用数据挖掘技术建立更深入的访客数据剖析，并赖以架构精准的预测模式，以期呈现真正智能型、个人化的网络服务，是 Web 挖掘努力的方向。

Web 挖掘除了计算网页浏览率以及访客人次等日志文件分析外，但凡网络上的零售、财务服务、通信服务、政府机关、医疗咨询、远程教学等，只要由网络连接的数据库够大够完整，所有离线可进行的分析，Web 挖掘都可以做，甚至更可整合离线及在线的数据库，实施更大规模的模型预测与预估，毕竟凭借因特网的便利性与渗透力再配合网络行为的可追踪性与高互动特性，一对一营销的理念是最有机会在网络世界里完全落实的。

Web 挖掘分析的范畴：

- 该如何测量一个网站是否成功？
- 哪些内容、优惠、广告是人气最旺的？
- 主要访客是哪些人？
- 什么原因吸引他们前来？
- 如何从堆积如山的大量网络数据中找出让网站运作更有效率的操作因素？

整体而言，Web 挖掘具有以下特性：

（1）数据收集容易且不易引人注意。

所谓凡走过必留下痕迹，访客进入网站后的一切浏览行为与历程都是可以被记录的。

（2）以交互式个人化服务为终极目标。

除了因应不同访客呈现专属设计的网页之外，不同的访客也会有不同的服务。

（3）可整合外部来源数据让分析功能发挥更深更广的作用。

5-7 数据挖掘、云计算与大数据

现在是大数据的时代，当数据量快速增加时，原本的存储空间将会无法负荷，因此存储设备将走向云端。而当数据存储在云端时，用户就能无时无刻、在任何地方以随手可得的上网设备，例如笔记本电脑、平板电脑甚至是智能手机，总之只要能够连上网，就能及时对所收集的数据进行分析。如此一来不但降低购买存储设备的成本，也能节省运算时间，快速完成初步的数据分析。

PART

II

Microsoft SQL Server 概述

CHAPTER

6

Microsoft SQL Server 中的商业智能

6-1 Microsoft SQL Server 入门

在安装 Microsoft SQL Server 时，第一点要注意的就是它的集成安装向导。不再需要为某些功能（如 Analysis Services）而分别执行安装程序。如果某个功能（如 Reporting Services）不可安装，则说明您的计算机不满足该功能的安装要求。可以查看帮助文档，以获得有关功能必要条件的完整介绍。在大多数配置得当的机器上，安装过程中应接受所有默认值，安装的主要功能如下：

- SQL Server 数据库引擎
- DTS
- Analysis Services
- Reporting Services
- SQL Server Management Studio（数据库管理工具集）
- Business Intelligence Development Studio（BI 应用程序开发工具集）

Reporting Services 要求在机器上安装并配置 IIS。由于 Reporting Services 是 Microsoft SQL Server Business Intelligence 功能组的一个重要组成部分，在此强烈建议执行这些配置和安装步骤。

建议用户使用 Business Intelligence Development Studio 进行开发，同时使用 SQL Server Management Studio 来操作和维护 BI 数据库对象。虽然可以在 SQL Server Management Studio 中设置 DTS 包以及 Analysis Services 多维数据集和数据挖掘模型，但 Business Intelligence Development Studio 却为设计和调试 BI 应用程序提供了更好的体验。

对于有经验的 IT 人员而言，建议从掌握新的应用程序入手，因为与升级现有 DTS 包或 Analysis Services 数据库相比，这样可以学到更多东西。如果已有一个可用的包或数据库，就会发现“重新创建”现有的包或数据会十分有用。当熟悉了这些新增工具、功能和概念之后，便可试着升级现有对象。

许多客户都借助 SQL Server 工具，使用熟悉的来自一个或多个源系统的商业智能结构来开发新的系统，使用 DTS 填充维度关联型数据仓库，然后再用数据仓库来填充 Analysis Services 数据库。但是，Microsoft SQL Server 提供了许多选项，通过消除或淡化不同的组件使其背离了这种一般化设计。

6-2 关系数据仓库

Microsoft SQL Server 关系数据库引擎包含一些对数据仓库样式应用程序设计和维护

大有帮助的功能。这些功能包括：

- 对于超大型的报表而言，表分区可提高数据的加载速度，并简化维护过程。
- 轻松创建报告服务器。
- Transact-SQL 方面的改进，包括新增的数据类型和新增的分析功能。
- 联机索引操作。
- 细化备份/还原操作。
- 快速初始化文件。

6-3　SQL Server 2014 概述

SQL Server 能随时随地管理数据，实现了 Microsoft 建立信息平台的愿景。它使用户可以直接在数据库中存储结构化、半结构化与非结构化的文件，如图片与音乐。SQL Server 提供了一组多样化的整合式服务，能让用户对数据进行查询、搜索、同步化、报告与分析等多种操作。用户的数据可以存储在数据中心的大型服务器上，也可以存储在桌面型计算机与移动设备上，无论存储位置为何，都能让用户充分控制数据。

SQL Server 能让用户利用 Microsoft.NET 与 Visual Studio 开发定制化应用程序，以及通过 Microsoft BizTalk Server 内的面向服务架构（SOA）与业务程序来访问数据，而且信息工作者也能使用软件直接访问他们每日使用的数据，如 Microsoft Office 2013 System。SQL Server 提供高信赖度、高生产力与商业智能的信息平台，能符合用户所有的数据需求。

而对于 SQL Server 2014 的发展，微软将继续原有建立信息平台的目标，通过丰富的应用，使企业能够提供或获取实时信息。SQL Server 不仅提供了一个完整的方法来管理信息平台，而且 SQL Server 2014 的功能将可通过云延伸到 SQL Server 广大的平台上。在平台上，SQL Server 2014 提供了一致的挖掘模型和常用工具，通过大规模的分布式数据服务，将可以提供新的商机及高可用性。

人们在信息平台上，将可使用不断扩大的信息技术和数据库，而这部分将会由专业人士不停地开发及提供服务。SQL Server 2014 提供了一些独特的服务给每位使用者，而在使用了 SQL Server 2014 时，SQL Azure（微软提供的云服务平台）以及微软的全球合作伙伴将会提供下列服务：

一、可扩展平台

业务应用程序（LOB）用于 IT 部门之间的联系和业务。LOB 应用程序可以提供安全、可靠的存储，并可集中、管理和分发数据到用户。在 SQL Server 2014 中，可为企业提供一个高性能的数据库平台，此平台可靠、可扩展且易于管理。SQL Server 2014 帮助 IT 部门提供更符合成本效益且具伸缩性的平台。

二、信息科技及开发效率

当信息人员面对不曾发生的需求，在现有的预算与资源下，将要如何提供最大限度的服务？为了达到这个目的，应提供信息人员所需工具以及完成作业的相关能力，以帮助他们提高效率以及简化管理，并快速发展。在 SQL Server 2014 的基础下，使 DBA 和开发人员获得新的工具和能力，在最短时间内开发出可以帮助 IT 管理员的资源。SQL Server 2014 提供新的工具用于管理大型多数据库环境及改进数据库的能力，以帮助巩固价值最大化，确保简化开发和部署数据驱动的应用程序。

6-4 SQL Server 2014 技术

SQL Server 2014 的官网将经常性提供相关的更新以及相关的新技术，以支持用户做相关的更新。

一、分析技术

通过熟悉的工具，SQL Server 2014 帮助组织建立全面的企业级分析解决方案，提供可操作的结果。

二、多数据库环境在 2014 中的应用和管理

针对多数据库的管理，SQL Server 2014 将帮助企业主动有效地管理数据库环境。通过整合资源的利用、精简措施巩固和提升整个应用生命周期，使人们快速且容易使用。

三、压缩

使用 SQL Server 2014 内建的数据压缩和备份压缩功能，以降低数据存储成本，并确保关键任务应用程序的最佳性能。

四、数据挖掘

SQL Server 2014 可帮助授权用户作出明确的决定与预测分析，通过全面的数据挖掘，整合整个 Microsoft BI 平台，可扩展到任何应用程序。

五、高可用性

SQL Server 2014 在技术上提供了一个全方位的方案，以最大限度地减少停机时间并保持适当水平的应用程序可用性。

六、集成服务

SQL Server 2014 提供一个可扩展的企业数据整合平台，具有卓越的 ETL 和整合能力，使企业更容易管理各式各样数据库中的数据。

七、可管理性

SQL Server 2014 提供了针对一个或多个 SQL Server 分析结果的策略性系统管理，以及工具的性能监控、故障排除和调整，使管理员能够更有效地管理它们的数据库和 SQL Server 分析结果。

八、2014 中商业智能的自我管理服务

SQL Server 2014 丰富的商业智能组件，可扩大到整个商业智能与企业，直观的工具和帮助能最大限度地提高投资回报率和 IT 效率的规模。

九、2014 的主要数据服务

SQL Server 2014 的主要数据服务使企业能够开始使用简单的解决方案或业务需求分析调整所需的解决方案，以逐步增加支持多种方案利用相同的数据。

十、高性能和可伸缩性

SQL Server 2014 提供全面的数据平台，其中包括技术。针对大规模的服务器和大量的数据库，可使用内置的工具来改良性能。

十一、可编程

在 SQL Server 2014 中，如何使开发人员能够构建强大的下一代数据库应用程序可使用.NET 框架和 Visual Studio 团队系统。

十二、2014 中的报告服务

针对服务器的平台 SQL Server 2014 提供了一个完整的报表服务，以支持多种不同的报表需求，提供整个企业需要的有关数据。

十三、安全性

SQL Server 2014 提供的增强安全功能，有助于提供有效的安全管理与功能配置，强大的认证、加密和密钥管理能力，并加强审计。

十四、数据空间

SQL Server 2014 提供大量的数据空间，使数据库能够完整地连接、使用和扩展数据库中的数据，并应用数据挖掘方法帮助用户做出更好的决策。

十五、2014 中的复杂事件处理能力

SQL Server 2014 采用 Microsoft StreamInsight 技术，在短时间内可处理多个数据库中的大量数据。这项技术还能处理各类事件与信息查询功能。通过 StreamInsight 技术，用户能通过历史数据的信息与如今的动态数据，做出更有效的决策。

6-5 SQL Server 2014 新增功能

表 6-1 所示为 SQL Server 2014 的新增功能。

表 6-1 SQL Server 2014 新增功能

新增功能	功能介绍
关键任务效率	内建于 SQL Server 2014 数据库引擎的 In-Memory OLTP（内存 OLTP） 新功能可让数据库应用程序的效率获得显著提升。内存 OLTP 不需要更新硬件，就可实现效率提升。使用主存储器可以大幅提高效率（高达 30 倍），平均可提高 10 倍效率
混合云平台	SQL Server 2014 提供了实现 Microsoft 混合式 IT 价值理念的重要组件：将内部部署 IT 环境连接到云端。混合式云平台方案可以灵活调整以符合您的需求：可在内部部署和云端执行程序代码、可使用内部部署数据在云端中执行，或者是完全在多个数据中心的云端执行。这让您可以按自己的步调把应用转移至云端，同时保有旧式 IT 投资的价值。SQL Server 2014 可让您根据自己的条件来使用云端服务

续表

新增功能	功能介绍
快速洞察数据	SQL Server 把服务和内容的完整结合作为 Microsoft BI 平台的基础，所以可跨越不同的数据分析与视觉效果应用程序（包括 Excel、PowerView、数据总管和商务报表）为您带来更快速的数据洞察力。Analysis Services、数据挖掘、Reporting Services、Power View 和 PowerPivot 可提供端对端的服务，让整个企业的 BI 方案功能更强大

CHAPTER

7

Microsoft SQL Server 中的数据挖掘功能

Microsoft SQL Server 平台引入了大量的数据挖掘功能，既能采用传统方式处理数据挖掘，也能采取新的方式进行数据挖掘工作。就传统方式而言，数据挖掘可以根据输入来预测未来的结果，或者尝试发现以前未识别但类似的组中的数据或集群数据间的关系。

Microsoft 数据挖掘工具与传统数据挖掘应用程序有很大的不同。首先，它们支持组织中数据的整个开发生命周期（Microsoft 将其称为集成、分析和报告）。此功能使得数据挖掘结果不再仅限于供少数专门的分析人员使用，而向整个组织开放。其次，Microsoft SQL Server 是开发智能应用程序的平台，而并非一个独立应用程序。由于可以方便地从外部访问数据挖掘模型，因而可以构建智能化的自定义应用程序。而且，该模型具有可扩展性，因此第三方可以添加自定义算法以支持特定的挖掘需求。最后，Microsoft 数据挖掘算法还可以实时运行，允许实时根据挖掘的数据集进行数据验证。

Microsoft SQL Server 中的数据挖掘功能属于商业智能技术，它可以帮助用户构建复杂的分析模型，并使其与业务操作相集成。数据挖掘可回答如下问题：

- 该客户的信用风险如何？
- 客户的特征如何？
- 人们愿意同时购买哪些产品？
- 下个月能卖出多少产品？

数据挖掘应用程序将数据挖掘模型集成到日常的业务运营之中。许多数据挖掘项目的目标是构建可供业务用户、合作伙伴和客户使用的分析应用程序，而不必理会应用程序底层的复杂计算。要实现这一目标，需要执行两个主要步骤：构建数据挖掘模型并构建应用程序。Microsoft SQL Server 使这些步骤比以往更加简单。

7-1　创建商业智能应用程序

创建商业智能应用程序实际上就是利用数据挖掘的各种优势，将其应用到整个数据输入、集成、分析和报告过程中。大部分数据挖掘工具都可以预测未来的结果，帮助确定不同数据元素之间的关系。这些工具中的大部分都针对数据运行，生成随后分别解释的结果。很多数据挖掘工具都是独立的应用程序，专为预测需求或识别关系而存在。

智能应用程序将获取数据挖掘的输出，将其作为输入应用到整个流程。使用数据挖掘模型应用程序的一个例子就是用于接受个人信息的数据输入窗体。应用程序的用户可以输入大量数据，如出生日期、性别、教育程度、收入水平、职业等。属性的某些组合并不合乎逻辑；例如，七岁小孩的职业是医生且有高中文凭，这就表示有人在随便填入数据或者表明此人不具有处理数据输入窗体的能力。大部分应用程序会通过实现复杂而层层嵌套的逻辑来处理此类问题，但实际上，要确定所有此类数据组合是否有效，几乎是不可能的。

为了解决此问题，企业可以使用数据挖掘来查询现有的数据，据此构建有效数据组合的规则。每个组合都给予一个可靠程度计分。组织然后就可以构建数据输入程序，使用数据挖掘模型进行实时数据输入验证。该模型将根据现有总体数据给输入计分，并返回输入的可靠程度。接着应用程序可以根据预先确定的可靠程度阈值来决定是否接受输入。

此例说明了使用实时运行的数据挖掘引擎的好处：可以编写能利用数据挖掘的强大功能的应用程序。数据挖掘并非最终结果，它成为整个过程的一部分，在集成、分析和报告的每个阶段都起到一定的作用。

数据挖掘可以用在数据集成过程的前端，以验证输入，也可以在分析阶段使用数据挖掘。数据挖掘提供了分组或聚类的功能，例如，可以根据关键词将类似的消费者或文档归入同一个组中。然后可以将这些聚类送回到数据仓库，从而可以使用这些分组执行分析。一旦知道了分组情况并将其送回到分析循环中，分析人员就可以使用它们来采用以前不可能的方式查看数据。

智能应用程序的一个主要目标就是使得每个人都可以使用数据挖掘模型，而不再是分析人员的专利。过去，数据挖掘一直是具有统计学或操作研究背景的专家的领域。为支持此类用户而构建了很多数据挖掘工具，但这些工具并不能方便地与其他应用程序集成。因此，在数据挖掘产品本身之外使用数据挖掘信息的能力非常受限制。不过，通过使用跨越整个过程且将模型和结果对其他应用程序开放的工具，企业可以创建能在任何阶段使用数据挖掘模型的智能应用程序。

平台采用集中的服务器存储数据挖掘模型和结果，这是平台有利于创建智能应用程序的另一方面。这些模型通常具有高度的专用性，且保密性较高。将其存储在服务器上，可以防止其分散到组织外部。所带来的额外的好处就是，通过为模型提供共享位置，公司可以为每个模型保持单一版本，而不会在每个分析人员的桌面上存在多个版本。具有“事实的单一版本”是数据仓库的目标之一，此概念也可以扩展到数据挖掘，因此创建的模型也具有单一版本，并针对特定业务进行了改良。

Microsoft SQL Server 中数据挖掘功能的目标是构建具备以下特征的工具：

- 简单易用
- 可提供一整套的功能
- 可轻松嵌入到产品应用程序中
- 紧密集成其他的 SQL Server BI 技术
- 能够扩展数据挖掘应用程序的市场

可以肯定，本书的每位读者几乎都曾“使用”过数据挖掘应用程序。例如在线购买音乐，并收到了“购买此产品的其他客户”的建议；或者食品店在收据上打印个性化优惠券。所有这些，都是从使用数据挖掘应用程序中得到的好处。时至今日，这种应用程序的开发已集中于解决大型公司所面临的最大问题，这些公司能够承受分析能力的匮乏以及巨额的开发费用，而这些都是过去用传统方法构建数据挖掘应用程序所需面对的。正如 Microsoft 的 OLAP 技术已推动了 OLAP 市场增长一样，我们期望能够将数据挖掘技术推广开来，使那些在过去不能开发这种应用程序的企业和部门也能够加入到开发行列中来。

使用 Microsoft SQL Server 中的数据挖掘工具开发一套数据模型，然后在这些模型的基础上随意执行预测。这是所有数据挖掘的模式：开发、模型发现和模型预测。

7-2 Microsoft SQL Server 数据挖掘功能的优势

Microsoft SQL Server 数据挖掘功能具有优于传统数据挖掘应用程序的众多优势。正如前面所讨论的，Microsoft SQL Server 数据挖掘功能与所有 SQL Server 产品实现了集成，包括 SQL Server、SQL Server Integration Services 和 Analysis Services。SQL Server 数据挖掘工具不是公司运行以输出（稍后将独立于分析过程的其他部分对其进行分析）的单个应用程序。数据挖掘功能嵌入到整个过程中，可以实时运行，且结果可以发送回集成、分析或报告过程。不过，如果这些功能难于使用，则没有什么实际意义。幸运的是，Microsoft 特别关注工具的易用性。

7-2-1 易于使用

通过 Microsoft SQL Server，Microsoft 努力将数据挖掘从博士们的实验室中搬出来，让负责设置和运行数据模型的开发人员和数据库管理员（DBA）、任何分析人员、决策者或使用模型输出的其他用户也可以使用数据挖掘，而不需要具有任何专门知识。

例如，一家使用 Microsoft SQL Server 早期版本的公司希望创建一个交叉销售应用程序。交叉销售会根据人们的购买模式和当前购买的产品向其推荐产品。例如，某个消费者购买了特定女影星主演的三部电影，则该顾客可能对同类电影中该女影星主演的电影更感兴趣。另一方面，对科幻小说和恐怖电影感兴趣的消费者可能不会对爱情影片的交叉促销感兴趣。

为了实现交叉销售程序，该公司求助于 DBA，而不是分析人员。DBA 使用 Microsoft SQL Server 新数据挖掘功能设置了一个预测模型，该模型将根据各种因素（包括历史销售资料和消费者的个人信息）进行建议。这个已就绪的模型每秒钟可就特定的消费者产生一百万个预测。最终结果：实现新模型后，推荐产品的销售额翻了一番。

7-2-2 简单而丰富的 API

Microsoft SQL Server 中的数据挖掘功能具有一个非常强大却甚为简单的 API，这使得创建智能应用程序非常简单。利用该 API，无需了解每个模型的内部细节及其工作原理，就可从客户端应用程序调用预测模型。这使得开发人员可以根据分析的数据调用引擎并选择能提供最佳结果的模型。返回的数据已被标记，即数字值在一系列属性中返回。这使得开发人员可以使用简单资料，而不用面对新的数据格式。

访问数据挖掘结果非常简单，通过使用一种与 SQL 相似的语言即可（称为 Data Mining Extensions to SQL 或 DMX）。其语法设计非常适合已经了解 SQL 的人员使用。例如，DMX 查询可以与如下所示类似。

- SELECT TOP 25 t.CustomerID
- FROM CustomerChurnModel
- NATURAL PREDICTION JOIN
- OPENQUERY（'CustomerDataSource', 'SELECT * FROM Customers'）
- ORDER BY PredictProbability（[Churned],True）DESC

7-2-3 可伸缩性

Microsoft SQL Server 中最重要的数据挖掘功能就是其处理大型数据集的能力。在众多数据挖掘工具中，分析人员必须创建有效的随机数据样本，并对该随机样本运行数据挖掘应用程序。尽管生成随机样本听起来非常容易，但统计学家可以提出大量的理由，说明为什么生成有效且真正具有随机性的样本是非常困难且充满风险的。

Microsoft SQL Server 允许模型对整个数据集运行，从而消除了采样方面的挑战。这意味着分析人员不必创建样本集，算法将在所有数据上有效，从而能提供最为准确的结果。

7-2-4 数据挖掘算法

所有数据挖掘工具（包括 Microsoft SQL Server Analysis Services）都采用了多种算法。当然，Analysis Services 是可扩展的；第三方 ISV 可以开发算法，并将所开发的算法无缝地融入到 Analysis Services 数据挖掘框架之中。根据数据和目标的不同，应该采用不同的算法，而且每种算法都可用于解决多个问题。

数据挖掘工具擅长解决多种类型的问题。表 7-1 概括了分析问题的大致分类。

表 7-1 数据挖掘在解决方法上的分类

分析问题	示例	Microsoft 算法
分类：为事例分配预定义的级别（如“好”与“差”）	➤ 信用风险分析 ➤ 客户流失分析 ➤ 客户挽留	➤ 决策树 ➤ 贝叶斯算法 ➤ 神经网络
拆分：开发一种按相似事例分组的分类方法	➤ 客户数据分析 ➤ 邮件推销活动	➤ 聚类 ➤ 顺序群集

续表

分析问题	示例	Microsoft 算法
关联：相关性高级计算	➤ 购物车分析 ➤ 高级数据研究	➤ 决策树 ➤ 关联规则
时间序列预测：预测未来	➤ 预测销售 ➤ 预测股票价格	➤ 时序
预测：根据相似事例（如现有客户）的值预测新方案（如新客户）的值	➤ 提供保险率 ➤ 预测客户收入 ➤ 预测温度	➤ 全部
偏差分析：发现事例或群体与其他事例和群体之间的差别	➤ 信用卡欺骗检测 ➤ 网络入侵分析	➤ 全部

7-3 Microsoft SQL Server 数据挖掘算法

Microsoft SQL Server 中可以使用很多算法（见表 7-2）。

表 7-2 Microsoft SQL Server 的算法

模型	描述
决策树	决策树算法将基于训练集中的值计算输出的概率。例如，20～30 岁年龄组中每年收入超过 60000 美元，且有自己房子的人比没有自己房子的 15～19 岁年龄组的人更可能需要别人提供整理草坪的服务。以年龄、收入和是否有房子等信息为基础，决策树算法可以根据历史数据计算某个人需要整理草坪的服务的概率
关联规则	关联规则算法将帮助识别各种元素之间的关系。例如，在交叉销售解决方案中就使用了该算法，因为它会记录各个项之间的关系，可以用于预测购买某个产品的人也会有兴趣购买何种产品。关联规则算法可以处理异常大的目录，经过了包含超过五十万种商品的目录的测试
Naïve Bayes	Naïve Bayes 算法用于清楚地显示针对不同数据元素特定变量中的差异。例如，数据库中每个消费者的 Household Income（家庭收入）变量都会不同，可以作为预测未来购买活动的参数使用。此模型在显示特定组间的差异方面尤为出色，如那些流失的消费者和那些未流失的消费者
时序集群	时序集群算法用于根据以前时间的顺序分组或聚类数据。例如，Web 应用程序的用户经常按照各种路径浏览网站。此算法可以根据浏览站点的页面顺序对用户进行分组，以帮助分析消费者并确定是否某个路径比其他路径具有更高的收益。此算法还可以用于进行预测，例如预测用户可能访问的下一个页面。请注意，时序集群算法的预测能力是许多其他数据挖掘供货商所无法提供的功能
时序	时序算法用于分析和预测基于时间的数据。销售额是最常见的使用时序算法进行分析和预测的数据。此算法将发现多个数据序列所反映出来的模式，以便企业确定不同的元素对所分析序列的影响
神经网络	神经网络是人工智能的核心。它们旨在发现数据中其他算法没有发现的关系。神经网络算法一般比其他算法更慢，但它可以发现各种并不直观的关系

续表

模型	描述
文本挖掘	文本挖掘算法出现在 SQL Server Integration Services 中，用于分析非结构化的文本数据。利用此算法，各个公司可以对非结构化数据进行分析，如消费者满意度调查中的“comments”（注释）字段

7-4 Microsoft SQL Server 可扩展性

Microsoft SQL Server 包括了大量可以立即使用的算法，而 Microsoft SQL Server 所使用的模型允许任何供货商向数据挖掘引擎添加新模型。这些模型将与 Microsoft SQL Server 提供的模型处于同等位置。第三方的算法还可以享有其他功能所带来的优势：可以使用 DMX 对其进行调用，且易于整合到分析和报告过程的任何部分中。

7-5 Microsoft SQL Server 是数据挖掘与商业智能的结合

集成阶段包括从不同的源获得数据、传输数据和将其加载到一个或多个源中。传统数据挖掘工具在集成阶段几乎没有任何作用，因为正是在这个阶段取得数据，将其准备好用于挖掘。尽管这个听起来像先有鸡还是先有蛋的问题，Microsoft 对于此阶段的处理方法相当直接：取得数据、合并数据、数据挖掘，然后将数据挖掘的结果应用到目前和所有将来的数据。而且，数据挖掘算法可以帮助各个公司发现已经存在于数据中的多余数据，或者在传统的提取、转换和加载（ETL）过程中生成的多余数据。

在集成阶段，如果可以接受插补值，则也可以接受模型所提供的缺失值。这些值可能来自前一段时间，也可以预测未来的活动。Microsoft 数据挖掘工具可以从集成阶段动态生成数字，而不是仅在集成完成后才能提供，这一点颇具优势。

数据挖掘工具与 SQL Server Integration Services 实现了整合。这意味着在数据传输和转换阶段，可以根据数据挖掘模型的预测输出分析和修改资料。例如，可以动态地分析文件或数据字段，并根据文件内的关键词放入恰当的数据库中。

7-5-1 数据分析

典型的数据挖掘工具将在构建了数据仓库后产生结果，而这些结果独立于在数据仓库上完成的其他分析。还将产生预测或标识关系，但数据挖掘模型的结果通常独立于数据仓库中使用的数据。

Microsoft 工具与整个过程实现了整合。正如可在 SQL Server Integration Services 中

使用数据挖掘一样，在 Analysis Services 和 SQL Server 中也可以看到数据挖掘带来的好处。不管公司选择使用关系数据还是 OLAP 数据，数据挖掘在分析阶段带来的优势都十分明显。通过归一化数据模型（UDM），才能以透明的方式对关系数据和 OLAP 数据进行分析，而数据挖掘则对此分析起到了促进作用。

当分析特定数据元素时，如产品之间的关系如何以及如何根据购买模式和网站浏览模式对消费者进行分组，各种数据挖掘模型可以确定如何将这些客户或产品划分为对分析有意义的组。当把这些组发送回分析过程时，数据挖掘引擎允许分析人员和用户根据这些集群进行划分和细化。

7-5-2 报告

一旦建模完成，创建了正确的模型，数据挖掘的重点就从分析转到了结果上，而且更重要的是通过将结果在正确的时间送到正确的人手中，来将这些结果应用到工作中。Microsoft SQL Server 中实现了数据挖掘和报告的集成，可以通过简单灵活且可伸缩的方式向组织中的任何人提供预测结果。

通过充分利用 Microsoft SQL Server Reporting Services，预测模型的结果通过将报告嵌入 Microsoft SharePoint Services，可以轻松地部署到打印报告、Microsoft Office 文件或内网中。例如，一个部门可以方便地看到产品销售的智能预测，或将最可能购买某个产品的消费者列表分发到呼叫中心。他们甚至可以看到显示消费者购买或不购买产品的十大原因，从而合理地分配销售人力。Microsoft 通过以易于理解的方式向用户报告、提供有意义的数据，可以轻松地使用数据挖掘的智能和强大功能。

7-6 使用数据挖掘可以解决的问题

谈到数据挖掘可以解决的业务问题时，很多人都会想到购物车分析或发现数据间的关系，这些在以前都已经广为人知了。实际上，很多问题都可以通过数据挖掘得到解决，但要处理这些问题，重要的是要认识到数据挖掘可以适用于集成、分析和报告过程的任何阶段。

7-6-1 构建挖掘模型

模型的构建、培训和测试过程是创建应用程序过程中最为困难的一部分。正如下面要讨论的，实际开发应用程序是一个简单的编程过程。在开始构建数据挖掘模型之前，应当已经收集和整理了数据，这些数据极有可能位于数据仓库中。Microsoft SQL Server

可以从关系数据库或 Analysis Services 多维数据中查看数据。

开发数据挖掘模型的最佳人选是同时具备业务和技术技巧的人员。模型的开发人员将会从其统计背景中获益、了解企业面临的关键业务问题、对数据和关系产生极大的好奇心，同时还能够利用 Microsoft SQL Server 工具处理和存储数据。现有数据仓库小组中的成员最有可能遇到这些标准。

作为数据挖掘的初学者，应在构建原型模型的同时，计划花费数周时间来研究数据、工具以及可供选择的算法。使用一台具备数据库管理权限的开发服务器。构建模型的最初阶段是探索阶段：用户可能会希望以不同的方法来重新构建数据和实验。当然，用户肯定希望从少量数据子集开始，并在开发愈加清晰的模型设计时扩展数据集。在原型阶段，不要为如何构建一个“可供生产使用”的应用程序而担心。使用 DTS 或执行任何所需数据处理最为舒适的工具。保存一份记录有必要转换的高级日志，但不要期望所做的一切都能成为永久应用程序的一部分。

用户应当准备两套数据：一套用于开发模型，另一套用于测试模型的精确度，从中选择适合业务问题的最佳模型。在考虑如何划分数据子集时，要确保没有引入任何偏差。例如，从十个客户中选择一个客户，或根据姓氏的第一个字符区分，或根据其他任意属性区分。

开发数据挖掘模型的过程涉及选择以下内容：

- 输入数据集
- 输入字段
- 数据挖掘算法
- 算法在计算过程中所用到的参数

如果不知道哪种类型的算法适合处理业务问题，请先从“决策树”或“贝叶斯”下手研究资料。如果不知道要包括哪些属性，就选择所有属性。使用依赖关系网络视图，从中获得可帮助用户简化复杂模型的视图。

在原型开发阶段，用户可能希望构建相关模型，以便评估最佳算法和模型。使用挖掘准确度图表评估在预测中效果最佳的模型。用户可能还希望构建相关模型，对相同的数据执行不同类型的分析。这些模型在作为相关模型时的处理速度要比作为独立定义模型时的处理速度快。

在构建和测试原型后，便可以构建和测试实际数据挖掘模型。在将数据输入数据挖掘引擎前，如果需要转换数据，那么为了要实现这些操作，应当开发可供生产用的操作流程。在某些情况下，可能要选择从 DTS 管道直接植入挖掘模型。如果在少量数据的基础上开发原型，将需要在整套培训数据的基础上重新评估备选模型。

7-6-2 构建数据挖掘应用程序

在 Business Intelligence Development Studio 中开发和研究数据挖掘模型可使企业获得

巨大的价值。用户可以浏览模型，了解数据与业务之间的关系，并使用该信息促进决策的制定。但是，其最大的价值还是来自可以影响公司日常操作的数据挖掘应用程序：例如，向客户推荐产品、记录客户信用风险，或根据预测的库存不足下订单的数据挖掘应用程序。要开发可操作的数据挖掘应用程序，需要跳出 Business Intelligence Development Studio 的圈子，并用 Microsoft Visual Studio 或选择的其他开发环境编写代码。

大部分企业客户都将面向客户的数据挖掘应用程序实施为基于 Web 的 Win32 应用程序，如 ASP 网页。数据挖掘模型业已构建完毕，而且应用程序也可以根据客户的选择或在 Web 商务应用程序中输入的内容，为客户执行预测。这可能是十分简单的应用程序；唯一不寻常的部分是发布预测查询。

数据挖掘应用程序开发人员不一定就是开发数据挖掘模型的人员。应用程序开发人员应具备一流的开发技能，而对业务或统计知识的需求则相对较低。

Microsoft 的数据挖掘技术大大地简化了构建自动化数据挖掘应用程序的过程。其中共有两个步骤：

- 开发数据挖掘预测查询，其 DMX 语法在“数据挖掘”规范的 OLE DB 中定义。不需要手工编写 DMX，用户只需单击 Business Intelligence Development Studio 编辑器左栏上的“挖掘模型预测”图标即可。“挖掘模型查看器”图形化工具会有助于开发预测查询。
- 在数据挖掘应用程序中使用预测查询。如果应用程序只使用 DMX 便可完成预测，则项目应包括 ADO、ADO.Net 或 ADOMD.Net 等类引用（建议在 Beta 1 之后的开发中使用 ADOMD.Net）。如果用户正在构建一个更为复杂的应用程序（例如要显示用户挖掘模型查看器，如“决策树查看器”），将需要包括 Microsoft.Analysis-Services 和 Microsoft.Analysis- Services.Viewers 类。

有些客户（主要是独立软件供应商）希望创建可生成数据挖掘模型的应用程序，这种应用程序可能会替代在 Business Intelligence Development Studio 中开发挖掘模型，但可能只适用于特定的领域，如 Web 分析。在这种情况下，开发项目就需要包括 Microsoft.DataWarehouse.Interfaces，以便获得对 AMO（Analysis Management Objects，分析管理对象）的访问权限。

7-6-3 DMX 范例

数据挖掘过程包括三个步骤，分别为：创建数据挖掘模型、培训模型和根据模型预测行为，这三个步骤都可通过简单、类似 SQL 编程语言的 DMX 来实现。范例语法如下所示；DMX 的完整使用方法可从联机帮助中获得。

- 创建数据挖掘模型

```
CREATE MINING MODEL CreditRisk
```

```
(CustID LONG KEY,
Gender TEXT DISCRETE,
Income LONG CONTINUOUS,
Profession TEXT DISCRETE,
Risk TEXT DISCRETE PREDICT)
USING Microsoft_Decision_Trees
```

- 培训数据模型

```
INSERT INTO CreditRisk
(CustId, Gender, Income, Profession, Risk)
SELECT CustomerID, Gender, Income, Profession, Risk
From Customers
```

- 根据数据挖掘模型预测行为

```
SELECT NEWCUSTOMERS.CUSTOMERID, CREDITRISK.RISK,
PREDICTPROBABILITY(CREDITRISK)
FROM CREDITRISK PREDICTION JOIN NEWCUSTOMERS
ON CREDITRISK.GENDER=NEWCUSTOMER.GENDER
AND CREDITRISK.INCOME=NEWCUSTOMER.INCOME
AND CREDITRisk.Profession=NewCustomer.Profession
```

CHAPTER

8

Microsoft SQL Server 的分析服务（Analysis Services）

构建分析应用程序的第一步就是在 Business Intelligence Development Studio 中创建一个新的 Analysis Services 项目。创建了空项目之后，应当创建一个“数据源”并将其与源数据库建立连接，此源数据库可以是任何受支持的关系型数据库管理系统中的数据库。建议将 Microsoft SQL Server 关系数据库作为源。

“数据源”负责为源数据连接存储信息。“数据源视图”中包含源数据库表相关子集的信息。此信息不只局限于源数据库中表的物理结构；还可以添加诸如关系、表和行的友好名称、计算行和命名查询之类的信息。

“数据源视图”可以在 BI 项目和 DTS 项目之间共享。

“数据源视图”很有用处，尤其是在以下几种情况中：

- 源数据库包含成千上万个表，但其中只有相对少数的表在 BI 应用程序中真正有用。
- Analysis Services 数据库使用来自多个源的数据，这些源有多重数据库、服务器、平面文件或 RDBMS。
- BI 系统开发人员不具有源数据库中的系统管理权限，且不允许创建物理视图或修改源数据库。
- BI 系统开发人员需要以“脱机”模式工作，必须断开与源数据库的连接。设计和开发任务针对“数据源视图”发生，而“数据源视图”已从源数据中分离出来。

为“数据源视图”设置良好名称和关系所作的努力将换来分析应用程序的轻松开发。

8-1 创建多维数据集的结构

创建了“数据源视图”之后，便可以右击“解决方案资源管理器”窗格中的“多维数据集”图标，选择“新建多维数据集”，创建一个多维数据集。用户可以启用 IntelliCube 检测和建议。如果选择使用 IntelliCube，则必须决定是否构建一个为报告经过改良的多维数据集。IntelliCube 技术会对“数据源视图”中的数据库和数据基数关系进行检查，并按事实数据表、维度表或用于解析多对多关系的维度－事实桥接表来智能呈现表特征。选择是为改良还是为报告优化多维数据集和维度存在一些微小的差别——就是 IntelliCube 是否会尝试在维度属性之间创建层次关系。由于层次易于创建，也易于毁坏，因此无须担心会花费太多时间和精力。

建议在此“多维数据集”向导的初始屏幕后立即单击“完成”按钮。这样会依次定义好所需的 Analysis Services 数据库、维度、层次、属性和多维数据集。可以对此设计进行编辑，但通常情况下，仔细使用完向导，并在过程中做出一些明智的选择会更加有效。

实施完“多维数据集”之后，用户可能会发现更喜欢用“维度向导”来逐一创建复杂的维度，要启动“维度向导”，只需在“解决方案资源管理器”窗格中右击“维度”即可。仔细定义完大型维度（例如“产品”“客户”和“时间”）后，启动“多维数据集向导”，并确保在适当的位置包括这些预定义的维度。

8-2 建立和部署多维数据集

到目前为止，前面执行的这些步骤已在开发机器上以 XML 文件轻松创建了维度和多维数据集定义和结构。Business Intelligence Development Studio 和“配置管理器”使用户可以对目标服务器上的项目构建和部署过程进行管理。在默认情况下，“部署”目标服务器就是本地服务器。用户可以创建适合其他环境部署的备选配置。项目的主要属性，如目标服务器的名称和数据源连接字符串等，可能会因配置而不同。

要在开发循环过程中预览和测试多维数据集和维度，请从 Business Intelligence Development Studio 的菜单中选择“部署”，在指定的目标服务器上构建和部署项目。或者按下 F5 键，或选择“调试”(位于 Business Intelligence Development Studio 主菜单中)。这样会启动几个调试和浏览工具中的一个，具体启动哪个，取决于所执行的操作以及选择“部署”的时间。而“部署”过程会启动多维数据集浏览器、MDX 脚本调试器或 KPI 浏览器。

用户可能想在定义完系统的维度、度量值和多维数据集后查看一下系统原型。请使用相对较少的数据针对开发数据库进行处理，以验证数据和结构的行为是否与预期的行为相一致。

作为原型的一部分，用户可能想设计一些更为复杂的“Analysis Services”数据库、“关键绩效指针”“操作”和“计算”组件。如果数据库是被对不同数据视图感兴趣的不同用户团体使用的话，请深入查看“透视”和备选的安全计划。如果计划部署可供国际上不同语言的用户使用的数据库，则可以使用“翻译”功能引入本地化项目名称。最终，原型会评估备选的物理配置，例如“分区”和不同的“主动缓存”选项。

在 Analysis Service 数据库开发完成之后，便可以部署数据库对象，以便于进行最终测试、临时过渡并投入生产服务器。在构建阶段的项目输出可以用作 Analysis Services 部署实用工具的输入。此实用工具可以帮助部署和处理数据库。

8-3 从模板创建自定义的数据库

我们刚刚描述了从已知源创建自定义 Analysis Services 数据库的基本步骤。这种通过“多维数据集向导”和“维度向导”创建的方法与创建 Analysis Services 2000 数据库的标准方法十分类似。

创建 Microsoft SQL Server 分析应用程序的另外一种备选方法就是选择“多维数据集向导”第二个屏幕上的“在不具备数据源的前提下设计商业智能模型”选项。这种通过向导创建的方法与 SQL Server 2014 Accelerator for Business Intelligence 的设计体验十分类似。这种设计体验会从模板生成一个完全可自定义的应用程序，而此处的模板：具有丰富的维度结构和分析功能，还有可能包括一个关联型数据仓库和 DTS 包。Microsoft、集成商或独立软件提供商都可以提供这种模板。

不管采用哪种通过向导创建的方法，是从源数据库创建，还是从模板创建，都可以设计相同的 Analysis Services 数据库。假设创建一个完全自定义的系统。对象名称和结构都是可以完全自定义的，初始设计是受源数据库中的名称和结构所驱动的。模板选项也可以创建一个完全自定义的数据库，但是初始设计是受专家主题区域模板所驱动的。

许多用户都喜欢将这两种方法结合使用。一个非常常见的方法就是用现有源创建 Analysis Services 数据库中的大部分内容，而用模板法生成“时间”维度。

8-4 统一维度模型

Microsoft SQL Server Analysis Services 使关系数据库与多维 OLAP 数据库之间的界线变得更加模糊。OLAP 数据库分析应用程序一直以来都具有巨大的优势，这些优势主要体现在以下几个方面：

- 卓越的查询性能
- 丰富的分析功能
- 易于业务分析师使用的操作简单性

不过，在实现这些功能的同时也带来了一定的负面效应。到目前为止，已经发现的问题就有 OLAP 数据库（包括 Analysis Services 2012 在内）很难交付以下内容：

- 包括多对多关系的复杂架构
- 对广泛属性集的详细报告
- 低延迟数据。

通过将传统 OLAP 分析与关系报告二者的优点相结合，Microsoft SQL Server Analysis Services 能够提供一个可以同时覆盖这两方面需求的统一维度模型。在 Microsoft SQL Server 中定义的一套多维数据集和维度被称为统一维度模型（Unified Dimensional Model，UDM）。UDM 的优势和灵活性引发了设计领域的巨变。过去，BI 架构师会权衡备选基础结构的收益和成本，并在关系数据库和 OLAP 数据库之间作出选择。现在，架构师可以设计一个“统一维度模型”，然后从传统极限中确定一点用于放置 Analysis Services 系统逻辑设计和物理配置。

8-5 基于属性的维度

Microsoft SQL Server Analysis Services 围绕维度的属性，而非维度的层次构建多维数据集。在 Analysis Services 2012 中，维度设计由层次主宰，层次的示例有{年、月、日}或{国家、地区、城市}。这些层次要求各层之间存在密切的数据关系。作为成员属性和虚拟维度公开的“属性”是“二等公民”。虽然有可能在物理维度中生成属性，但性能因素却使这一技术的广泛应用大打折扣。熟悉关系结构的用户对 OLAP 数据库中对层次的过度侧重深感困惑。

Microsoft SQL Server Analysis Services 结构与关联型维度结构更为类似。一个维度可包含多个属性，每个属性都可用于切片和筛选查询，同时每个查询又可以合并到层次中，而不必考虑数据的相互关系。

有 OLAP 背景的用户都知道强大的层次结构价值，有一点可以肯定，那就是“城市”清晰地汇总为“地区”和“国家”。这种自然层次结构依然存在，并应在适当的位置进行定义：查询性能会因为这种层次结构而提高。

例如，设想一个“客户”维度。关联型源表有八列：

- 客户键
- 客户名称
- 年龄
- 性别
- 电子邮件
- 城市
- 地区
- 国家

相应的 Analysis Services 维度应具有七个属性：

- 客户（整型键、以“客户名称”作为名称）
- 年龄、性别、电子邮件、城市、地区、国家

数据中存在一种自然层次结构，{国家、地区、城市、客户}。出于导航目的，应用程序开发人员可以选择创建第二个层次结构：{年龄、性别}。商务用户并没有看到这两个层次结构行为方式之间有何区别，但是，自然层次却可以从深谙层次关系的索引结构（对用户隐藏）中受益。

新维度结构的最大优势在于：

- 维度不需要加载到内存中。因此，维度可以非常巨大（经测试，可支持上千万名成员）。
- 用户可以添加和删除属性层次结构，而不必再重新处理维度。属性层次索引结构

属轻型结构，在后台计算，并不影响多维数据集查询。

- 重复的维度信息被去除；使得维度更加轻巧。
- 由于引擎为并行处理创建了机会，因此维度处理信息性能得到了改进。

8-6 维度类型

Analysis Services 2014 中包括两种维度类型：常规层次类型和父子类型。Microsoft SQL Server Analysis Services 新增了一些重要的新维度结构。其中有些结构的名称是临时的，但是，这些名称都是 BI 文献中较为通用的。

- 角色扮演：维度扮演着一些重要角色，具体哪些角色要依上下文而定。例如，[时间] 维度可能会被 [订购日期] 和 [发货日期] 重用。在 Microsoft SQL Server 中，扮演着某些角色的维度只需存储一次，便可多次使用。这样便可使所需的硬盘空间和处理时间降至最低。
- 事实：事实或“退化”维度与事实（如事务编号）具有一一对应的关系。从本质上讲，退化维度不能用于分析，但可用作标识，以定位特定的事务，或标识组成聚合单元的事务。
- 引用：维度并不能够直接和事实数据表发生联系，但可通过另一维度间接发生联系。这方面的原型示例有 [地理位置] 引用维度，它同时关联了 [客户] 和 [销售团队] 两个维度。引用维度可能由数据提供程序提供，并包括在多维数据集中，不必再修改事实数据。
- 数据挖掘：数据挖掘维度支持从数据挖掘模型（包括群集、决策树和关联规则）生成的维度。
- 多对多：这些维度有时被称为多值维度。在大部分维度中，事实能且只能连接一个维度成员。多对多维度解决了多维度成员问题。例如，银行储蓄客户可以有多个账户（支票、储蓄）；一个账户可以有多个客户（Mary Smith、John Smith）。[客户] 维度有多个成员，这些成员都与一个账户事务相关联。在维度不能够直接关联事实数据表时，Microsoft SQL Server 多对多维度支持复杂的分析，并扩展了维度模型，使之超越了传统的星型架构。

8-7 量度组和数据视图

Microsoft SQL Server Analysis Services 引入了“量度组”和“透视”，以用来简化分析数据库的设计和部署。在 Analysis Services 2012 中，鼓励用户构建多个物理多维数据集。每个多维数据集相当于一个特定的维度，通常还相当于一个特定的关系事实数据表。虚拟多维数据集以一种对商务用户透明，而对开发人员设计又不太复杂的方式，合并多个事实数据表。

在 Microsoft SQL Server 中，最常用的方案将具有包含一个或多个“量度组”的物理多维数据集。量度组中的事实数据具有特定的细化程度（由维度层次的交叉点定义）。查询根据需要被自动定向到不同的量度组。在物理层上，分区（与 Analysis Services 2014 分区类似）在“量度组”上定义。

大型应用程序将为用户提供大量的维度、量度组，而且还会给导航带来难度。在“多维数据集编辑器”的“透视”选项卡中定义的“透视”可以创建一个多维数据集的子集“视图”。为了要提供一定程度的个性化，可以将安全性角色与适合该角色的透视集相关联。

我们希望大部分的 Microsoft SQL Server Analysis Services 数据库都包含一个具有多个量度组和多个透视的多维数据集。

对多维数据集事实结构和查询性能所做的其他改进有：

- 量度可以为空；在 SQL Server 2014 中，“null”量度被当作 0 处理。
- 适当的多维数据集分区使得“非重复计数度量值”的查询性能得到了改进，性能值增加了几个数量级。
- 对备选数据库管理系统的访问由可扩展的部件基础结构提供。RDBMS 的部件用于指定如何为关系查询和写入优化 SQL 语句。用户可以轻松添加其他关系系统的部件；部件被作为 XSL 文件实现。

8-8　计算效率

使用分析服务器（如 Analysis Services）最大的争议之一就是其集中定义复杂计算的能力。Analysis Services 一直以来都能交付丰富的分析数据，但对某些复杂概念却很难实现。

其中一种概念就是半累积量度。最通用的量度值（如 [销售额]）能够清晰地汇总所有维度：长期以来的 [总销售额] 是指所有产品、所有客户在所有时间内的销售总额。相比之下，半累积量度值可能在某些维度中是累积的，而在其他的维度却不是累积的。最常见的一个例子便是余额，如仓库中的货品数。很显然，昨天和今天的余额总计肯定不等于昨天的余额加上今天的余额。相反，它可能是期末余额，虽然在有些情况下它是期初余额。在 Analysis Services 2014 中，必须定义一个复杂的 MDX 计算，方能交付正确的度量值。而在 Microsoft SQL Server Analysis Services 中，期初余额和期末余额都是本机聚合类型。

非重复计数度量值在 Microsoft SQL Server 中也得到了很大的改进。现在，非重复计数度量值可定义在字符串数据上，而查询可以定义为在任意集合上执行“非重复计算”。Analysis Services 2012 只能够在预先定义的层次结构上执行非重复计算。

“时间智能”向导将创建一个时间计算维度，其中包含该期间与最后期间的对比计算，可以移动平均值，同时还可创建其他的通用时间计算构造。

8-9 MDX 脚本

多维表达式（Multi Dimension Expression，MDX）是一种功能非常强大的语言，可用于定义 Analysis Services 2014 计算和安全规则。MDX 功能强大，但也很复杂。Microsoft SQL Server Analysis Services 利用被简化了结构和语法的“MDX 脚本”定义了一种新的计算模型。

MDX 也是 Analysis Services 系统中的查询语言。查询工具（如 Excel 工作表）根据用户的“拖放”行为产生 MDX 查询。MDX 的这种使用与“MDX 脚本”无关；“MDX 脚本”用于服务器定义的对象，如计算成员和单元计算，并非用于用户查询。

在定义 Microsoft SQL Server Analysis Services 多维数据集时，其中只包含结构，而没有数据。“MDX 脚本”是多维数据集结构的组成部分。一般情况下都会定义一个默认的“MDX 脚本”命令，用来计算默认的聚合。默认的“MDX 脚本”命令只包含一条语句：

```
Calculate;
```

在多维数据集完全处理之后，应用预设 MDX Script 之前，多维数据集将包含叶层级的数据，但不包含聚合。在应用单一语句的默认“MDX 脚本”时，将计算和存储聚合。

“MDX 脚本”语句包含以下命令，用分号隔开：

- 限制语句作用域的作用域语句
- 公式和值分配
- 计算成员定义
- 命名集定义

在多维数据集的设计中，Business Intelligence Development Studio 的用户界面和“MDX 脚本”均在“计算”视图中构建（包括计算成员和命名组）。“MDX 脚本”可以在提供语法向导的默认“计算窗体”视图中查看，也可以在“计算脚本”视图中查看，这一视图把“MDX 脚本”显示为一组用分号分隔的命令。可以在这两个视图间来回切换，虽然“窗体”视图的显示要求整个脚本的语法必须正确。

“MDX 脚本”具有几个主要功能：

- 脚本遵循过程模型：依次应用语句。“MDX 脚本”开发人员不需要再受传递次序的烦恼，他们得到充分的保护，不必再担心会编写出引起无限制递归的脚本。

- 可包含计算：SCOPE 语句可以针对多维数据集的特定区域，定义一个或多个计算。例如：

```
SCOPE ([Customers].[Country].[Country].[USA]);
[Measures].[Sales] = 100;
END SCOPE;
```

- 作用域可以嵌套。
- 可缓存计算：CACHE 关键字表示脚本计算结果应存储在磁盘上，而不是在执行运行时计算。在查询包含大量复杂计算的大型多维数据集时，缓存的计算可以实现非常高的查询性能。当输入缓存计算更改时，该计算便会被删除和重建。
- 用户可以对“MDX 脚本”进行调试。可以逐行完成“MDX 脚本”，浏览每步的多维数据集结果。

8-10 存储过程

Microsoft SQL Server Analysis Services 引入了存储过程来扩展用户定义功能（User defined function，UDF）所提供的能力。存储过程可以用任何公共语言运行编程语言（例如 C++、Visual Basic 或 C）编写。存储过程允许一次性开发公共代码、将代码存储在一个位置，并在其他存储过程、计算和用户查询中重新使用所存储的公共代码，从而简化了数据库的开发和实施。

在 Microsoft SQL Server Analysis Services 中存在两种类型的存储过程：

- MDX 函数存储过程与任何其他的 MDX 函数相似，它提供了一种可轻松扩展 MDX 语言的机制。
- 自定义存储过程执行特定于实施的任务，例如多维数据集处理，或更新多维数据集部分中的单元。

存储过程可用于执行客户端应用程序可以执行的任何任务。

8-11 关键绩效指标（KPI）

Microsoft SQL Server Analysis Services 为服务器端计算定义引入了关键绩效指标（KPI）框架，用来衡量业务。这些 KPI 将通过数据访问 API 和 Microsoft 与相关工具显示在报告、门户和仪表板中。

不同的评论员和供应商用缩写“KPI”代表不同的概念。对于 Microsoft SQL Server

Analysis Services，精确定义 KPI 的过程可分为以下四个步骤：

- 有待测量的值：物理度量值，如销售额，计算度量值，如利润，或在 KPI 中定义的计算；
- 值目标：定义度量值目标的值（或解析为值的 MDX 表达式）；
- 状态：评估当前值状态的 MDX 表达式，其正常值范围从 –1（极差）～ +1（极佳）；
- 趋势：评估当前值趋势的 MDX 表达式。相对其目标而言，值是逐渐变好还是逐渐变坏？

8-12 实时商业智能

数据仓库和商业智能应用程序过去都是使用“过时”的或高延迟的数据，数据每月、每周或每天刷新一次。传统拥护者断言，实时 BI 是相互矛盾的，因为统计决策不需要刷新频率过高（超过每天一次）的数据。评论者忘记了一件事情，就是商业智能应深入整个企业，而不仅仅是将策略或制定的决策部署给少数的分析家或行政执行人员。可操作的商业智能要求低延迟的数据。

Microsoft SQL Server Analysis Services 为可操作的商业智能提供了新的处理选项。在 Analysis Services 2014 中，无论是多维数据集的存储模式还是分区策略，都是用“拉”模型处理。启动 Analysis Services 进程在源数据库中查找新的信息、处理可选存储的详细数据，并计算和存储聚合。

在 Microsoft SQL Server Analysis Services 中仍支持“拉”模型，但结合了对低延迟商业智能异常有效的其他选项。

- 从 DTS 管道中推出数据，或从自定义应用程序中推出数据。数据可以从 DTS 包管道直接流入 Analysis Services 分区，不用立即存储。这种方案可用于降低分析数据的延迟（和存储成本）。
- 按主动缓存管理多维数据集，以指定延迟和性能特性管理缓存，勿需管理干涉。

Analysis Services 多维存储的查询性能特性主宰着关联型存储。简而言之，查询针对多维（MOLAP）存储执行时效果最优。其不足之处是延迟——多维存储是从其关系源向下流动的。主动缓存技术的技巧就在于能够在最小化数据延迟和管理成本的同时最大化查询性能。

主动缓存功能简化了管理数据过期问题的过程。如果事务发生在源数据库（如新的维度成员或新的事实事务）上，现有“缓存”便会过期。主动缓存技术提供了一种可调整的机制，可确定重新构建多维缓存的频率；指定在重新构建缓存时答复查询的方式；在不需要任何管理干涉的情况下启动过程。

主动缓存技术可以将多维数据集设置为在事务发生时，自动刷新其多维缓存。虽然Analysis Services处理数据速度非常快，但处理过程还是需要一些时间。如果多维缓存处理过程没有完成，主动缓存配置便可以自动将查询复位到相关的存储。

在设计主动缓存配置时，一定要谨记必须为每个多维分区都设置主动缓存。如果分区包括短时间范围（如一小时）内的数据，缓存刷新过程可能会发生得非常快。最为复杂的主动缓存配置依赖于从关系数据库发往有更新发生的Analysis Services的通知。Microsoft SQL Server关系数据库支持这种通知。对于不能够提交通知的数据库，可以将Analysis Services配置为根据定义的查询，再循序更改。

主动缓存的参数有：

- 静止期：在服务器开始处理新信息前，关系源必须处于事务空闲状态的时间量。该参数通常设置为一个小于十秒钟的值。如果在关系源上存在许多连续的更新，则应等待静止期，以针对重复性删除和重建缓存加以保护。
- 延迟：允许用户访问过期数据的时间量。如果延迟设置为0，则只要收到通知，用户查询就会被复位到关系源。如果延迟设置为600秒，用户则只能访问十分钟前的数据。如果设置为–1，则表示用户将一直访问过期数据，直至主动缓存处理完毕。
- 静默覆盖间隔：更改通知与主动缓存处理开始之间的最大持续时间。如果源数据库被不断更新，此参数将覆盖“静止期”设置。
- 强制重建间隔：当源数据库系统不能提供更新通知时，可使用此参数提供简单的主动缓存功能。如果源数据在SQL Server RDBMS中，则应将该参数设置为0。

CHAPTER

9

Microsoft SQL Server 的报表服务（Reporting Services）

随着 Microsoft SQL Server 的发布，Microsoft 在其集成商业智能平台中拓展了一个新的组件，即 SQL Server Reporting Services。该组件使得人们不管在任何商业环境中，都可将适当的信息送达给适当的人，从而扩展了 Microsoft 的商业智能发展前景。

Reporting Services 是一个部署在服务器上的完整平台，可创建、管理和交付传统报表和交互式报表。它包括创建、分发和管理报告所需的一切工具和信息。同时，产品的标准模块化设计和应用程序编程接口（API）使软件开发人员、数据提供商和企业能够集成原有系统或第三方应用程序中的报表功能。

Reporting Services 随 Microsoft SQL Server 一起发布，其中包括：

- 用于创建、管理和查看报表的一整套工具。
- 用于承载和处理报表的引擎。
- 可将报表嵌入到（或将解决方案集成到）不同 IT 环境中的可扩展体系结构与开放式接口。

9-1 为何使用报表服务

毫无疑问，能够在适当的时间，将适当的信息送达适当的人员是具有巨大的价值。对于许多企业而言，这是一个挑战，因为这些需要受访的信息人员不但具有宽广的专业背景，而且还可能分散在整个组织内的不同位置，甚至于组织之外。

Reporting Services 通过灵活的订阅和交付机制简化了传统报表与交互式报表的创建过程，并可将这些报表顺利地交付给广泛的人群。它还为处理复杂苛刻的商业环境提供了必要的安全性和可管理性。

Reporting Services 提供了独一无二的属性组合：

- 完整的、基于服务器的报表平台：Reporting Services 支持从创建报表到提交报表和后续管理的整个报表生命周期。
- 灵活可扩展的报表功能：Reporting Services 具有可扩展的交付选项，可同时支持众多格式的传统报表和互动报表。它可通过开放式的 API 和接口轻松集成到任何环境或解决方案中。
- 可伸缩性：产品基于 Web 的标准化模块设计，可轻松扩展为支持高数据容量的环境。能创建具有多个报表服务器的报表服务器环境，访问同一核心报表，为数以千计的 Web 客户端提供服务。
- 与 Microsoft 产品和工具的集成：Reporting Services 随 SQL Server 一起发布，可轻松集成我们熟悉的 Microsoft 工具，如 Office 和 SharePoint Portal Server，无需进行编程和自定义设置。

9-2　报表服务的功能

Reporting Services 将集中式托管报表系统的优点与桌面、Web 应用程序的灵活度集于一身，并符合个人的需求。Reporting Services 是一个完整的报表平台，支持从报表创建到报表部署的整个报表生命周期。

9-2-1　制作报表

Reporting Services 包括创建传统报表或交互式报表所需的一切工具及技术，其中包括具有报表设计向导功能的图形化报表设计器工具，如表 9-1 所示。

表 9-1　Reporting Services 报表制作功能

报表制作功能	详细信息
受到广泛支持的数据源	Microsoft SQL Server Microsoft Analysis Services 所有兼容 OLE DB 的数据源 所有兼容 ODBC 的数据源
灵活的制作工具	报表设计器（使用 Visual Studio 2005） 基于 XML 的报表定义语言（RDL） 生成 RDL 的第三方工具
灵活的报表格式	自由格式 表格 矩阵 图表 使用运行时筛选的参数化报表 排序和分组 演练 链接的报表
模块化报表执行	转换是从查询流程中分离出来的一个流程；同一份报表可能转换为不同的格式。 执行可按计划执行，也可以按需执行

9-2-2　管理报表

Reporting Services 包括基于 Web 的工具，可用于管理报表和报告服务器 Web 应用程序。管理员可使用此接口为报表定义基于角色的安全性、编排报表执行和提交，以及跟踪报表历史。企业或 ISV 可以使用 Reporting Services Web Services API 编写自定义的管理工具。

由于报表定义、文件夹和资源都存储在 SQL Server 数据库中，因此，可以使用其他工具（如 SQL Server Management Studio）管理源数据，或使用那些充分采纳已发布 API 的第三方应用程序。

Reporting Services 实施了一个灵活、基于角色的安全模型，用来保护报表和报表资源。这一功能可根据各种不同的安全需求量身定做。该产品包括根据需要集成其他安全模型的可扩展接口，如表 9-2 所示。

表 9-2 报表管理功能

报表管理功能	详细信息
报表中元数据	➤ 名称 ➤ 描述
数据源管理	➤ 连接 ➤ 凭据
参数管理	➤ 默认 ➤ 提示
报表编排	集成 SQL Server 代理
执行属性	实时、缓存或快照。Reporting Services 快照是报表数据集（运行报表快照时报表的源查询结果）的存储副本
报表执行的历史	被保留下来，以供需要时再次使用的快照分类列表
报表安全性	➤ 用户、组和角色
报表服务器 Web 应用程序	基于 Web 的管理工具，这些工具可用于： ➤ 定义安全性 ➤ 安排报表的执行和提交 ➤ 跟踪报表历史
灵活的管理 API	Web 服务 API

9-2-3 提交报表

用户可以将报表提交到门户、以电子邮件的形式发送给用户，或让用户使用基于 Web 的报表服务器从文件夹层级中访问报表。导航、搜索和订阅功能可帮助用户根据其需要定位和运行报表。个性化的订阅功能可让用户自行选择自己喜欢的转换格式，如表 9-3 所示。

表 9-3　报表提交功能

报表提交功能	详细信息
报表转换选项的范围	➤ Web 格式（HTML） ➤ 打印格式（PDF，TIFF） ➤ 数据（Excel，XML，CSV） ➤ 通过开放式 API 实现的其他格式
灵活的提交选项	➤ 按计划 ➤ 由事件驱动 ➤ 个性化的订阅 ➤ 显示的报表或链接交付 ➤ 数据驱动的订阅 ➤ 集成的其他应用程序

Microsoft SQL Server 是一个完整的商业智能平台，它所提供的基础结构和服务器组件可用于构建：

- 易于查询且维护成本较低的大型复杂数据仓库；
- 较小规模的企业或大型企业中的部门，可以轻松构建和管理小型报表和分析系统；
- 向操作用户交付分析数据的低延迟系统；
- 死循环分析和数据挖掘系统；
- 扩展商业智能的嵌入式系统。

为用户所熟悉的工具（SQL Server 关系数据库、DTS、Reporting Services 和 Analysis Services OLAP 以及数据挖掘）也都得到了极大的改进。新增功能（如 Business Intelligence Development Studio 和 SQL Server Management Studio）进一步扩展了 Microsoft BI 平台。每个工具都具有创新性，其设计都可令用户事半功倍：用比以前更少的硬件、规模更小的团队更快更好地构建、部署和管理重要的商业智能应用程序。

CHAPTER

10

Microsoft SQL Server 的整合服务

10-1 SSIS 介绍

Microsoft 在 SQL Server 2005 发展了 DTS，通过 DTS 能将其他数据库的数据导入 SQL Server 2014 之中，但为了应对企业数据源的多元化，DTS 在 Microsoft SQL Server 中被扩大为 SSIS()，Integration Services 是一个能提供数据仓库提取、转换及加载（ETL）等相关功能的一个平台。在该平台中，包含了创建和调试封装的图形工具及向导，能帮助企业进行 ETL 等工作，且提供了数据适配、容器、转换等工具，希望能让整合的能力更加强大。在 SSIS 的环境下，用户利用可视化的图形界面来将数据导入与导出，同时 Integration Services 支持机器码与托管（Managed）程序代码。从自定义客户端访问 Integration Services 对象模型或编写自定义工作或转换的开发人员，可以使用 C++或任何符合 Common Language Runtime（CLR）标准的语言来编写程序代码。

10-1-1 DTS 与 SSIS

在 SQL Server 2005 中，有提供数据转换服务的 DTS（Data Transformation Server），它能够将其他数据库的数据导入 SQL，而在 Microsoft SQL Server 中，则将这项服务转变为数据整合服务，简称 SSIS（SQL Server Integration Service）。

- 整合服务：在高性能的数据整合平台上将不同来源的数据整合。
- 分析服务：整合的数据能够通过 DTS 添加商业规则。
- 呈现服务：将整合及分析后的数据通过接口呈现给用户。

10-1-2 DTS 升级到 Integration Services 重点

（1）整合了 Visual Studio 2008 的开发环境，可以进行设计、调试、部署等活动。

（2）整合了 SQL Server Management Studio，可以进行封装监控、运行、加载与输出等操作。

（3）在设计理念上，将控制流与数据流分开，让一个封装内可以有多个数据流分别处理不同的数据转换，而每个数据流任务都是控制流的一项操作，并且增加了错误事件的处理机制，来强化异常处理的弹性。

（4）加上了封装的安全性管理，提供了封装权限、文件权限与数据库角色权限设置三种托管机制。

表 10-1 为 SQL 2014 DTS 与 Integration Services 的功能对比。

表 10-1　SQL 2014 DTS 与 Integration Services 的功能对比

可以直接对应的部分	无法直接对应的部分
➤ ActiveX Script Task ➤ Bulk Insert task ➤ Copy SQL Server Objects task ➤ Data Mining Prediction task ➤ Execute Package task ➤ Execute Process task ➤ Execute SQL task ➤ File Transfer Protocol task ➤ Message Queue task ➤ Send Mail task ➤ Transfer Databases ➤ Transfer Error Messages ➤ Transfer Jobs ➤ Transfer Logins ➤ Transfer Master Stored Procedures tasks	➤ Analysis Services task Microsoft SQL Server Integration Services ➤ Data Driven Query task ➤ Dynamic Properties task ➤ Transform Data task → Data flow Task → Data flow Elements

10-1-3　SSIS 版本

Microsoft SQL Server 的精简版、标准版、企业版都提供了 SSIS：

- 精简版：这个版本的 SQL 只包括了 Import-Export Wizard 的数据整合工具，没有提供 BI Development Studio。
- 标准版：这个版本的 SQL 包括了 BI Development Studio 和 SSIS designer。
- 企业版：这个版本的 SQL 包括了所有标准版的功能，而且在这个版本中，SSIS 还提供了对数据流的分析服务和数据挖掘，支持模糊逻辑、文本挖掘的数据清理方式。

10-1-4　SSIS（SQL Server Integration Service）架构图

如图 10-1 所示为 SSIS 架构图。

10-1-5　Integration Service 数据流

- 好处

（1）将不同来源的数据加以整合。

（2）由于企业数据源类型众多，故有时数据格式不合乎分析系统的规格，因此，将这些数据导入是一个很大的挑战。

（3）在想要分析老旧系统所存储的数据时，常会遇到难以将先前的数据加载到数据仓库中的问题。通过 SSIS，用户可以通过开发定制化脚本来将数据重新加载到新的存储位置，如 COBOL 的数据常利用一些标签来代表一笔数据的开始与结束，但在存入数据仓库前，这些标签可能会产生一些数据导入上的问题，此时可通过 SSIS 提供的自动编写代码功能，将这些数据加载到数据仓库中，完成数据转化的操作，如图 10-2 所示。

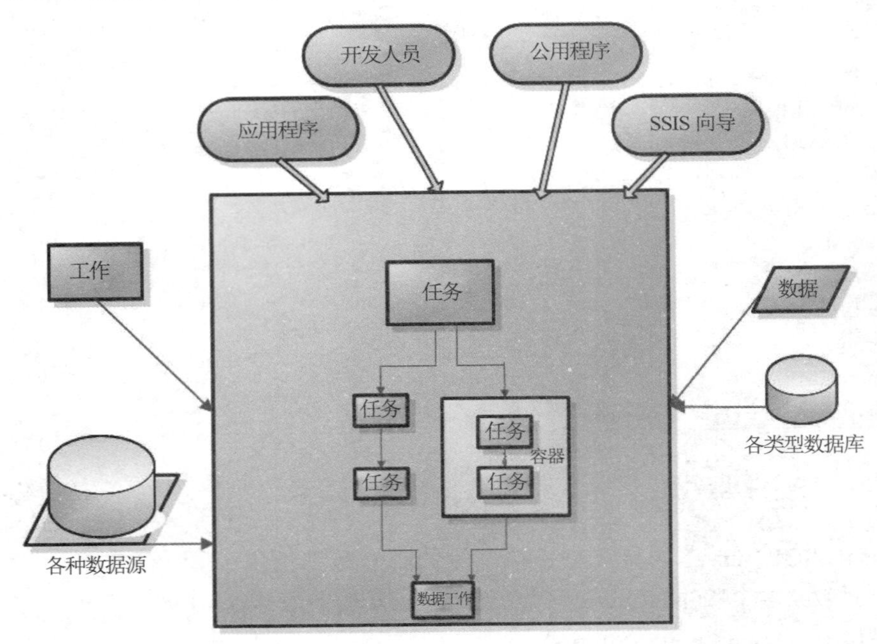

图 10-1　SSIS 架构图

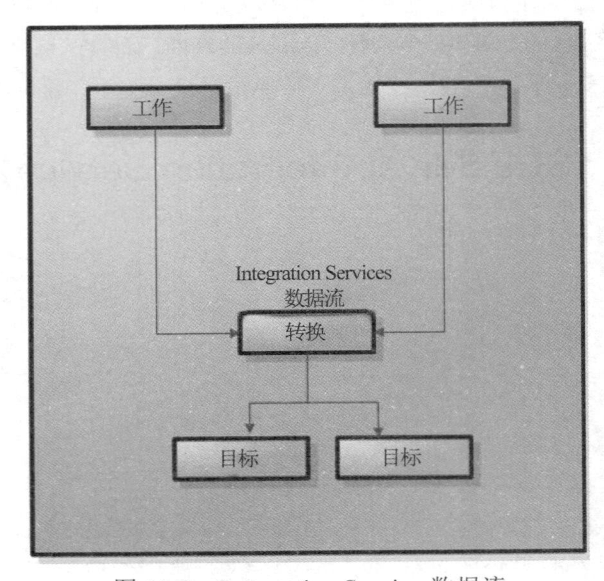

图 10-2　Integration Service 数据流

自动化的管理功能和数据加载

通过 SSIS 所提供的功能，数据库管理人员能自动化管理功能，例如备份和还原数据库、复制 SQL Server 数据库及其包含的对象、复制 SQL Server 对象，以及加载数据。

Microsoft SQL Server Integration Services（SSIS）可分为以下几个部分：

- Integration Services 服务。
- Integration Services 对象模型。
- Integration Services 运行时与运行时可执行文件。
- 包数据流引擎与数据流组件的“数据流”工作。

10-1-6 SSIS Designer

基本组件包含了数据流、控制流及控件。

10-1-7 数据流

用户可能需要将多个来源的数据进行聚合，因此必须要有一些转换的流程，而数据流就像管线一样，清楚地表示数据的流向，开发人员可以设置数据的流向与转换。

数据流可能包含三种形式的组件：源、转换和目标，如图 10-3 所示。

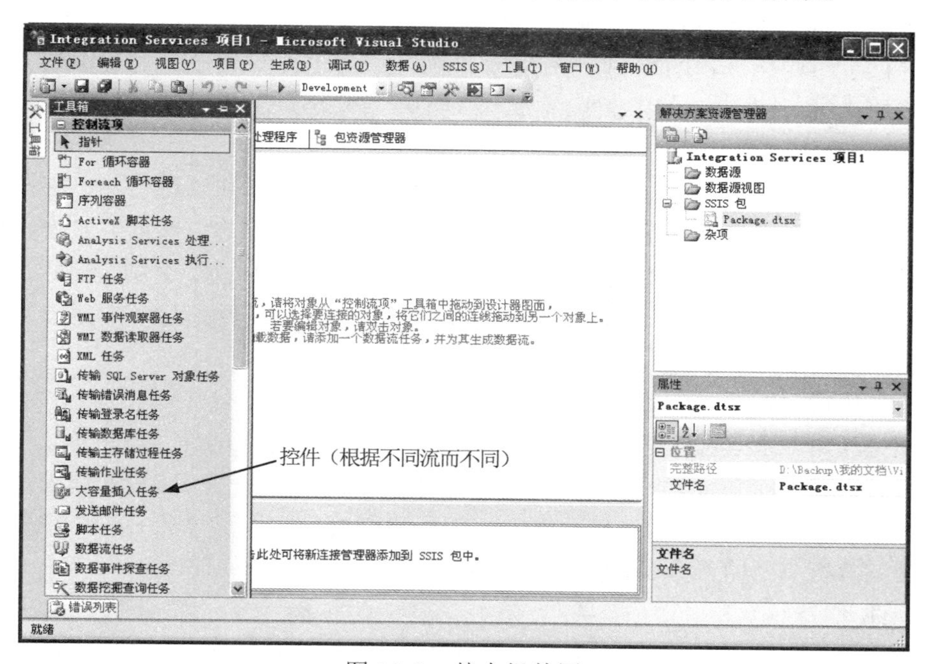

图 10-3　基本组件图

- 源组件：数据流使用源组件来提取外部来源的数据，通常是来自文本文件或是数据库的表格，然而，数据有非常多的来源，如有可能是 XML 文件或者是其他的形式，而在 SSIS 中，也可以自己编写脚本来提取特殊的源数据。
- 转换组件：转换组件一般是用来改变那些被提取的数据，例如将一个字段数据类型从字符串转换成日期类型，或是计算同一行中两个值的差异。转换也可能是汇总数据、合并数据，或者是将两个不同输入源的数据合并成一个单独的输出。转换的方式有多种，在 SSIS 中也可以编写脚本去实现自己想要的转换。
- 目标组件：目标组件一般将数据传递到外部的来源，例如数据库表格，或者是其他的数据存储格式，如文本文件等。然而，目标组件也有很多其他的用途，如用来训练分析服务中的数据挖掘模型，同样，用户也可以使用脚本来编写想要的目标组件。

10-1-8　控制流

控制流为整合流的基础组件。在控制流里，用户可以只执行一个工作，也可以一次执行多个不同类型的工作，在某些包含多个工作的复杂方案中，可能需要将相关工作按功能分类，此时就可通过控制流进行分类。

SSIS 在流的设计上提供了容器、任务和优先约束（Precedence constraint）等组件。

- 容器

  提供了结构化流程的控制，如循环、顺序的执行作业，当要针对某项任务执行重复的流时，即可以使用容器。

- 任务

  在包里运作的单元，在一个包之中能够包含许多任务，能够将任务以平行或流的方式来执行。这些任务的内容可以是 SQL 语法的查询等，数据流工作执行数据转换流程时，可以针对数据进行修改、准备、排序、转换、复制、清除、聚合的操作。除了这些内置的功能之外，用户也可以通过自行编写.NET 语言来开发一些扩展的对象。

- 优先约束（Precedence constraint）

  优先约束能够连接上述的两种对象，建立任务与任务之间的执行顺序。可以设置只有当某些工作成功被执行时才能继续执行接下来的任务。SSIS 优先约束比过去 DTS 多了 OR 布尔运算的能力，因此我们可以实现只要有某一个任务执行成功就执行下一阶段任务的功能，这是在 DTS 之中无法完成的。

- 控件

  在控件中包含了许多的应用组件，依照数据流与控制流的不同，里面会包含不同的组件，数据流的组件分为控制流、维护计划任务两类；而数据流中的组件可大致分成数据流源组件、数据流转换组件、数据流目标组件三类。

控制流组件，如表 10-2 所示。

表 10-2　控制流组件

组件名称	用途
For 循环容器	For 循环容器
Foreach 循环容器	Foreach 循环容器
序列容器	序列容器
ActiveX 脚本任务	剖析与执行 ActiveX 脚本
Analysis Services 执行 DDL 任务	提供对 Analysis Services 服务器执行 DDL 查询语句的能力
Analysis Services 处理任务	提供处理 Analysis Services 对象（例如 Cube 和维度）的能力
FTP 任务	执行 FTP 操作，例如传送和接收文件
Web 服务任务	执行 Web 方法
WMI 事件观察器任务	监视 Windows Management Instrumentation（WMI）事件
WMI 数据读取器任务	执行 Windows Management Instrumentation（WMI）数据读取作业
XML 任务	在 XML 数据上执行 XML 任务
大容量插入任务	从文件复制数据到数据库
脚本任务	提供交互式自定义工作编写
信息队列工作	传送/接收信息
执行进程任务	执行进程任务
执行 SQL 任务	执行可设定的 SQL 查询
执行封装任务	执行封装工作让 DTS 封装得以将其他封装当作工作流程的一部分执行
执行处理任务	执行 Win32 可执行文件
传输 SQL Server 对象任务	传输 SQL Server 对象任务
传输主要存储过程任务	从 SQL Server master 数据库传输存储过程数据至目标 SQL Server master 数据库
传输作业任务	传输作业任务
传输登录名任务	传输登录名任务
发送邮件任务	发送电子邮件信息
传输数据库任务	从源 SQL Server 传输数据库到目标 SQL Server
传输错误消息任务	传输错误信息任务
数据流任务	数据流任务封装在源与目标之间移动数据的数据流引擎，提供在数据移动时转换、清除及修改数据的机制
数据挖掘查询任务	执行数据挖掘查询
文件系统任务	执行文件系统任务，例如复制、删除文件

控制流——维护计划，如表 10-3 所示。

表 10-3 维护计划任务

组件名称	用途
更新统计信息任务	更新统计数据工作，确保查询最优的工具拥有最新的数据表、数据值离散信息
重新生成索引任务	重新生成索引任务会重新组织数据和索引页面上的数据
重新组织索引任务	重新组织索引任务，压缩数据表和查看数据上的聚集与非聚集索引，可以改进索引扫描性能
执行 SQL Server 代理任务	执行 SQL Server 代理任务可以选择 SQL 代理程序作业，作为维护计划的一部分执行
执行 T-SQL 语句任务	执行 T-SQL 语句任务可以执行任何 T-SQL 脚本
通知操作员任务	可将电子邮件信息传给任何 SQL Server 代理操作员
备份数据库任务	可以指定备份的源数据库、目标文件或磁盘以及重写选项
清除维护任务	能清除执行维护计划后的剩余文件
清除历史记录任务	能删除关于备份与还原 SQL Server 代理及维护计划的历史记录数据。此向导允许指定要删除数据的类型与存在时间
压缩数据库任务	会通过移除空的数据和记录页，来减少数据库与记录文件占用磁盘的空间
检查数据库完整性任务	检查数据库完整性工作，会针对数据库中的数据与索引页，执行内部一致性的检查

数据流——数据流源组件，如表 10-4 所示。

表 10-4 数据流源组件

组件名称	用途
DataReader 源	使用.NET 提供程序从关系型数据库提取数据
Excel 源	从 Excel 工作簿提取数据
OLE DB 源	使用 OLE DB 提供程序，从关系型数据库提取数据
XML 源	从 XML 数据文件提取数据
平面文件源	从平面文件提取数据
原始文件源	从原始文件提取数据

数据流——数据流转换组件，如表 10-5 所示。

表 10-5 数据流转换组件

组件名称	用途
OLE DB 命令	针对数据集的每一个数据行，执行 SQL 命令
Union All	合并多个数据集

续表

组件名称	用途
合并联接	使用联接将两个数据集的数据合并
多播	建立数据集的副本
字符映射表	对字符数据进行字符运算
百分比抽样	从数据集提取某百分比的数据行，以创建抽样数据集
逆透视	创建较规范的数据集表示形式
脚本组件	执行自定义脚本
查阅	使用完全相符的模式，在参考数据集内进行查阅
派生列	使用表达式更新数据列的值
排序	排序数据
条件拆分	对数据集中的某些行求值并定向
字词查找	计算引用表中的字词在数据集内出现的频率
字词提取	从某列中的数据提取字词
导入列	将数据从文件导入到数据集内的一些行
导出列	将数据集内的一些行的列值导入到文件
聚合	在数据集内进行值的聚合与分组
数据行抽样	从数据集提取数个数据行，以建立抽样数据集
行计数	计算数据集内的行数
数据挖掘查询	数据挖掘查询
数据转换	转换数据列的数据类型，并将列加入数据集
透视	对数据集进行透视，以生成不太规范的数据表示形式
模糊查找	使用模糊匹配，在参考数据集内查询值
模糊分组	将数据集内包含类似值的行进行分组
审核	将审核信息加入数据集内的数据行
渐变维度	更新渐变维度
复制列	复制列
合并	合并两个已排序的数据集

数据流——数据流目标组件，如表 10-6 所示。

表 10-6　数据流目标组件

组件名称	用途
DataReader 目标	创建并填充 ADO.NET 内存中的数据集
Excel 目标	将数据加载 Excel 工作簿
OLE DB 目标	使用 OLE DB 提供程序，将数据加载到关系数据库中

续表

组件名称	用途
SQL Server Mobile 目标	将数据加载到 SQL Server Mobile 数据库中
SQL Server 目标	将数据加载到 SQL Server 数据库中
平面文件目标	将数据加载到平面文件中
原始文件目标	将数据加载到原始文件中
处理分区	处理分区
数据挖掘模型定型	数据挖掘模型定型
记录集目标	创建并填充内存中的 ADO 记录集
处理维度	处理维度

10-2 操作示例

10-2-1 将 Excel 数据表导入 SQL 数据库中的数据表

STEP 01 选择项目中的“Integration Services”项目，并指定项目的保存位置，最后单击“确定”按钮即可新建一个 SSIS 项目，如图 10-4 所示。

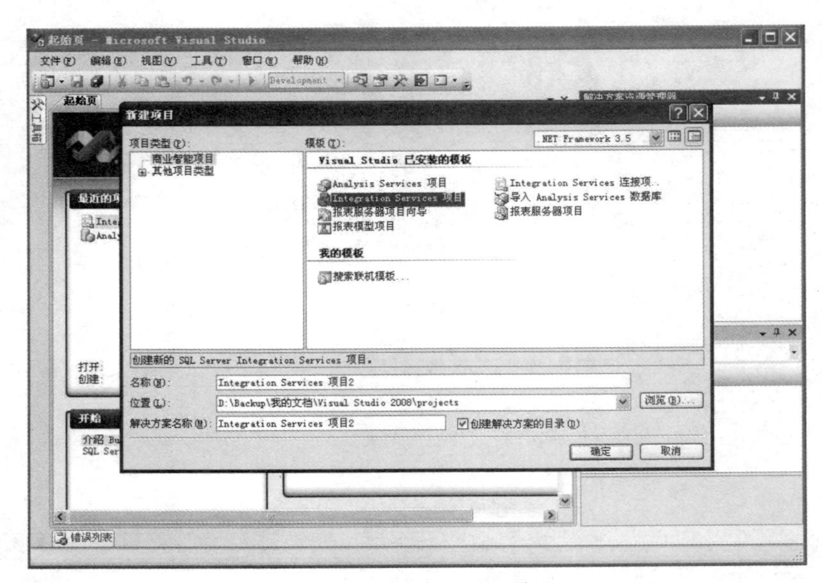

图 10-4 新建 SSIS 项目

STEP 02 在“控制流”选项卡中，从工具箱拖曳“数据挖掘查询任务”的图标到工作区中，如图 10-5 所示。

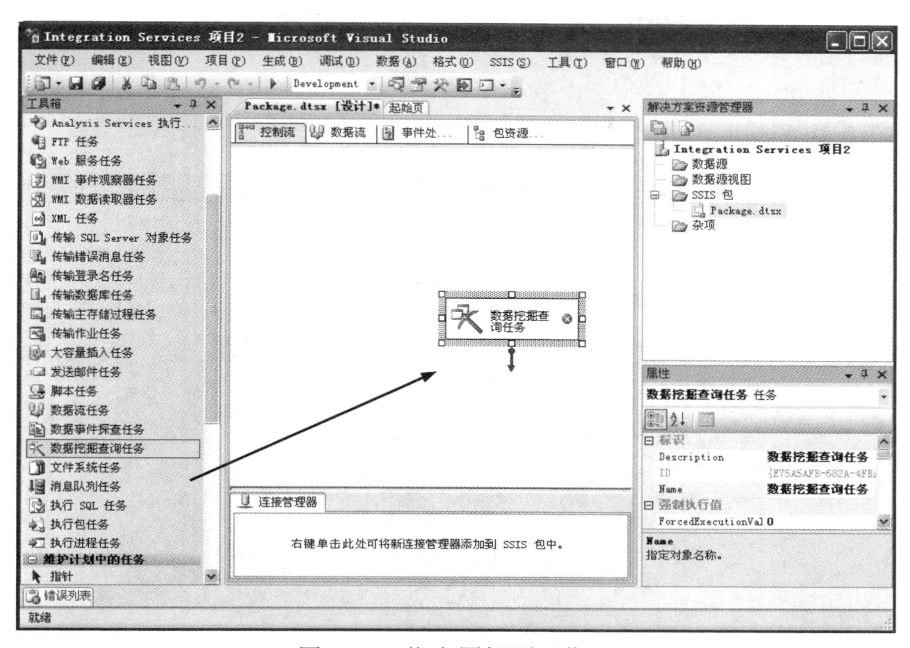

图 10-5　拖曳图标到工作区

STEP 03 切换到“数据流”选项卡，先指定数据的源，因为要导入的是 Excel 数据，所以从工具箱拖曳 Excel 源的图标到工作区中，然后在 Excel 源上右击，选择菜单上的“编辑”，如图 10-6 所示。

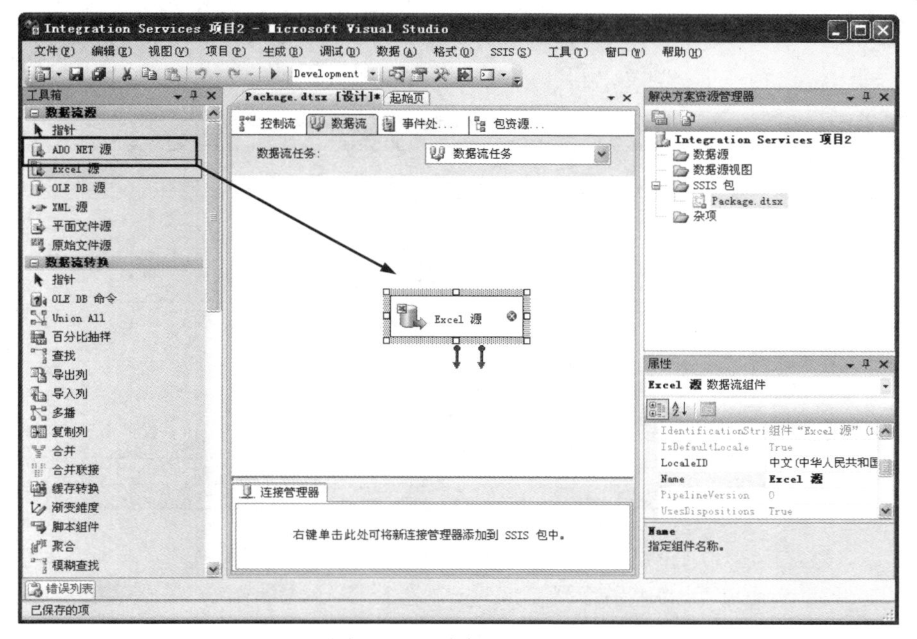

图 10-6　编辑 Excel 源

STEP 04 在 Excel 源编辑器中，单击“新建”按钮来指定 Excel 数据的源，在 Excel 连接管理器中，单击“浏览”按钮来选择 Excel 文件，完成后单击“确定”按钮，如图 10-7 和图 10-8 所示。

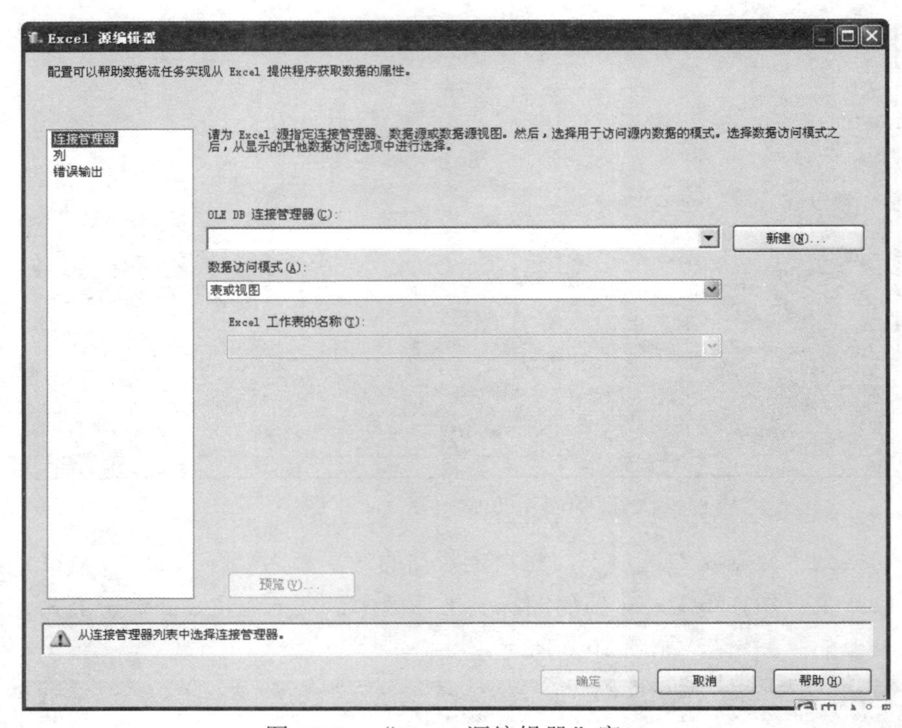

图 10-7 “Excel 源编辑器”窗口

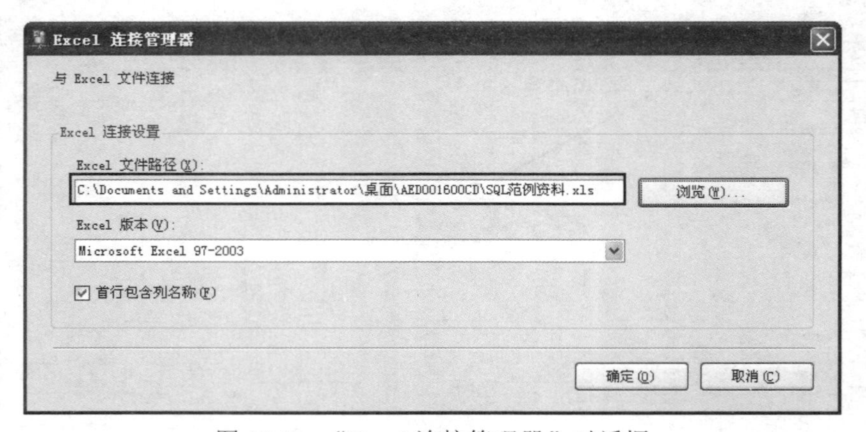

图 10-8 “Excel 连接管理器”对话框

STEP 05 在“Excel 工作表的名称”下拉列表中选择要导入的数据表，然后单击“确定”按钮，完成数据源的设置，如图 10-9 所示。

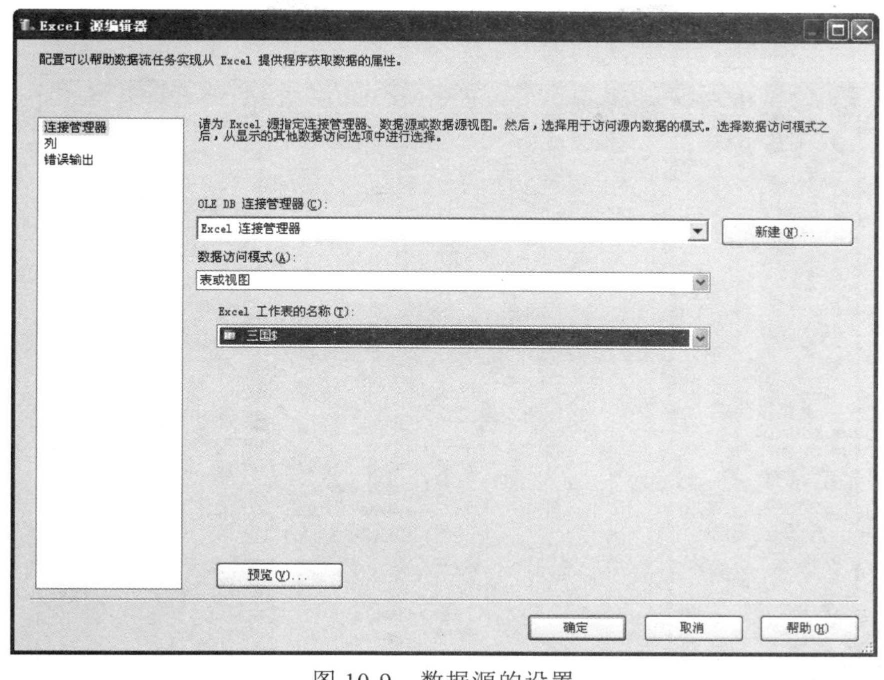

图 10-9　数据源的设置

STEP 06 建立数据转换，从工具箱中拖曳“数据转换”到工作区中，如图 10-10 所示。

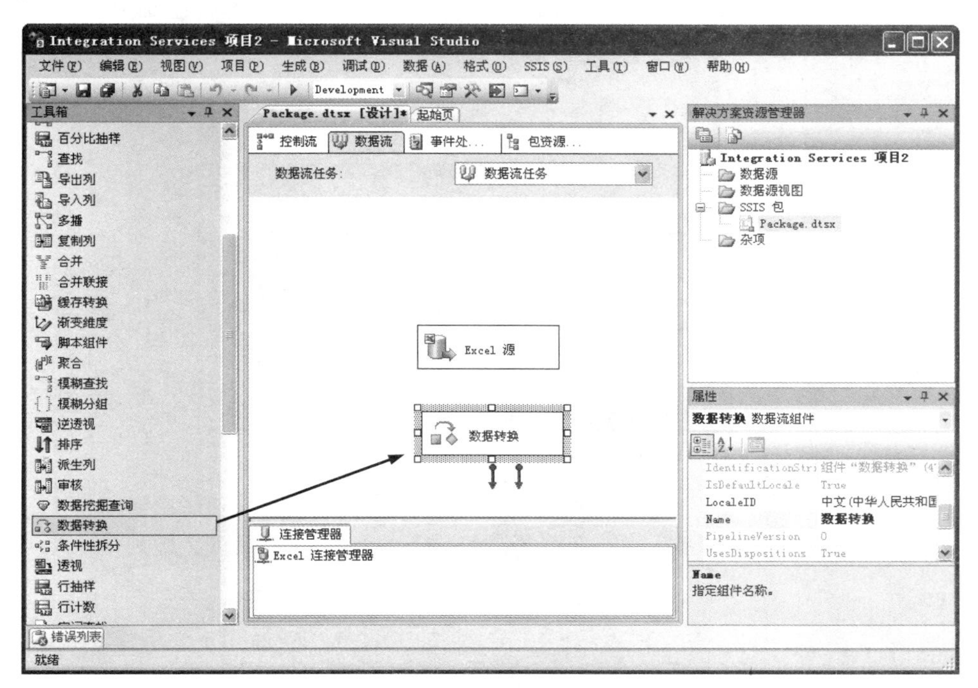

图 10-10　拖曳“数据转换”到工作区

STEP 07 在“数据转换”上右击，选择“添加路径”，如图 10-11 所示。

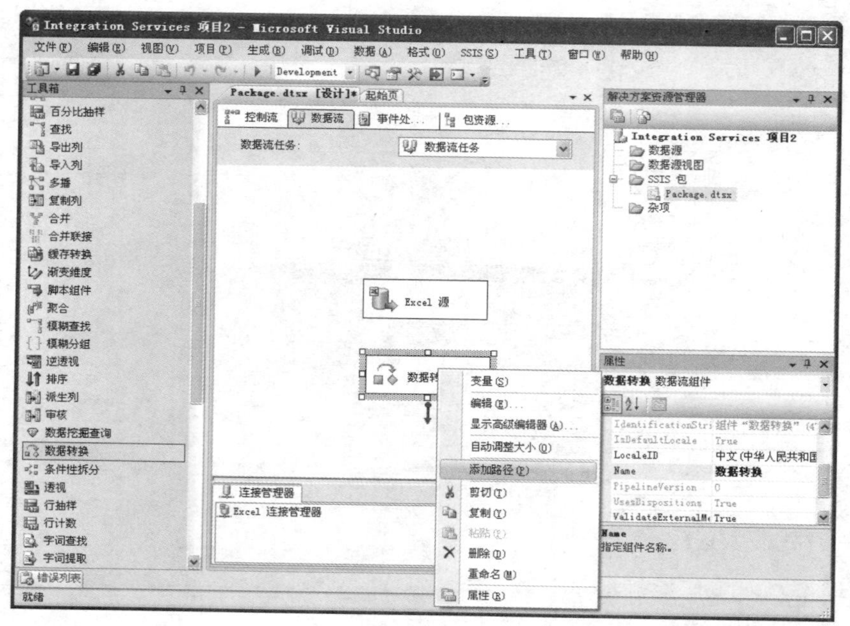

图 10-11　添加路径

STEP 08 指定从“Excel 源”到“数据转换”，最后单击“确定”按钮，如图 10-12 所示。

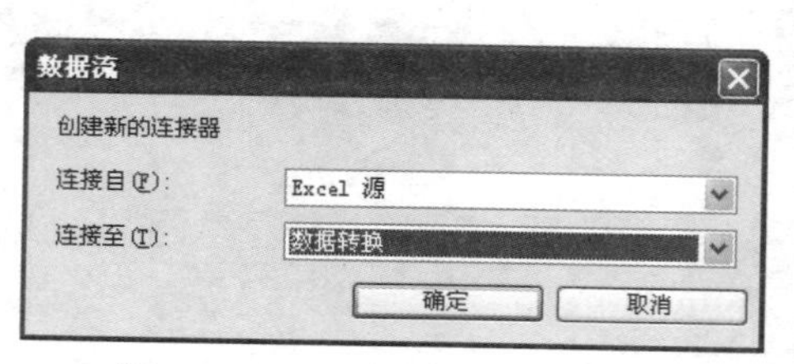

图 10-12　“数据流”对话框

STEP 09 输出指定“Excel 源输出”，输入指定“数据转换输入”，单击“确定”按钮，如图 10-13 所示。

图 10-13　“选择输入输出”对话框

STEP 10 设置数据流的目标，要导入到 SQL 的数据库中，从工具箱中拖曳“SQL Server 目标”到工作区，如图 10-14 所示。

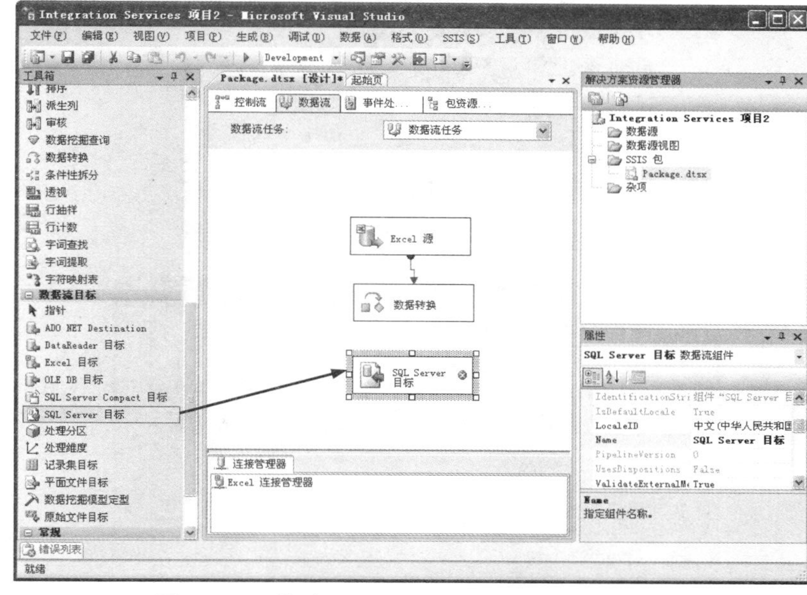

图 10-14　拖曳“SQL Server 目标”到工作区

STEP 11 然后在“数据转换”上右击，选择“添加路径”来建立与数据流目标的连接，如图 10-15 所示。

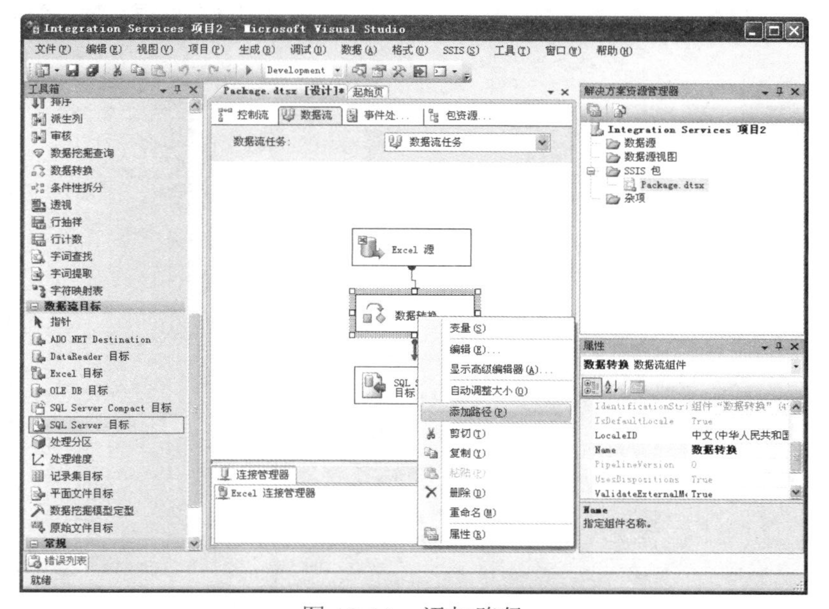

图 10-15　添加路径

STEP 12 在“数据流”对话框中，指定从“数据转换”到“SQL Server 目标”，单击“确定”按钮。在“选择输入输出”对话框中，输出指定“数据转换输出”，输入指定“SQL Server 目标输入”，单击“确定”按钮，如图 10-16 所示。

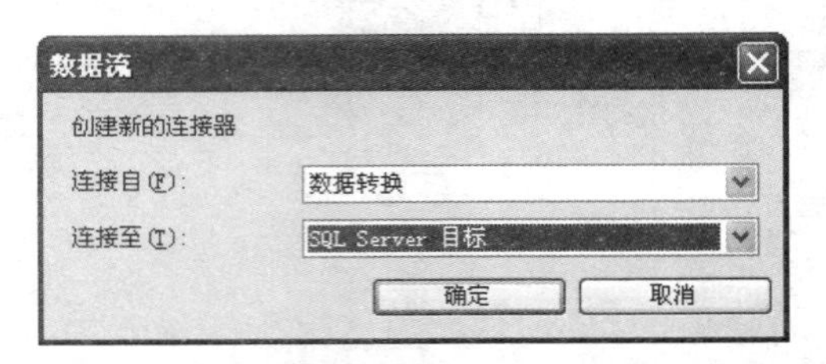

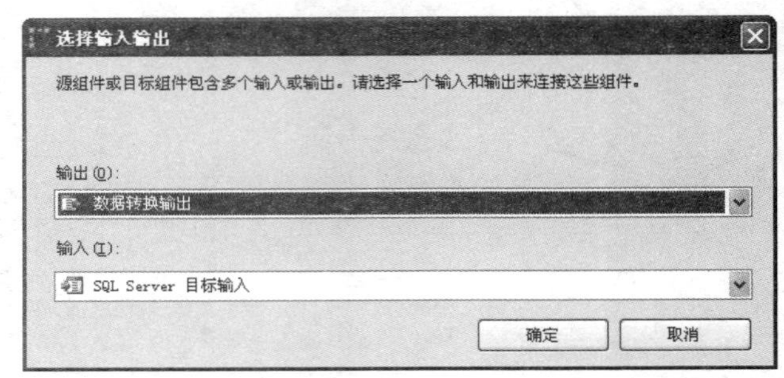

图 10-16　SQL Server 数据流及选择输入输出

STEP 13 最后设置数据导入的位置，在“SQL Server 目标”上右击，选择“编辑”，如图 10-17 所示。

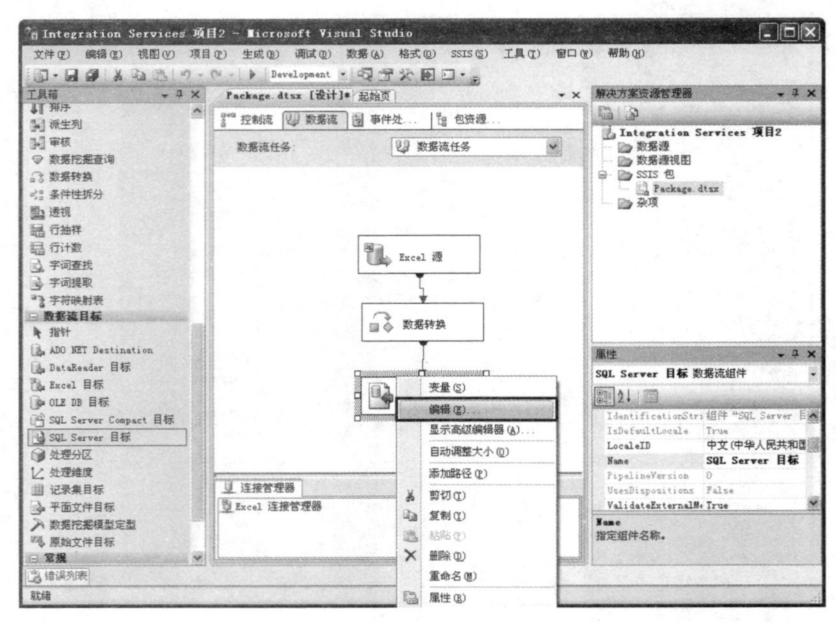

图 10-17　编辑“SQL Server 目标”

STEP 14 在“SQL 目标编辑器”窗口中，单击“新建”按钮，然后在“配置 OLE DB 连接管理器”窗口中，同样单击“新建”按钮，如图 10-18 所示。

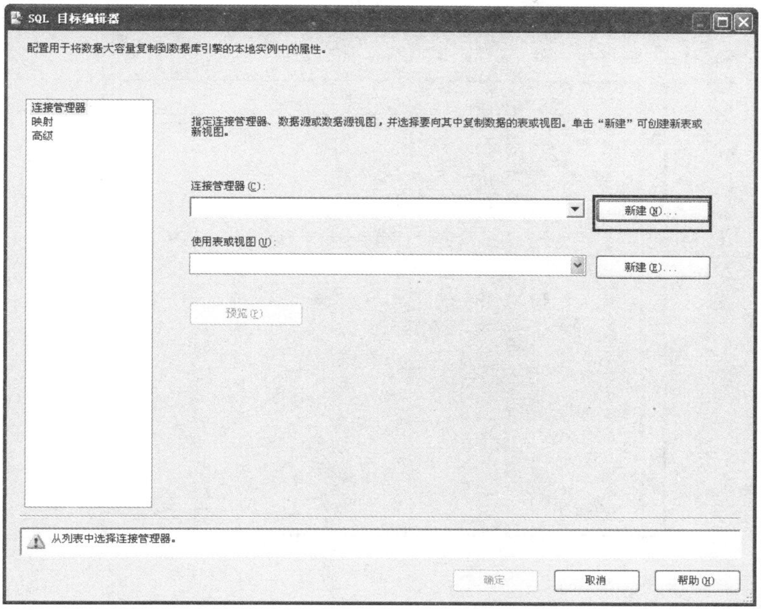

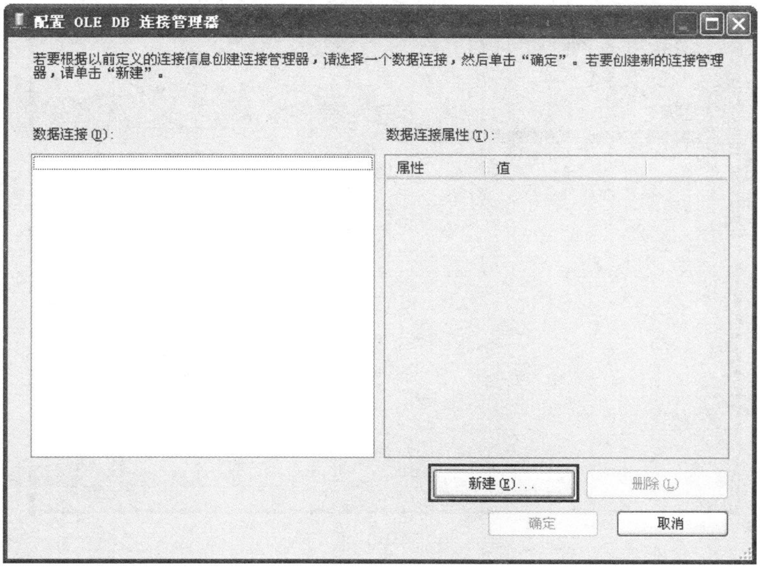

图 10-18 SQL 目标编辑器及配置 OLE DB 连接管理器

STEP 15 在“连接管理器”对话框中，“服务器名”选择 SQL 数据库的位置，在“登录到服务器”中选择“使用 Windows 身份验证”，在“选择或输入一个数据库名”

指定数据要导入的数据库，单击“确定”按钮返回上一个窗口，如图 10-19（a）所示。再次单击“确定”按钮，如图 10-19（b）所示。

（a）

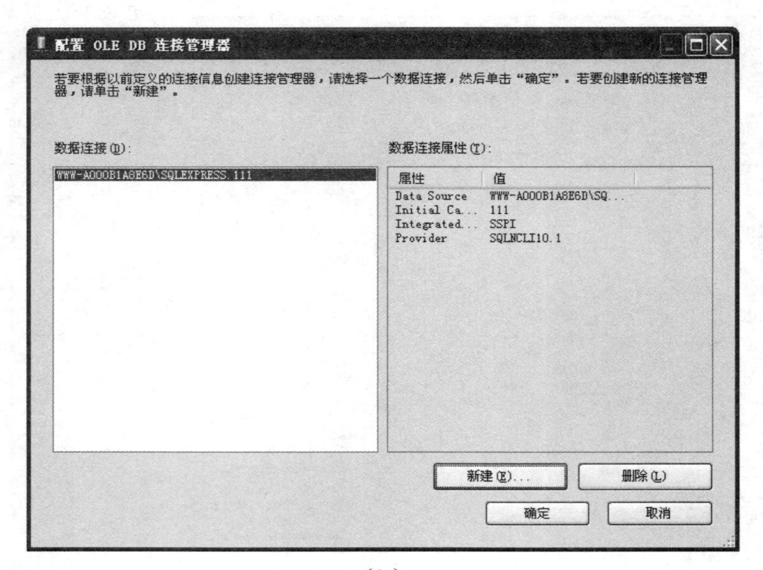

（b）

图 10-19 连接管理器

STEP 16 最后指定数据要导入哪一个数据表，选择完成后单击“确定”按钮，如图 10-20 所示。

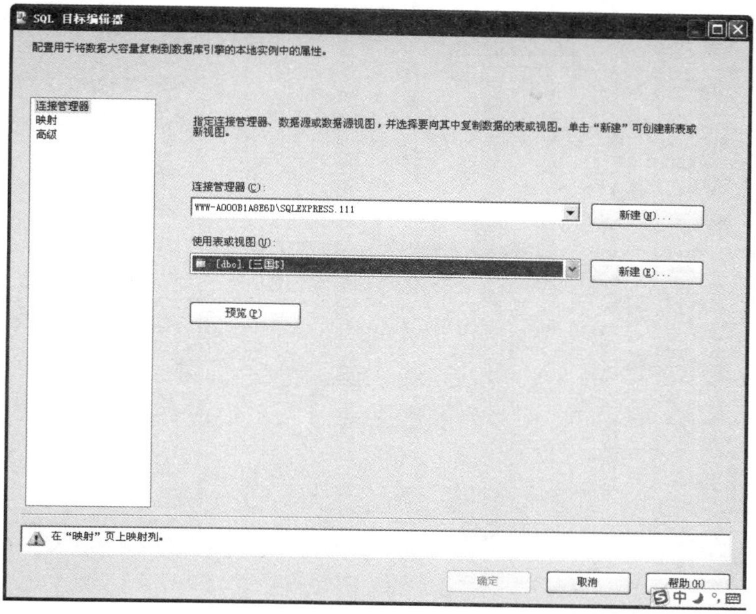

SQL 目标编辑器
配置用于将数据大容量复制到数据库引擎的本地实例中的属性。
连接管理器
映射
高级
指定连接管理器、数据源或数据源视图，并选择要向其中复制数据的表或视图。单击"新建"可创建新表或新视图。
连接管理器(C):
WWW-A000B1A8E6D\SQLEXPRESS.111
新建(N)...
使用表或视图(U):
[dbo].[三国$]
新建(E)...
预览(P)
在"映射"页上映射列。
确定
取消
帮助(H)

图 10-20　目标编辑器

STEP 17 接下来选择“映射”，然后单击“确定”按钮即可，如图 10-21 所示。

SQL 目标编辑器
配置用于将数据大容量复制到数据库引擎的本地实例中的属性。
连接管理器
映射
高级
可用输入列
可用目标列
名称
序列号码
统御
武力
智慧
政治
魅力
忠诚
输入列
目标列
国别
出身
确定
取消
帮助(H)

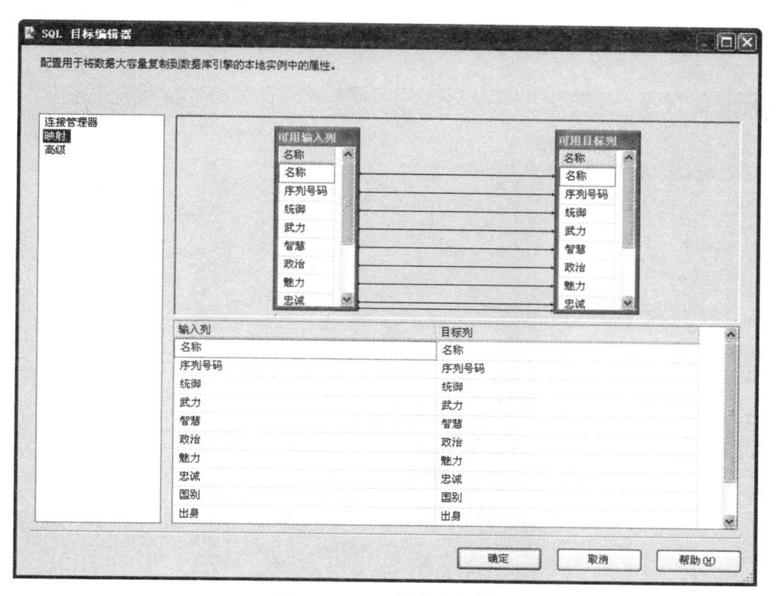

图 10-21　数据映射

STEP 18 现在已经完成配置，单击“启动调试”按钮，测试是否有错误，执行完毕为绿色，执行中为黄色，错误则为红色，如图 10-22 所示。

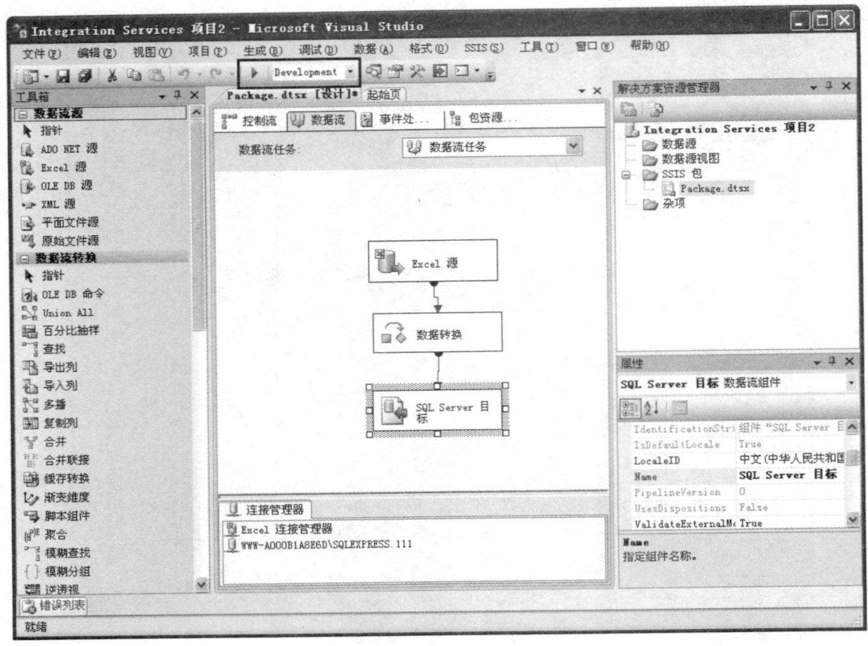

图 10-22 调试测试

STEP 19 可以到导入的 SQL 数据库的数据表位置查看数据是否都已经导入了。选择 SQL Server Management Studio 打开后找到之前导出的数据表来查看，如图 10-23 所示。

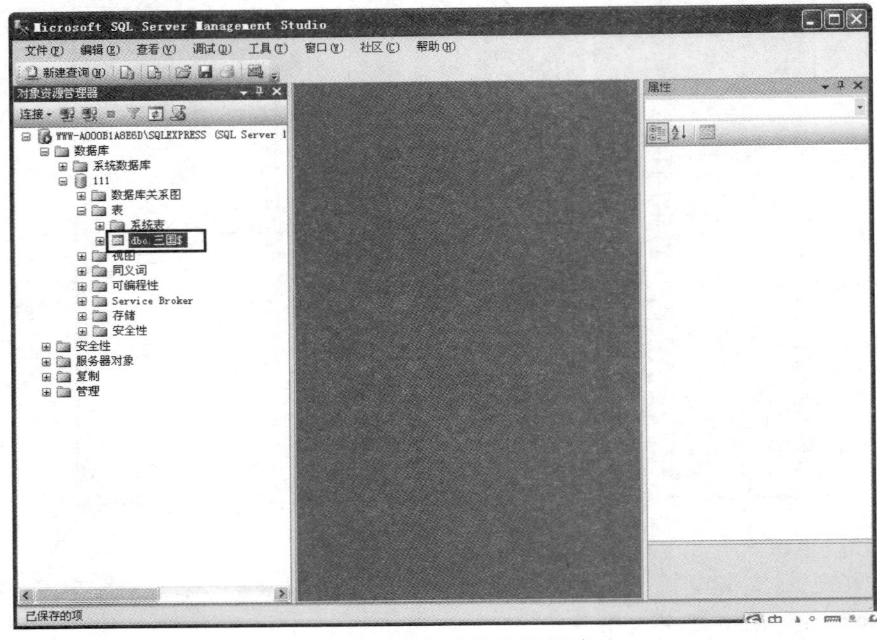

图 10-23 查看导出数据表

STEP 20 选择“选择前 1000 行”后则可以看到结果，如图 10-24 所示。

图 10-24　查看导出结果

10-2-2　对数据进行抽样

STEP 01 选择项目中的“Integration Services 项目”，并指定项目的保存位置，最后单击“确定”按钮，即可新建一个 SSIS 项目，如图 10-25 所示。

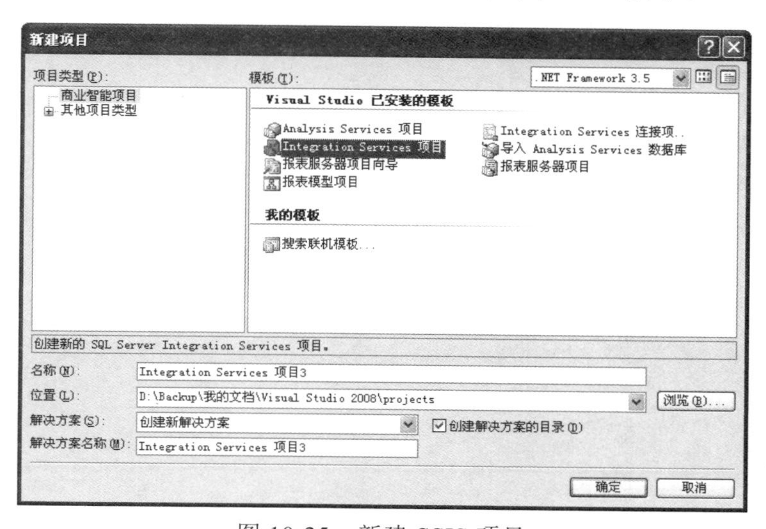

图 10-25　新建 SSIS 项目

STEP 02 要进行数据抽样的工作，必须先将源数据导入，在此使用一个 Excel 的文件，所以先拖曳一个“Excel 源”到“数据流”的工作区，然后在“Excel 源”上右击，选择菜单上的“编辑”，如图 10-26 所示。

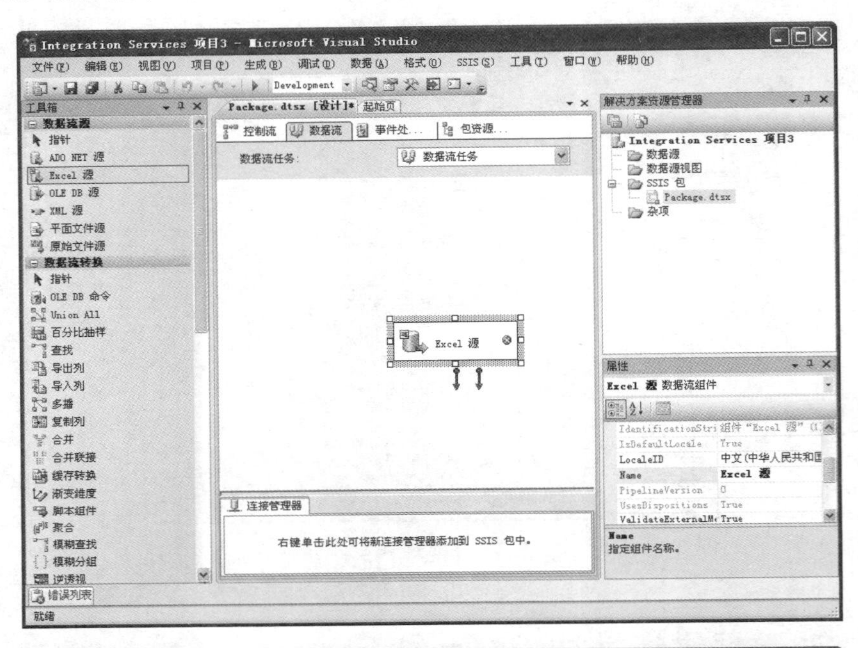

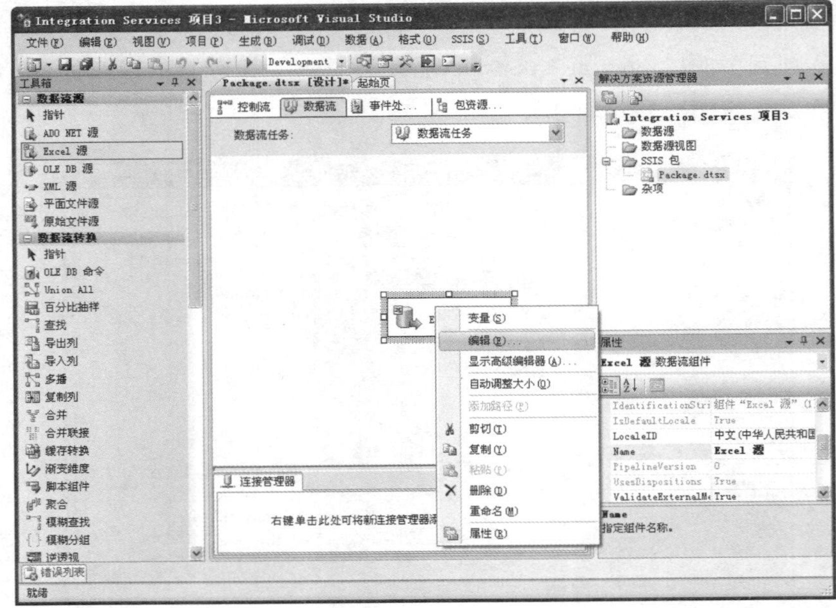

图 10-26 数据抽样

STEP 03 在“Excel 源编辑器”中，单击“新建”按钮来指定 Excel 数据的源，在“Excel 连接管理器”中，单击“浏览”按钮来选择 Excel 文件，完成后单击“确定”按钮，如图 10-27 所示。

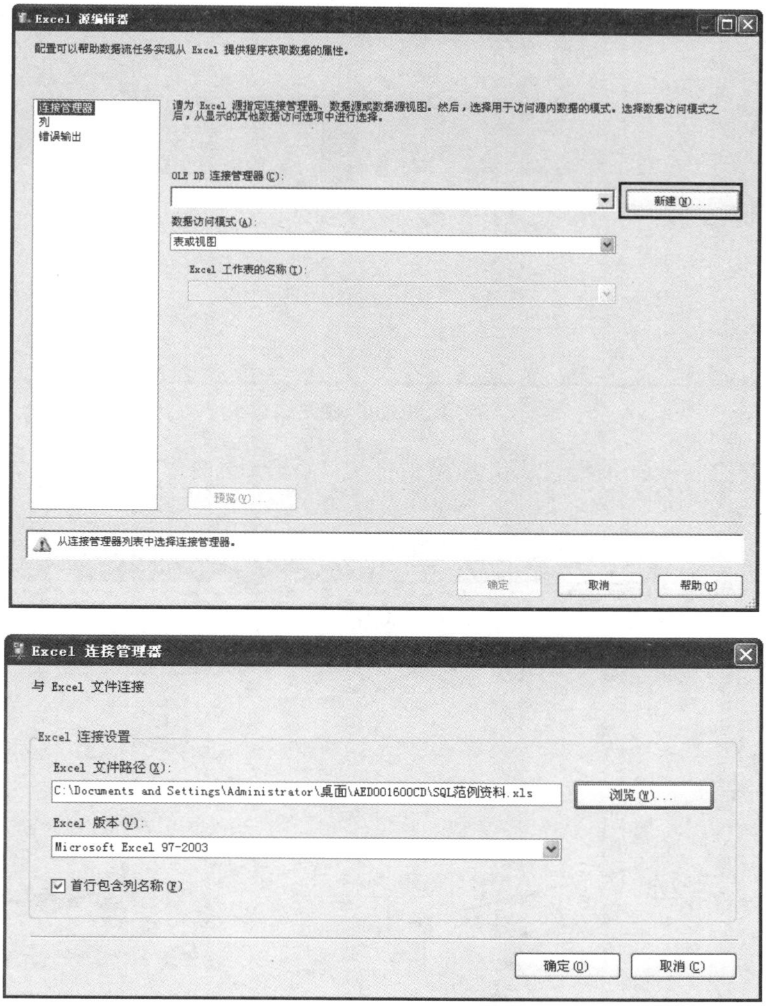

图 10-27　Excel 连接

STEP 04 在“Excel 工作表的名称”下拉列表中选择要导入的数据表，然后单击“确定”按钮，完成数据源的设置，如图 10-28 所示。

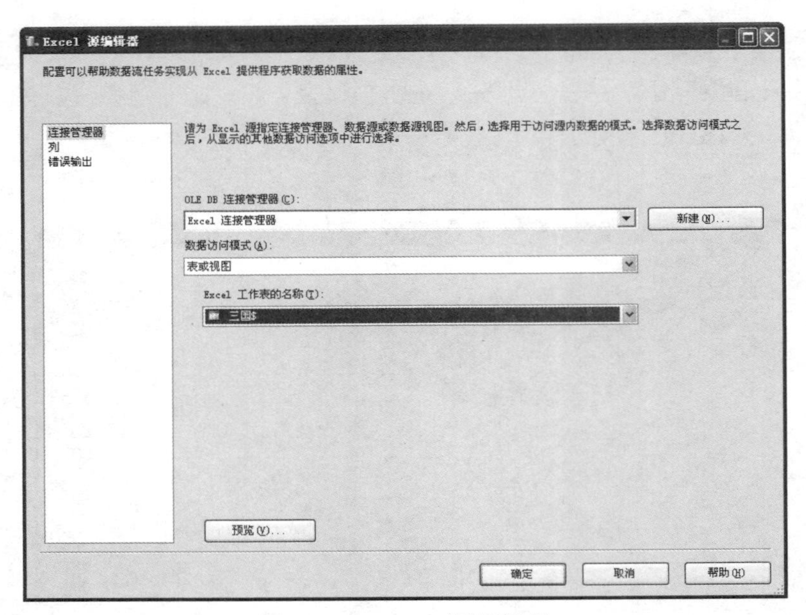

图 10-28 Excel 源编辑器

STEP 05 接下来建立数据抽样，从工具箱中拖曳“百分比抽样”到工作区中，如图 10-29 所示。

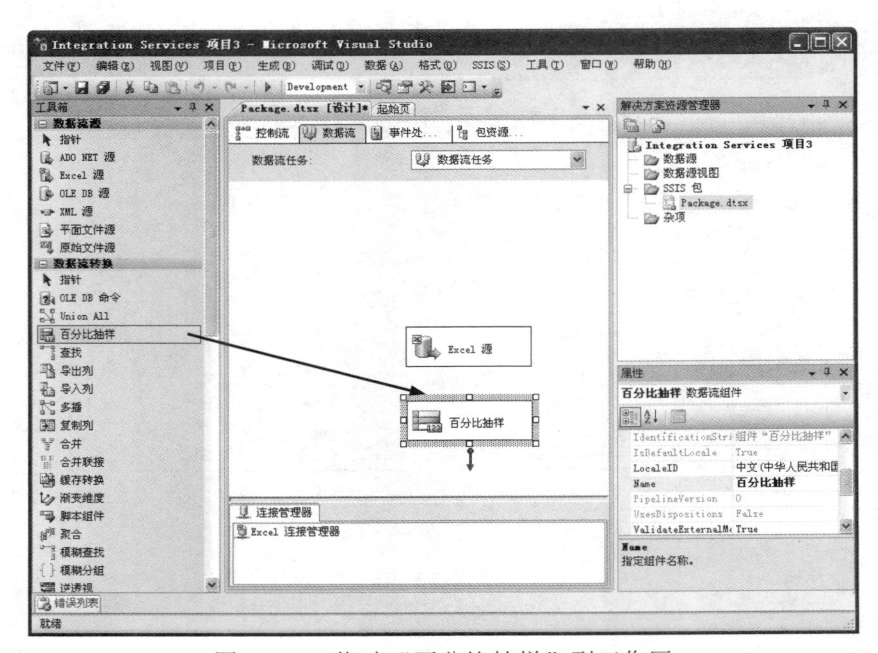

图 10-29 拖动“百分比抽样”到工作区

STEP 06 在“Excel 源”上右击，选择“添加路径”，如图 10-30 所示。

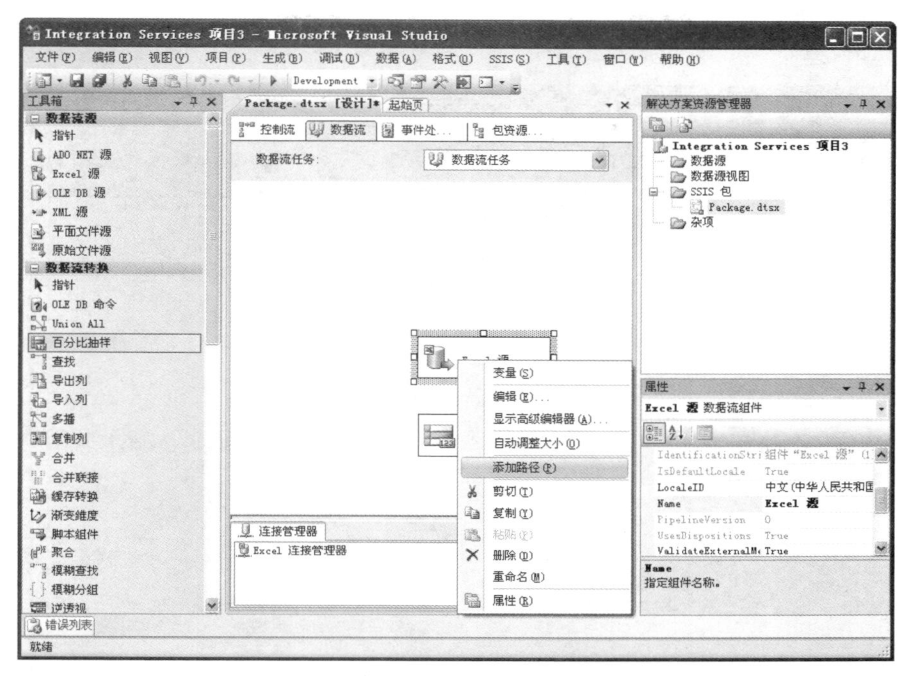

图 10-30 添加路径

STEP 07 在“数据流”对话框中指定从“Excel 源”到“百分比抽样”，最后单击“确定”按钮。在“选择输入输出”对话框中，输出指定“Excel 源输出”，输入指定“百分比抽样 输入 1”，单击“确定”按钮，如图 10-31 所示。

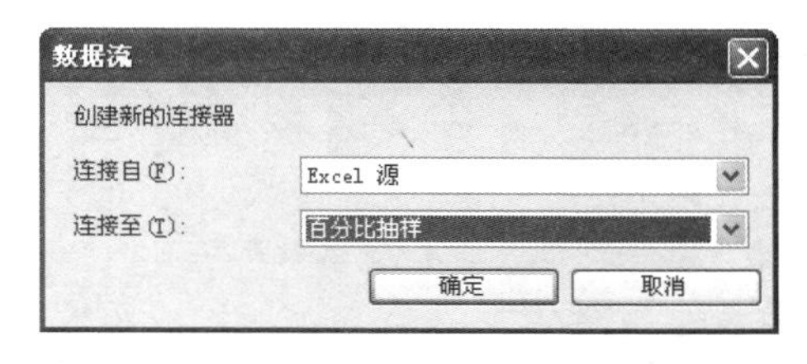

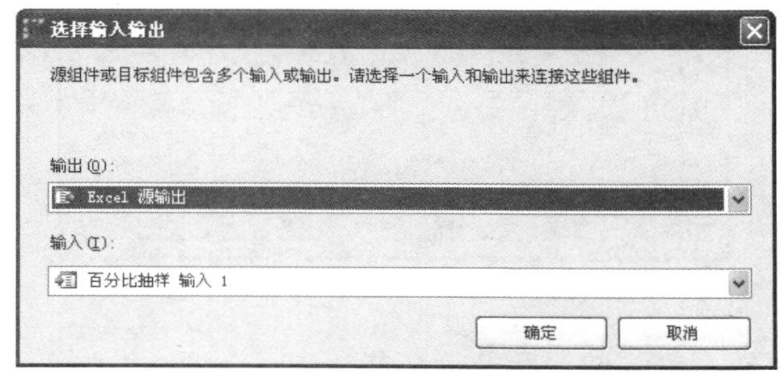

图 10-31 数据流及选择输入输出

STEP 08 完成连接后，接着要决定抽样的百分比，在“百分比抽样”上右击，选择“编辑”，如图 10-32 所示。

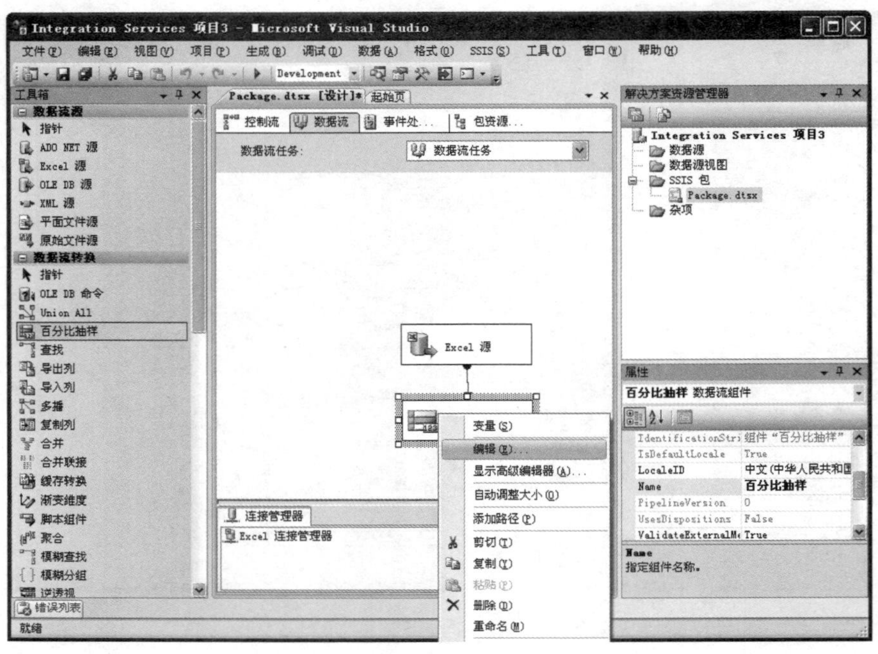

图 10-32 编辑“百分比抽样”

STEP 09 在“百分比抽样转换编辑器”窗口中，设定“行百分比”为 20%，然后单击“确定”按钮，如图 10-33 所示。

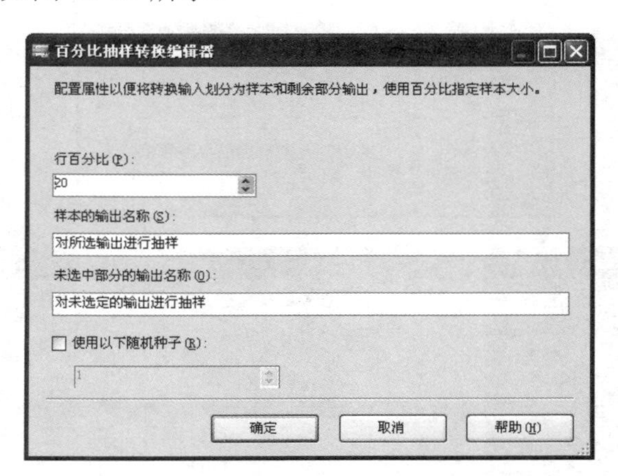

图 10-33 百分比抽样转换编辑器

STEP 10 最后要设置数据流目标，假设也是存放到一个 Excel 文件中，所以从工具箱中拖曳“Excel 目标”到工作区，如图 10-34 所示。

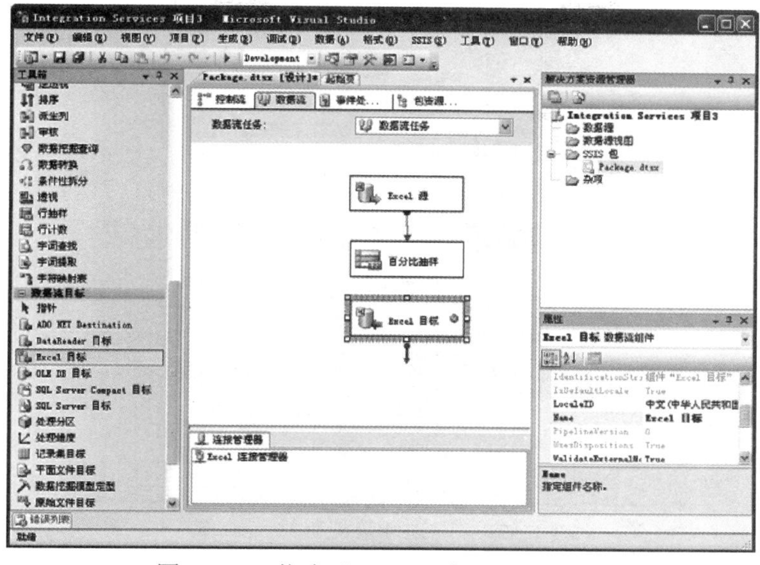

图 10-34　拖曳“Excel 目标”到工作区

STEP 11 然后在“百分比抽样”上右击，选择“添加路径”来建立与数据流目标的连接，如图 10-35 所示。

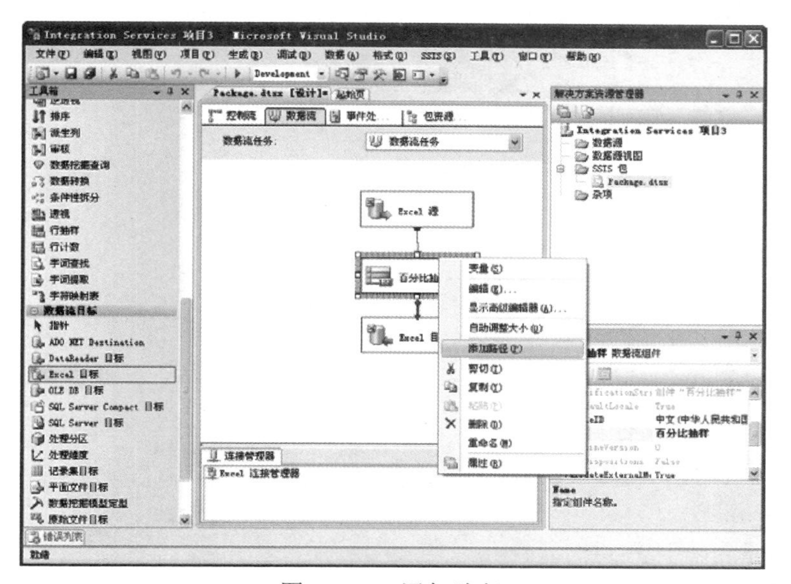

图 10-35　添加路径

STEP 12 在“数据流”对话框中，指定从“百分比抽样”到“Excel 目标”，单击“确定”按钮。而在“选择输入输出”对话框中，输出指定“对所选输出进行抽样”，输入指定“Excel 目标输入”，单击“确定”按钮，如图 10-36 所示。

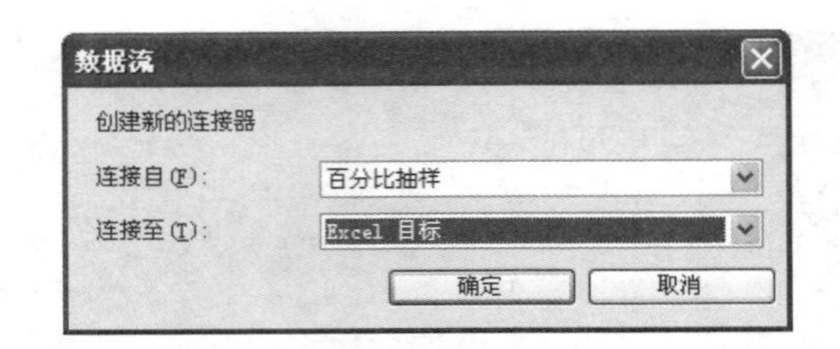

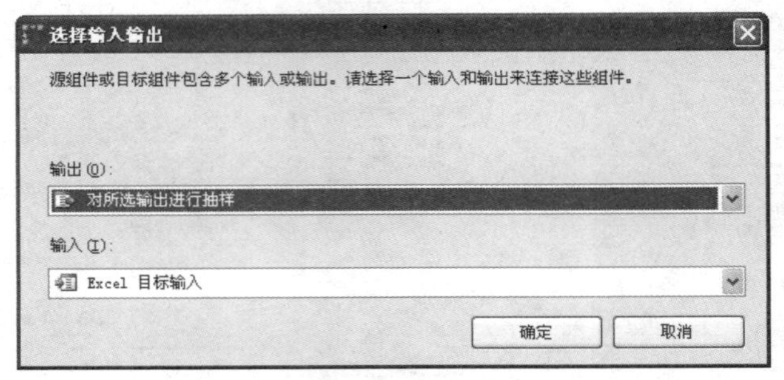

图 10-36 数据流及选择输入输出

STEP 13 最后要指定输出的 Excel 文件的位置，在“Excel 目标”上右击，选择“编辑”，如图 10-37 所示。

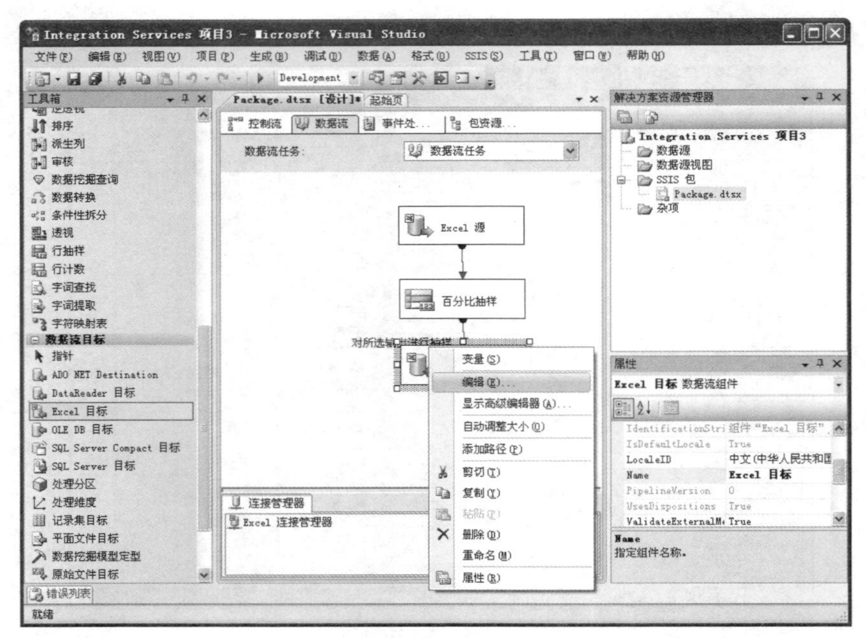

图 10-37 编辑“Excel 目标”

STEP 14 在“Excel 目标编辑器”中，单击“新建”按钮来指定 Excel 数据的存放位置，在“连接管理器”中，单击“浏览”按钮来选择 Excel 文件，完成后单击“确定”按钮，如图 10-38 所示。

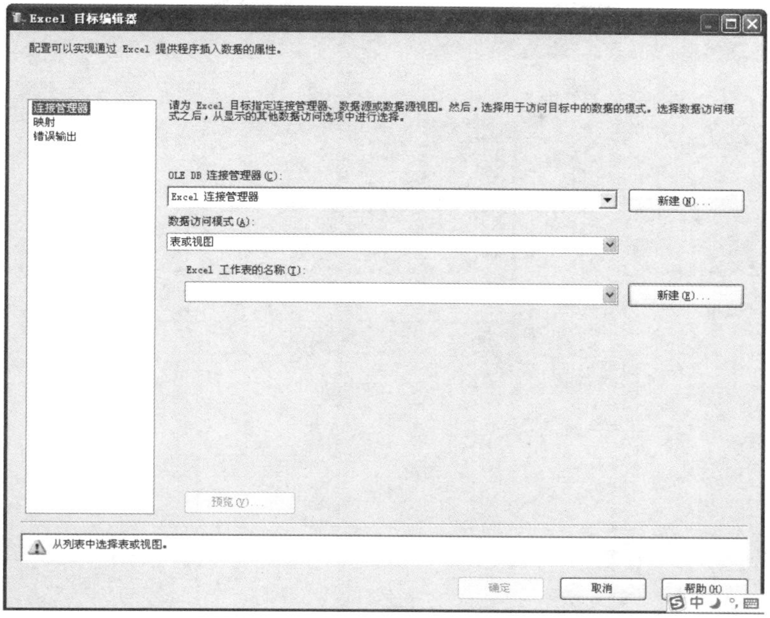

图 10-38　Excel 目标编辑器

STEP 15 在“Excel 工作表的名称”下拉列表中选择要输出的数据表，如图 10-39 所示。

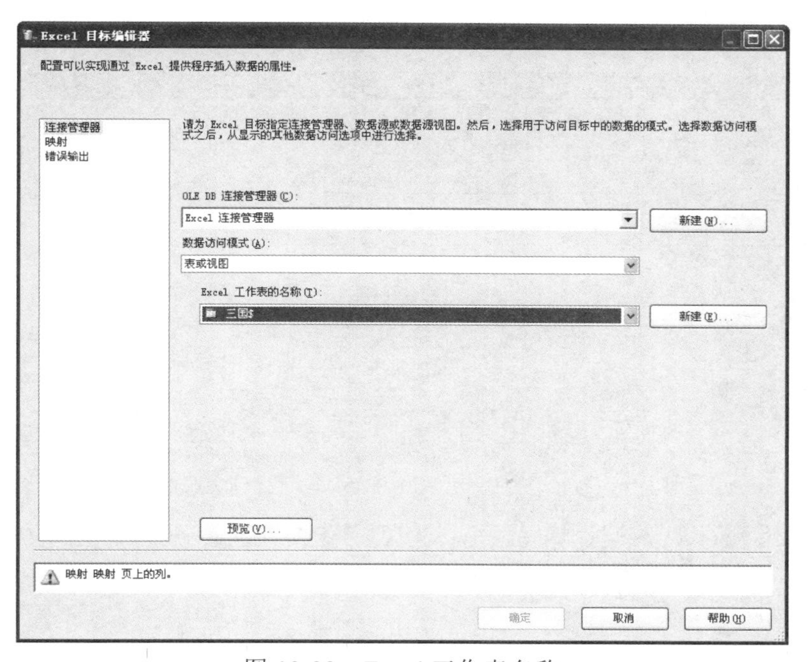

图 10-39　Excel 工作表名称

STEP 16 选择“映射”，然后单击“确定”按钮，完成数据源的设置，如图 10-40 所示。

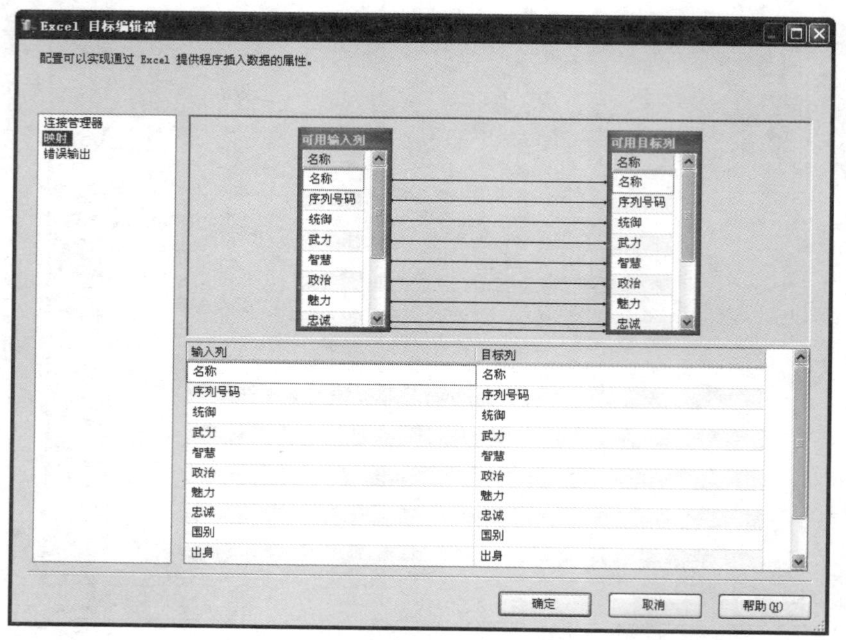

图 10-40　Excel 映射

STEP 17 现在已经完成设置，可以单击“开始调试”按钮，测试是否有错误，执行完毕为绿色，执行中为黄色，错误则为红色，如图 10-41 所示。

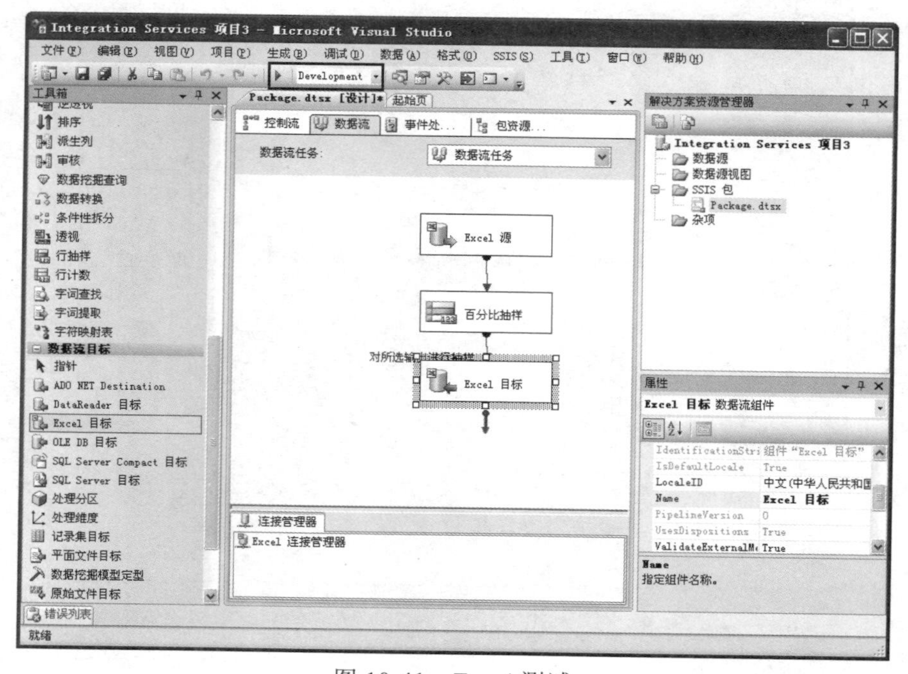

图 10-41　Excel 测试

STEP 18 可以到输出的 Excel 文件位置，观看数据抽样是否成功，如图 10-42 所示。

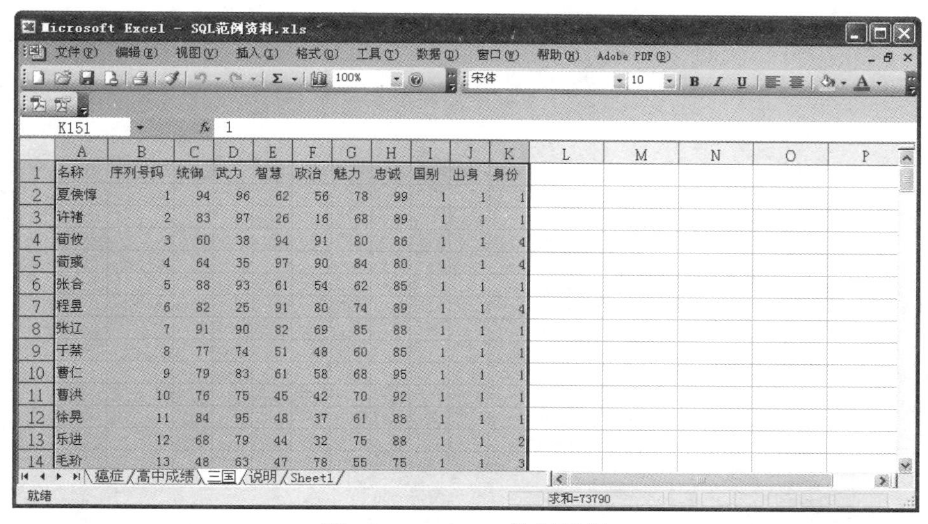

	A	B	C	D	E	F	G	H	I	J	K
1	名称	序列号码	统御	武力	智慧	政治	魅力	忠诚	国别	出身	身份
2	夏侯惇	1	94	96	62	56	78	99	1	1	1
3	许褚	2	83	97	26	16	68	89	1	1	1
4	荀攸	3	60	38	94	91	80	86	1	1	4
5	荀彧	4	64	35	97	90	84	80	1	1	4
6	张合	5	88	93	61	54	62	85	1	1	1
7	程昱	6	82	25	91	80	74	89	1	1	4
8	张辽	7	91	90	82	69	85	88	1	1	1
9	于禁	8	77	74	51	48	60	85	1	1	1
10	曹仁	9	79	83	61	58	68	95	1	1	1
11	曹洪	10	76	75	45	42	70	92	1	1	1
12	徐晃	11	84	95	48	37	61	88	1	1	1
13	乐进	12	68	79	44	32	75	88	1	1	2
14	毛玠	13	48	63	47	78	55	75	1	1	3

图 10-42　Excel 数据抽样

CHAPTER

11

Microsoft SQL Server 的 DMX 语言

11-1 DMX 语言介绍

DMX 全称 Data Mining Extension，是在 Microsoft SQL Server 中用于创建和操作数据挖掘模型的语言，可以使用 DMX 创建新数据挖掘模型的结构、训练这些模型，以及浏览、管理与预测模型。DMX 是由数据定义语言（Data Definition Language，DDL）、数据操作语言（Data Manipulation Language，DML），以及函数和运算符等所组成。使用前须定义如下一些对象：

- 标识码

  定义名称对象，例如挖掘模型、挖掘结构及数据列。基本上分为两种，一般标识码与分隔标识码。一般标识码长度不可超过 100 个字符，起始字符必须为下划线或 Unicode Standard 2.0 定义的字母。标识码不可为保留关键词，不区分大小写，且中间不可有空格；分隔标识码以[]括住，在条件未符合一般标识码时使用，但长度仍不可超过 100。

- 数据类型

  定义挖掘模型数据行包含的数据类型。基本上有 Text、Long、Boolean、Double 和 Date 五种数据类型。每种数据类型又分别支持不同内容类型，如连续、类等。

- 表达式

  通常包含单一或纯量值、对象，或数据表值的语法单位。

  常数是代表单一特定值的符号。常数可以是字符串、数值或日期值。必须使用单引号“'”来分隔字符串与日期常数。标量函数会返回单一值，非标量函数会返回数据表。而对象标识码在 DMX 中视为简单表达式。

- 运算符

  配合一个或多个简单 DMX 表达式使用，以产生更复杂的 DMX 表达式。可分为四种：算术，比较，逻辑，函数采用零个、一个或多个输入值、并返回纯量值或数据表的表达式。Microsoft SQL Server 中还可使用 VBA（Microsoft Visual Basic for Applications）或 Excel 的函数，也可以使用 Common Language Runtime 程序设计语言建立扩充 DMX 功能的存储过程。

- 注释

  文字元素，可以插入 DMX 语句或脚本中以说明语句的目的。方便程序员未来开发或维护。//（双斜杠）与 --（双连字符）之后的所有文字将被视为注释，而 /*……*/（斜杠与星号的配对）之中的文字也将被视为注释。

- 保留关键词

  保留给 DMX 使用的词，为数据库中的对象命名时不应使用这些词。若名称冲突时，需使用标识码标注。

- 内容类型

定义挖掘结构数据行所包含的内容。每种算法支持不同的内容类型，基本上分为下列几种：

➤ DISCRETE：如性别数据，为典型的分隔属性数据。数据内包含有限的类，即使是数值数据也不一定有排序意义，如电话号码。所有的数据类型皆可使用此种内容类型。

➤ CONTINUOUS：数据为连续的数值数据，具有度量意义，可能有无限的小数值，如收入、身高等。Date、Double 和 Long 三种数据类型支持此内容类型。

➤ DISCRETIZED：若数据为连续，但却需区分成分隔时，Microsoft SQL Server 会自动分隔成几等份的值域，如身高从 150～180 可能有无限小数，分割成 150～160、161～170、171～180 等三个字段。分割方式有 Automatic、CLUSTERS、EQUAL_AREAS、Thresholds 四种。支持 Date、Double、Long 和 Text 四种数据类型。

➤ KEY：此列会标识唯一的数据行。支持 Double、Long、Text 和 Date 四种数据类型。

➤ KEY SEQUENCE：为特定索引键类型，具有时间意义。其值已排序且不必为等距。支持 Double、Long、Text 和 Date 四种数据类型。

➤ KEY TIME：为特定索引键类型，其值代表已排序且会在某时段发生的值，支持 Double、Long 和 Date 三种数据类型。

➤ ORDERED：代表该数据为排序的值，如名次，但间距并没有意义，如第一名不代表成绩为第五名的五倍。所有数据类型都支持此内容类型。

➤ CYCLICAL：代表该数据具有循环且排序的值，如月份为典型的例子。所有数据类型都支持此内容类型。

- 发散

定义数据的发散。定义之后，算法有可能得到更精确的结果。基本有三种模式：

➤ normal：为高斯分布。

➤ log normal：为对数分布。

➤ uniform：为均匀分布。

- 使用方式

在挖掘模型中须定义如何使用数据，基本类别如下：

➤ Key：索引键。

➤ Key Sequence：具顺序性质的索引键。

➤ Key Time：具时间性质的索引键。

➤ Predict：同时用作输入与输出的值。

➤ PredictOnly：只用作输出的值，其余未指定的值将视作输入值。

- 模型标识

  定义其他的提示，如 Not null——数据不能为空、REGRESSOR——算法可以在回归算法的回归公式里使用指定的数据列等。

11-2 DMX 函数

基于挖掘阶段，大概分为三个阶段，下面分段介绍 DMX 应用。

11-2-1 模型建立

语法习惯，粗体为必须完全相同；斜体为用户自定义；|（分隔号）在方括号或大括号内用来分隔语法项目，只能选择一种；[]（中括号）为选择性语法，使用时不键入方括号；{}（大括号），为必要项目，使用时不键入大括号；,... 指出逗号之前的项目可以重复任意多次，项目间以逗号分隔。

```
CREATE [SESSION] MINING MODEL <model>
(
[(<column definition list>)]
)
USING <algorithm> [(<parameter list>)] [WITH DRILLTHROUGH]
```

model：该模型的唯一名称。

SESSION：可以建立在连接关闭或工作阶段超时的时候，会自动移除挖掘模型。

algorithm：使用何种算法。

parameter list：定义算法的参数。

WITH DRILLTHROUGH：定义是否可以钻取。

column definition list：每列定义的逗号分隔列表。定义数据属性详说明细如下：

若为单一数据如下：

```
<column name> <data type> [<Distribution>] [<Modeling Flags>] <Content Type> [<prediction>]
[<column relationship>]
```

若为嵌套数据如下：

```
<column name> TABLE [<prediction>] ( <non-table column definition list> )
```

实际使用范例如下：

```
CREATE MINING MODEL         PredictRisk
(ID     KEY,
Gender  TEXT DISCRETE,
Income  LONG CONTINUOUS,
Job     TEXT DISCRETE,
```

```
Area    TEXT DISCRETE,
Risk    TEXT DISCRETE PREDICT)
USING   Microsoft_Decision_Trees
```

使用微软决策树算法建立一个名称为 PredictRisk 的 Model，有六个列。

Risk 同时为输入和被预测的数据域，ID 字段为标识键，其余四个为输入值。

11-2-2 模型训练

语法范例

```
INSERT INTO [MINING MODEL] | [MINING STRUCTURE] <model>|<structure> (<mapped model columns>)
<source data query>
INSERT INTO [MINING MODEL] | [MINING STRUCTURE] <model>|<structure>.COLUMN_VALUES (<mapped
model columns>) <source data query>
```

model：挖掘模型的名称。

structure：挖掘结构的名称。

mapped model columns：列标识码或嵌套标识码的逗号分隔列表。

source data query：提供程序自定义格式中的源查询。

实例如下：

```
INSERT INTO PredictRisk
(Id, Gender, Income, Job, Area, Risk)
SELECT  ID, Gender, Income, Job, Area, Risk
From    Customers
```

前两行是要插入的挖掘模型或挖掘结构，后两行是对应的源数据。

11-2-3 模型使用（预测）

基本语法如下：

```
SELECT [FLATTENED] [TOP <n>] <select expression list>
FROM <model> | <sub select>
[NATURAL] PREDICTION JOIN <source data query>
[ON <join mapping list>]
[WHERE <condition expression>]
[ORDER BY <expression> [DESC|ASC]]
```

n：指定要返回多少行的整数。

select expression list：从挖掘模型派生的数据标识码与表达式的分隔列表。

model：模型名称。

sub select：内嵌的 SELECT 语句。

source data query：源查询。

join mapping list：比较模型中的数据与源查询中的数据的逻辑表达式。

condition expression：限制返回值的条件。

expression：返回标量值的表达式。

实例如下：

```
SELECT NewCustomers.CustomerID, PredictRisk.Risk, CreditProbability (PredictRisk)
FROM    PredictRisk PREDICTION JOIN NewCustomers
ON      PredictRisk.Gender = NewCustomer.Gender
AND     PredictRisk.Income = NewCustomer.Income
AND     PredictRisk.Job = NewCustomer.Job
AND     PredictRisk.Area = NewCustomer.Area
```

此外，若想删除挖掘模型或挖掘结构可使用：

```
DROP MINING MODEL <model >
DROP MINING STRUCTURE < structure>
```

若要将模型或结构输出或备份：

```
EXPORT <object type> <object name>[, <object name>] [<object type> <object name>[, <object
name] ] TO <filename> [WITH DEPENDENCIES]
```

实例如下：

```
EXPORT MINING MODEL [PredictRiskTO 'C:\PredictRisk.abf' WITH DEPENDENCIES
```

WITH DEPENDENCIES 指的是将所有相关的对象一起存入.abf 文件中，如数据源和数据源视图等。

同理反推，要将.abf 文件导入语法如下：

```
IMPORT [<object type> <object name>[, <object name>] [<object type> <object name>[, <object
name] ] ] FROM <filename>
```

实例如下：

```
IMPORT FROM 'C:\Predict.Risk.abf'
```

11-2-4　其他函数语法

BottomCount

根据次序表达式，以递增顺序返回数据表，包含 count 数目的最底部数据列。

```
BottomCount(<table expression>, <rank expression>, <count>)
```

BottomPercent

类似 BottomCount，但是将 count 换成百分比，同样包含符合指定百分比表达式的最小数目的最底部数据列。

```
BottomPercent(<table expression>, <rank expression>, <percent>)
```

BottomSum

类似 BottomCount，但是将 count 换成 Sum，同样包含符合 sum 表达式的最小数目的最底部数据列。

```
BottomSum(<table expression>, <rank expression>, <sum>)
```

TopCount

语法与功能类似 BottomCount，但是为递减顺序。

```
TopCount(<table expression>, <rank expression>, <count>)
```

TopPercent

语法与功能类似 BottomPercent，但是为递减顺序。

```
TopPercent(<table expression>, <rank expression>, <percent>)
```

TopSum

语法与功能类似 BottomSum，但是为递减顺序。

```
TopSum(<table expression>, <rank expression>, <sum>)
```

Cluster

返回最可能包含输入事例的聚类。不需参数，但该挖掘模型支持聚类时才可使用。

```
Cluster
```

ClusterProbability

类似 Cluster，返回输入事例属于聚类的概率，同样要挖掘模型支持聚类时才可使用。

```
ClusterProbability([<Node_Caption>])
```

IsDescendant

指出目前的节点是否从指定的节点派生，返回布尔值。

```
IsDescendant(<NodeID>)
```

IsInNode

指出指定的节点是否包含事例，同样返回布尔值。

```
IsInNode(<NodeID>)
```

Lag

返回目前事例的日期与数据的最后日期之间的时间差，返回整数。

```
Lag()
```

Predict

在指定的列上执行预测。

```
Predict(<scalar column reference>, [option1], [option2], , [INCLUDE_NODE_ID], n)
Predict(<table column reference>, [option1], [option2], , [INCLUDE_NODE_ID], n)
```

PredictAdjustedProbability

返回指定的可预测列的已调整概率。

```
PredictAdjustedProbability(<scalar column reference>, [<predicted state>])
```

PredictAssociation

在列中，预测关联的成员资格，可用于决策树、贝叶斯和神经网络三种挖掘模型。

```
PredictAssociation(<table column reference>, option1, option2, n ...)
```

PredictCaseLikelihood

返回输入事例符合现有模型的可能性。此函数只能配合聚类模型使用（聚类和时序聚类两种挖掘模型）。

```
PredictCaseLikelihood([NORMALIZED|NONNORMALIZED])
```

PredictHistogram

返回代表指定列的直方图的数据表。

```
PredictHistogram(<scalar column reference> | <cluster column reference>)
```

PredictNodeId

返回选择事例的 NodeId。

```
PredictNodeId(<scalar column reference>)
```

PredictProbability

返回指定列的概率。

```
PredictProbability(<scalar column reference>, [<predicted state>])
```

PredictSequence

预测顺序中的下一个值。

```
PredictSequence(<table column reference>)
PredictSequence(<table column reference, n>)
PredictSequence(<table column reference, n-start, n-end>)
```

PredictStdev

返回指定列的标准差。

```
PredictStdev(<scalar column reference>)
```

PredictSupport

返回列的支持值。

```
PredictSupport(<scalar column reference>, [<predicted state>])
```

PredictTimeSeries

返回时间序列的预测值。

```
PredictTimeSeries(<table column reference>)
PredictTimeSeries(<table column reference, n>)
PredictTimeSeries(<table column reference, n-start, n-end>) PredictTimeSeries(<scalar column reference>)
PredictTimeSeries(<scalar column reference, n>)
PredictTimeSeries(<scalar column reference, n-start, n-end>)
```

PredictVariance

返回指定列的变量数。

```
PredictVariance(<scalar column reference>)
```

RangeMax

返回针对指定分隔列探索的预测值区的最大数值。

```
RangeMax(<scalar column reference>)
```

RangeMid

返回针对指定分隔列探索的预测值区的中值。

```
RangeMid(<scalar column reference>)
```

RangeMin

返回针对指定分隔列探索的预测值区的最小数值。

```
RangeMin(<scalar column reference>)
```

11-3 DMX 语法

本小节将针对 Microsoft SQL Server 所提供的九种数据挖掘的算法做参数介绍，并提供范例供读者参考。但在分别介绍九种算法的 DMX 数据挖掘语法前，先来看看建立数据挖掘模型的基本语法。

```
CREATE [SESSION] MINING MODEL <model>
(
[(<column definition list>)]
)
USING <algorithm> [(<parameter list>)] [WITH DRILLTHROUGH]
CREATE MINING MODEL <model> FROM PMML <xml string>
```

其中各自变量含义如表 11-1 所示。

表 11-1 自变量表

自变量名称	描述
model	模型的唯一名称
column definition list	列定义的逗号分隔列表
algorithm	数据挖掘提供程序的自定义名称
parameter list	可选。提供程序自定义的算法参数的逗号分隔列表
XML string	XML 编码的模型（PMML），字符串必须使用单引号（'）括住，仅限高级使用

11-3-1　决策树

Microsoft 决策树算法支持多个会影响所产生的挖掘模型的性能和准确度的参数，表 11-2 为决策树参数表。

表 11-2　决策树参数表

参数名称	默认值	描述
MAXIMUM_INPUT_ATTRIBUTES	255	定义在使用功能选项之前，算法可以处理输入属性的数目；此值设定为 0 将关闭功能选项
MAXIMUM_OUTPUT_ATTRIBUTES	255	定义在使用功能选择之前，算法可以处理输出属性的数目；此值设定为 0 将关闭功能选项
SCORE_METHOD	3	决定用来计算拆分分数的方法。可用的选项：Entropy (1)、Bayesian with K2 Prior (2) 或 Bayesian Dirichlet Equivalent (BDE) Prior (3)
SPLIT_METHOD	3	决定用来拆分节点的方法。可用的选项：Binary (1)、Complete (2) 或 Both (3)
MINIMUM_SUPPORT	10	决定要在决策树中生成拆分所需的最小叶事例数目
COMPLEXITY_PENALTY		控制决策树的成长。低值会增加拆分数目，而高值会减少拆分数目。默认值依据特定模型的属性数目而有所不同，如下所述： 1～9 个属性，默认值为 0.5 10～99 个属性，默认值为 0.9 100 个以上的属性，默认值为 0.99
FORCED_REGRESSOR		强制算法使用指定的列作为回归量，不考虑算法计算出来的数据列的重要性，此参数只用于预测连续属性的决策树

范　　例

本例考虑“性别”“年龄”“身份”“收入”和“账户金额”等属性，分类目标为“信用评级”（好、不好），决定顾客的信用评级。使用决策树分类建立的数据挖掘模型程序代码如下：

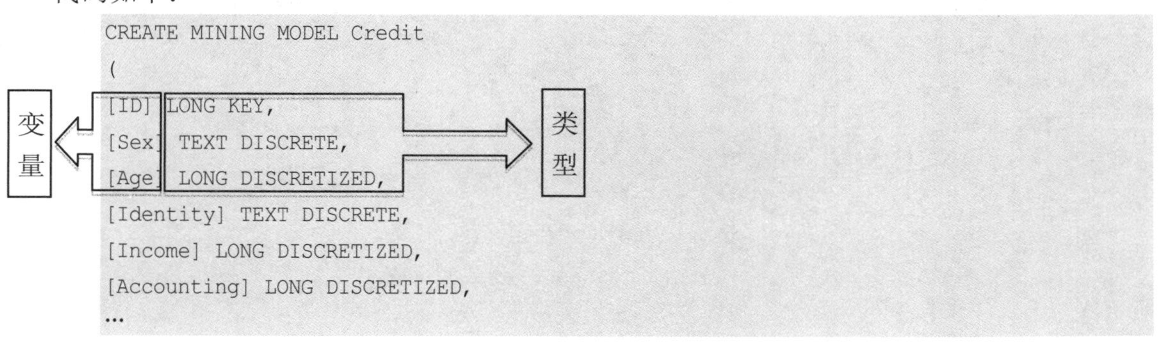


```
CREATE MINING MODEL Credit
(
[ID] LONG KEY,
[Sex] TEXT DISCRETE,
[Age] LONG DISCRETIZED,
[Identity] TEXT DISCRETE,
[Income] LONG DISCRETIZED,
[Accounting] LONG DISCRETIZED,
...
```

```
[CreditLevel] TEXT DISCRETE PREDICT
)
USING Microsoft_Decision_Trees(MAXIMUM_INPUT_ATTRIBUTES=0)
```

11-3-2 贝叶斯概率分类

Microsoft 贝叶斯概率分类算法支持多个会影响所产生的挖掘模型的性能和准确度的参数。表 11-3 描述每一个参数。

表 11-3 贝叶斯参数表

参数名称	默认值	描述
MAXIMUM_INPUT_ATTRIBUTES	255	指定在使用功能选择之前，算法可以处理输入属性的最大数目；将此值设定为 0，会停用输入属性的功能选项
MAXIMUM_OUTPUT_ATTRIBUTES	255	指定在使用功能选择之前，算法可以处理输出属性的最大数目。将此值设定为 0，会停用输出属性的功能选项
MINIMUM_DEPENDENCY_PROBABILITY	0.5	指定介于输入和输出属性之间的最小相依概率。这个值用来限制算法所产生的内容的大小。此属性可设定为 0～1。越大的值会减少模型内容中的属性数目
MAXIMUM_STATES	100	指定算法支持属性状态的最大数目。如果属性拥有的状态数目大于状态的最大数目，算法会使用属性最常用的状态并将其余的状态视为不存在

范　例

本例考虑“性别”“年龄”“身份”和“收入”四个属性，分类目标为“办卡”（会、不会），决定会员是否会办理信用卡。使用贝叶斯概率分类建立的数据挖掘模型程序代码如下：

```
CREATE MINING MODEL CreditCards
(
[ID] LONG KEY,
[Sex] TEXT DISCRETE,
[Age] LONG DISCRETIZED,
[Identity] TEXT DISCRETE,
[Income] LONG DISCRETIZED,
[UseCard] TEXT DISCRETE PREDICT
)
USING Microsoft_Naïve_Bayes(MAXIMUM_INPUT_ATTRIBUTES=5)
```

11-3-3　关联规则

Microsoft 关联算法支持多个会影响所产生的挖掘模型的性能和准确度的参数。表 11-4 描述每一个参数。

表 11-4　关联参数表

参数名称	默认值	描述
MINIMUM_SUPPORT	0.03	指定算法产生规则之前必须包含项集的最小事例数目。将此值设定为小于 1，是以总事例数的百分比来指定最小事例数目。将此值设定为大于 1 的整数，是以必须包含项集的绝对事例数目来指定最小事例数目。如果内存有限，算法可增加此参数的值
MAXIMUM_SUPPORT	1	指定项集可支持的最大事例数目。如果此值小于 1，则此值代表总事例数的百分比。大于 1 的值代表可包含项目集的绝对事例数目
MINIMUM_ITEMSET_SIZE	1	指定项集内所允许的最小项目数目
MAXIMUM_ITEMSET_SIZE	3	指定项集内所允许的最大项目数目。将此值设定为 0，即代表项集没有大小限制
MAXIMUM_ITEMSET_COUNT	200000	指定要产生的最大项集数目。如果没有指定数目，算法会产生所有可能的项集
MINIMUM_PROBABILITY	0.4	指定规则为 True 的最小概率。例如，将此值设定为 0.5 是指定不产生概率小于 50%的规则
OPTIMIZED_PREDICTION_COUNT		定义要为预测进行缓存或最佳化的项目数目

范　　例

本例考虑“性别”“年龄”“收入”“最喜爱的演员”“最喜爱的导演”和“最喜爱的电影类型”等属性，决定最有卖点的电影内容及其市场。使用关联规则建立的数据挖掘模型程序代码如下：

```
CREATE MINING MODEL GoodMovies
(
[ID] LONG KEY,
[Sex] TEXT DISCRETE,
[Age] LONG DISCRETIZED,
[Income] LONG DISCRETIZED,
[FavoriteActor] TEXT DISCRETE PREDICT,
[FavoriteDirector] TEXT DISCRETE PREDICT,
[FavoriteMovie] TEXT DISCRETE PREDICT,
```

```
...
)
USING Microsoft_Association_Rules (MINIMUM_SUPPORT=0.05, MINIMUM_PROBABILITY=0.70)
```

11-3-4 聚类分析

Microsoft 聚类算法支持多个会影响所产生的挖掘模型的性能和准确度的参数。表 11-5 描述每一个参数。

表 11-5 聚类分析参数表

参数名称	默认值	描述
CLUSTERING_METHOD	1	指定算法要使用的聚类分析方法。可用的聚类分析方法有：可伸缩的 EM、不可伸缩的 EM、可伸缩的 K-means 和不可伸缩的 K-means
CLUSTER_COUNT	10	指定算法要建立的大致分类数。如果无法从数据建立分类，则算法会尽可能建立最多的分类。将 CLUSTER_COUNT 设定为 0 会造成算法使用试探法，对于建立的分类数做出最好的决定
CLUSTER_SEED	0	指定在模型建立的初始阶段，用于随机产生分类的种子数字
MINIMUM_SUPPORT	1	指定每一个分类的最小事例数目
MODELLING_CARDINALITY	10	指定在聚类处理期间建构的范例模型数目
STOPPING_TOLERANCE	10	指定用来决定何时达到收敛状态以及算法完成建模值。当分类概率的整体变化小于本参数值除以模型大小的比率时，就达到收敛状态
SAMPLE_SIZE	50000	指定如果 CLUSTERING_METHOD 参数设定为可缩放的聚类方法之一时，算法使用在每个进程上的事例数。将本参数设定为 0 会导致将整个数据集在单个传递中进行聚类分析。这会造成内存和性能的问题
MAXIMUM_INPUT_ATTRIBUTES	255	指定使用功能选项之前，算法可以处理输入属性的最大数目。将此值设定为 0 即表示属性数目没有上限
MAXIMUM_STATES	100	指定算法所支持属性状态的最大数目。如果属性的状态数目大于状态数目上限，则算法会使用属性最常用的状态，而忽略其余状态

范　例

下例以顾客的年龄与收入作为分群维度，使用聚类分析建立的数据挖掘模型程序代码如下：

```
CREATE MINING MODEL Customer_Clustering
(
[ID] LONG KEY,
[Age] LONG DISCRETIZED,
[Income] LONG DISCRETIZED
```

```
)
USING Microsoft_Clustering (CLUSTERING_METHOD=3)
```

11-3-5 时序聚类分析

Microsoft 时序聚类分析算法支持多个会影响所产生的挖掘模型的性能和准确度的参数。表 11-6 描述每一个参数。

表 11-6 时序聚类分析参数表

参数名称	默认值	描述
CLUSTER_COUNT	10	指定算法要建立的分类数目。如果无法从数据建立分类数目，则算法会尽可能建立最多的分类。将本参数值设定为 0，会导致算法使用启发式来判断可建立的最佳分类数目
MINIMUM_SUPPORT	10	指定每一个分类的最小事例数目
MAXIMUM_SEQUENCE_STATES	64	指定一个时序可以具有的最大状态数目。将此值设定为大于 100 的数字将可能导致算法建立一个无法提供有用信息的模型
MAXIMUM_STATES	100	针对算法支持的非序列属性指定最大状态数目。如果非序列属性的状态数目大于最大状态数目，算法会使用该属性最常用的状态，并将其余的状态视为不存在

范　　例

下例考虑 Web 应用程序的用户经常以各种路径浏览网站，根据浏览站点的页面类型对用户进行分组，以帮助分析消费者并决定消费者可能的浏览网站，提高网站效益，使用时序聚类建立的数据挖掘模型程序代码如下：

```
CREATE MINING MODEL WebSequence
(
[CustomerId] TEXT KEY,
[Location] TEXT DISCRETE,
[ClickPath] TABLE PREDICT
(
   [SequenceId] LONG KEY Sequence,
   [URLCategory] TEXT,
)
)
USING Microsoft_Sequence_Clustering (CLUSTER_COUNT=0)
```

11-3-6 线性回归分析

Microsoft 线性回归分析算法支持多个会影响所产生的挖掘模型的性能和准确度的参

数。表 11-7 所示描述每一个参数。

表 11-7　线性回归分析算法参数表

参数名称	默认值	描述
MAXIMUM_INPUT_ATTRIBUTES	255	定义使用功能选项之前，算法可以处理输入属性的数目。如此值设定为 0 将关闭功能选项
MAXIMUM_OUTPUT_ATTRIBUTES	255	定义使用功能选项之前，算法可以处理输出属性的数目。如此值设定为 0 将关闭功能选项
FORCED_REGRESSOR		强制算法使用指定的列作为回归量，不考虑算法计算出来的列的重要性

范　例

下例以身高预测体重，使用线性回归分析建立的数据挖掘模型程序代码如下：

```
CREATE MINING MODEL PreWeight
(
[Id] LONG KEY,
[Height] LONG DISCRETE,
[Weight] LONG DISCRETE PREDICT
)
USING Microsoft_Linear_Regression
```

11-3-7　逻辑回归

Microsoft 逻辑回归算法支持多个会影响所产生的挖掘模型的性能和准确度的参数。表 11-8 描述每一个参数。

表 11-8　逻辑回归算法参数表

参数名称	默认值	描述
HOLDOUT_PERCENTAGE	30	指定用于计算测试错误的定型数据内的事例百分比，本参数在定型挖掘模型时是作为停止条件的一部分
HOLDOUT_SEED	0	在随机决定定型数据时，指定用来植入伪随机产生器的数字。如果本参数值设定为 0，则此算法会依据挖掘模型的名称生成种子，以保证在重新处理期间模型内容保持不变
MAXIMUM_INPUT_ATTRIBUTES	255	定义使用功能选项之前，算法可以处理输入属性的数目；如此值设定为 0 将关闭功能选项
MAXIMUM_OUTPUT_ATTRIBUTES	255	定义使用功能选项之前，算法可以处理输出属性的数目；如此值设定为 0 将关闭功能选项

续表

参数名称	默认值	描述
MAXIMUM_STATES	100	指定算法所支持属性状态的最大数目。如果属性拥有的状态数目大于状态的最大数目，算法会使用属性最常用的状态，并忽略其余的状态
SAMPLE_SIZE	10000	指定用来定型模型的事例数目。算法提供程序会使用此数字或不包括在测试百分比（由 HOLDOUT_PERCENTAGE 参数指定）中的总事例数的百分比，以较小者为准 换句话说，如果 HOLDOUT_PERCENTAGE 设定为 30，则算法将使用此参数的值，或等于总事例数 70% 的值，以较小者为准

范　　例

下例考虑有肥胖或抽烟情形的人会得高血压的人数，使用逻辑回归建立的数据挖掘模型程序代码如下：

```
CREATE MINING MODEL Logistic_Hypertension
(
[No] LONG KEY,
[Fat] Boolean DISCRETE,
[Smoke] Boolean DISCRETE,
[People] LONG DISCRETE,
[Hypertension] LONG DISCRETE PREDICT
)
USING Microsoft_Logistic_Regression
```

11-3-8　神经网络

Microsoft 神经网络算法支持多个会影响所产生的挖掘模型的性能和准确度的参数。表 11-9 描述每一个参数。

表 11-9　神经网络算法参数表

参数名称	默认值	描述
HIDDEN_NODE_RATIO	4.0	指定隐藏神经元与输入和输出神经元的比例。使用下列公式决定隐藏层中的初始神经元数目： HIDDEN_NODE_RATIO * SQRT(Total input neurons * Total output neurons)
HOLDOUT_PERCENTAGE	30	指定用来计算测试错误的定型数据内的事例百分比，这可作为定型挖掘模型时停止条件的一部分
HOLDOUT_SEED	0	在算法随机决定定型数据时，指定用来植入伪随机产生器的数字。如果此参数设定为 0，算法会依据挖掘模型的名称生成种子，以保证在重新处理期间，模型内容保持不变

续表

参数名称	默认值	描述
MAXIMUM_INPUT_ATTRIBUTES	255	决定在运用功能选项之前可提供给算法的输入属性的最大数目。将此值设定为 0，会停用输入属性的功能选项
MAXIMUM_OUTPUT_ATTRIBUTES	255	决定在运用功能选项之前可提供给算法的输出属性的最大数目。将此值设定为 0，会停用输出属性的功能选项。
MAXIMUM_STATES	100	指定算法支持的每个属性的离散状态的最大数目。如果特定属性的状态数目大于对这个参数所指定的数字，则算法会使用该属性最常用的状态，并将剩余状态视为遗漏
SAMPLE_SIZE	10000	指定用来定型模型的事例数目。此算法会使用此数字或不包括在测试数据中的总事例数的百分比（由 HOLDOUT_PERCENTAGE 参数指定），以较小者为准。 换句话说，如果 HOLDOUT_PERCENTAGE 设定为 30，则算法将使用这个参数的值或等于总事例数 70% 的值，以较小者为准

范　　例

本例以“性别”“年龄”“职业”“教育程度”和“小孩数”等属性作为输入变量，预测会员拥有的信用卡数。使用神经网络建立的数据挖掘模型程序代码如下：

```
CREATE MINING MODEL CardNumber
(
[ID] LONG KEY,
[Sex] TEXT DISCRETE,
[Age] LONG DISCRETIZED,
[Occupation] TEXT DISCRETE,
[Education] TEXT DISCRETE,
[TotalChildren] LONG DISCRETIZED,
[OwnCard] LONG DISCRETE PREDICT
)
USING Microsoft_Neural_Network(HOLDOUT_PERCENTAGE=20)
```

11-3-9　时序

Microsoft 时序算法支持多个会影响所产生的挖掘模型的性能和准确度的参数。表 11-10 描述每一个参数。

表 11-10　时序参数表

参数名称	默认值	描述
MINIMUM_SUPPORT	10	指定要在每一个时间序列树中产生拆分所需时间配量的最小数目
COMPLEXITY_PENALTY	0.1	控制决策树的成长。减少此值可增加拆分的可能性，增加此值则减少分割的可能性
PERIODICITY_HINT	{1}	提供算法关于数据周期性的提示。例如，若每年销售不同，序列中的度量单位是月，则周期性是 12。此参数采用 {n [, n]} 的格式，其中 n 是任何正数。方括号 [] 内的 n 是选择性的，可以视需要而重复
MISSING_VALUE_ SUBSTITUTION		指定用来填满历史数据中间距的方法。默认情况下，数据中不允许有不规则的间距或不完全的边缘。以下是可用来填满不规则间距或边缘的方法：依据上一个（Previous）值、平均（Mean）值或特定数值常数（Numeric Constant）
AUTO_DETECT_PERIODICITY	0.6	指定 0～1 之间的数值，用来检测周期性。这个值设定越接近 1，就会探索更多接近周期性的模式，并自动产生周期性提示。处理大量周期性提示时，可能会造成更长的模型定型时间及更精确的模型。如果此值设定越接近 0，则只会检测到周期性很强的数据
HISTORIC_MODEL_COUNT	1	指定要建立的历史模型数目
HISTORICAL_MODEL_GAP	10	指定两个连续历史模型之间的时间延迟。例如，将此值设定为 g，会造成要建立历史模型的数据，按 g、2*g、3*g 等间隔而遭到截断

范　例

下例假定政府要预测未来人口总数，使用时序建立的数据挖掘模型程序代码如下：

```
CREATE MINING MODEL PopulationNumber
(
[Time] DATE KEY,
[Population] LONG DISCRETIZED PREDICT
)
USING Microsoft_Time_Series
```

11-4　DMX 操作实例

经过前三节的介绍，是否对 DMX 有基本的概念了呢？以下再对 DMX 做较为完整的应用范例介绍，让读者能更清楚地了解 DMX 的用法。在本节的范例介绍中，会以数据挖掘包含的五项功能：①分类（classification）；②评估（estimation）；③预测（prediction）；④关联分组（affinity grouping）；⑤聚类分组（clustering）作为分类，各举一范例做 DMX 语法介绍。需要注意的是，以下数据源扩展名为xls，请先使用 Microsoft SQL Server Management Studio 导入源文件到数据库。

11-4-1 分类（classification）

所谓分类，即为按照分析对象的属性分门别类加以定义，创建类（class）。例如，将信用卡申请者的申请结果分为授卡或不授卡。使用的技巧有决策树（decision tree）等。以下以决策树技巧作为范例。

数据源 投保.xls（导入成为数据库 Insure）

目标 以保单号码（Policy No）为主键，缴费方式（Method）、保险类型 1（Insur_type4）、保险类型 2（Insurance_type）、性别（Rate_sex）、保额组别（Face_group）、理赔金组别（Claim_group）作为自变量，有无理赔（Cl_flag）作为预测变量进行分类，决定理赔行为判定。

模式建立

```
CREATE MINING MODEL InsureDecisiontree
(
[Policy No] TEXT KEY,
[Insur_type4] TEXT DISCRETE,
[Insurance_type] TEXT DISCRETE,
[Rate_sex] TEXT DISCRETE,
[Face_group] TEXT DISCRETE,
[Claim_group] TEXT DISCRETE,
[Cl_flag] TEXT DISCRETE PREDICT
)
USING Microsoft_Decision_Trees
```

数据源连接字符串

```
Provider=SQLNCLI.1; Data Source=DM-SERVER; Integrated Security=SSPI; Initial
Catalog=Insure
```

根据数据挖掘模型预测行为：

```
SELECT
t.[face_group],[Insure].[Cl Flag]
From
[Insure]
PREDICTION JOIN
  OPENQUERY([Insure],
    'SELECT
      [method],
```

```
      [insur_type4],
      [insurance_type],
      [rate_sex],
      [face_group],
      [claim_group],
      [cl_flag]
    FROM
      [dbo].[insure$]
    ') AS t
ON
[Insure].[Method] = t.[method] AND
[Insure].[Insur Type4] = t.[insur_type4] AND
[Insure].[Insurance Type] = t.[insurance_type] AND
[Insure].[Rate Sex] = t.[rate_sex] AND
[Insure].[Face Group] = t.[face_group] AND
[Insure].[Claim Group] = t.[claim_group] AND

[Insure].[Cl Flag] = t.[cl_flag]
```

11-4-2 评估（estimation）

根据既有连续性数值的相关属性数据，以获得某一属性未知值。例如按照信用申请者的教育程度、行为来评估其信用卡消费额。使用的技巧包括线性回归分析及神经网络等方法。以下使用线性回归方法为例推估模型。

数 据 源 投保.xls（导入成为数据库 Insure）

目 标 以保单号码（Policy No）作为主键，保额（Face_amt）作为自变量，缴费年限（Collect_year）作为预测变量进行线性回归分析来比较两者之间的关联。

模式建立

```
CREATE MINING MODEL InsureRegression
(
[Policy No] TEXT KEY,
[Face_amt] DOUBLE CONTINUOUS,
[Collect_year] DOUBLE CONTINUOUS PREDICT
)
USING Microsoft_Linear_Regression
```

数据源连接字符串

```
Provider=SQLNCLI.1; Data Source=DM-SERVER; Integrated Security=SSPI; Initial
```

```
Catalog=Insure
```

以下为本例的挖掘模型预测语法：

```
SELECT
  t.[collect_year]
From
  [Insure_R]
PREDICTION JOIN
  OPENQUERY([Insure],
    'SELECT
      [collect_year_ind],
      [collect_year],
      [face_amt]
    FROM
      [dbo].[insure$]
    ') AS t
ON
   [Insure_R].[Face Amt] = t.[face_amt] AND
  [Insure_R].[Collect Year] = t.[collect_year]
```

11-4-3 预测（prediction）

根据对象属性的过去观察值来推估该属性未来之值。例如由顾客过去的刷卡消费量预测其未来刷卡消费量。使用的技巧包括线性回归分析、时序分析及神经网络的方法。以下使用时序分析为例预测模型。

数 据 源 15 岁以上人口总计.xls（导入成为数据库 Population）

目 标 以年底（Year）为主键，15 岁以上人口总计（Population）作为输入及预测变量，进行时序分析预测下年度人口数。

模式建立

```
CREATE MINING MODEL Population_TimeSeries
(
[Year] LONG KEY TIME,
[Population] DOUBLE CONTINUOUS PREDICT
)
USING Microsoft_ Time_Series
```

数据源连接字符串

```
Provider=SQLNCLI.1; Data Source=DM-SERVER; Integrated Security=SSPI; Initial
Catalog=Population
```

如要进行人口预测，可使用以下语法做未来 5 年的人口预测：

```
SELECT PredictTimeSeries(Population,5) AS FuturePopulation
FROM Population_TimeSeries
```

11-4-4 关联分组（affinity grouping）

从所有对象决定哪些相关对象应该放在一起。例如超市中相关的洗漱用品（牙刷、牙膏和牙线）应放在同一货架上。在客户营销系统上，此种功能用来确认交叉销售（cross selling）的机会以设计出吸引人的产品群组以增加销售。

数 据 源 投保.xls（导入成为数据库 Insure）

目 标 以保单号码（Policy No）为主键，性别（Rate_sex）、缴费方式（Method）、保险类型 1（Insur_type4）、保险类型 2（Insurance_type）、渠道代号（Channel_code）、地区代号（Company_code）作为输入变量，缴费方式（Method）、保险类型 1（Insur_type4）、保险类型 2（Insurance_type）、渠道代号（Channel_code）、地区代号（Company_code）作为预测变量进行关联分析以找出最佳销售策略。

模式建立

```
CREATE MINING MODEL Insure_Association
(
[Policy No] TEXT KEY,
[Rate_sex] TEXT DISCRETE,
[Method] TEXT DISCRETE PREDICT,
[Insur_type4] TEXT DISCRETE PREDICT,
[Insurance_type] TEXT DISCRETE PREDICT,
[Channel_code] TEXT DISCRETE PREDICT,
[Company_code] TEXT DISCRETE PREDICT
)
USING Microsoft_Association_Rules (MINIMUM_PROBABILITY=0.60)
```

数据源连接字符串

```
Provider=SQLNCLI.1; Data Source=DM-SERVER; Integrated Security=SSPI; Initial
Catalog=Insure
```

在模式建立完成后，可以从内容中检索数据集及规则，以检索数据集 I 为例：

```
SELECT
Node_Description
FROM
Insure_Clustering.Content
WHERE
   Node_Type='I'
```

11-4-5 聚类分组（clustering）

将异质母体细分为较具同质性的聚类（clusters）。同质分组相当于营销术语中的细分（segmentation），但是，如果事先未对细分加以定义，而数据中自然产生了细分，这就是聚类分析。

数 据 源 投保.xls（导入成为数据库 Insure）

目 标 以保单号码（Policy No）为主键，将理赔件次（Claim_cnt）与投保件次（Po_cnt）作为输入变量进行聚类分析以找出分群特性。

模式建立

```
CREATE MINING MODEL Insure_Clustering
(
[Policy No] TEXT KEY,
[Claim_cnt] DOUBLE CONTINUOUS,
[Po_cnt] DOUBLE CONTINUOUS
)
USING Microsoft_Clustering
```

数据源连接字符串

```
Provider=SQLNCLI.1; Data Source=DM-SERVER; Integrated Security=SSPI; Initial
Catalog=Insure
```

如需检索单一聚类内容，可使用以下语法来做查询，以检索聚类 1 为例：

```
SELECT t.* FROM Insure_Clustering
NATURAL PREDICTION JOIN <Input Set> AS t
WHERE Cluster()='聚类1'
```

PART

III

Microsoft SQL Server 中的数据挖掘模型

CHAPTER

12

决策树模型

12-1 基本概念

决策树是从一个或多个预测变量中，针对类别因变量的层级，预测事例或对象的关系（会员数），是数据挖掘（Data Mining）中一项主要的技巧。

决策树的目标是针对类别因变量加以预测或解释反应结果。就其本身而言，此模块分析技术与判别分析、聚类分析与非线性估计所提供的功能是一样的。决策树的灵活性使得数据本身更具吸引力，但并不意味着许多传统方法就会被排除在外。

决策树模块的创建包括三种形式：

（1）针对类别预测变量，计算以单变量分裂为基础的二元决策树。

（2）针对顺序预测变量，计算以单变量分裂为基础的二元决策树（至少为顺序尺度）。

（3）混合两类方式的预测变量，计算以单变量分裂为基础的二元决策树。

另外，也提供以线性组合分裂（Linear Combination Split）为基础，计算区间尺度预测变量的决策树选项。

12-2 决策树与判别函数

表 12-1 所示为决策树与判别函数比较表。

表 12-1 决策树与判别函数比较

决策树	判别函数
保有（利用）系数与决策方程	保有（利用）系数与决策方程，且判别函数的相似性决策理论较决策树的层级结构，其分类的可信度较没有说服力
决策树的预测变量及其分类规则可以执行三个独立的简单回归分析，又或者说是三个分开有前后相关的简单线性回归	利用判别函数所考虑的判别函数，预测变量与因变量间的关系可视为一个多元回归方程
决策树则是以递归层级结构原貌作为分类的依据原则	判别函数是利用事例间预测变量相似性原貌作为判别依据
决策树视图预测变量的效用来自于每次仅取一个变量。决策树还提供许多扩展弹性的特性，针对单变量分裂（分层）所执行的每次一个预测变量的视图，相较众多变量综合视图更清楚	综合所有变量进行统计程序
决策树程序可以处理类别变量、连续变量或者混合两种预测变量	传统的线性判别分析要求预测变量至少是区间尺度以上

续表

决策树	判别函数
许多递归线性组合分裂(分层)可能会呈现许多预测变量，但除了因变量本身仅为两个层级，与简单线性组合分裂(分层)相比，传统的非递归线性判别函数呈现，可以保留预测变量未使用时大量真正的数据信息	线性判别函数中，线性判别方程的数目会被抽取成少于预测变量或者被预测变量层级数减掉

12-3 计算方法

一、制定预测精确性的标准规范

分类树分析的目的，简单来说，就是将最有可能发生的事情预测出来。但是很遗憾的是，精确性预测的操作定义通常很难得到。在典型的应用中，成本是指事例被混合分类时的比例；成本这个概念的引用，是针对事例是否有发生错误分类的现象，且占所有事例数的比例。由此延伸，则可定义为预测过程中，使用者所欲损失的范围；因此，当成本越小，表示事例遭混合分类的情形就相对减少，预测的精确性就越高。

先验概率（PRIORS）——最小化成本：

（1）如果研究中，不同的比例不被接受，或者各个分类中的事例接近相等，那么可以选择“相同先验概率”。

（2）如果不同的基本比例确实会影响到分类的数目（或者说，此为一概率样本），那么可以依据样本中的分类比例来估计先验概率。

（3）如果针对基本比例有着特定的意义（如前一次执行过的研究结果），便可以给予不同的基本比例（Base Rate）。

（4）如果指定相同的错误分类成本，而不以事例数作为权数计算，那么相同计算结果来自于以分类的大小作为先验概率估算基础、各分类错误成本相等，以及利用事例权重分析汇总的数据。当然在以下的情况也可以获相同的错误分类率：

1）先验概率都是相同的。

2）给定分类 1 事例错误分类为分类 2 的成本是将分类 2 的事例分给分类 1 的 2/3，并且不以事例权重加入计算。

二、选择分裂（分层）技术

表 12-2 所示为选择分裂（分层）技术表。

表 12-2　选择分裂（分层）技术

判别函数基础的单变量分裂（分层）	第一个步骤为针对现行树（current tree）定义经节点的最佳分裂（分层）以及用来进行分裂（分层）的预测变量，每一最终节点，程序会计算事例与预测变量之间的关系是否显著，如果预测变量为类别变量，p-value 会以事例与预测变动（在同一节点中出现）的独立性（independence）计算卡方检验的 p-value；如果是顺序预测变量，程序就会以 ANOVA 方法计算 p-value
判别函数基础的线性组合分裂（分层）	此方法虽然是针对类别尺度的预测变量，但是在计算过程中，变量是假设为区间尺度所测量的数值。 这种以连续预测变量计算线性组合的结果与前一种纯粹以类别尺度预测变量的结果是类似的奇异值分解方法，是将连续预测变量转换为一组新的非重复的预测变量，运作的方法与程序为前述的超类（Superclasses）方式寻找最接近的分裂（分层）结果以线性组合呈现为 Mapped block 映射（onto）原始连续预测变量，且展示一个单变量分裂（分层）
C&RT 方式的彻底搜索（为单变量分裂）（分层）	在分类树模块中，提供三种适合度检查的方法： ①Gini measure of node impurity，当某一节点中，只有一个分类且值为 0 使用，这个方法是依据 C&RT（Breiman 等人 1984 提出）所延伸出来的最佳适合度测量；②Chi-Square 测量法，此种方法与 Bartlett 于 1984 年提出的 Bartlett's Chi-aquane 相似；③G-Square 测量法，与结构方程建模中的最大概率 Chi-Square 相似，C&RT 方式的彻底搜索功能选项乃是通过上述三种适合度方法，求解最大的简化值，进而定义最佳的分裂（分层）结果

三、定义停止分裂（分层）的时间点

如果因变量的可观察分类或者分类树分析中的预测变量的层级水平内部存在测量错误或存在噪音因子，那么继续此实验直到“纯”的最终节点出现也是不切实际的，在分类树模块中，提供两个功能选项用作控制停止分裂（分层）的时间点。

（1）取小 n（是指最终节点中规定的事例或对象数）。指定最终节点内的事例或对象数目，在分类树执行的过程中，程序会计算落入节点数的数目直至到达最小 n 时，才会停止。

（2）另一种方法为指定对象的片段，这个方法的目的为执行分类数过程直到纯的最终节点出现或者没有任何分类超过一个或多个分类所指定的最小片段值，如果先验概率相同，且指定相同的分类大小，那么当最终节点内的分类没有分配到任何事例或对象时，分裂（分层）过程会自动停止，如果先验概率不等，程序依然会针对指定的分类大小与片段数值相比较，直至没有超出片段数值的设定，才会停止。

四、选择适当大小的分类树（Right-Sized）

在部分可获得的一般化过程中，可以取得如何构成适当大小的分类树。依据事实发生的现象，非常有必要有效且思考严谨地利用，同时将整个过程越简化越好。在增加预测的精确性前提之下，利用所有可用的信息，并省略用不到的部分。如果可能，应尽量了解理论所描述的部分。基于任何科学理论的特征性使用，必须试着去制定适当大小的分类树；在分类树模块中，提供用户对所有可能的树状结构，两种不同的选择适当大小的思考策略，可选择其一或两者合并使用，表 12-3 所示为适当大小的分类树。

表 12-3 适当大小的分类树

FACT-Style Direct Stopping	指定对象片段（停止参数设置），采用 FACT-Style Direct Stopping 的停止规则，诊断现有信息用以定义树状结构大小的合理性；特别的，这里合理性的定义是采用交叉确认方法
测试样本的交叉验证（Test Sample Cross-Validate）	➤ 测试与样本可以分开独立收集一连串数据，或者在大的学习样本可取得之下，随时选择部分比例的事例，如三分之一或二分之一作为测试样本用途。 ➤ 在测试样本错误分类矩阵表格中，呈现的是测试样本中每个分类的观测值（Column），是否错误分类到其他分类（Row），同时表格中也呈现测试样本的交叉确认成本与其标准差
V-fold 交叉确认	➤ 此处定义的 V 值，除了代表将学习样本尽可能分为相同大小的子样本之外，目的是作为交叉确认；进一步说，每组样本有(V−1)次成为学习样本的一部分，并重复交叉确认，剩余的那一组就当成测试样本。 ➤ 此种方法的成本估算，是将 V 组测试样本个别计算，然后予以平均，同时也会展现标准差于表格中
整体交叉确认（Global Cross-Validation）	➤ 此方法的使用，是将全部分析依据指定的次数复制（重迭），并划分部分片段为样本。将此片段样本视为测试样本，与重复的学习样本进行交叉确认 ➤ 若选择 FACT-Style Direct Stopping 时，这种方法不如 V-fold Cross-Validation 有用。 ➤ 若选择自动选择树状结构的方法时，此方法是相当有用的
Minimal Cost-Complexity Cross-Validation Pruning	在分类树模块中，当停止规则定为 Prune on Misclassification Error 时，Minimal Cost-Complexity Cross-Validation 可以得到不错的结果；而另一方面，若停止规则定为 Prune on Deviance 时，Minimal Cost-Complexity Cross-Validation 则较前者更好

12-4 操作范例

决策树算法是一种分类算法，很适合预测。此算法同时支持离散和连续属性的预测。

STEP 01 进入项目中的新建挖掘结构，使用数据挖掘向导来建立，进入数据挖掘向导首页后单击“下一步”按钮，如图 12-1 所示。

STEP 02 此例从现有关系数据库或数据仓库读取数据，即为默认值，故直接在这个页面单击“下一步”按钮，如图 12-2 所示。

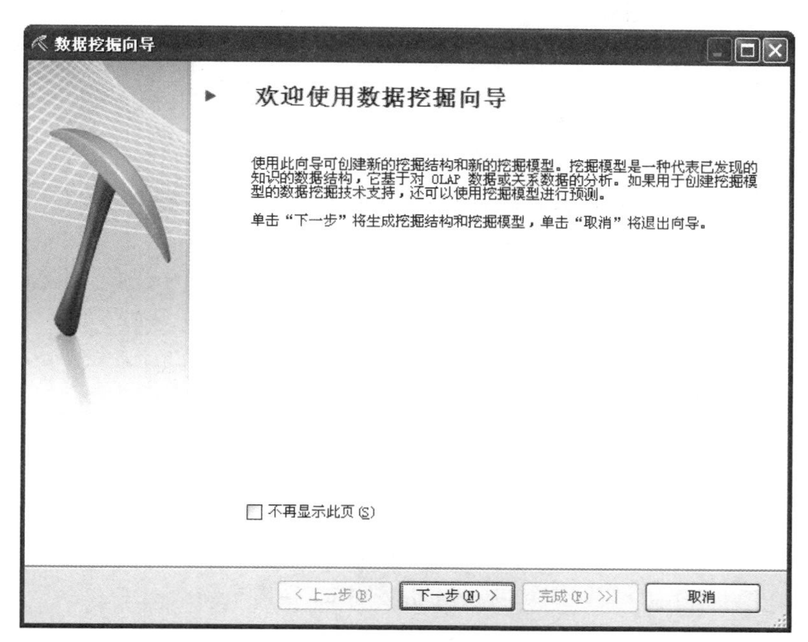

图 12-1　数据挖掘向导

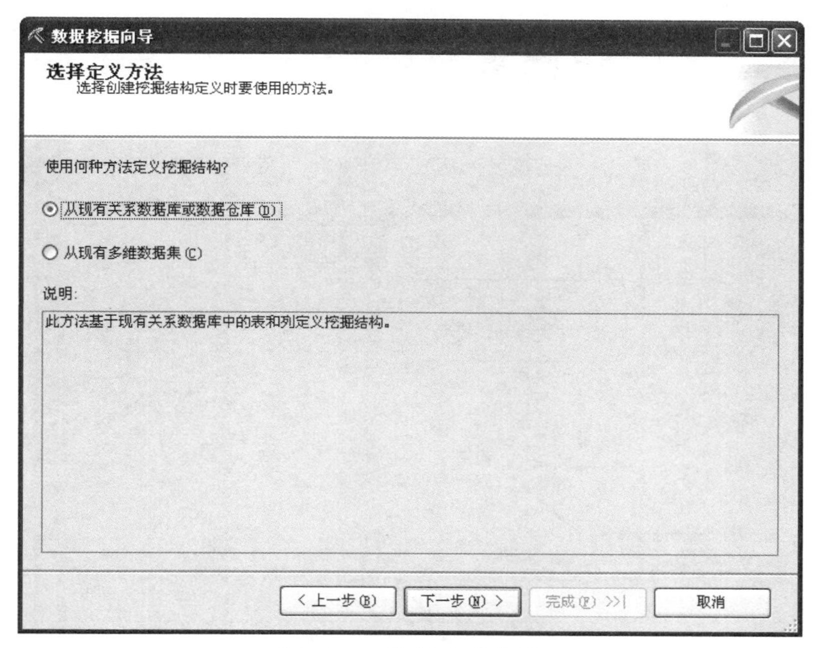

图 12-2　选择定义方法

STEP 03 到选择挖掘技术部分，选择“Microsoft 决策树”后，单击“下一步”按钮，如图 12-3 所示。

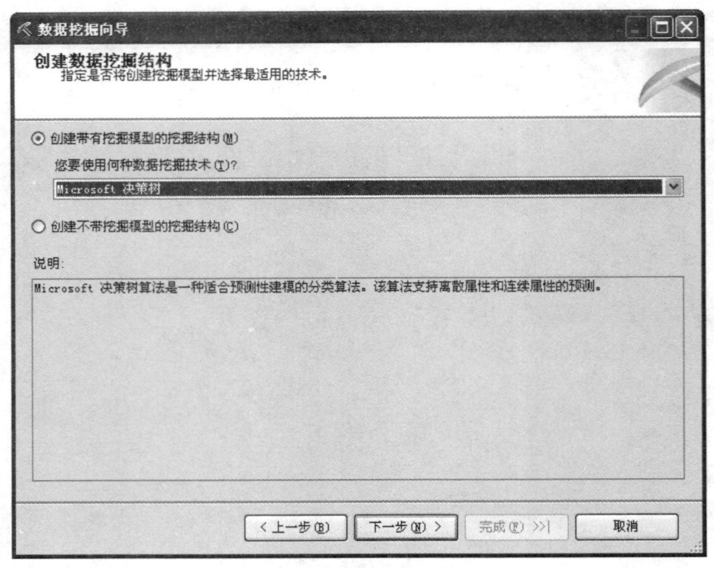

图 12-3 创建数据挖掘结构

STEP 04 选择所要使用数据的数据库位置后，单击“下一步”按钮，如图 12-4 所示。

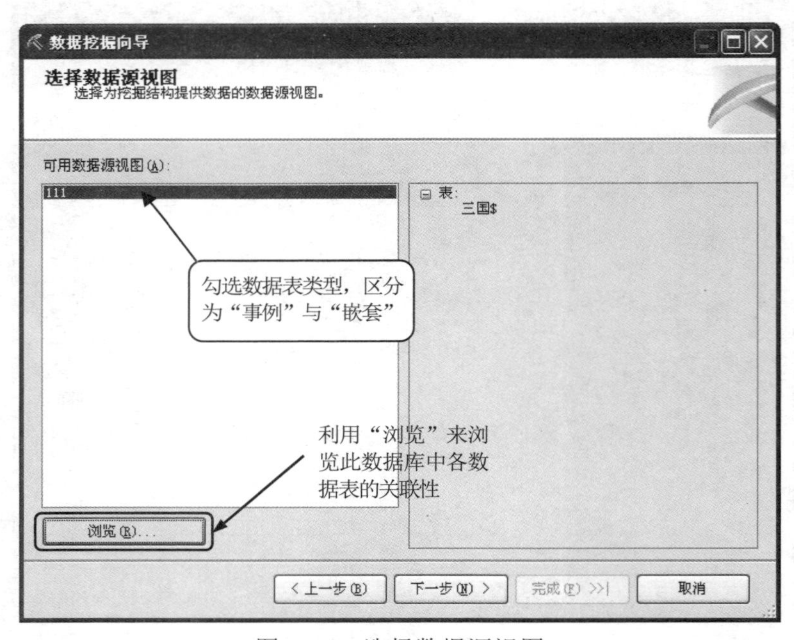

图 12-4 选择数据源视图

STEP 05 选择要使用的数据表，单击“下一步”按钮，如图 12-5 所示。

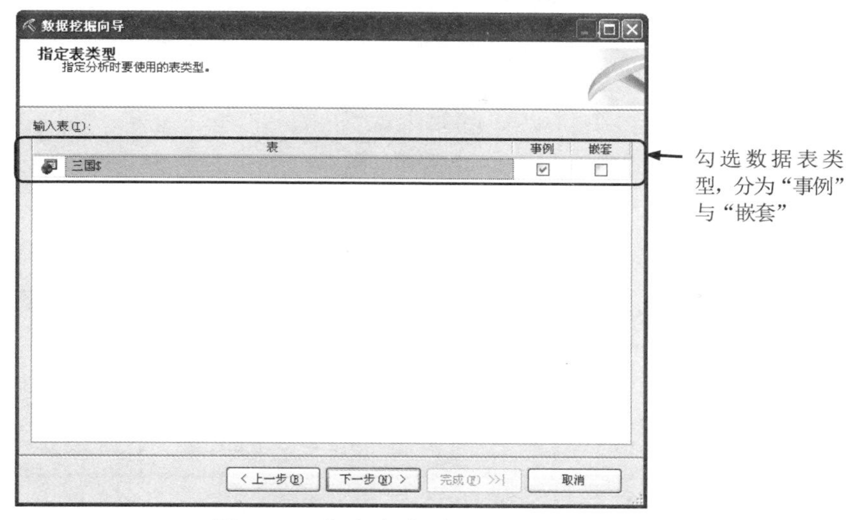

图 12-5　指定表类型

STEP 06 选择所需输入变量与预测变量，以及索引键；此例以“序列号码”为索引，“身份”为预测变量，并单击“建议”按钮以了解预测变量与其他变量间的相关性，可找出较具影响力的输入变量，完成后单击“确定”按钮，这时会回到原来的页面，单击“下一步”按钮，如图 12-6 所示。

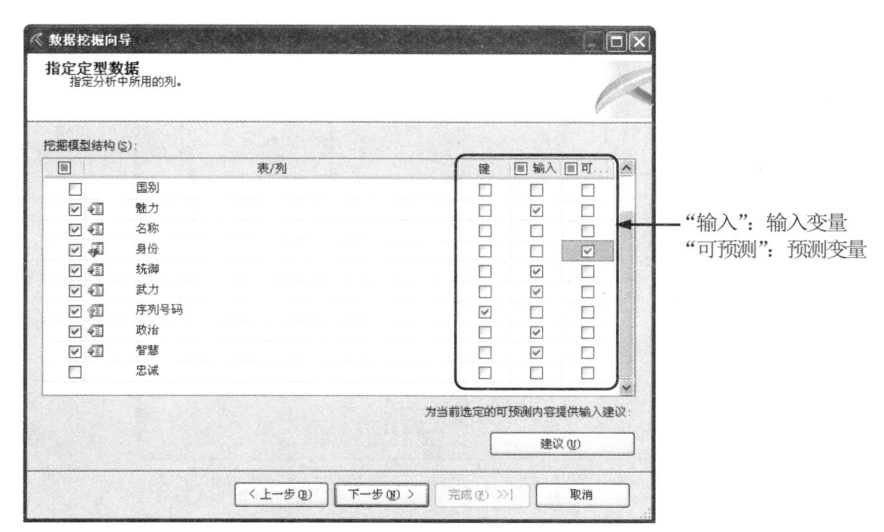

图 12-6　指定定型数据

STEP 07 单击“建议”按钮，此时程序会提出一些变量的相关系数，用户可自行选择输入与否，如图 12-7 所示。

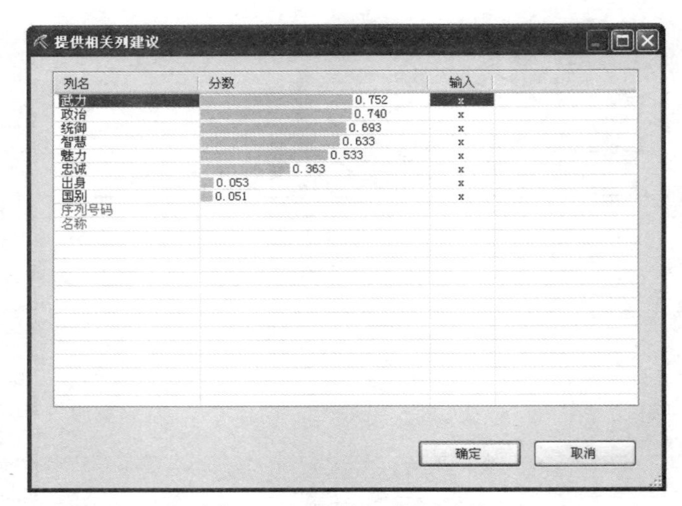

图 12-7 提供相关列建议

STEP 08 声明正确的数据属性，此例修正了一个变量的数据属性，完成后单击“下一步”按钮，如图 12-8 所示。

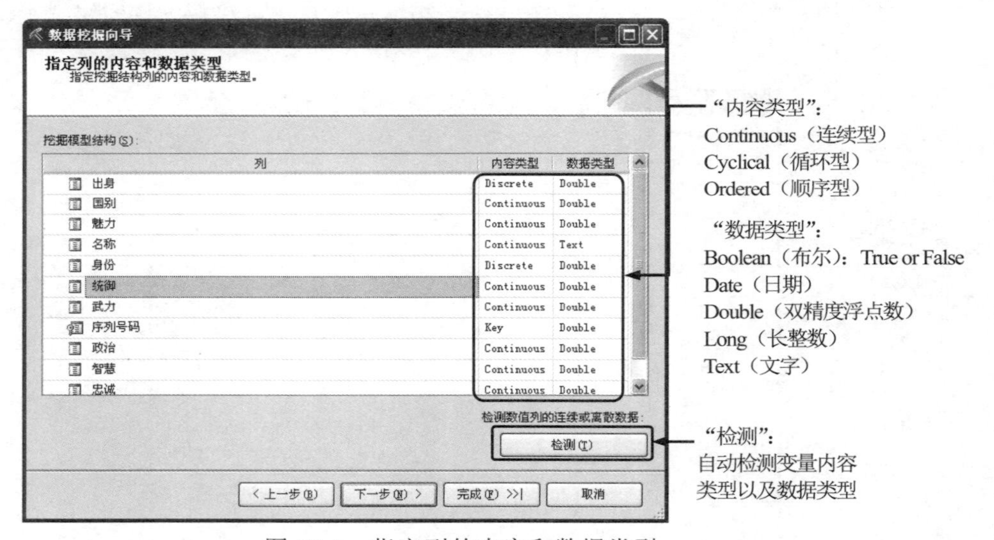

图 12-8 指定列的内容和数据类型

STEP 09 在此可选择测试数据的百分比，本事例中无测试数据，百分比选择“0”，如图 12-9 所示。

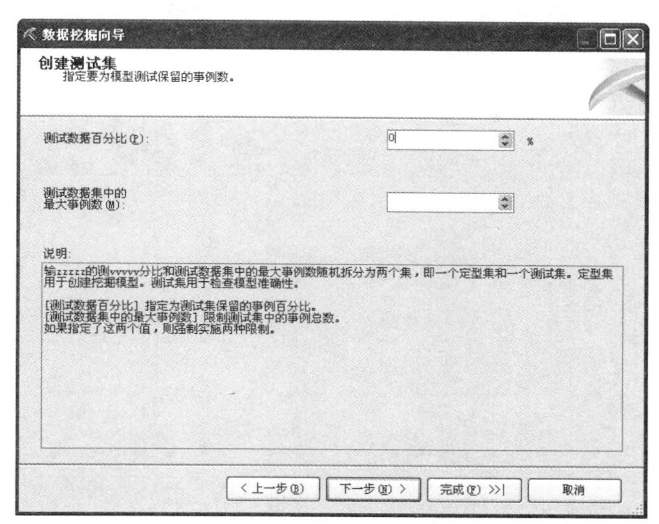

图 12-9　创建测试集

STEP 10 更改挖掘结构名称，单击“完成”按钮，如图 12-10 所示。

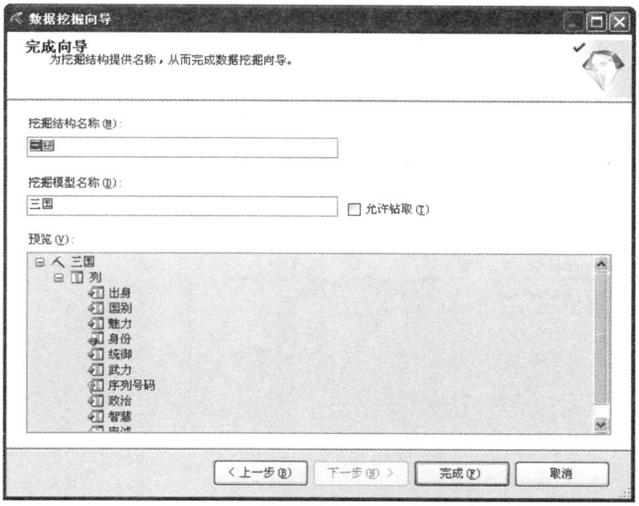

数据挖掘向导

完成向导

为挖掘结构提供名称，从而完成数据挖掘向导。

挖掘结构名称(M):

三国

挖掘模型名称(D):

三国

允许钻取(T)

预览(V):

三国
列
出身
国别
魅力
身份
统御
武力
序列号码
政治
智慧

< 上一步(B)　下一步(N) >　完成(F)　取消

图 12-10　完成向导

STEP 11 选择上方的挖掘模型查看器后，程序询问是否生成和部署项目，单击“是”按钮，如图 12-11 所示。

图 12-11　生成部署项目

STEP 12 接下来单击“运行”按钮，如图 12-12 所示。

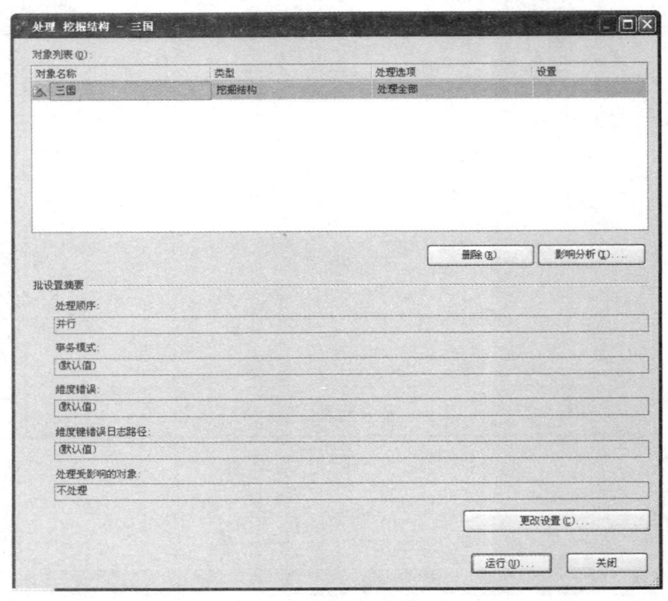

图 12-12　运行模型

STEP 13 运行完成后单击“关闭”按钮，如图 12-13 所示。

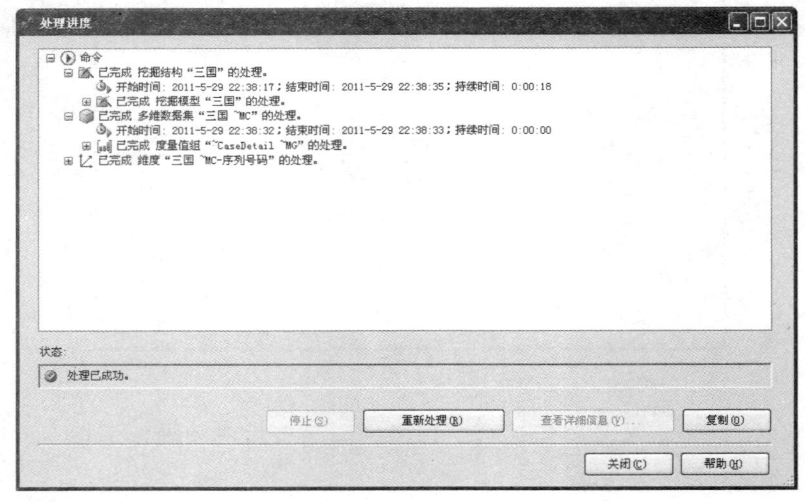

图 12-13　完成运行

STEP 14 建模完成，生成数据挖掘结构接口，包含挖掘结构、挖掘模型、挖掘模型查看器、挖掘准确度图表以及挖掘模型预测；其中在挖掘结构中，主要是呈现数据间的关联性以及分析的变量，如图 12-14 所示。

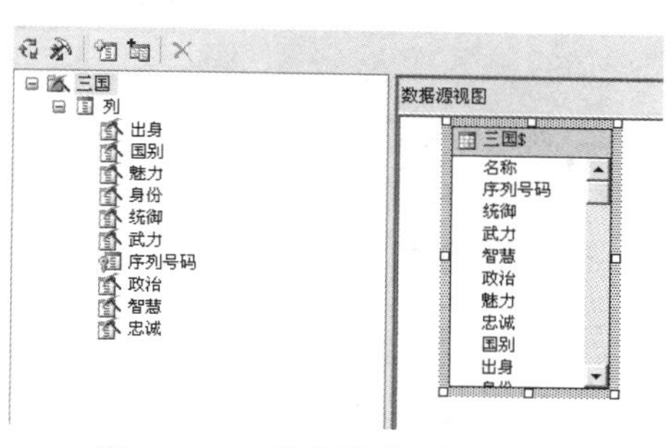

图 12-14　数据挖掘结构接口

而在挖掘模型中，主要是列出所建立的挖掘模型，也可以新建挖掘模型，并调整变量，变量使用状况包含 Ignore（忽略）、Input（输入变量）、Predict（预测变量、输入变量）以及 PredictOnly（预测变量），如图 12-15 所示。

挖掘结构 | 挖掘模型 | 挖掘模型查看器 | 挖掘准确性图表 | 挖掘模型预

结构	三国
	Microsoft_Decision_Trees
出身	Input
国别	Input
魅力	Input
身份	PredictOnly
统御	Input
武力	Input
序列号码	Key
政治	Input
智慧	Input
忠诚	Input

图 12-15　挖掘模型

而在挖掘模型上右击，选择“设置算法参数”可针对算法的参数设置加以编辑，如图 12-16 所示。

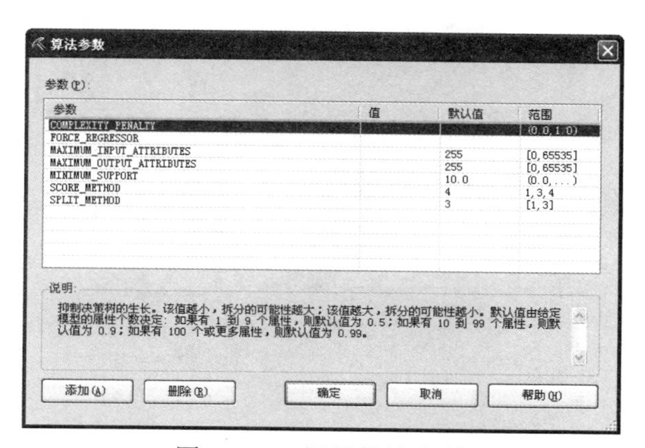

图 12-16　设置算法参数

其中包含：

- COMPLEXITY_PENALTY：抑制决策树的生长。该值越小，拆分的可能性越大；该值越大，拆分的可能性越小。默认值由给定模型的属性个数决定：如果有 1 到 9 个属性，则默认值为 0.5；如果有 10 到 99 个属性，则默认值为 0.9；如果有 100 个或更多属性，则默认值为 0.99。
- FORCE_REGRESSOR：强制算法将指示的列用作回归公式中的回归量，而不考虑算法为这些列计算出的重要性。此参数仅用于回归树。
- MAXIMUM_INPUT_ATTRIBUTES：指定算法在调用功能选择之前可以处理的最大输入属性数。如果将此值设置为 0，则为输入属性禁用功能选择。
- MAXIMUM_OUTPUT_ATTRIBUTES：指定算法在调用功能选择之前可以处理的最大输出属性数。如果将此值设置为 0，则为输出属性禁用功能选择。
- MINIMUM_SUPPORT：指定一个叶节点必须包含的最小事例数。如果将该值设置为小于 1 的数，则指定的是最小事例数在总事例数中所占的百分比；如果将该值指定为大于 1 的整数，则指定的是最小事例的绝对数。
- SCORE_METHOD：指定用来计算拆分分数的方法。可用的方法有：Entropy (1)、Bayesian with K2 Prior (3) 或 Bayesian Dirichlet Equivalent with Uniform prior (4)。
- SPLIT_METHOD：指定用来拆分节点的方法。可用的方法有：Binary (1)、Complete (2) 或 Both (3)。

挖掘模型查看器则是呈现此树状结构，对于数据的分布进一步加以了解，如图 12-17 所示。

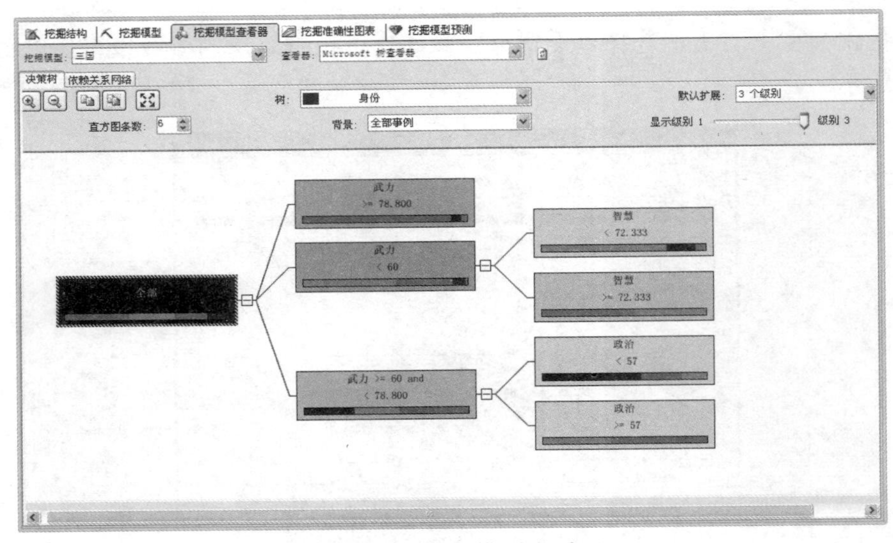

图 12-17 挖掘模型查看器

从“依赖关系网络”则可以了解因变量与自变量间的关联性强弱程度，如图 12-18 所示。

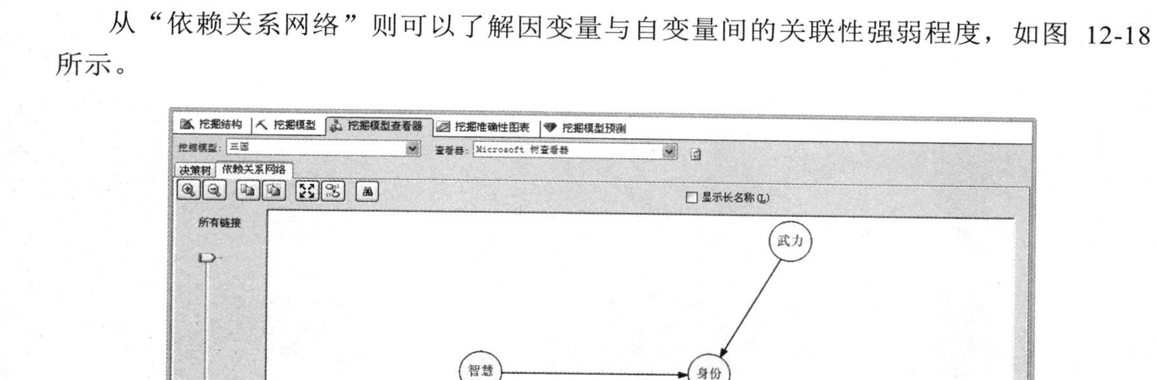

图 12-18　依赖关系网络

CHAPTER

13

贝叶斯分类器

13-1 基本概念

朴素贝叶斯分类器（Naïve Bayes Classifier）是一种既简单又实用的分类方法。它采用了监督式的学习方式，因此在进行分类之前，需事先知道分类的类型，通过样本的训练学习，以有效地处理未来欲分类的数据。举例来说，垃圾邮件里出现“单击”（click）、“这里”（here）与“取消订阅”（unsubscribe）这几个字的概率可能各为 0.9，但正常邮件里出现这些字的概率却只有 0.2（1.0 为必然出现）。把信息中所有文字的概率相乘，再利用贝叶斯统计原则，即可估计出该信息为垃圾邮件的概率。

朴素贝叶斯分类器主要的运作原理是通过训练样本学习记忆分类，根据所使用属性的关系，产生这些训练样本的中心概念，再用学习后的中心概念对未归类的数据对象进行类别预测，以得到受测试数据对象的目标值。每笔训练样本一般含有分类相关连属性的值及分类结果（又称为目标值）；一般而言，属性可能出现两种以上不同的值，而目标值则多半为二元的相对状态，如“是/否”“好/坏”“对/错”“上/下”。

朴素贝叶斯分类器主要是根据贝叶斯定理（Bayesian Theorem）（式 13-1），交换先验（prior）及后验（posteriori）概率，配合决定分类特性的各属性彼此间是互相独立的（conditional independence）假设，来预测分类的结果。

贝叶斯定理：

$$\begin{aligned} h_{MAP} &= \arg\max_{h\in V} P(h \mid D) \\ &= \arg\max_{h\in V} \frac{p(D \mid h)P(h)}{P(D)} \\ &= \arg\max_{h\in V} p(D \mid h)P(h) \end{aligned} \tag{13-1}$$

式中 h_{MAP}：最大后验（Maximum A Posteriori）；

D：训练样本；

V：假设空间（hypotheses space）；

$P(D)$：训练样本的先验概率，对于后验 h 而言，为一常数；

$P(h)$：后验 h 的先验概率（尚未观察训练样本时的概率）；

$P(h \mid D)$：在训练样本 D 集合下，后验 h 出现的条件概率。

朴素贝叶斯分类器会根据训练样本，对于所给予测试对象的属性值 $(a_1, a_2, a_3, \cdots, a_n)$（假设一共有 n 个学习概念的属性 $A_1, A_2, \cdots, A_n$，a_1 为 A_1 相对应的属性值），指派具有最高概率值的类别（C 表示类别的集合）为目标结果，相关的算法如下所述。

朴素贝叶斯分类器算法：

（1）计算各个属性的条件概率 $P(C = c_j \mid A_1 = a_1, \cdots, A_n = a_n)$。

贝叶斯定理：$P(c_j \mid a_1,a_2,\cdots,a_n) = \dfrac{P(a_1,a_2,\cdots,a_n \mid c_j)P(c_j)}{P(a_1,a_2,\cdots,a_n)}$

$= P(a_1,a_2,\cdots,a_n \mid c_j)P(c_j)$

属性独立：$P(a_1,a_2,\cdots,a_n \mid c_j) = \prod_{i=1}^{n} P(a_1 \mid c_j)$

（2）预测新测试样本所应归属的类别。

$$c_{NB} = \arg\max_{c_j \in C} P(c_j \mid a_1,a_2,\cdots,a_n) = \arg\max_{c_j \in C} P(c_j)\prod_i P(a_i \mid c_j) \tag{13-2}$$

综合上述朴素贝叶斯分类器的理论，只要朴素贝叶斯分类器所涉及学习概念的属性彼此间互相独立的条件被满足时，朴素贝叶斯分类器得到的最大可能分类结果 c_{NB}，与贝叶斯定理的最大后验 h_{MAP} 具有相同的功效。

现以下例说明朴素贝叶斯分类器如何进行概念学习，以作分类的预测。

某银行希望能提升识别信用卡的人数，假设目前考虑办卡的相关属性有“性别”“年龄”“学生身份”和“收入”四种。分类目标为“办卡”，类别有“会”“不会”两种，假设现有如表 13-1 所示的 10 笔训练样本，则使用朴素贝叶斯分类器，将（女性，年龄介于 31～45 岁之间，不具学生身份，收入中等）的个人归类到“会”办理信用卡的类别中。

表 13-1　朴素贝叶斯分类器训练样本的实例

项目	性别	年龄	学生身份	收入	办卡
1	男	>45	否	高	会
2	女	31～45	否	高	会
3	女	20～30	是	低	会
4	男	<20	是	低	不会
5	女	20～30	是	中	不会
6	女	20～30	否	中	会
7	女	31～45	否	高	会
8	男	31～45	是	中	不会
9	男	31～45	否	中	会
10	女	<20	是	低	会

判断（女性，年龄介于 31～45 之间，不具学生身份，收入中等者）会不会办理信用卡，首先根据训练样本计算各属性相对于不同分类结果的条件概率：

P(性别=女|办卡=会) =5/7　　P(性别=女|办卡=不会)=1/3

P(年龄=31～45|办卡=会) =3/7　　P(年龄=31～45|办卡=不会)=1/3

P(学生=否|办卡=会) =5/7　　P(学生=否|办卡=不会)=0/3

P(收入=中|办卡=会) =2/7　　P(收入=中|办卡=不会)=2/3

再应用朴素贝叶斯分类器进行类别预测：

$$c_{NB} = \underset{c_j \in C\{会,不会\}}{\arg\max} P(c_j)\prod_i P(a_t \mid c_j)$$

$$= \underset{c_j \in C\{会,不会\}}{\arg\max} P(c_j) \quad P(性别=女\mid c_j)P(年龄=31\sim45\mid c_j)$$

$$P(学生=否\mid c_j)P(收入=中\mid c_j)$$

$P(办卡=会)=7/10$

$P(办卡=不会)=3/10$

$P(会)\ P(女|会)\ P(31\sim45|会)\ P(否|会)\ P(中|会)=15/343 \fallingdotseq 0.044$

$P(不会)\ P(女|不会)\ P(31\sim45)不会\ P(否|不会)\ P(中/不会)=0$

因此基于表的训练样本，对于（女性，年龄介于31～45岁之间，不具学生身份，收入中等）的个人，朴素贝叶斯分类器会将其分类到会办理信用卡的类别。而且办理的概率是（0.044）/（0.044+0）=1（规范分类的结果P（会）/（P（会）+P（不会））。

朴素贝叶斯分类器对于各种属性相对于目标值（分类的类别）的条件概率，是先找出训练样本中某目标值出现的个数（n），以及在这些目标值的样本中特定属性值出现的个数（na），然后na/n即为该特定属性在该目标值下的条件概率。如上例P（性别=女|办卡=会）的条件概率是5/7，因为10笔训练样本一共有7笔会办卡，而会办卡的7笔中，有5笔是女性。

此法计算出来的条件概率一旦有一个为零，则因为各属性间是互相独立的，该项目标值，会因各属性连乘积的影响，不管其他属性的条件概率为何，其值都是零。上例不会办卡的概率为零，即是受了P（学生=否|办卡=不会）=0的影响，导致不会办卡的概率为零了。为了克服训练样本选择不够广泛，造成零概率的窘境，朴素贝叶斯分类器采用了m-estimate加以改良，让该分类器能更精确地作出适当的分类。m-estimate的定义为：

$$\text{m}-\text{estimateprobablity} = \frac{n_a + mp}{n+m} \tag{13-3}$$

式中，m：是一个固定的常数值，主要目的在决定p的权重；p：同一属性不同属性值的事前概率，一般而言采用均值（uniform），如上例性别只有两种可能，均值的概率，使得$p=1/2$。

13-2　操作范例

STEP 01 进入项目中的新建挖掘结构，使用数据挖掘向导来创建，进入数据挖掘向导首页后单击“下一步”按钮，如图13-1所示。

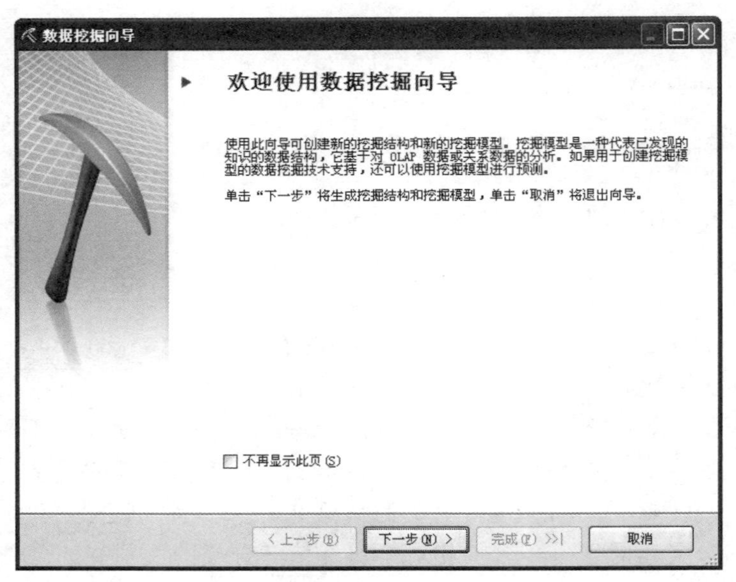

图 13-1 数据挖掘向导

STEP 02 此例从现有关系数据库或数据仓库读取数据，即为默认值，故直接在这个页面单击“下一步”按钮，如图 13-2 所示。

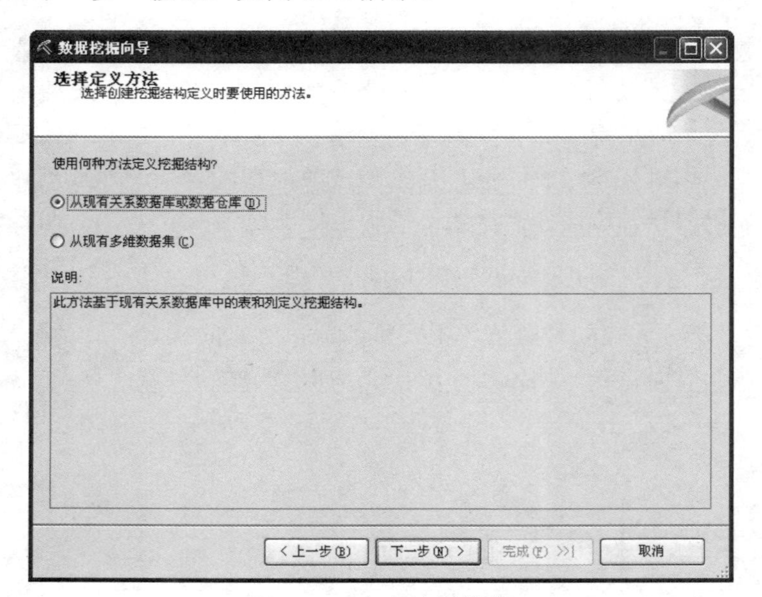

图 13-2 定义挖掘数据

STEP 03 到选择挖掘技术部分，选择“Microsoft 贝叶斯概率”分类后，单击“下一步”按钮，如图 13-3 所示。

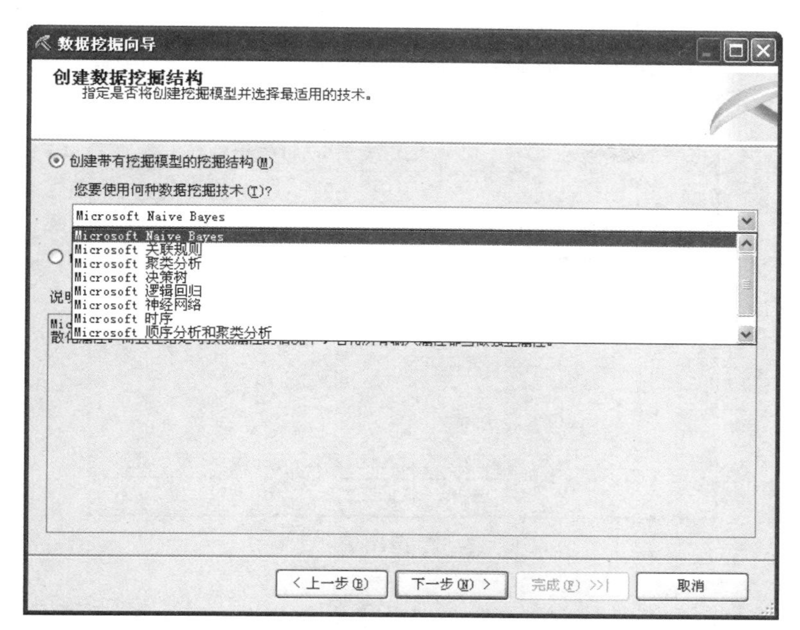

图 13-3　创建数据挖掘结构

STEP 04 选择 111 数据库后，单击“下一步”按钮，如图 13-4 所示。

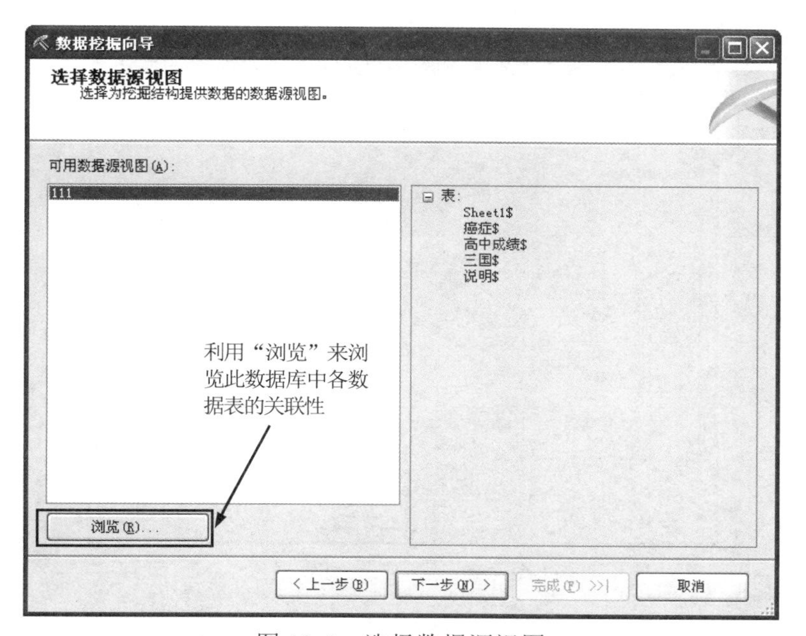

图 13-4　选择数据源视图

STEP 05 选择“三国”数据表后，单击“下一步”按钮，如图 13-5 所示。

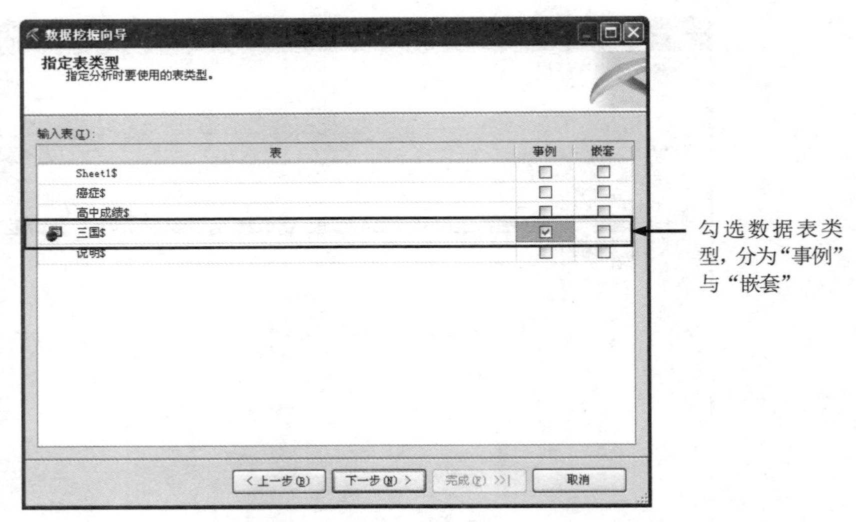

图 13-5　指定表类型

STEP 06 选择所需输入变量与预测变量，以及索引键；此例以“序列号码”为索引，“身份”为预测变量，选中出身、名称、身份、忠诚、武力、政治、国别、统御、智慧与魅力等 10 个变量前的复选框，并作为输入变量，完成后单击“确定”按钮，单击“下一步”按钮，如图 13-6 所示。

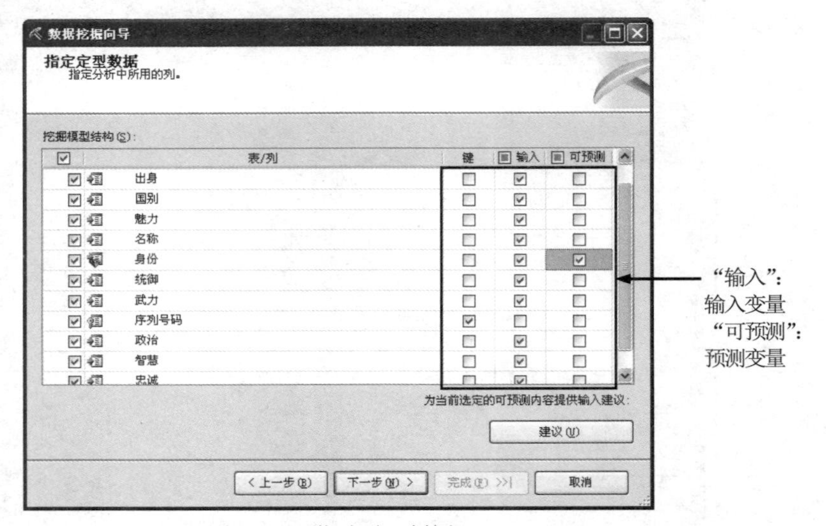

图 13-6　指定定型数据

STEP 07 声明正确的数据属性，修正了变量的数据属性后，单击“下一步”按钮，如图 13-7 所示。

图 13-7 指定列的内容和数据类型

STEP 08 选择测试数据的百分比，本事例中无测试数据，百分比选择“0”，如图 13-8 所示。

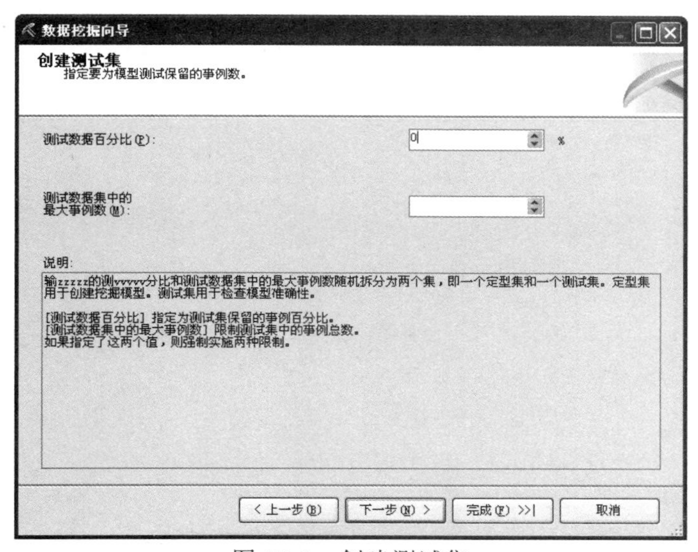

图 13-8 创建测试集

STEP 09 更改挖掘结构名称，单击“完成”按钮，如图 13-9 所示。

STEP 10 选择上方的挖掘模型查看器后，程序询问是否生成和部署项目，单击“是”按钮，如图 13-10 所示。

STEP 11 接下来单击“运行”按钮，如图 13-11 所示。

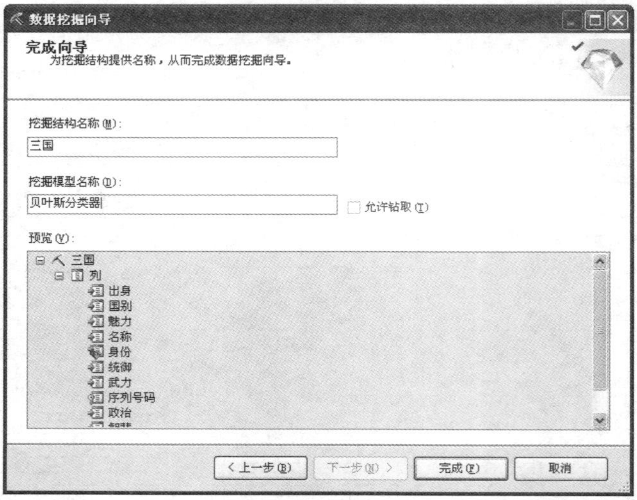

图 13-9 完成向导

图 13-10 生成部署项目

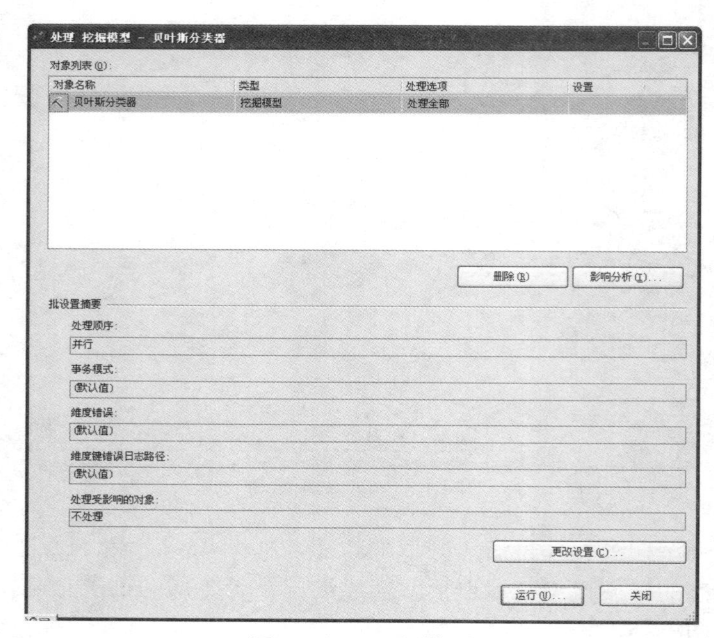

图 13-11 运行模型

STEP 12 运行完成后单击“关闭”按钮，如图 13-12 所示。

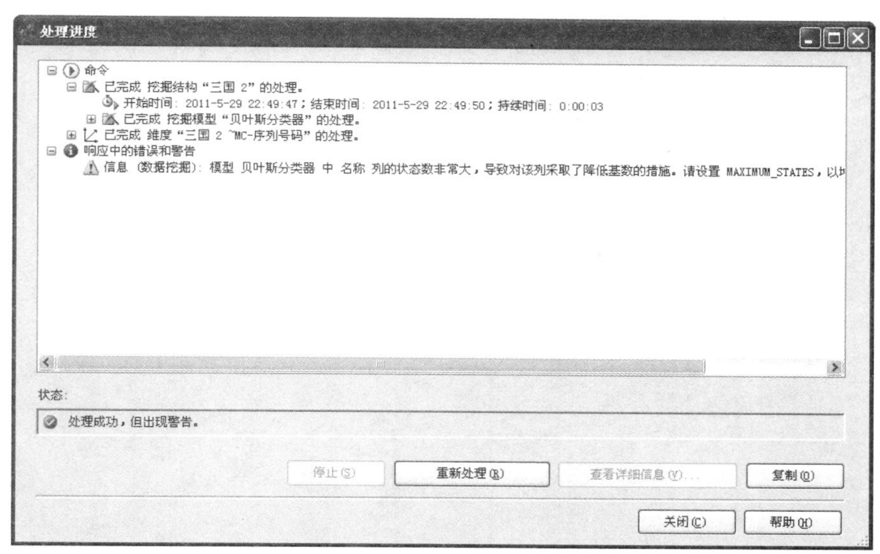

图 13-12　完成运行

STEP 13 回到原来画面再单击一次“关闭”按钮，如图 13-13 所示。

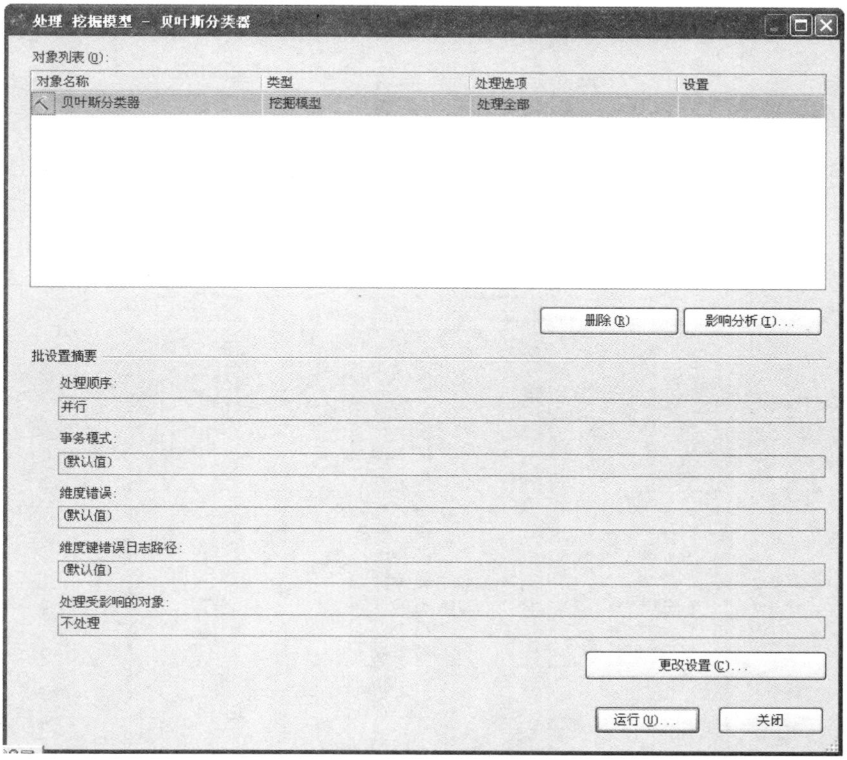

图 13-13　处理挖掘数据—贝叶斯分类器

STEP 14 建模完成，产生数据挖掘结构接口，包含挖掘结构、挖掘模型、挖掘模型查看器、挖掘准确度图表以及挖掘模型预测。在“挖掘结构”选项卡中，主要是呈现数据间的关联性以及分析的变量，如图 13-14 所示。

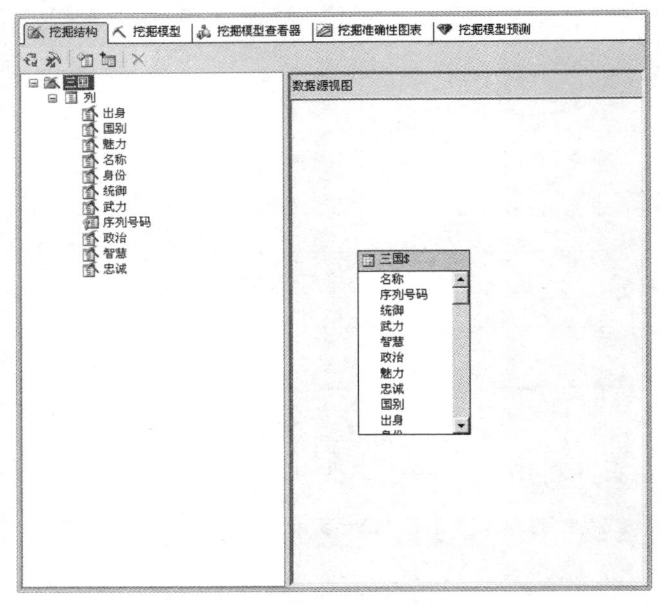

图 13-14　挖掘结构

而在“挖掘模型”选项卡中，主要是列出所建立的挖掘模型，亦可以新建挖掘模型，并调整变量，变量使用状况包含 Ignore（忽略）、Input（输入变量）、Predict（预测变量、输入变量）以及 PredictOnly（预测变量），如图 13-15 所示。

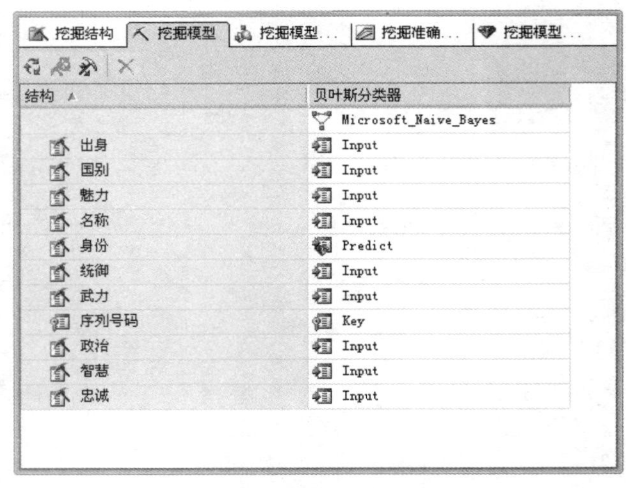

图 13-15　挖掘模型

而在挖掘模型上右击，选择“设置算法参数”可针对算法的参数配置加以编辑，如图 13-16 所示。

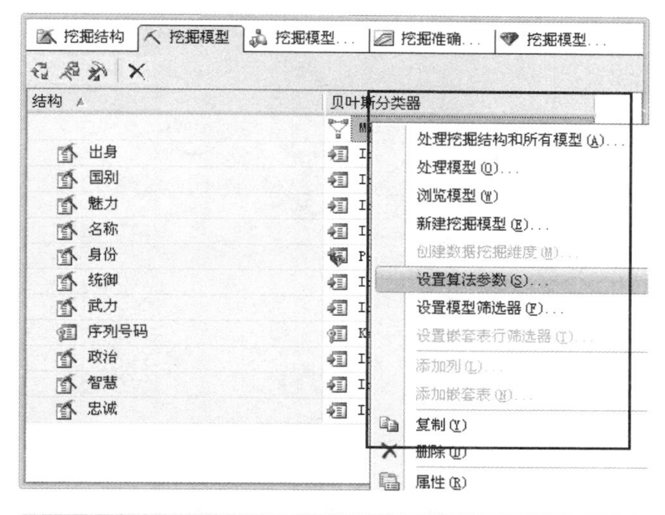

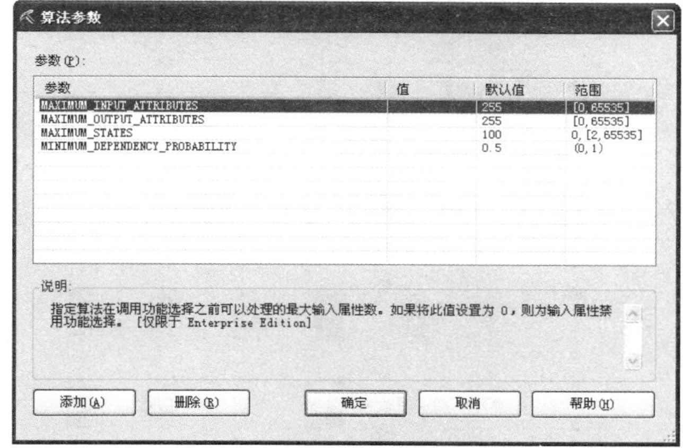

图 13-16 设置算法参数

其中包含：

- MAXIMUM_INPUT_ATTRIBUTES：指定算法在调用功能选择之前可以处理的最大输入属性数。如果将此值设置为 0，则为输入属性禁用功能选择。
- MAXIMUM_OUTPUT_ATTRIBUTES：指定算法在调用功能选择之前可以处理的最大输出属性数。如果将此值设置为 0，则为输出属性禁用功能选择。
- MAXIMUM_STATES：指定算法支持的最大属性状态数。如果属性的状态数大于该最大状态数，算法将使用该属性的最常见状态，并将剩余状态视为不存在。
- MINIMUM_DEPENDENCY_PROBABILITY：指定输入属性和输出属性之间的最

小依赖关系概率。此值用于限制算法生成的内容的大小。该属性可设置为介于0～1之间的值，该值越大，模型中的属性数就越少。

挖掘模型查看器则是呈现此相关性网络，对于数据的分布进一步加以了解，如图13-17所示。

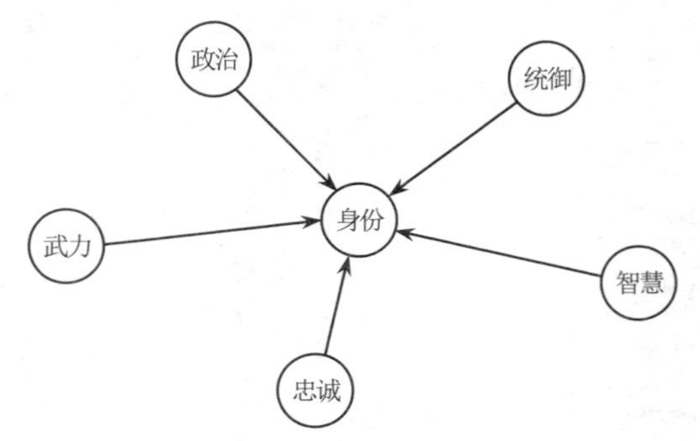

图 13-17 相关性网络图

而从“属性配置文件”选项卡可以了解每个变量的特性分布状况，如图13-18所示。

图 13-18 属性配置文件

而从“属性特性”选项卡可以看出不同群的基本特性概率，如图13-19所示。

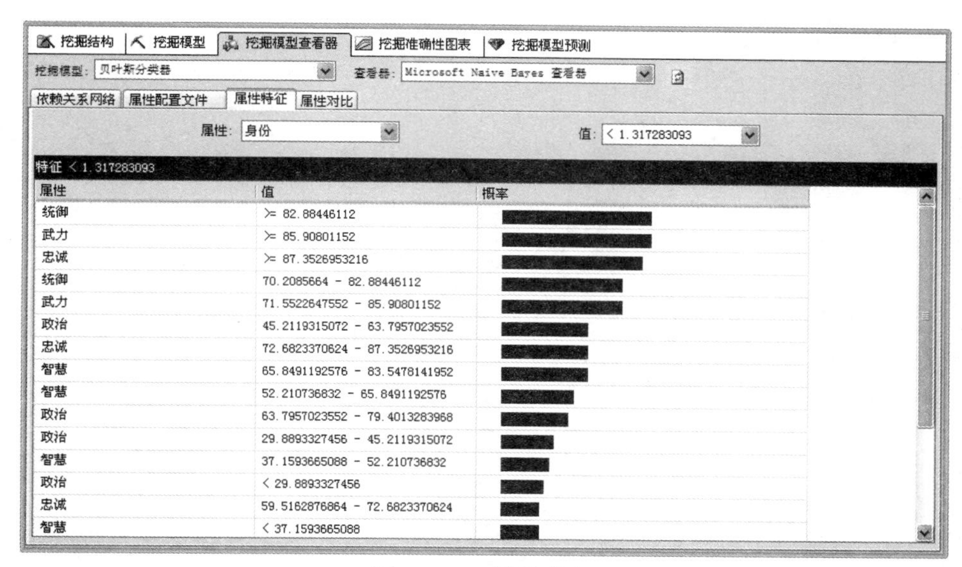

图 13-19　属性特征

而在“属性对比”选项卡中，主要可以比较不同群体间的特性，如图 13-20 所示。

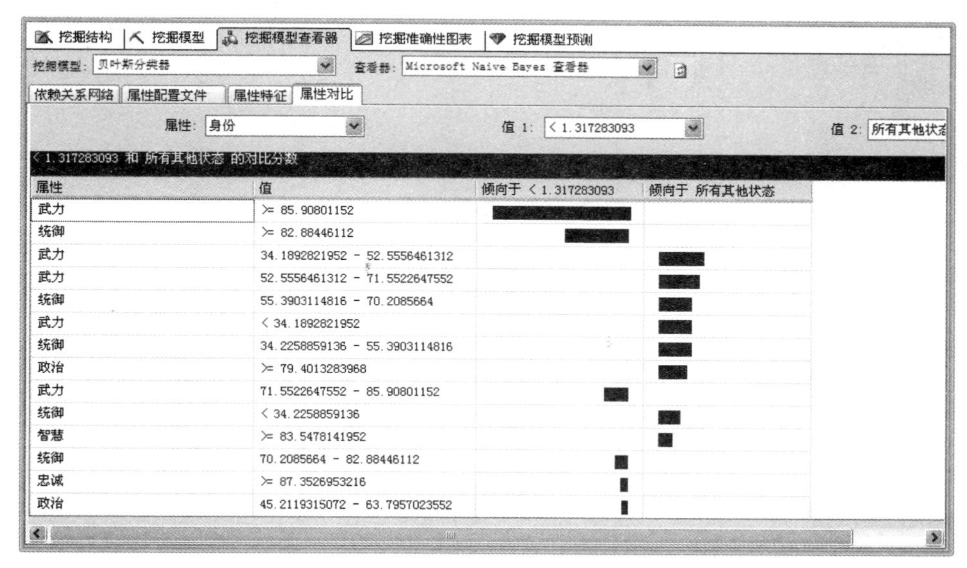

图 13-20　属性对比

CHAPTER 14

关联规则

14-1　基本概念

关联规则是分析数据库中不同变量或个体（例如商品间的关系及年龄与购买行为等）之间的关系程度（概率大小），用这些规则找出顾客购买行为模式，如购买了台式计算机对购买其他计算机外设商品（如打印机、音箱、硬盘等）的相关影响。发现这样的规则可以应用于商品货架摆设、库存安排以及根据购买行为模式对客户进行分类。

关联规则最早由 Agrawal 于 1993 年提出，而 Agrawal 对关联规则的定义如下：

假设 $I=\{I_1,I_2,\cdots I_m\}$：I 可视为 m 个商品项目的集合。$D=\{t_1,t_2,\cdots,t_n\}$：D 为 n 位客户交易的总集合，其中 $t_i=\{I_{i1},I_{i2},\cdots,I_{ik}\}$： t_i 代表第 i 位客户的交易数据。

关联规则的代表式 If *condition* then *result*。也就是 $X\Rightarrow Y$，其中 X、Y 称作项目组（Itemsets）。

关联规则中有两个重要的参数，分别为支持度（Support）和信赖度（Confidence）。其中支持度是指 X 项目组与 Y 项目组，同时出现在 D 交易总集合的次数，除以 D 交易总集合的个数；以概率的观点来看，支持度就是同时发生 X、Y 事件的概率。信赖度是指 X 项目组与 Y 项目组，同时出现在 D 交易总集合的次数，除以 X 项目组在 D 交易总集合出现的次数；以概率的观点来看，信赖度就是在 X 事件发生的情况下，Y 事件发生的概率。

举例说明有商品：牛奶、面包，其被购买的概率如表 14-1 所示。

表 14-1　购买组合概率表

事件组合	概率
牛奶	35%
面包	50%
牛奶和面包	25%

得到的关联规则为："牛奶 $\Rightarrow$ 面包" 支持度为 0.25，信赖度为 $\frac{0.25}{0.35}=0.714$；意思是全部顾客中，有 25%的人买了牛奶也买了面包，而且买牛奶这项商品的顾客中，有 71.4%的人也会一起购买面包。

另外，有些学者认为单以支持度和信赖度衡量规则的好坏，似乎仍嫌不足，还需考虑项目组彼此间的相互关系。因此又有兴趣度（Interesting）或称增益（Improvement）的指标产生，其概念为使用这条规则预测结果时比随机决定的结果好多少。其具体如式（14-1）：

$$兴趣度=\frac{Confident(X \Rightarrow Y)}{P(Y)}=\frac{P(X \& Y)}{P(X)P(Y)} \tag{14-1}$$

当兴趣度大于 1 的时候，这条规则就是比较好的；当兴趣度小于 1 的时候，这条规则就是没有太大意义的。兴趣度越大，规则的实际意义就越好。

14-2 关联规则的种类

将关联规则按不同的情况进行分类：

（1）基于规则中处理的变量的类别，关联规则可以分为布尔型和数值型。

布尔型关联规则处理的值都是离散的、种类化的，它显示了这些变量之间的关系；而数值型关联规则可以和多维关联或多层关联规则结合起来，对数值型字段进行处理，将其进行动态的拆分，或者直接对原始的数据进行处理，当然数值型关联规则中也可以包含种类变量。

例如：性别=“女”⇒职业=“秘书”，是布尔型关联规则；性别=“女”⇒avg（收入）=2300，涉及的收入是数值类型，所以是一个数值型关联规则。

（2）基于规则中数据的抽象层次，可以分为单层关联规则和多层关联规则。

在单层的关联规则中，所有的变量都没有考虑到现实的数据是具有多个不同的层次的；而在多层的关联规则中，对数据的多层性已经进行了充分的考虑。

例如：IBM 桌上型计算机⇒Sony 打印机，是一个细节数据上的单层关联规则；台式计算机⇒Sony 打印机，是一个较高层次和细节层次之间的多层关联规则。

（3）基于规则中涉及到的数据的维数，关联规则可以分为单维的和多维的。

在单维的关联规则中，只涉及到数据的一个维，如用户购买的物品；而在多维的关联规则中，要处理的数据将会涉及多个维。换句话说，单维关联规则是处理单个属性中的一些关系；多维关联规则是处理各个属性之间的某些关系。

例如：啤酒⇒尿布，这条规则只涉及到用户购买的物品；性别=“女”⇒职业=“秘书”，这条规则就涉及到两个字段的信息，是两个维上的一条关联规则。

给出了关联规则的分类之后，在下面的分析过程中，就可以考虑某个具体的方法适用于哪一类规则的挖掘，某类规则又可以用哪些不同的方法进行处理。

14-3 关联规则的算法：Apriori 算法

此方法为研究关系型法则的入门算法，是研究关系型法则时最具代表性的算法之一。其利用循序渐进的方式，找出数据库中项目的关系，以形成规则。

一、执行步骤

（1）首先，须制定最小支持度及最小信赖度。

（2）Apriori 算法使用了候选项集的概念，首先产生出项集，称为候选项集，若候选项集的支持度大于或等于最小支持度，则该候选项集为高频项集（Large Itemset）。

（3）在 Apriori 算法的过程中，首先由数据库读入所有的交易，得出候选单项集（Candidate 1-itemset）的支持度，再找出高频单项集（Large 1-itemset），并利用这些高频单项集的结合，产生候选 2 项集（Candidate 2-itemset）。

（4）再扫描数据库，得出候选 2 项集的支持度以后，再找出高频 2 项集，并利用这些高频 2 项集的结合，产生候选 3 项集。

（5）重复扫描数据库，与最小支持度比较，产生高频项集，再结合产生下一级候选项集，直到不再结合产生出新的候选项集为止。

二、优点

简单易懂，容易实现。

三、缺点

因计算项过多而造成执行能力缓慢，主要的原因在于高频项集产生过多的候选项集，尤其是候选 2 项集的情况最为严重。

14-4 操作范例

STEP 01 进入项目中的新建挖掘结构，使用数据挖掘向导来建立，进入数据挖掘向导首页后单击“下一步”按钮，如图 14-1 所示。

STEP 02 此例从现有关系数据库或数据仓库读取数据，即为默认值，故直接在这个页面单击“下一步”按钮，如图 14-2 所示。

STEP 03 到“建立数据挖掘结构”部分，选择“Microsoft 关联规则”后，单击“下一步”按钮，如图 14-3 所示。

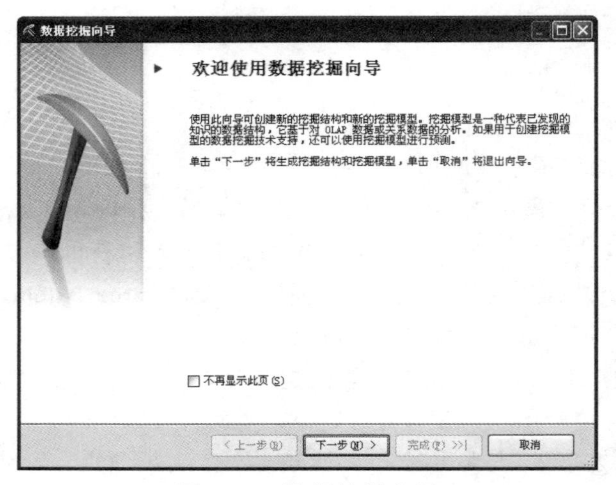

图 14-1　数据挖掘向导

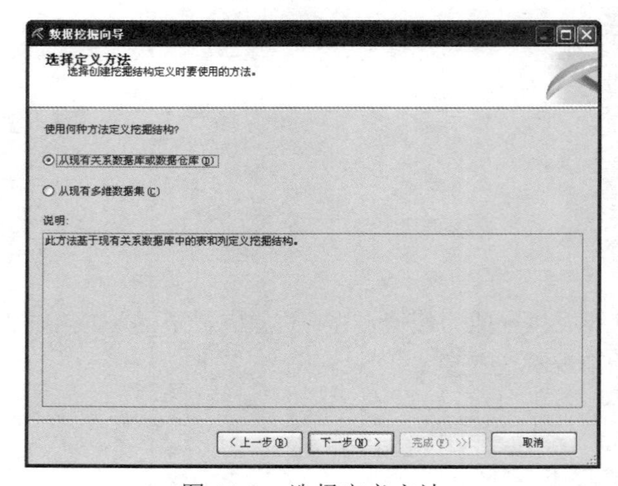

图 14-2　选择定义方法

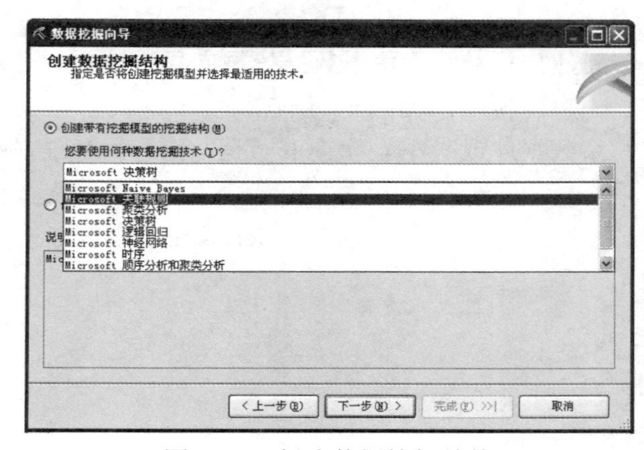

图 14-3　创建数据挖掘结构

STEP 04 选择 ass 所在的数据库后，单击“下一步”按钮，如图 14-4 所示。

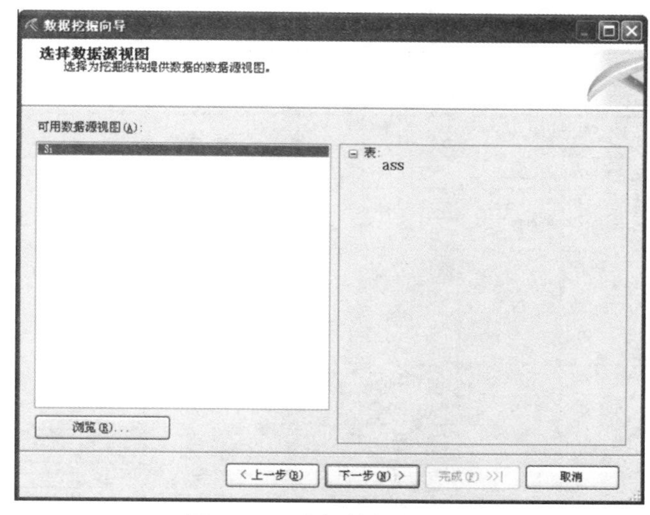

图 14-4　选择数据源视图

STEP 05 选择 ass 数据表后，单击“下一步”按钮，如图 14-5 所示。

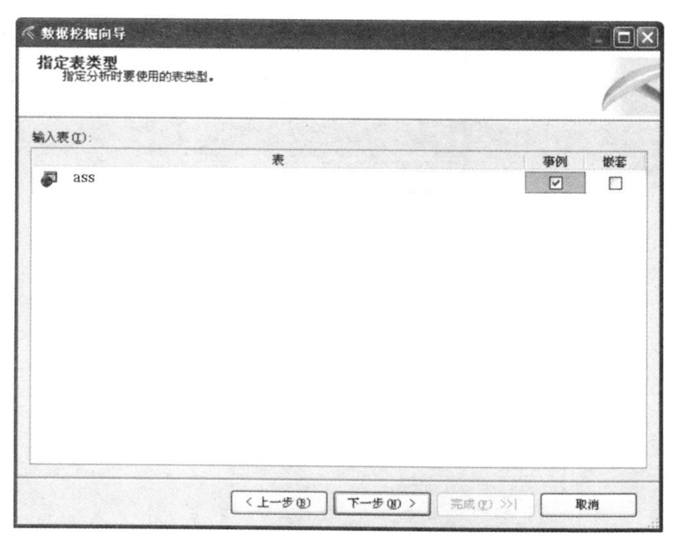

图 14-5　指定表类型

STEP 06 选择所需输入变量、预测变量以及索引键。此例以 Order Number 为索引，Category 和 Product 为输入变量，Product Price 为预测变量。单击“建议”按钮以了解预测变量与其他变量间的相关性，可以找出较具影响力的输入变量，完成后单击“确定”按钮，这时会回到原来的页面，单击“下一步”按钮，如图 14-6 所示。

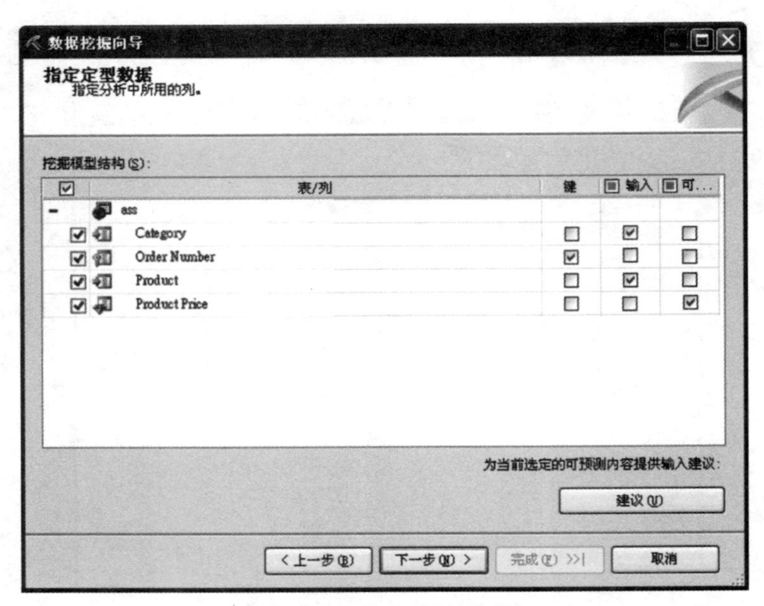

图 14-6　指定定型数据

STEP 07 单击“建议”按钮，此时程序会提出一些变量的相关系数，用户可自行选择输入与否，如图 14-7 所示。

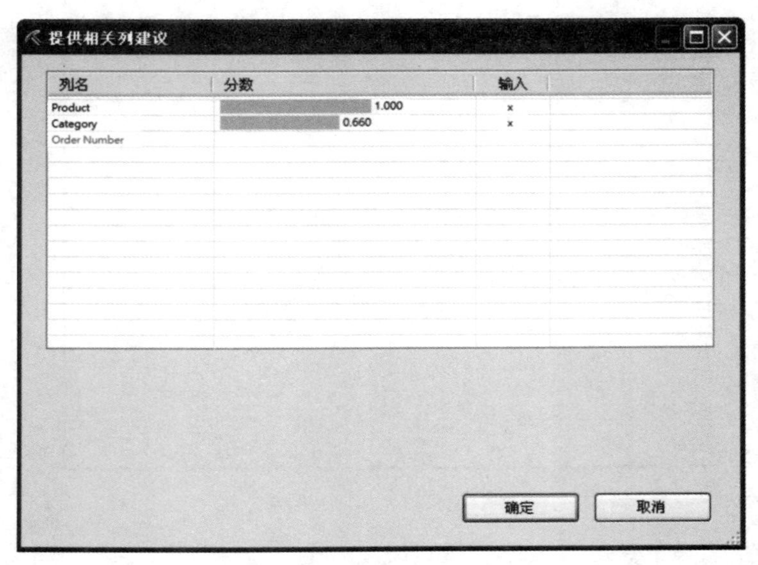

图 14-7　提供相关列建议

STEP 08 声明正确的数据属性，完成后单击“下一步”按钮，如图 14-8 所示。

STEP 09 在此可选择测试数据的百分比，本事例中无测试数据，百分比选择“0”，如图 14-9 所示。

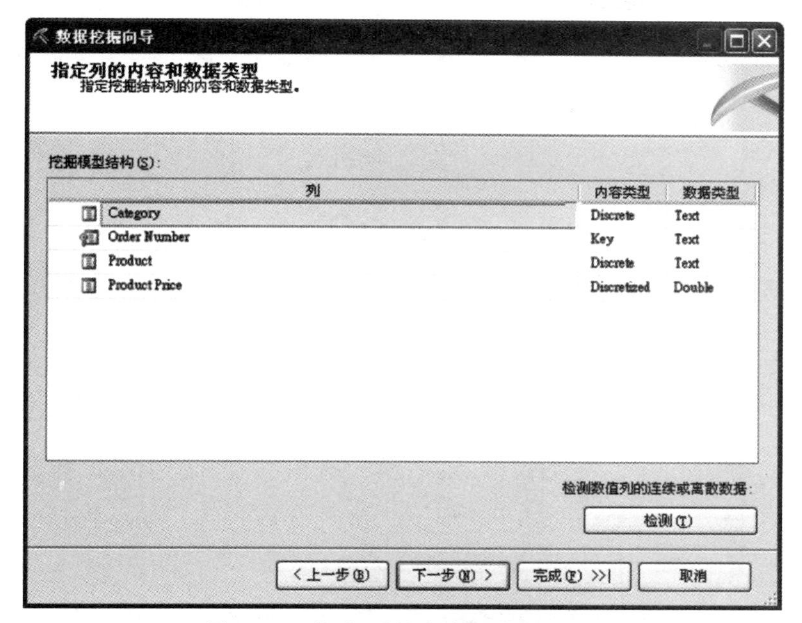

图 14-8 指定列的内容和数据类型

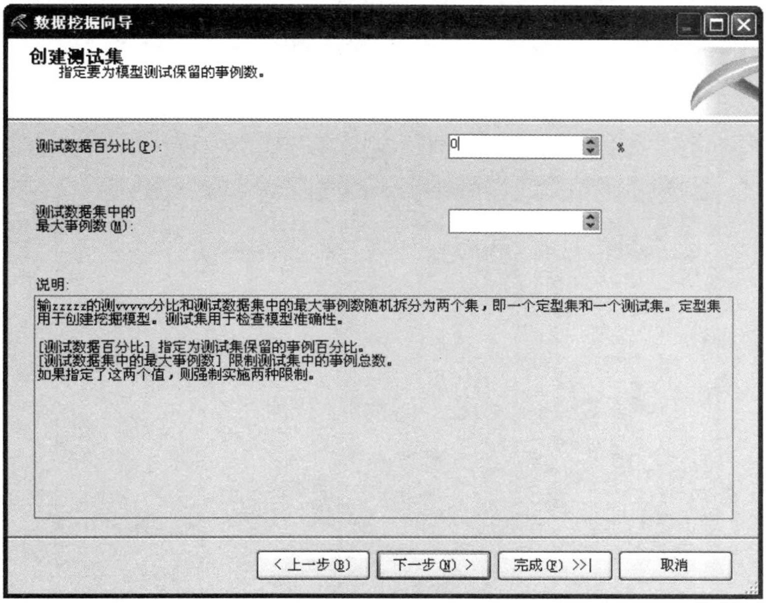

数据挖掘向导

创建测试集

指定要为模型测试保留的事例数。

测试数据百分比(P): 0 %

测试数据集中的最大事例数(M):

说明:

输zzzzz的测vvvvv分比和测试数据集中的最大事例数随机拆分为两个集，即一个定型集和一个测试集。定型集用于创建挖掘模型。测试集用于检查模型准确性。

[测试数据百分比] 指定为测试集保留的事例百分比。
[测试数据集中的最大事例数] 限制测试集中的事例总数。
如果指定了这两个值，则强制实施两种限制。

< 上一步(B) 下一步(N) > 完成(F) >>| 取消

图 14-9 创建测试集

STEP 10 更改挖掘结构名称，单击“完成”按钮，如图 14-10 所示。

STEP 11 选择上方的挖掘模型查看器后，程序询问是否生成和部署项目，单击“是”按钮，如图 14-11 所示。

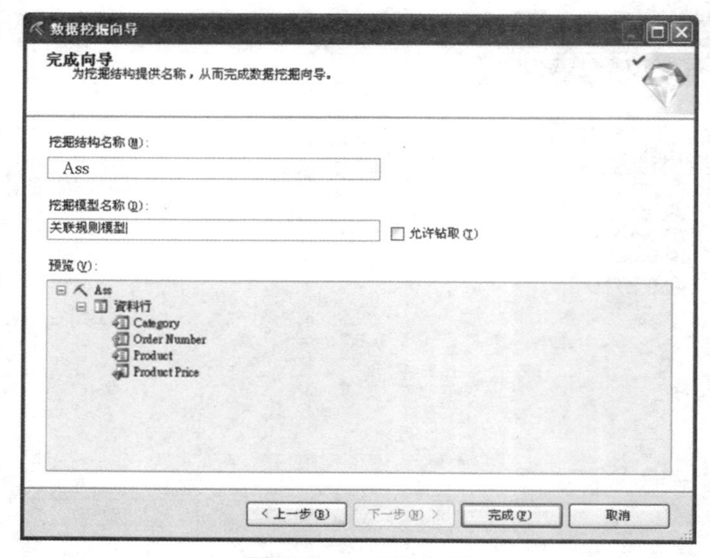

图 14-10 完成向导

图 14-11 生成和部署

STEP 12 接下来单击“运行”按钮，如图 14-12 所示。

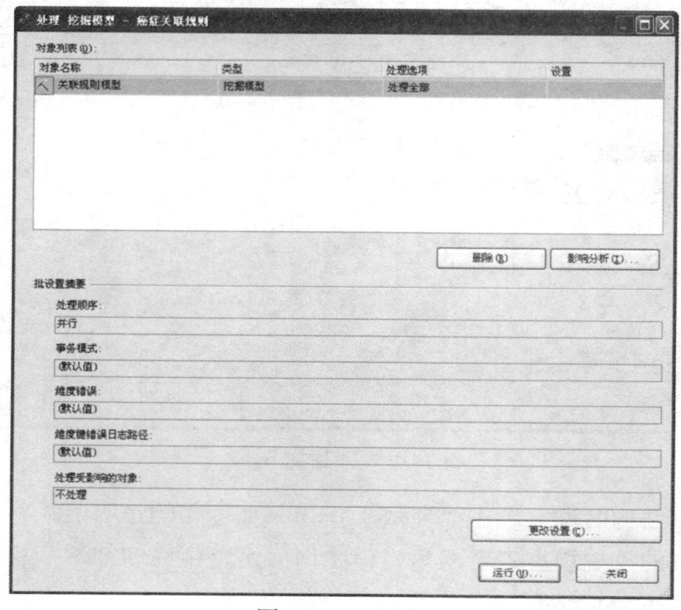

图 14-12 运行

STEP 13 建模完成。生成的数据挖掘结构接口包含挖掘结构、挖掘模型、挖掘模型查看器、挖掘准确度图表以及挖掘模型预测；其中在挖掘结构中，主要是呈现数据间的关联性以及分析的变量，如图 14-13 所示。

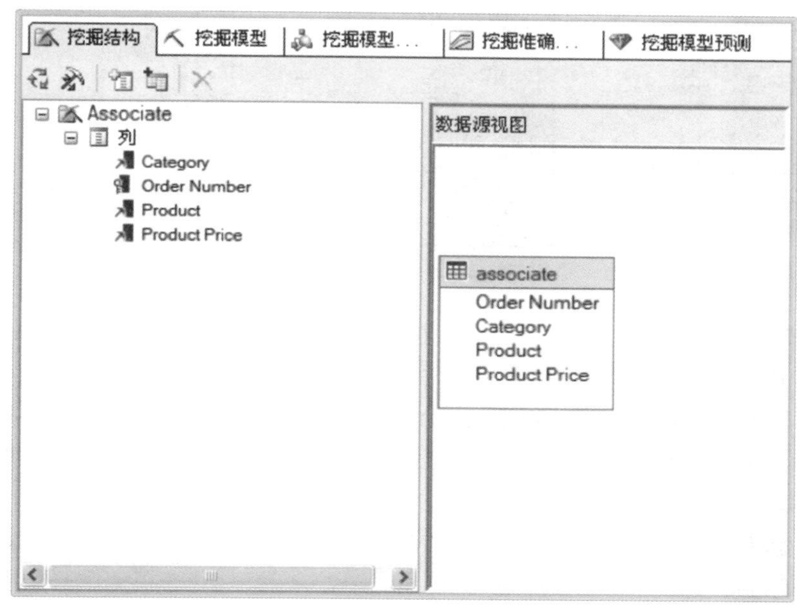

图 14-13　挖掘结构

而在挖掘模型中，主要是列出所建立的挖掘模型，亦可以新建挖掘模型，并调整变量，变量使用状况包含 Ignore（忽略）、Input（输入变量）、Predict（预测变量、输入变量）以及 PredictOnly（预测变量），如图 14-14 所示。

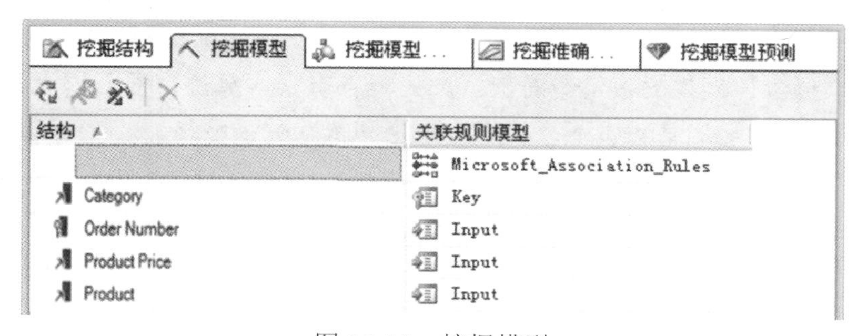

图 14-14　挖掘模型

而在挖掘模型上右击，选择“设置算法参数”可针对算法的参数设定加以编辑，如图 14-15 所示。

- MAXIMUM_ITEMSET_COUNT：指定要生成的最大项集数。如果不加以指定，算法将生成所有可能的项集。

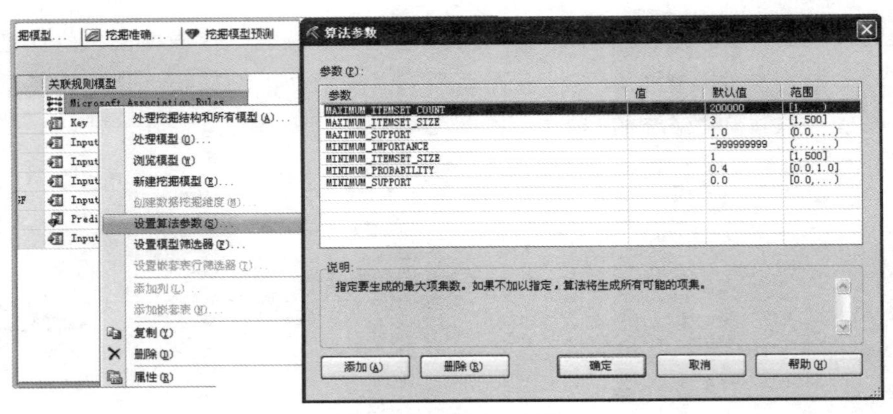

图 14-15　算法参数

- MAXIMUM_ITEMSET_SIZE：指定一个项集中允许的最大项数。如果将该值设置为 0，则不限制此项集的大小。
- MAXIMUM_SUPPORT：指定可包含某项集的最大事例数。如果此值小于 1，则表示该值在总事例中所占的百分比。如果大于 1，则表示可包含该项集的事例的绝对数。
- MINIMUM_IMPORTANCE：指定关联规则的重要性阈值。重要性低于此值的规则将被筛选出去。
- MINIMUM_ITEMSET_SIZE：指定一个项集中允许的最小项数。
- MINIMUM_PROBABILITY：指定规则为 True 的最小概率。例如，如果将该值设置为 0.5，则指定不生成概率低于 50% 的规则。
- MINIMUM_SUPPORT：指定包含该项集的最小事例数，只有达到该数目，才能生成规则。如果将该值设置为小于 1 的数，则最小事例数将通过其在总事例数中所占的百分比来加以指定。如果将该值设置为大于 1 的整数，则指定最小事例数为必须包含该项集的事例绝对数。如果内存有限，算法可能会增大此参数的值。

挖掘模型查看器则是呈现如下：项集、规则和依赖关系网络。

（1）项集：通过项集查看器可查看 Apriori 算法中生成的对象组。可以通过此查看器了解各个对象组内容及其支持。用户可以单击表头来切换排序模式，如图 14-16 所示。

- 最低支持：此参数即是关联规则中的最小支持，支持低于此数值的对象组将会被过滤。
- 最小项集大小：项集的对象数低于此数值者将会被过滤。
- 显示长名称：勾选此选项，则项集内容会显示完整名称。
- 筛选项集：在方格中输入关键词后按 Enter 键，则会筛选出包含此关键词的项集。
- 显示：可以切换显示属性名称（产品字段）以及值（产品字段的内容），如果觉得画面会出现“xx=现有的”很多余，可以切换至“只显示属性名称”。

➤ 最大行数：显示查看器所能显示的项集笔数。

图 14-16　挖掘模型查看器“项集”选项卡

（2）规则：查看 Apriori 算法中生成的关联规则。用户可以通过此查看器了解关联规则的内容及其信心水平与支持。用户可以单击表头来切换排序模式，如图 14-17 所示。

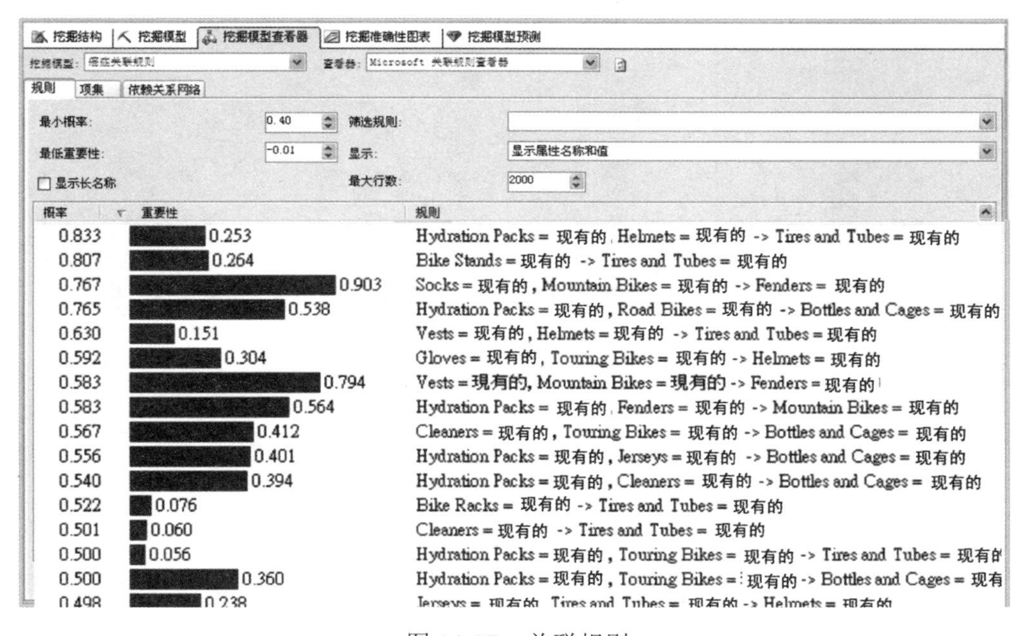

图 14-17　关联规则

- 最小概率：此参数就是关联规则中的最小信心水平，信心水平低于此数值的规则将会被过滤。
- 最低重要性（Importance）：概率高不一定等于有意义的规则，必须比较在有 A 以及没有 A 的条件下，发生 B 事件的概率比例，由于这个比例可能相当悬殊，因此，通过开对数的方式来取得重要性指标，"在 B 条件下发生 A 的概率"高于"在没有 B 的条件下发生 A 的概率"时，开对数之后会大于零，且此指标越大，则代表此规则越显著。反之，Importance 小于 0，则代表 A 对于 B 的发生有抑制作用。
- 最大行数：显示查看器所能显示的规则笔数。

（3）依赖关系网络：关联规则依赖关系网络与决策数的依赖关系网络相似，只不过是改成呈现产品之间的相关性，用户可以通过单击，并通过图形颜色了解产品之间的相关性。当单击的产品对外连接的蓝色色块（其预测的节点）越多，则代表此项商品越能够促销其他商品，此种商品在零售业称之为"英雄项（Hero Item）"，如图 14-18 所示。

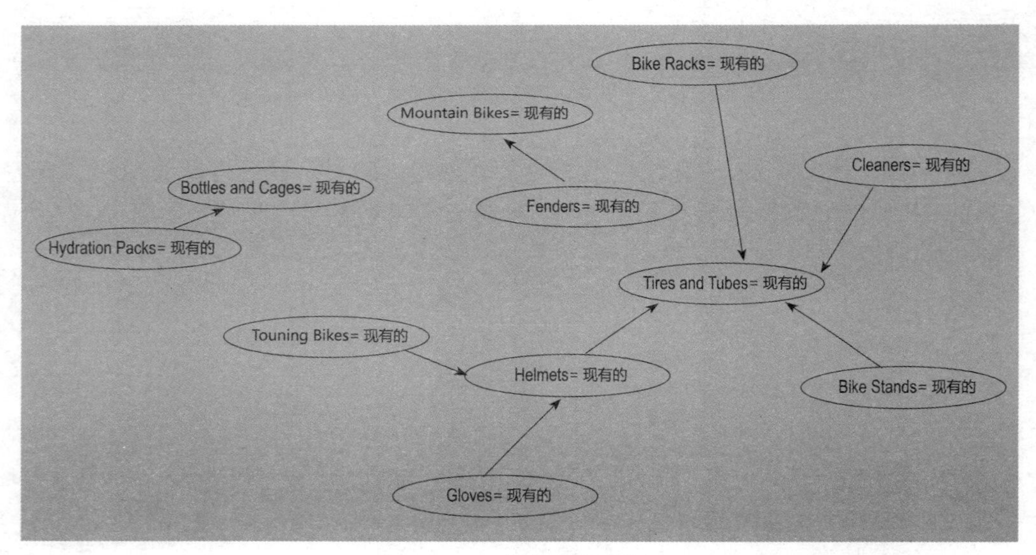

图 14-18　依赖关系网络

CHAPTER 15

聚类分析

15-1 基本概念

聚类分析（cluster analysis）的概念与差异分析非常相似，同样是希望能够通过样本的分组，寻找到多变量结果当中的差异之处。两者的不同之处有两点：①聚类分析的分类方式并不需要预先指定一指针变量；②聚类分析属于一种无参数分析方法，所以并没有非常严谨的数理依据，当然也不需假设总体为常态分配。

在众多的多变量分析方法中，聚类分析法（cluster analysis）是比较简单的一种，统计学家通常应用聚类分析法来对数据做简化的工作及分类，也就是把相似的个体（观测物）归为一群。不过，究竟相似的标准是什么？多相似才能归为一群？这些都是需要探讨的问题。

关于聚类分析的方法，众说纷纭，各种新的方法不断被提出，但仍没有一种最佳的方法可以解决所有的问题，而分析出来的结果若没有信息（information），则结果是否合适，也是一大考验。因此，在进行分析之时，“目标”非常重要，在分析进行中各种因子的选择皆须视试验者的目标而做决定，不同的因子决策造成的结果也往往不同，因此，很多学者都建议应佐以他法辅助，如图形法等。

本文对聚类分析法的过程做一概述，并讨论在进行分析时可能发生的问题及可能的解决之道。

一、搜集数据（Data collection）

在搜集数据时，应先确立工作的目标，而后选择具有代表性的变量（因为变量空间会影响聚集的类型，故必须小心选择），且采用最好的单位测量。同时，要注意数据是否得经过转换（例如标准 log x，$\sqrt{x}$，移除离群点等）。

二、转换成相似矩阵（Transformation to similary matrix）

由于聚类分析是把相似性较高的物体归为一群，所以对于相似性的探讨也就格外重要，计算出物体间的相似系数（similation coef）后，存放于矩阵中即为相似矩阵（similary matrix）。

15-2 层级聚类法与动态聚类法

根据相似性统计量，将样本或变量进行聚类的主要方法为：

一、系统聚类法

系统聚类法是目前国内外使用得最多的一种聚类方法，这种方法是先将聚类的样本或变量各自看成一群，然后确定群与群之间的相似统计量，并选择最接近的两群或若干个群合并成一个新群，接着计算新群与其他各群之间的相似性统计量，再选择最接近的两群或若干群合并成一个新群，直到所有的样本或变量都合并成一群为止。

常用的系统聚类法是以距离为相似统计量时，确定新群与其他各群之间距离的方法，如最短距离法、最长距离法、中间距离法、重心法、群平均法、离差平方和法、欧氏距离法等。

二、逐步聚类法

系统聚类法的优点是聚类比较准确，缺点是聚类的次数较多，每聚类一次只能减少一群或若干个群，每一次都需要计算两两样本或小群之间的距离或其他相似性统计量，做起来比较麻烦。

而逐步聚类法做起来会方便一些，这种方法是先确定若干个样品为初始凝聚点，计算各样本与凝聚点的距离或其他相似性统计量，进行初始聚类后，再根据初始聚类计算各群的重心确立新的凝聚点，进行第二次聚类，给一个初始的聚类方案，再按照某种最优法则，逐步调整聚类方案，直到得到最优的聚类方案。

用逐步聚类法解题的关键是凝聚点的选择及聚类结果的调整，常用的方法有成批调整法、逐个调整法及离差平方和法。

三、逐步分解法

这种方法是先将所有的样品或变量看成一群，然后再一次又一次地将某些群进行分解，直到各个群都不能分解为止。

四、有序样本的聚类

这种方法适用于有顺序的对象，聚类后既保持了各个对象原有的顺序，又按照某种最优法则拆分为若干个互有差异的群。

聚类分析原理

一般而言，聚类分析衡量事物之间的“相似性”，是依据样本结果在几何空间上的“距离”来判断的。结果样本“相对距离”越近的，它们的“相似程度”就越高，于是就可以归并成为同一组。

为了说明的方便起见，拿入学申请的 TOEFL 与 GMAT 成绩为例，表 15-1 为入学申请 TOEFL VS.GMAT 成绩表。当这些数据转换成几何空间的图像时，就可以得到下面的结果，如图 15-1 所示。

表 15-1 入学申请 TOEFL vs. GMAT 成绩表

ID	1	2	3	4	5	6	7	8	9	10	11	12	13	14	15
TOEFL	580	530	570	600	630	590	570	580	570	540	570	550	550	580	550
GMAT	550	550	570	580	600	620	540	540	560	570	570	520	530	640	540

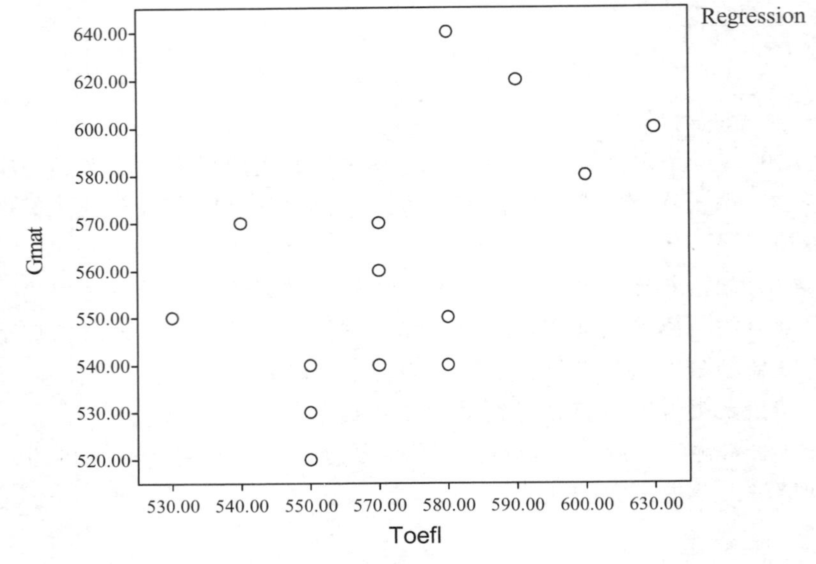

图 15-1 入学申请 TOEFL vs. GMAT 成绩分布图

从这个图像当中，可以大概的主观归类，把学生划分成左下角与右上角的两个区块。于是将#14、#6、#4、#5 归成一类，其余的学生归成另一类。像这样的划分方式，其实就是利用“距离”的概念，将距离比较偏远的#14、#6、#4、#5，从多数聚集的聚类当中区分开来（注：这就是聚集种子的原理，后面将会论述）。当然也可以反其道而行，就是使用归并的方式，首先将#3 与#11 这两组分数完全相同的学生合并成一组，然后再考虑如何去合并出下一个聚类。

在数学上对于“距离”这个概念，可以有下列几种不同的定义：

（1）欧氏距离：$d_{ij}=([x_i-x_j]'[x_i-x_j])^{1/2}=(\Sigma(x_i-x_j)^2)^{1/2}$。

（2）马氏距离：$D_{ij}^2=[x_i-x_j]'S^{-1}[x_i-x_j]$。

（3）曼哈顿距离：$d_{ij}=|x_i-x_j|'\cdot 1=\Sigma|x_i-x_j|$。

一般的计算机软件大多使用欧氏（Euclidean）距离，作为聚类分析“距离”的计算基础。欧氏距离所衡量出来的是确实的实际距离，例如对于申请人#1 与#2 而言，其欧氏距离的计算方式为：

$$d_{12}=[(580-530)^2+(550+550)^2]^{1/2}=50$$

欧氏距离适合使用在单位一致或者单位大同小异不必加权的多变量数据之上。例如使用同一种尺度标准抽样测量的问卷数据。不过对于具有不同单位的数据，例如经济数据当中的人口与收入，具有六位数字以上的数据，与利率、通货膨胀率等仅具有小数点以下的数据相结合，其欧氏距离将会被大数据（变化较大的变量）所左右，而忽视小数据（变化较小的变量）。

马氏（Mahalanobis）距离类似欧氏距离，但须经过方差、协方差的修正，即是一般统计概念当中“标准化”的程序。这个时候，由于马氏距离也同时考虑到方差与协方差的大小，所以对于距离的衡量，与未经过标准化的欧氏距离作比较时，当然会有差异。正因为如此，利用马氏距离或者欧氏距离，来做聚类分析的结果就应该有所不同。也就是说，以经过标准化的马氏距离，在变量之间相关系数为零时，才有可能与经过标准化之后的欧氏距离衡量结果一致。就整体而言，以上马氏或欧氏衡量的差异，在多变量的各个数据非常相近，而协方差之间的差异又较大时，将会尤其得明显。

曼哈顿距离（city block distance）以数据差异的绝对值作为衡量的依据。由于对数据差异没有经过开方与平方根的调整，也不需经过方差、协方差的修正，所以依据曼哈顿距离作聚类分析的结果，就与前两者产生相当的差异。它的优点，尤其是对于拥有许多小数点以下变量的数据群特别得有用。试想一想，一个 0.05 的数据差异，经过欧氏或马氏距离的计算之后，其分子项会变大还是变小？经过平方之后的数据是 0.0025，答案当然是变小。所以不论是欧氏还是马氏距离，都会低估比率（ratio）型数据。当然马氏距离还具有方差作调整的功能，不至于产生偏误。

如果仅使用 TOEFL 与 GMAT 的分数计算欧氏距离，作为衡量学生聚类分析的依据时，可以得到如图 15-2 及图 15-3 的结果。

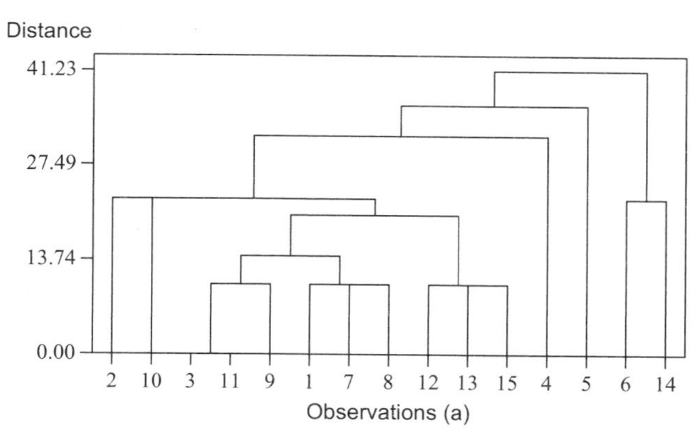

图 15-2　使用 TOEFL 与 GMAT 对于申请人的聚类分析结果

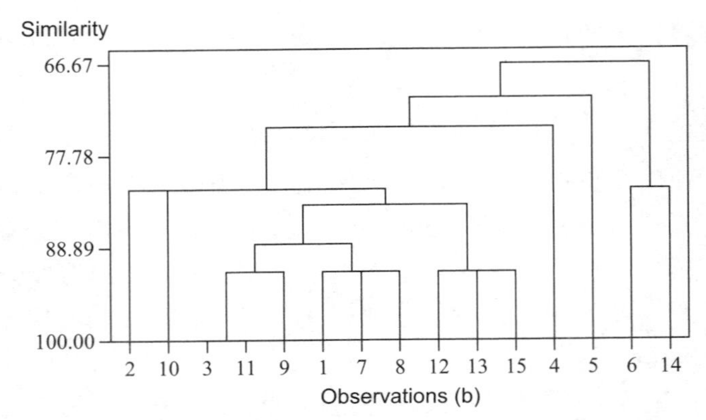

图 15-3 使用 TOEFL 与 GMAT 对于申请人的聚类分析结果

图 15-2 所示是一种称为树形图（dendrogram）的表现形式，由下而上展示各个相类似的或者说“距离”相近的样本，两两相归并的过程。每一次样本的合并，都是需要代价的。代价即是如图 15-3 所示的垂直坐标所展示的“距离”（distance）的增加，或者“相似性”（similarity）的降低。

这个归并过程，先是由每一样本以自我为中心，再逐步合并最近距离的样本。此方法在聚类分析当中称为层级体系分类法（hierarchical cluster procedure）当中的凝聚法（agglomerative methods）。像这样两两归并的过程当中，聚类的中心点会因为不同的样本值而不断地作改变，并且在图像当中不断地移动位置。

相对的概念，若是希望中心点不要因为两两合并的过程而改变时，必须使用不同于层级体系分类法的非层级体系分类法（nonhierarchical cluster procedure）。这样的方法，是在一开始分类的时候，就已经默认分类个数，并且通过整体的样本分布观察到大约的聚类数目，并从那里开始预设聚类的中心点，然后开始作聚类。这样的做法有些统计软件称为 K-mean clustering。

让我们再看一下图 15-3，可以观察到聚类分析如何依据“距离”的概念，逐步合并个别的数据而成为聚类的整个详细流程。在这里，发现最先被合并的是#3 与#11。在图 15-2 样本分布当中，这两个数据其实是完全重叠的，理所当然就应该最优先合并。接下来，是#3#11#9、#1#7#8 与#12#13#15 这三大族群的合并，这是因为它们在图形上彼此的距离是一样的。像这样逐步合并的结果，在最后将会得到以#6、#14 所形成的一个小聚类，以及其他申请人的集合所形成的另一个大的两组聚类。这就是聚类分析从个别独立的 n 个样本点开始，逐步合并成为最后的两个大聚类的过程。

这个时候，在分析上就产生了一个疑问：究竟应该合并到什么样的程度，或者说合并到剩下几个聚类，对于数据才算是“合适”的？可惜的是，由于聚类分析是一种无参数方法，无法使用任何的统计分配作最优组群数的鉴定。所以在实际中，也许可以根据以下三个方面来作个案的分别判断：①事实的结果数据；②合并“距离”的长短差异；

③分析者的主观判断。就这一部分而言，在此并没有一致公认的客观判别标准。当然，针对同样的问题，也可以将数据作一些修正，由样本的聚类（cluster on observations）转成变量的聚类（cluster on variables），而得到如图 15-4 的结果。

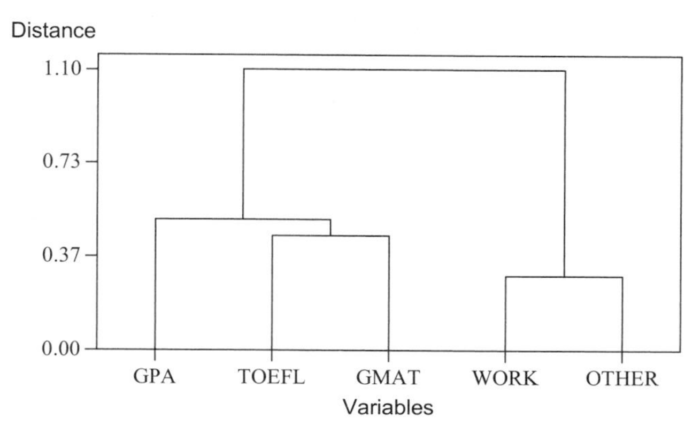

图 15-4　使用申请人数据对于不同评量标准的聚类分析结果

这时候，发现“工作经历”（WORK）与“其他条件”（OTHER）是距离最近、最先得到合并的两个变量。综合而言，可以归纳出“工作经历”“其他条件”这一聚类，与 GPA、TOEFL、GMAT 这一聚类之间可能在数据上颇有差异。

当然有一点值得注意，是 GMAT 与 TOEFL 的计分单位远比其他计分分数要高出一百倍左右。于是在几何“距离”的图形衡量上，如果不注意单位问题时，这两种变量便会很自然的被抛弃，而率先合并 GPA、“工作经历”与“其他条件”。这时候，为了顾及单位的差异问题，应该首先将数据标准化，再作聚类分析的推论，才会比较公平，如图 15-4 所示。当然这也必须考虑到，是否衡量单位在区别分析上也是属于重要的判别标准之一。并非所有不同单位的多变量结果，在作聚类分析之前都一定要经过标准化。同样的道理，有时候对于同样单位所衡量得到的多变量结果，比如问卷调查有关意愿的主观衡量，其协方差就不见得相等。这时候如果是为了了解“相对的”分群差异，也可以试着将数据标准化，以便观察其中的意义。

15-3　操作范例

STEP 01 进入项目中的新建挖掘结构，使用数据挖掘向导来建立，进入数据挖掘向导首页后单击“下一步”按钮，如图 15-5 所示。

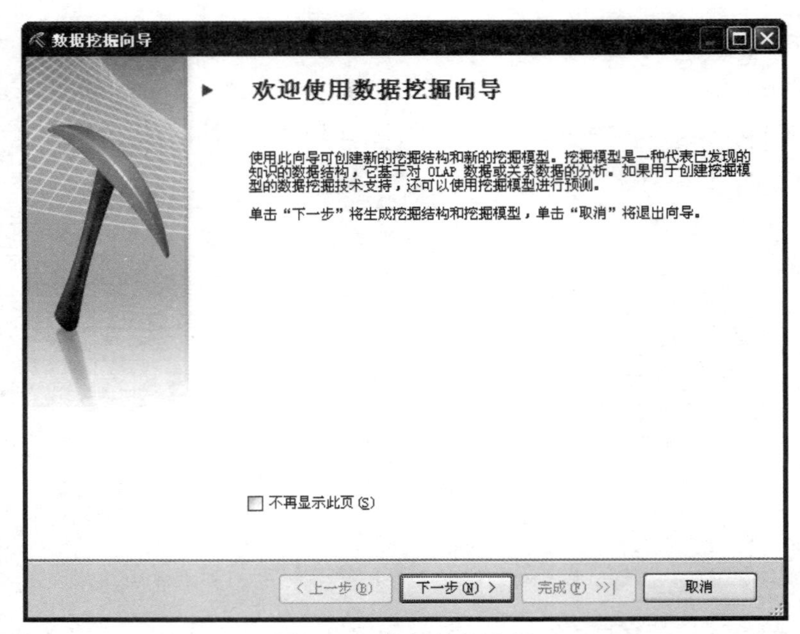

图 15-5 数据挖掘向导

STEP 02 此例从现有的关系数据库或数据仓库读取数据，即为默认值，故直接在这个页面单击“下一步”按钮，如图 15-6 所示。

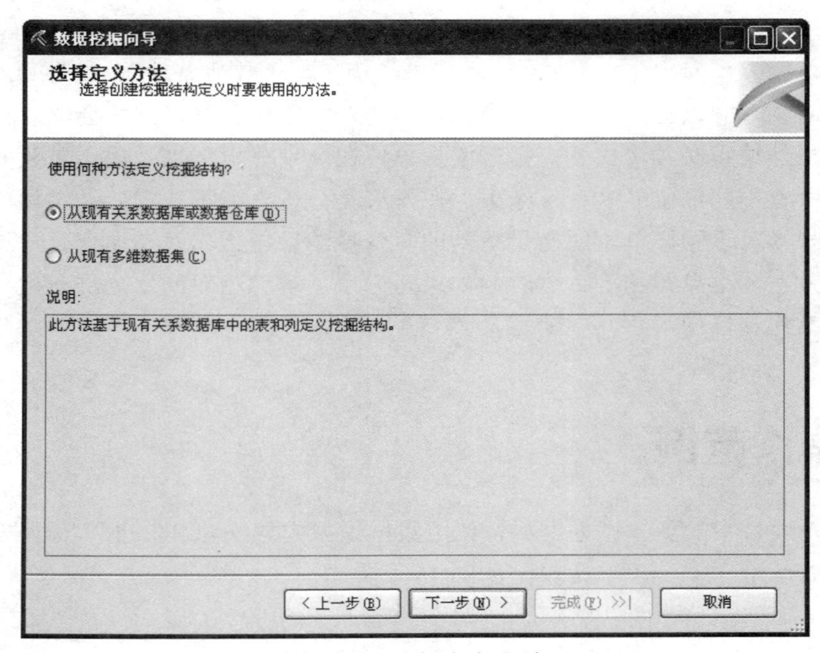

图 15-6 选择定义方法

STEP 03 到选择挖掘技术部分，选择“Microsoft 聚类分析”后，单击“下一步”按钮，如图 15-7 所示。

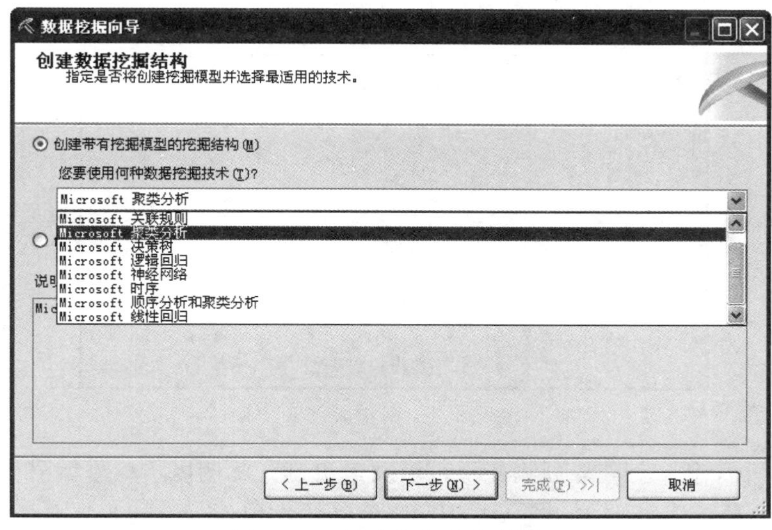

图 15-7　创建数据挖掘结构

STEP 04 选择数据表所在位置后，单击“下一步”按钮，如图 15-8 所示。

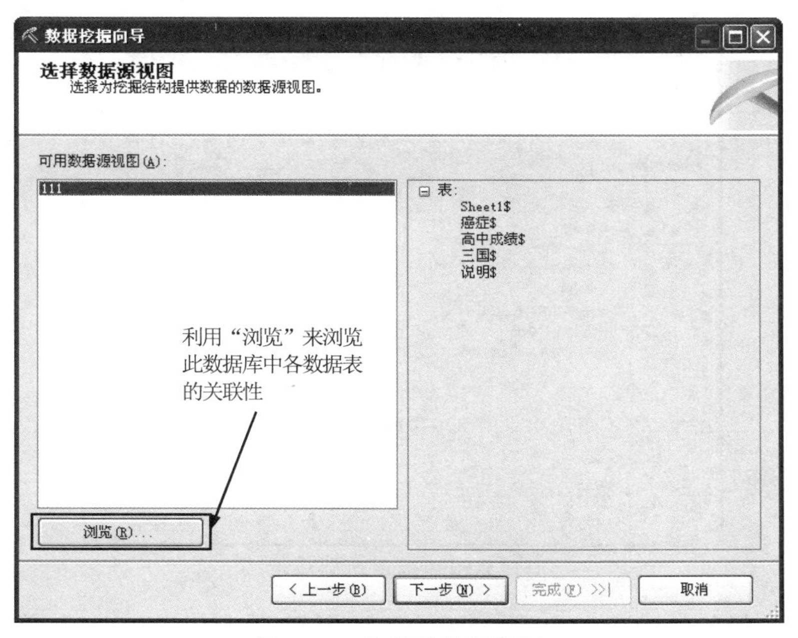

图 15-8　选择数据源视图

STEP 05 选择“癌症”数据表后，单击“下一步”按钮，如图 15-9 所示。

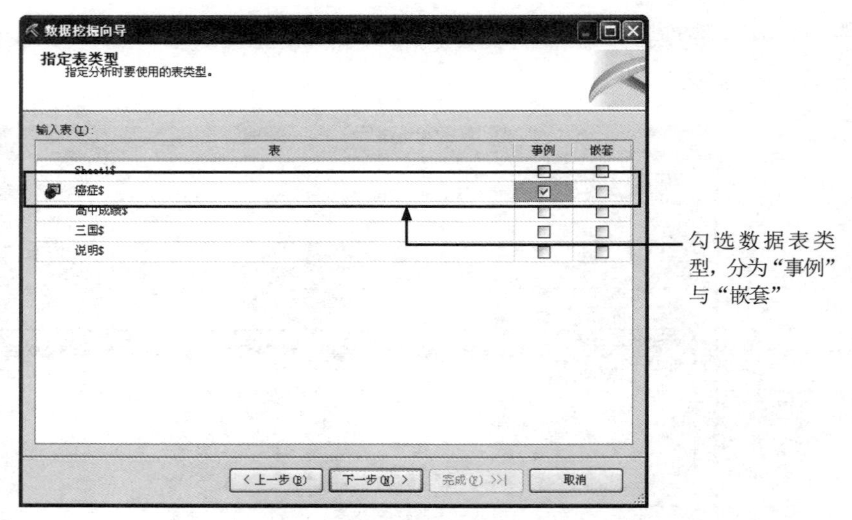

图 15-9　指定表类型

STEP 06 选择所需输入变量与预测变量，以及索引键；此例以“标本编号”为索引，勾选“年龄、分期、VEGF、MVC 与肾癌细胞核组织学分级”等变量为输入变量，完成后单击“确定”按钮，这时会回到原来的页面，单击“下一步”按钮，如图 15-10 所示。

图 15-10　指定定型数据

STEP 07 声明正确的数据属性，此例修正了一个变量的数据属性，完成后单击“下一步”按钮，如图 15-11 所示。

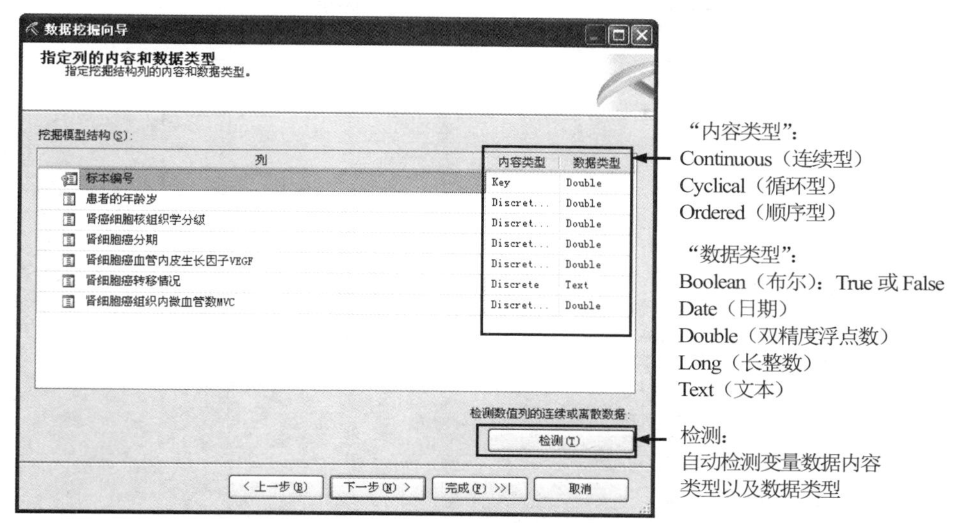

图 15-11　指定列的内容和数据类型

STEP 08 在此可选择测试数据的百分比，本事例中无测试数据，百分比选择“0”，如图 15-12 所示。

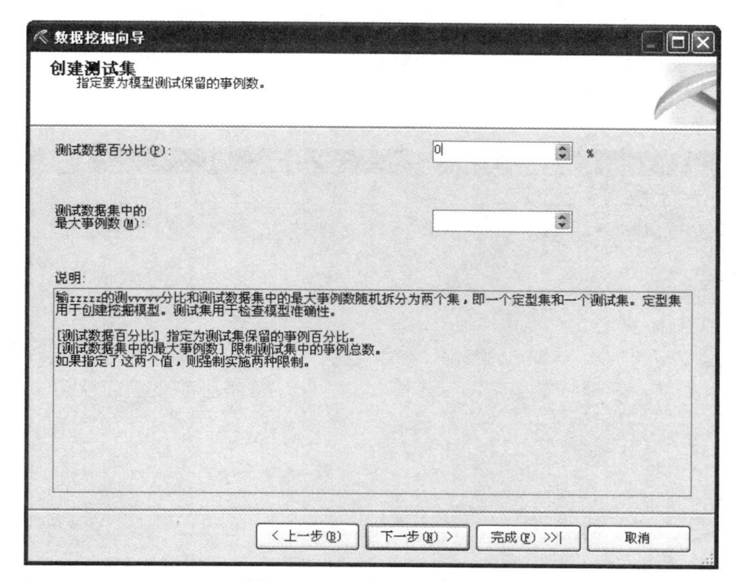

图 15-12　创建测试集

STEP 09 更改挖掘结构名称，单击“完成”按钮，如图 15-13 所示。

STEP 10 选择上方的挖掘模型查看器后，程序询问是否生成和部署项目，单击“是”按钮，如图 15-14 所示。

STEP 11 接下来单击“运行”按钮，如图 15-15 所示。

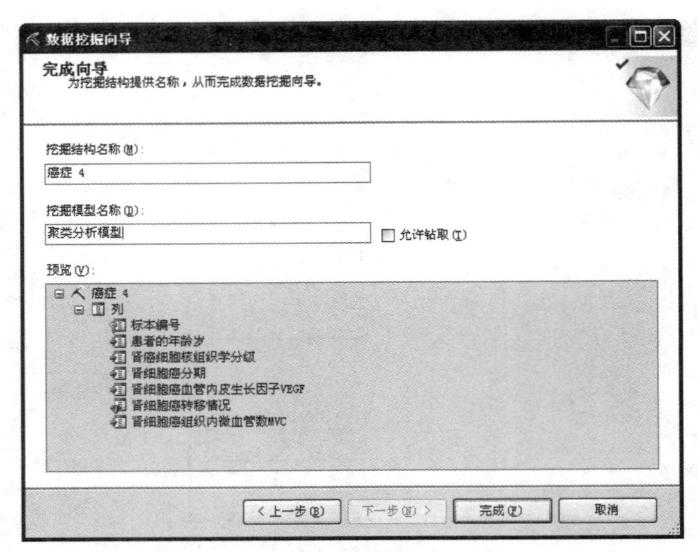

图 15-13　完成向导

图 15-14　生成部署项目

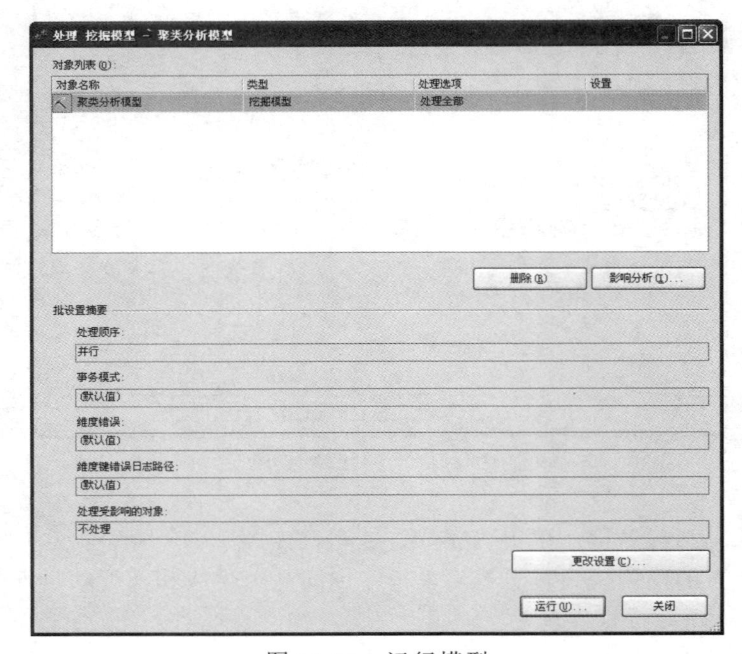

图 15-15　运行模型

STEP 12 执行完成后单击“关闭”按钮，如图 15-16 所示。

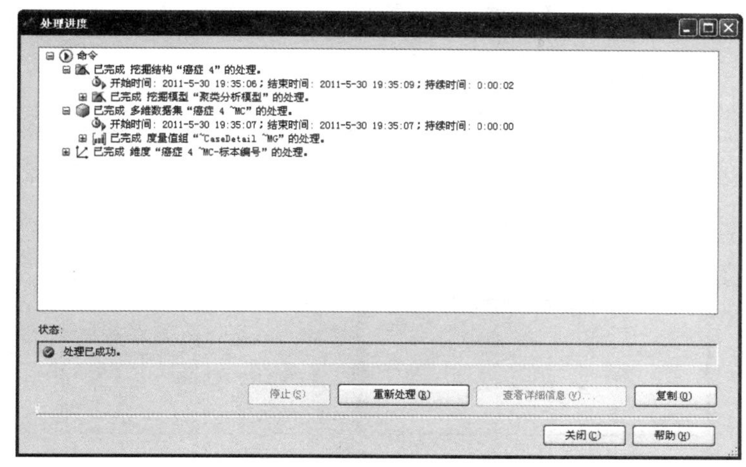

图 15-16　完成运行

STEP 13 回到原来画面再单击一次“关闭”按钮，如图 15-17 所示。

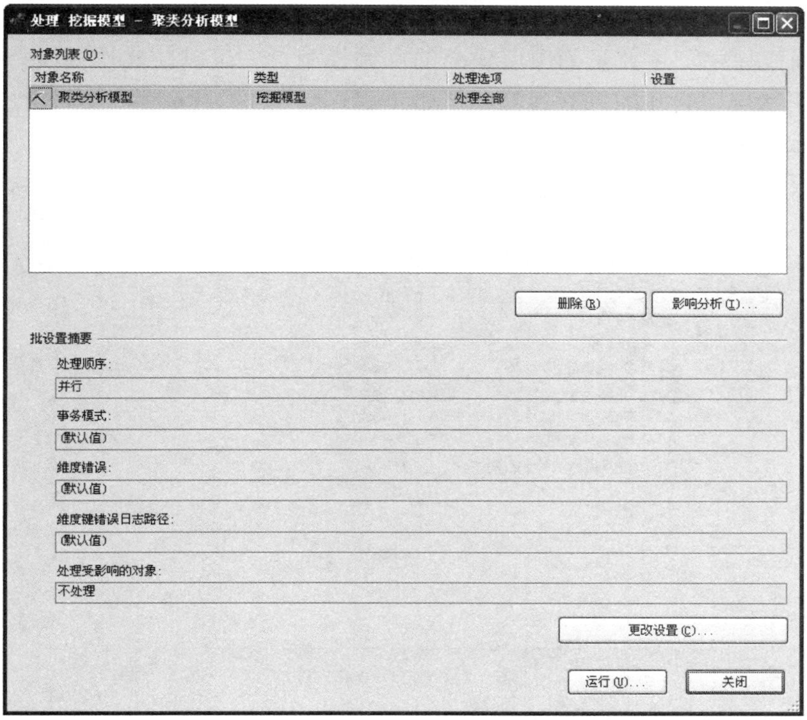

图 15-17　处理挖掘模型－聚类分析模型

STEP 14 建模完成，生成数据挖掘结构接口，包含挖掘结构、挖掘模型、挖掘模型查看器、挖掘准确度图表以及挖掘模型预测。其中在挖掘结构中，主要是呈现数据间的关联性以及分析的变量，如图 15-18 所示。

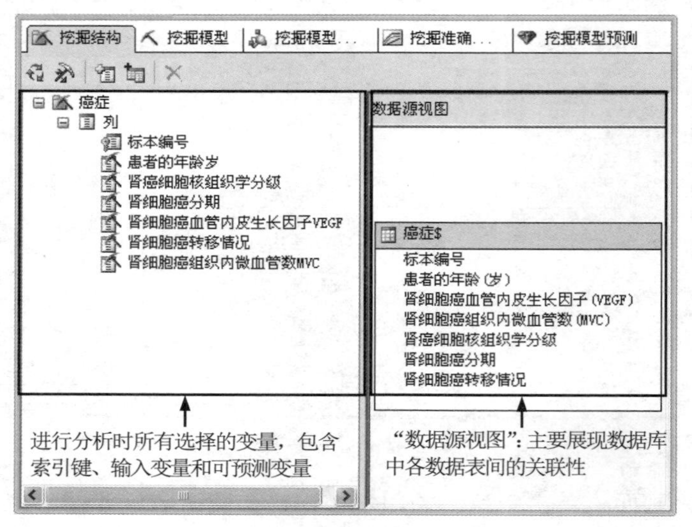

图 15-18　挖掘结构

而在挖掘模型中，主要是列出所建立的挖掘模型，亦可以新建挖掘模型，并调整变量，变量使用状况包含 Ignore（忽略）、Input（输入变量）、Predict（预测变量、输入变量）以及 PredictOnly（预测变量），如图 15-19 所示。

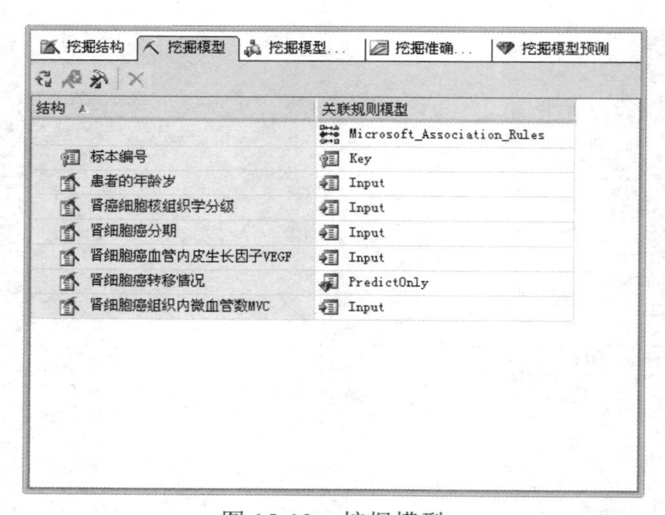

图 15-19　挖掘模型

而在挖掘模型上右击，选择“设置算法参数”针对算法的参数设置加以编辑，如图 15-20 所示。

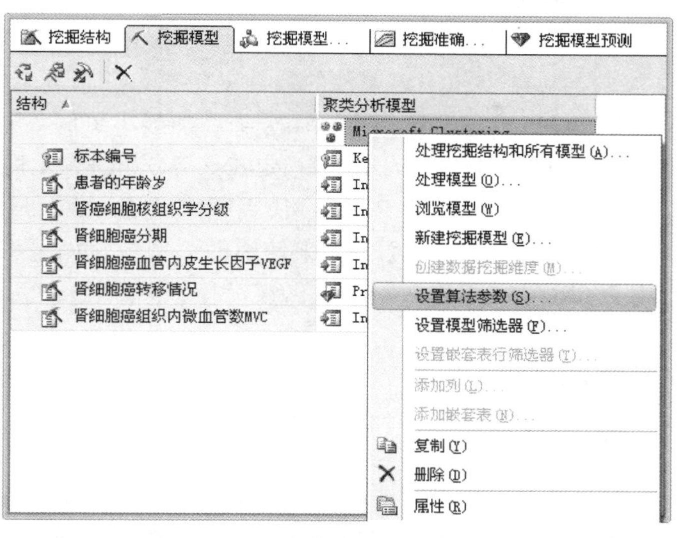

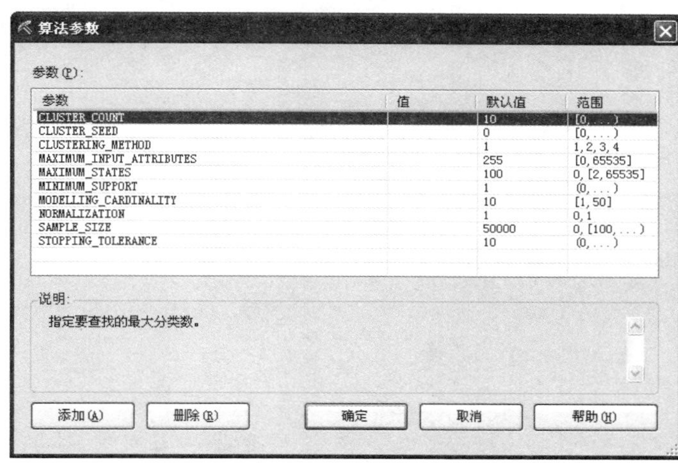

图 15-20　设置算法参数

其中包含：

- CLUSTER_COUNT：指定此算法将生成分类的近似数目。如果无法利用数据生成近似数目的分类，则此算法将生成尽可能多的分类。将 CLUSTER_COUNT 参数设置为 0 会使此算法使用试探性方法最合理地确定要生成分类的数目。默认值为 10。
- CLUSTER_SEED：指定在为建模初始阶段随机生成分类时所要使用的种子数字。
- CLUSTERING_METHOD：该算法使用的聚类分析方法可以是：Scalable EM (1)、Non-scalable EM (2)、Scalable K-means (3) 或 Non-scalable K-means (4)。
- MAXIMUM_INPUT_ATTRIBUTES：指定算法在调用功能选择之前可以处理的最大输入属性数。如果将此值设置为 0，则指定不限制输入属性的最大数量。

- MAXIMUM_STATES：指定算法支持的最大属性状态数。如果属性的状态数大于该最大状态数，算法将使用该属性的最常见状态，并将剩余状态视为不存在。
- MINIMUM_SUPPORT：该参数指定每个分类中的最小事例数。
- MODELLING_CARDINALITY：该参数指定在聚类分析进程中构造的示例模型数。
- SAMPLE_SIZE：如果 CLUSTERING_METHOD 参数设置为其中一个可缩放聚类分析方法，请指定算法在每个传递中使用的事例数。如果将 SAMPLE_SIZE 设置为 0，则会在单个传递中对整个数据集进行聚类分析操作，从而导致内存和性能问题。
- STOPPING_TOLERANCE：指定一个值，它可确定何时达到收敛而且算法完成建模。当分类概率中的整体变化小于 STOPPING_TOLERANCE 与模型大小之比时，即达到收敛。

挖掘模型查看器则是呈现此聚类分析结果，其中分类关系图则是展现各分类间关联性的强弱，对于数据的分布进一步加以了解，如图 15-21 所示。而在每一分类节点上，右击；在出现的菜单上选择“钻取”，则可以浏览属于这一分类的样本数据特性，如图 15-22 所示。

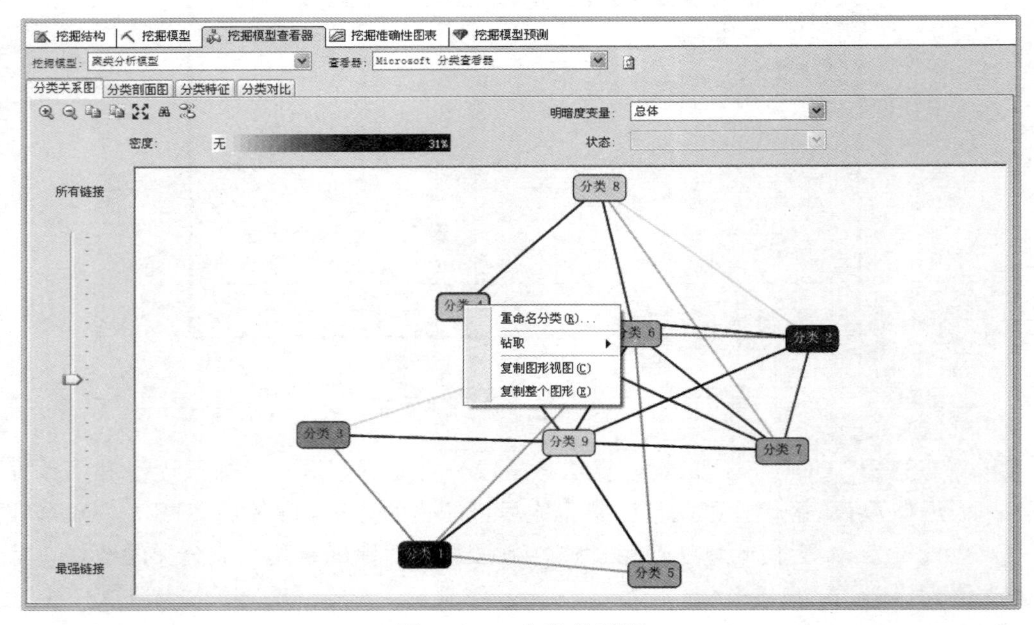

图 15-21　分类关系图

还可以从“依赖关系网络”了解因变量与自变量间的关联性强弱程度。

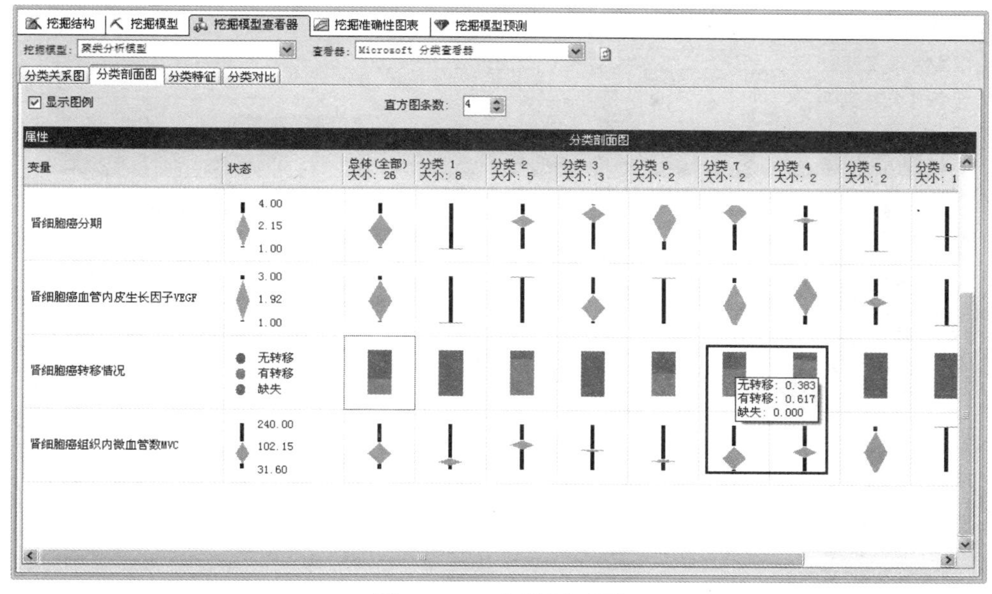

图 15-22　分类剖面图

而“分类特征”主要是呈现每一分类的特征，如图 15-23 所示。

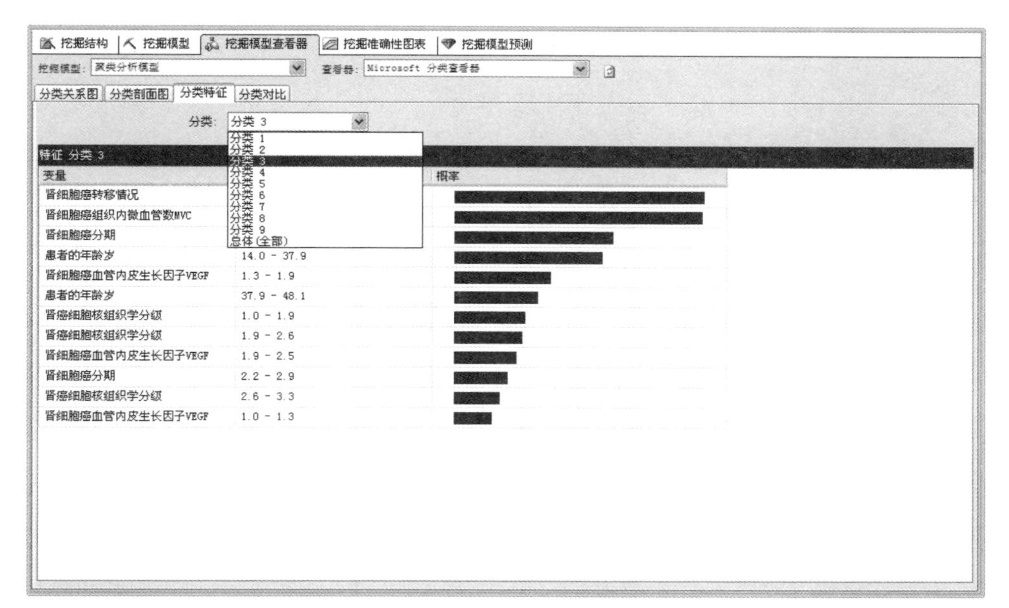

图 15-23　分类特征

而在“分类对比”上，主要就是呈现两分类间特征的比较，如图 15-24 所示。

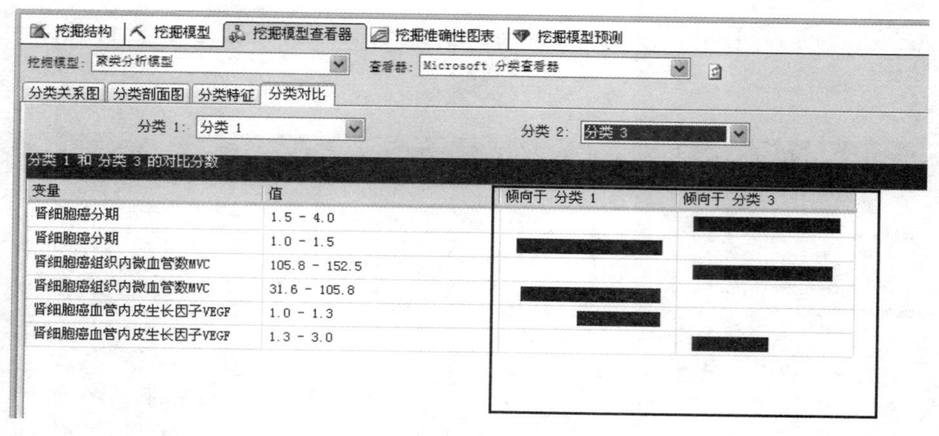
挖掘结构
挖掘模型
挖掘模型查看器
挖掘准确性图表
挖掘模型预测
挖掘模型: 聚类分析模型
查看器: Microsoft 分类查看器
分类关系图
分类剖面图
分类特征
分类对比
分类 1: 分类 1
分类 2: 分类 3
分类 1 和 分类 3 的对比分数
变量
值
倾向于 分类 1
倾向于 分类 3
肾细胞癌分期 1.5 - 4.0
肾细胞癌分期 1.0 - 1.5
肾细胞癌組织内微血管数MVC 105.8 - 152.5
肾细胞癌組织内微血管数MVC 31.6 - 105.8
肾细胞癌血管内皮生长因子VEGF 1.0 - 1.3
肾细胞癌血管内皮生长因子VEGF 1.3 - 3.0

图 15-24　分类对比

CHAPTER

16

时序聚类

16-1 基本概念

时序聚类算法用于根据以前时间的顺序分类或聚集数据。例如，Web 应用程序的用户经常按照各种路径浏览网站。此算法可以根据浏览站点的页面顺序对用户进行分组，以帮助分析消费者并确定是否某个路径比其他路径具有更高的收益；此算法还可以用于进行预测，例如预测用户可能访问的下一个页面。请注意，时序聚类算法的预测能力是许多其他数据挖掘供应商所无法提供的功能。

随着信息社会的快速发展，许多数据被人们保存下来，管理者们希望能对这些数据进行分析，并从中找到能对未来决策有用的信息，因为只有经过分析研究的数据才能称为是信息，信息能提供真正有用的数据。数据挖掘（Data Mining）便是一种可以在大量数据中找到隐含信息的方法。聚类（Clustering）分析是数据挖掘中主要技术之一，且被广泛地运用在多个领域中，聚类分析的主要方法是对所收集的数据进行分析，结果是将输入数据分成数个不同的类（clusters），在相同类内的数据相关性会较大，不同类之间的数据相关性会较小。管理者或是该领域的专家便可以通过分析两者之间不同的特征得到新的信息，还可进一步地协助决策的制定。聚类分析能够对各种不同的数据类型进行处理，如数值类型（numeric）、类别类型（categorical）和序列类型（sequence）等，根据输入数据特征的不同也有多种相对应的算法被研究发表，按数据特征或目的可以使用不同的聚类演算以达到最优的聚类结果（聚类的效率或是正确性）。

利用顾客购买的时间间隔序列数据可以分析顾客的购买物和时间的相关性，有相同或类似行为的顾客会被分在相同的分类之中，这样的分析不但包括了物品购买的相关，也包括了在时间上对购买物的相关，因此若能针对这样的数据作聚类分析，在应用上会更有灵活性和扩展性。

16-2 主要算法

依据算法的特征，聚类算法包含有拆分（partition）聚类算法、层级（hieratical）聚类算法和基于密度（density-based）聚类算法等。在拆分聚类算法中有 CLARANS，但其需要多次地对数据库扫描，会花费较多的 I/O 时间；CURE 和 ROCK 为层级式聚类算法，CURE 对于不规则形状的空间数据库（spatial database）和数据异常（outlier）情况会有较佳的效率，但是它只能对数值类型的数据进行处理，ROCK 算法则是针对类别类型的方法，利用 link 和 neighbor 来分类，而有序序列则并不适用；基于密度的聚类算法则有 DBSCAN，缺点是对参数的确定有其困难度。聚类过程中，相似度的定义是一项重要的议题，确定彼此相似程度的方法对结果的正确性会有相当大的影响，一般的定义中常以欧几里得（Euclidean）距离作为计算函数，另外，利用交易数据库中商品项目的替代性为相似度的定义，从同类商品的替代性便可计算出两两项目的相似度，由此加以聚类挖掘。

BIRCH（Balanced Iterative Reducing and Clustering using Hierarchies）算法使用了一个聚类特征树（Clustering-Feature-tree）的数据结构来建立聚类的层级结构，可以动态地增加类所处理的数据点，并且在此树状结构中存放了聚类特征（clustering feature）。聚类特征用来存放分类的主要信息，其中包含了类中数据点个数、类中数据点距离的代数和、平方和，之后再以两层的方式先扫描数据库创建聚类特征树，再利用所得的树进行聚类，如此可以减少聚类过程中 I/O 的耗费，但此算法只针对数值类型的数据进行处理。有序序列的聚类方法中，先找出数据里序列集合（sequence sets）中的共同发生的频率模型（co-occurrence of frequent pattern），之后再利用所得来搭配 Jaccard coefficient 计算数据中序列对的相似度，最后使用凝聚的层级算法（agglomerative hierarchical clustering algorithm）逐渐合并，求出所要的类结果。但是这样的方法所能处理的数据字段是类别类型的有序序列，对于含有时间间隔的有序序列并无法加以处理，如果有新加入的数据时，该算法必须要重新计算才行，如此一来便要花费许多的时间才能对有渐增性质的数据作聚类。序列数据中，对于基因序列或是蛋白质序列的数据挖掘是目前一项重要的议题，利用数据挖掘技术可以加速和协助基因序列的定序工作，CLUSEQ 利用可能性的后置树（Probabilistic Suffix Tree）来保存序列的特征，进一步找出序列间相似程度，最后对序列进行聚类，让相似的基因序列分到相同的类中，以分析基因序列的关联性。针对的数据类型是含有时间间隔的有序序列空气污染事件数据，数据序列中包含了数值和类别两种不同的类型，可以利用三种不同但有意义的相似度计算方式：①事件种类相似度；②事件发生周期相似度；③基于相同子序列长度的相似度进行两两序列的相似度计算。三个相似度的均值即为两序列间的相似度值。利用这样的相似度计算，不但包含了数据间的先后关系，在两事件发生的时间间隔上的关联也不会被忽略。计算出两两之间的相似度后，以层级聚类算法逐层地向上凝聚，将相似度最高的两个类进行合并，直到终止条件到达为止。

利用相似度计算聚类分析中数据点间相似度的计算方式是相当重要的一个环节，为了使目标数据间能够得到正确的相似度，在序列的相似度上利用三种相似度计算来提供计量序列数据在时间和行为上是否相似：

（1）事件发生种类相似度（Co-occurrence of events similarity）。

（2）事件发生周期相似度（Period of occurrence of events similarity）。

（3）基于最长相同子序列相似度（Based longest common subsequence similarity）。

事件发生种类相似度是根据各个序列中的数据，利用事件出现情形作为序列之间相似度的评估标准之一，如果两序列间相同的事件发生种类越多，即表示它们之间的相似程度就越高。但是在事件中，可能会有某些事件发生的概率很高，而且在相当多的事件序列数据中都有这样的事件出现，如此一来，此种事件对各个工厂的区分度便很低；相反地，如果有一个事件出现的概率很低，若有两序列同时都有这一事件发生，则此一事件对两者的相似度就有很高的贡献，亦即这样的事件对各个序列的区分度很高。

- Sequence data：由顺序事件序列组成的数据，相关的变量是以时间区分，但不一定要有时间属性。例如浏览 Web 的数据属于序列数据。
- Sequence Clustering：找出先后发生事物的关系，重点在于分析数据间先后序列关系。
- Association：找出某一事件或数据中会同时出现的状态，例如项目 A 是某事件的一部分，则项目 B 也出现在该事件中的概率有 a%。

16-3 操作示例

STEP 01 进入项目中的新建挖掘结构，使用数据挖掘向导来建立。进入“数据挖掘向导”窗口后单击“下一步”按钮，如图 16-1 所示。

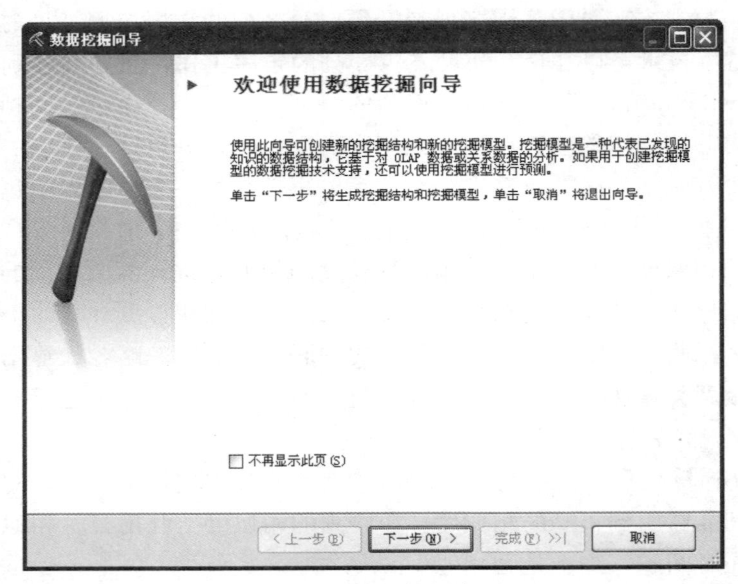

图 16-1　数据挖掘向导

STEP 02 此例从现有关系数据库或数据仓库读取数据，即为默认值，故直接在这个界面单击“下一步”按钮，如图 16-2 所示。

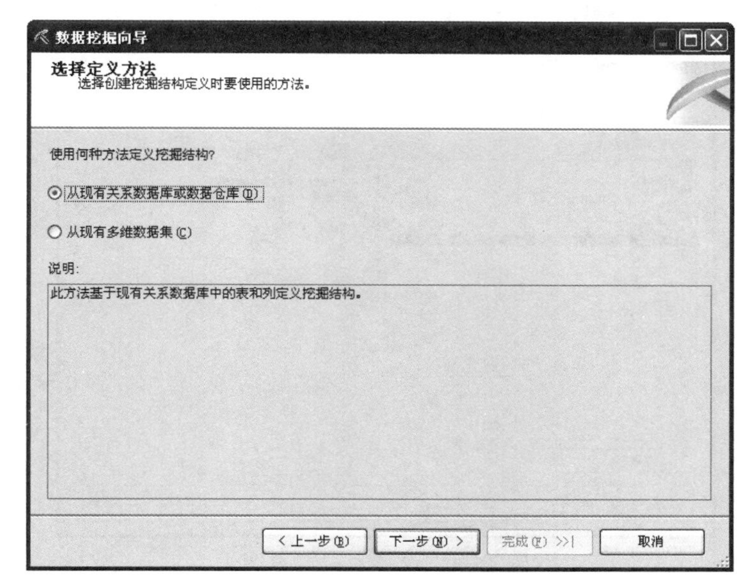

图 16-2　定义挖掘结构

STEP 03 到选择挖掘技术界面，选择“Microsoft 时序”后，单击“下一步”按钮，如图 16-3 所示。

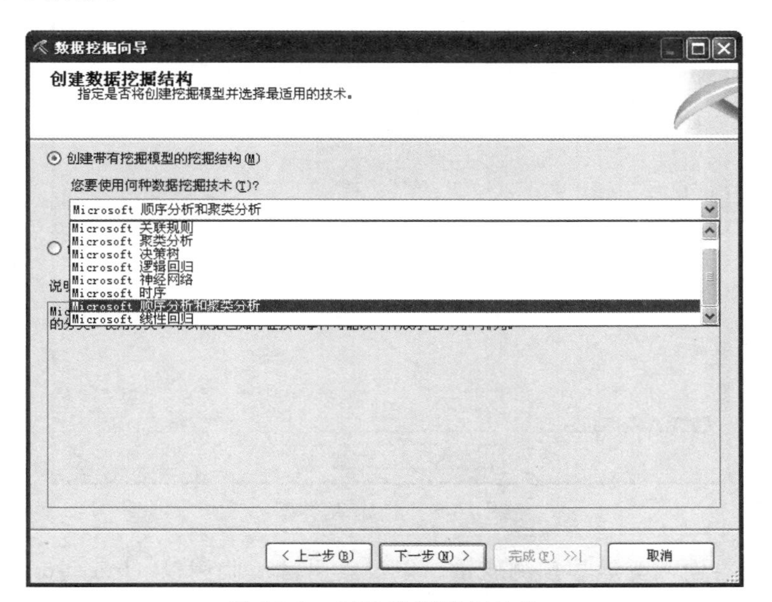

图 16-3　创建数据挖掘结构

STEP 04 选择“时序”数据库后，单击“下一步”按钮，如图 16-4 所示。

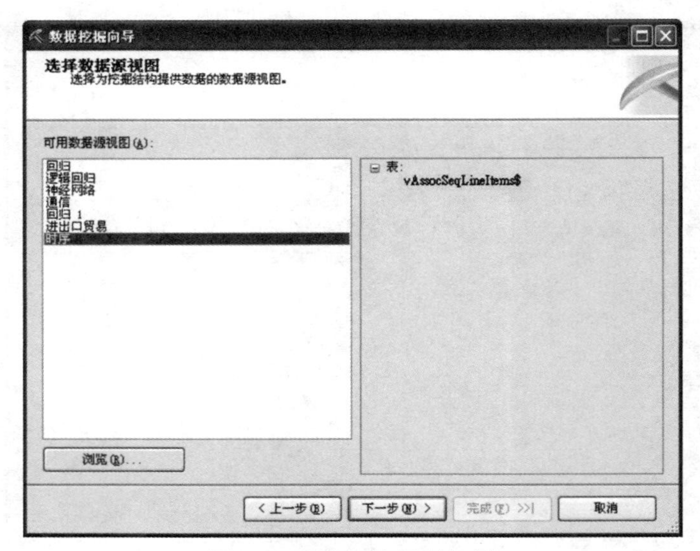

图 16-4 选择数据源视图

STEP 05 选择 vAssocSeqLineItems$数据表后，单击“下一步”按钮，如图 16-5 所示。

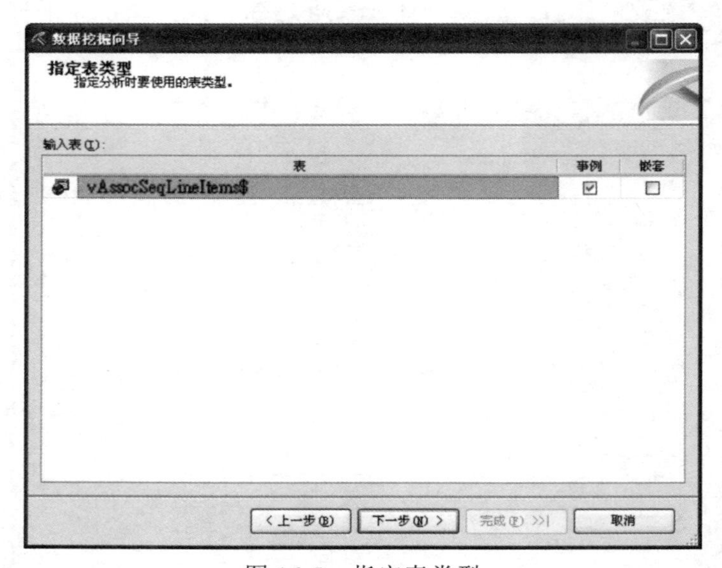

图 16-5 指定表类型

STEP 06 选择所需输入变量与预测变量，以及索引键；此例以 OrderNumber 为索引，LineNumber 为输入变量，Model 为预测变量及输入变量，并单击“建议”按钮以了解预测变量与其他变量间的相关性，可找出较具影响力的输入变量，完成后单击“确定”按钮，这时会回到原来的界面，单击“下一步”按钮，如图 16-6 所示。

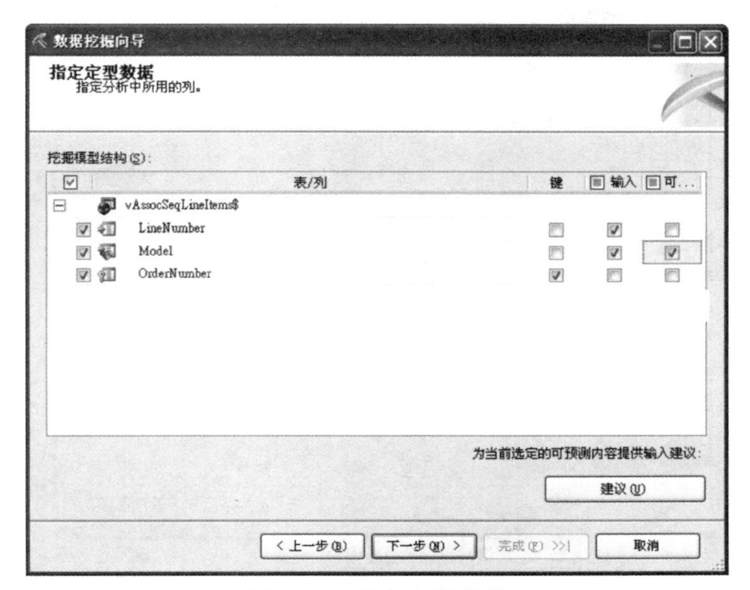

图 16-6 指定定型数据

STEP 07 声明正确的数据属性，完成后单击“下一步”按钮，如图 16-7 所示。

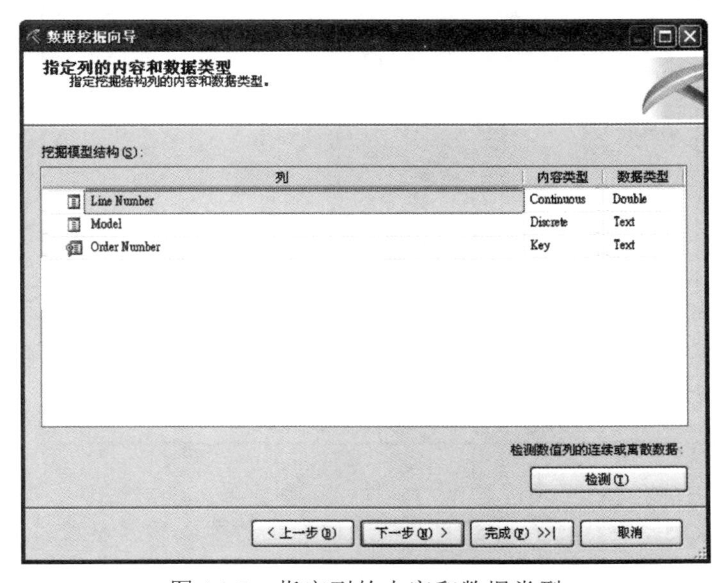

图 16-7 指定列的内容和数据类型

STEP 08 在此可选择测试数据的百分比，本案例中无测试数据，百分比选择“0”，如图 16-8 所示。

STEP 09 更改挖掘结构名称，单击“完成”按钮，如图 16-9 所示。

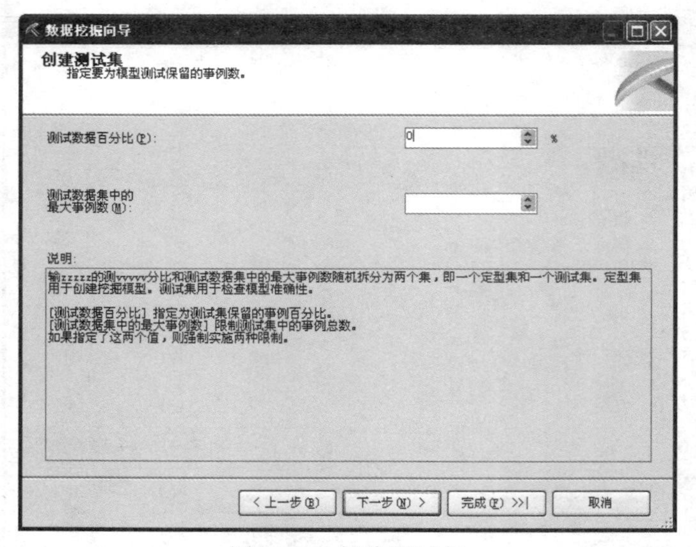

图 16-8　创建测试集

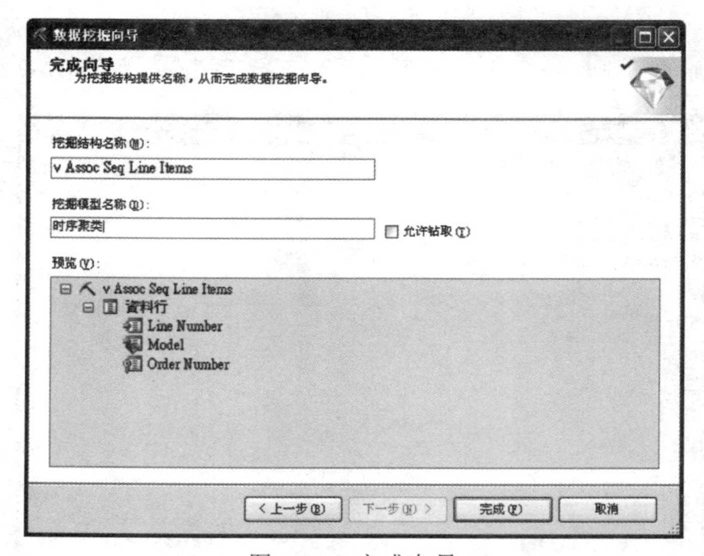

图 16-9　完成向导

STEP 10 选择上方的挖掘模型查看器后，程序询问是否生成和部署项目，单击“是”按钮，如图 16-10 所示。

图 16-10　建立部署项目

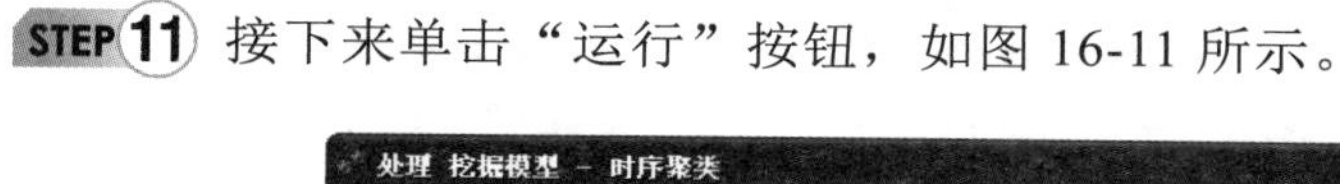

STEP 11 接下来单击“运行”按钮，如图 16-11 所示。

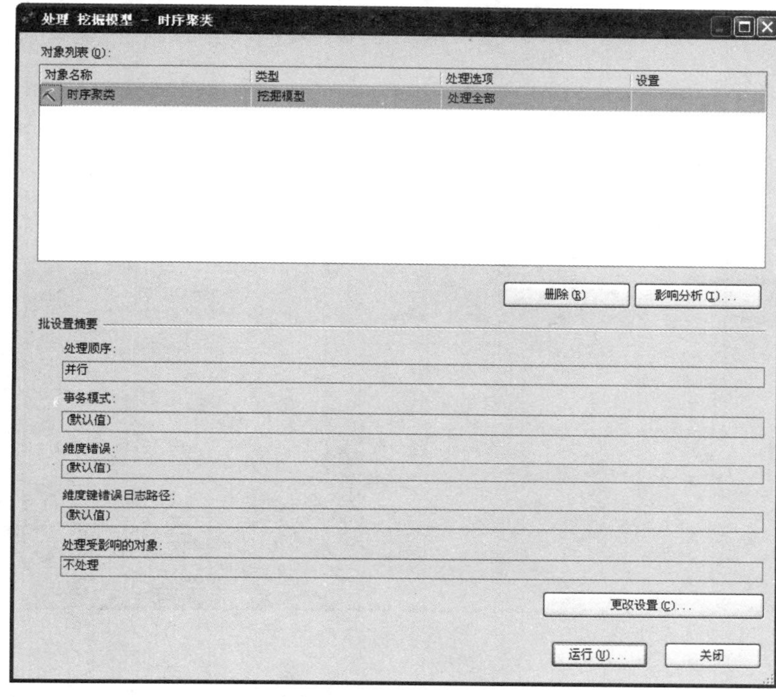

图 16-11　运行测试

STEP 12 运行完成后单击“关闭”按钮，如图 16-12 所示。

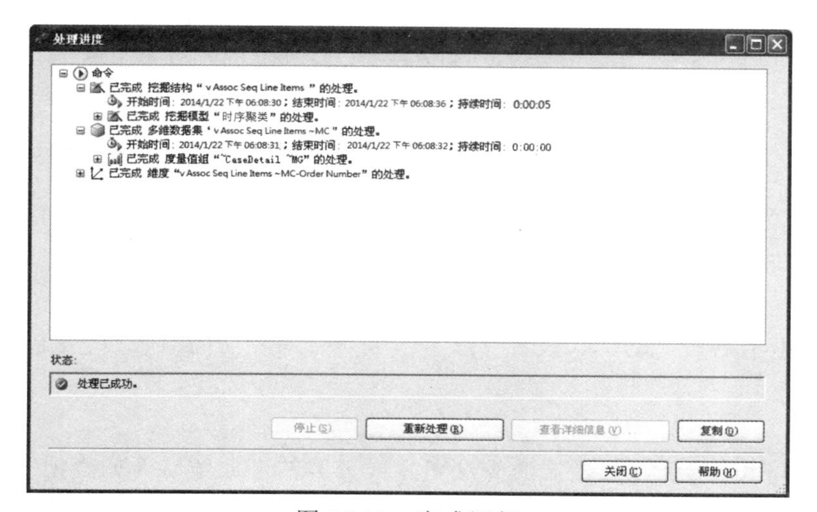

图 16-12　完成运行

STEP 13 回到原来界面再单击一次“关闭”按钮，如图 16-13 所示。

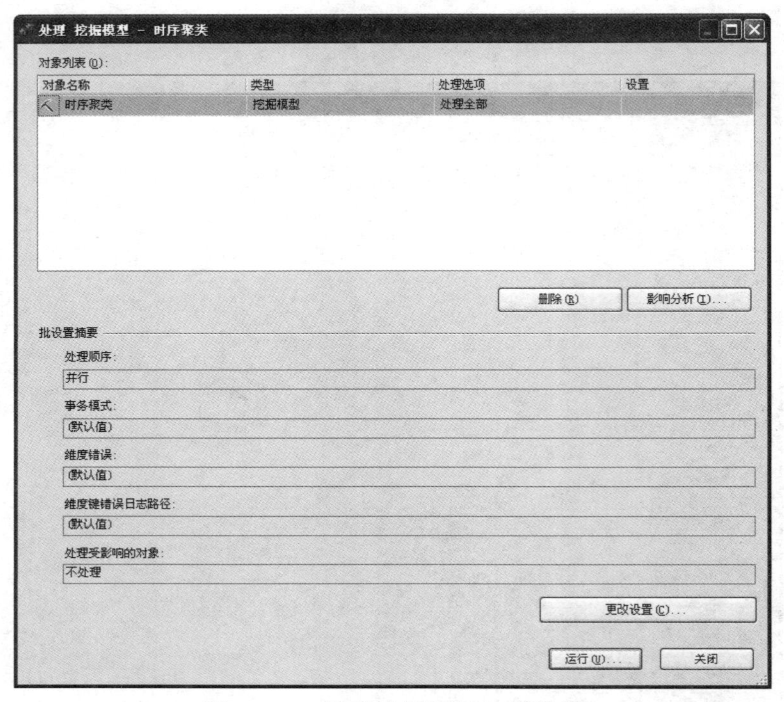

图 16-13　处理挖掘模型时序聚类

STEP 14 建模完成。在挖掘模型中，主要是列出已建立的挖掘模型，亦可以新建挖掘模型，并调整变量，变量使用状况包含 Input（输入变量）以及 PredictOnly（预测变量），如图 16-14 所示。

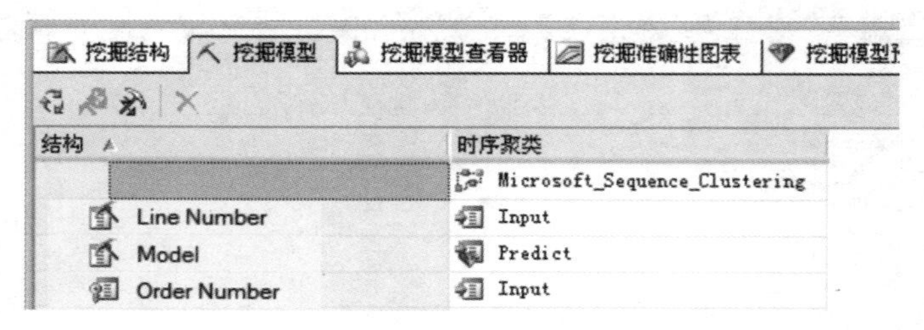

图 16-14　挖掘模型

在挖掘模型上右击，选择“设置算法参数”可针对算法的参数设置加以编辑，如图 16-15 所示。

其中包含：

- CLUSTER_COUNT：指定此算法将生成分类的近似数目。如果无法利用数据生成近似数目的分类，则此算法将生成尽可能多的分类。将 CLUSTER_COUNT 参数设置为 0，会使此算法使用试探性方法最合理地确定要生成分类的数目。默认值为 10。

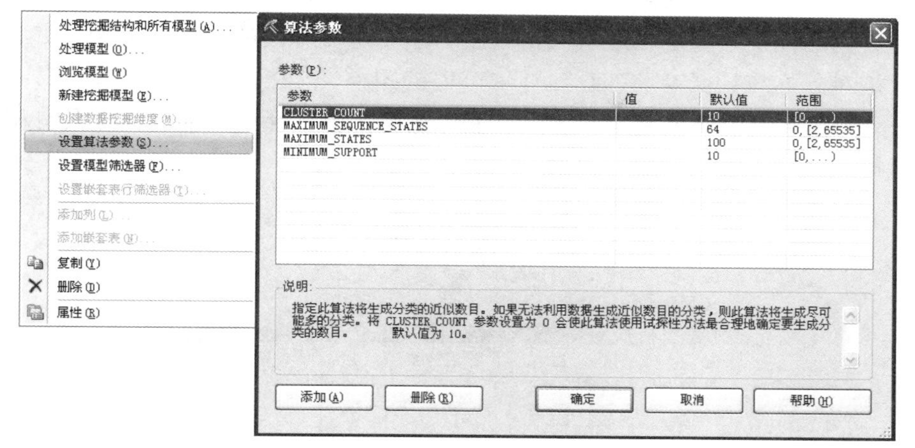

图 16-15　设置算法参数

- MAXIMUM_SEQUENCE_STATES：指定一个序列可拥有的最大状态数。如果将该值设置为大于 100 的数，则生成的模型毫无意义。
- MAXIMUM_STATES：指定算法支持的非序列属性的最大状态数。如果非序列属性的状态数大于该最大状态数，算法将使用该属性最常见的状态，并将剩余状态视为不存在。
- MINIMUM_SUPPORT：指定每个分类中的最小事例数。

挖掘模型查看器则可以呈现分类关系图、分类剖面图、分类特征、分类对比和状态转换，对于数据的分布进一步加以了解。

可以从“分类关系图”了解分类间的关联性强弱程度，如图 16-16 所示。

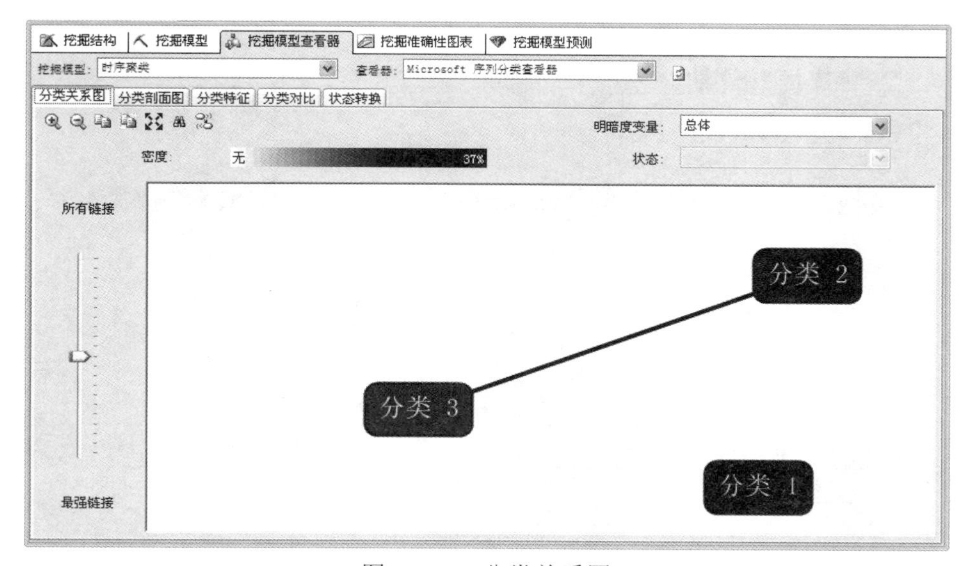

图 16-16　分类关系图

- 分类剖面图：左侧是马尔可夫链，显示落在这一分类的客户的序列模式，而右侧则是对象的统计频率。可看到马尔可夫链图中，落在同一分类的客户具有相似的序列，由于不同事件会标示不同颜色，因此，可以看见相似序列也具有相似的色彩模式，如图 16-17 所示。

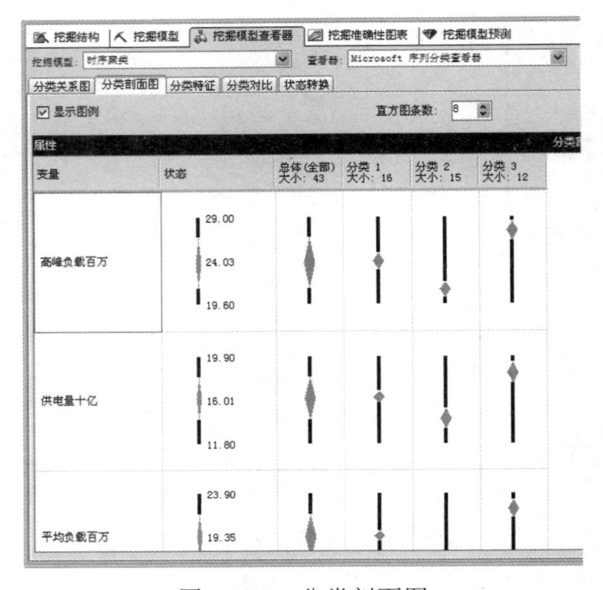

图 16-17 分类剖面图

- 分类特征：将当初建立分类算法的所有输入变量的选项以概率方式呈现。其中包括对象组以及序列出现的频率，如图 16-18 所示。

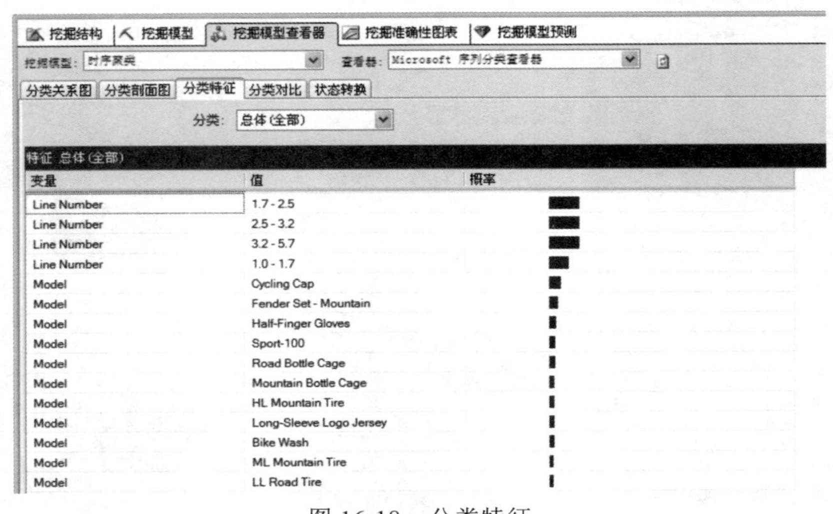

图 16-18 分类特征

- 分类对比：两两比较分类特征。直方图是原先“分类特征”查看器中概率值相减的结果，如果直方图出现在“倾向于分类 1”那一侧时，表示该选项在分类 1 的概率值高过“非分类 1”，如图 16-19 所示。

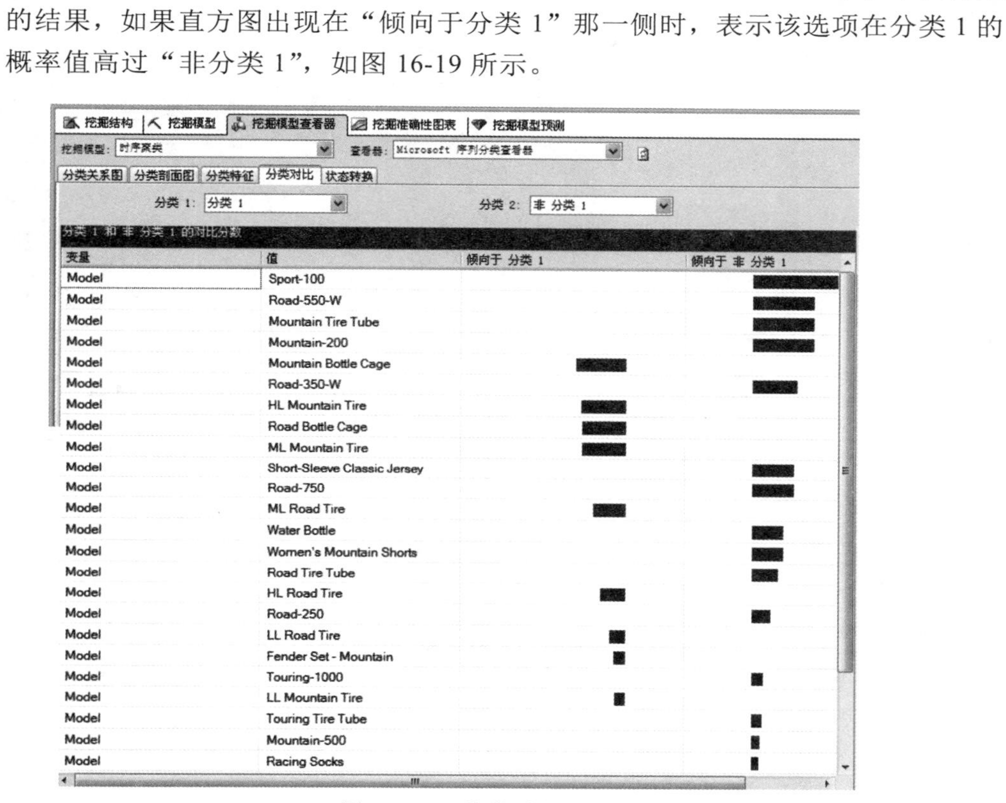

图 16-19　分类对比

CHAPTER

17

线性回归模型

17-1 基本概念

当某种现象的变化及其分布特性清楚后，须分析是什么原因使这种变化发生，或某种现象对他种现象有什么影响等。如研究目的在探知两特性值 X 与 Y 间的相互关系，而如特性值 X 可以自由变动，则可用各种试验设计方法探讨 X 的效应，但如 X 不能自由变动，例如预测台风或探求水稻穗数与精米重量间的关系等问题时，可事先以求得的 X 与 Y 间的关系来推测 Y 值，但对 X 与 Y 间的关系需再加解析后才能拟定其相互间的关系。

一般以生物为研究对象时，常发生某种现象的理论基础难于明确地了解其原因与结果的关系。或在自然状态下进行的实验，难于确实地控制，又不得不分析其相互间的关系等问题。关于此种问题的分析可采用两者的关系程度以量表示的相关分析法，或集合几个特性值的所有资料以提高预测效果的回归方法。这些方法自古以来，都为生物统计学的重要方法。

早在 1885 年，高登（F.Galton）在《Regression towards mediocrity in hereditary stature》一文中发表他有关根据父母身体特性预测子女身体特性的研究结果。其发现“身高偏高的父母，其子女平均身高要低于他们的父母的平均身高；相反的，身高偏矮的父母，其子女平均身高却要高于他们的父母的平均身高”。他在此论文中利用“regression”一词来表示此效应，亦即两极端分数会“回归”到平均数的现象，因此，通常将用一变量去预测另一变量的方法称为回归分析。回归一词本有其特殊意义，现已经将其一般化，用以叙述两个或两个以上变量间的关系，故知回归分析是以一个或多个自变量（independent variable）描述、预测或控制一特定因变量（dependent variable）的分析，用途非常广泛，尤其是对于不能以实验方法取得的社会现象的研究与分析，极为重要。

对于比较简单的变量之间的关系，有时候可以凭着过去的经验与直觉来判断，但是对于比较复杂或需要精确结果的，就需要依赖客观的统计方法来了解它们之间的关系了。在统计学上用来研究这些关系的统计方法除了协方差分析外，尚有回归分析、相关分析等。

回归分析主要在于了解自变量（independent variable）与因变量（dependent variable）间的数量关系。主要目的：

（1）了解自变量与因变量关系方向及强度。

（2）以自变量所建立模型对因变量作预测。

分类（依自变量多少）：

（1）简单回归分析（Simple regression analysis）。

（2）多元回归分析（Multiple regression analysis）。

回归分析中变量的选择原则：

（1）依照相关理论或逻辑。

（2）依照研究人员探讨的变量关系来决定。

回归分析步骤，如图 17-1 所示。

（1）由分布图的情况或专门学科的知识，拟定测定值间的数学模式。

（2）用最小平方法推导正规方程式。

（3）决定回归方程式。

（4）用图证明所求的方程式曲线与测定值的分布是否一致，以确定所选的数学模型是否合理。由 Y 推测 X 的回归曲线求法，也可用同法求解。

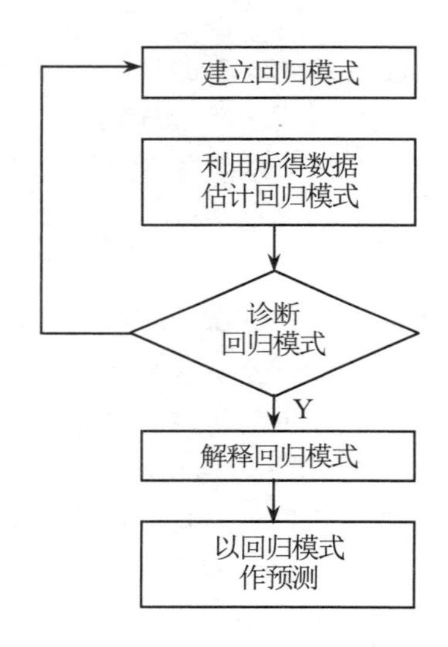

图 17-1　回归分析步骤

17-2　一元回归模型

17-2-1　模型假设及推估

假设简单回归模型可以用式（17-1）表示：

$$y_i = \beta_0 + \beta_1 \chi_i + \varepsilon_i \text{，} \quad i = 1,\dots,n \qquad (17\text{-}1)$$

其中 y_i 为因变量（dependent variable）；χ_i 为自变量（independent variable）；ε_i 为误差项（error term）；β_j 为回归系数（regression coefficient）$j = 0,1$，其中 β_0 为截距（intercept），β_1 为模型的斜率（slope）。

误差项代表用户所适配（fit）的回归直线不可能很完美，因此承认“线性模型”可能有错，误差项代表可能的错。回归模型假设的基本想法是误差项来自某一个常态分布$N(0,\sigma^2)$。

回归模型基本假设为：

（1）存在性（Existence）：对任一固定值，Y是一个随机变量，有确定的概率分布：$Y|X \sim (u_{y|x},\sigma^2_{y|x})$。

（2）独立性（Independence）：y值间相互独立。

（3）$u_{y|x}$是χ的线性函数。即$u_{y|x}=\beta_0+\beta_1\chi$。

（4）常数方差（Homoscedasticity）：$\sigma^2_{y|x}\equiv\sigma^2$，对所有的$\chi$。

（5）常态分布：$Y|X\sim$常态分布。

简单线性回归分析中最重要的是推导回归系数，推导的方法通常采用最小平方法（Least Squares Method，LSE），也就是使离散图上的所有观测值到回归直线距离的平方和最小。对任一特定的自变量值χ_i而言，其在估计回归线上的对应值表示为$\hat{y}_i=\hat{\beta}_0+\hat{\beta}_1\chi_i$。利用最小平方法所得的$\hat{\beta}_0$与$\hat{\beta}_1$值，将使得因变量的观察值$y_i$与因变量的估计值$\hat{y}_i$之间的离差平方和为最小，$\min\sum(y_i-\hat{y}_i)^2$，利用微积分可证明。

最小平方法（LSE）的推估方式：

$$SSE=\sum_{i=1}^{n}(y_i-\hat{y}_i)^2=\sum_{i=1}^{n}(y_i-\hat{\beta}_0-\hat{\beta}_1\chi_i)^2 \tag{17-2}$$

利用微分，对$\hat{\beta}_0$、$\hat{\beta}_1$微分令其为零

$$\frac{\partial SSE}{\partial\hat{\beta}_0}=0,\quad \frac{\partial SSE}{\partial\hat{\beta}_1}=0$$

$$\Rightarrow\begin{cases}\sum y=n\hat{\beta}_0+\hat{\beta}_1\sum\chi\\ \sum xy=\hat{\beta}_0\sum\chi+\hat{\beta}_1\sum\chi^2\end{cases}\quad \text{(Normal equation)}$$

$$\Rightarrow\hat{\beta}_1=\frac{\sum(\chi_i-\overline{\chi})(y_i-\overline{y})}{\sum(\chi_i-\overline{\chi})^2}=\frac{\sum\chi_i y_i-\dfrac{\sum\chi_i\sum y_i}{n}}{\sum\chi_i^2-\dfrac{(\sum\chi_i)^2}{n}}$$

$$\Rightarrow\hat{\beta}_0=\overline{y}-\hat{\beta}_1\overline{\chi} \tag{17-3}$$

最小平方法可提供描述自变量与因变量关系的最佳近似的直线，由最小平方法建立的直线方程式称为估计回归线（estimated regression line）或估计回归方程（estimated regression equation），并以$\hat{y}_i=\hat{\beta}_0+\hat{\beta}_1\chi_i$表示，$\hat{y}_i$是y的预测值或估计值。$y_i$与$\hat{y}_i$之间的差代表以$\hat{y}_i$估计$y_i$所产生的误差，第$i$个观察值之差为$e_i=y_i-\hat{y}_i$，此差值称为第$i$个残差（residual）。

对σ^2的估计

σ^2是回归模型误差项ε的协方差，通常以误差平方和SSE求得σ^2估计值。以$\hat{\sigma}^2$估计σ^2。

$$\hat{\sigma}^2 = S_{y|x}^2 = \frac{1}{n-2}\Sigma(y_i - \hat{y}_i) = \frac{1}{n-2}SSE$$
$$= \frac{n-1}{n-2}(S_y^2 - \hat{\beta}_1 S_x^2)$$
$$S_y^2 = \frac{\sum y_i^2 - \frac{(\sum y_i)^2}{n}}{n-1}, \quad S_x^2 = \frac{\sum \chi_i^2 - \frac{(\sum \chi_i)^2}{n}}{n-1}$$

- 对 β_1 的推论

$$H_0 : \beta_1 = \beta_1^* \quad \text{v.s.} \quad H_1 : \beta_1 \neq \beta_1^*$$
$$\hat{\beta}_1 \sim N\left(\beta_1, \frac{\sigma^2}{\Sigma(\chi_i - \overline{\chi})^2}\right)$$

检定统计量：$t = \dfrac{\hat{\beta}_1 - \beta_1^*}{\dfrac{S_{y|x}}{S_x\sqrt{n-1}}} \sim t_{n-2,1-\alpha/2}$

如果 $|Z| > t_{n-2,1-\alpha/2}$，则拒绝 H_0。

其中 β_1 的 $100(1-\alpha)\%$置信区间为 $\hat{\beta}_1 \pm t_{n-2,1-\alpha/2}\dfrac{S_{y|x}}{S_x\sqrt{n-1}}$

- 对 β_0 的推论

$$H_0 : \beta_0 = \beta_0^* \quad \text{v.s.} \quad H_1 : \beta_0 \neq \beta_0^*$$
$$\hat{\beta}_0 \sim N\left(\beta_0, \sigma^2\left(\frac{1}{n} + \frac{\overline{\chi}^2}{\Sigma(\chi_i - \overline{\chi})^2}\right)\right)$$

检定统计量：$t = \dfrac{\hat{\beta}_0 - \beta_0^*}{S_{y|x}\sqrt{\dfrac{1}{n} + \dfrac{\overline{\chi}^2}{(n-1)S_x^2}}} \sim t_{n-2,1-\alpha/2}$

其中 β_0 的 $100(1-\alpha)\%$置信区间为 $\hat{\beta}_0 \pm t_{n-2,1-\alpha/2} S_{y|x}\sqrt{\dfrac{1}{n} + \dfrac{\overline{\chi}^2}{(n-1)S_x^2}}$

- 回归系数的意义

回归系数表示当自变量 X 产生一个单位的变化时，因变量 Y 相对产生的变化量。假设变量 Y =“销售量”和变量 X =“广告投资”的回归方程式为 $\hat{Y} = 120 + 0.24X$，其意思是平均来说，如果“广告投资”X 增加 100 万元，则“销售量”Y 将增加约 24 万元。$\hat{\beta}_0 = 120$ 表示当广告投资 X=0 时，可能的销售量；$\hat{\beta}_1 = 0.24$ 表示 X 增加一个单位（一万元）时 Y 的增加量。

17-2-2 回归模型测试

首先介绍可衡量估计回归方程式适合度（goodness of fit）的判定系数（coefficient of determination）。以最小平方法可求出使因变量的观察值 y_i 与自变量的预测值 $\hat{y}_i$ 之间的离差平方和为最小的 $\hat{\beta}_0$ 与 $\hat{\beta}_1$ 值。因此，最小平方法中所处理的平方和，常被称为误差平方和或差平方和，以 *SSE* 表示，是由未知原因所引起的偏差。

误差平方和： $SSE = \sum(Y_i - \hat{Y}_i)^2$

与平均数有关的平方和（记为 SST），也就是总离差平方和，则定义如下：

总平方和： $SST = \sum(Y_i - \overline{Y}_i)^2$

为衡量估计回归线上的预测值 $\hat{y}$ 与 $\overline{y}$ 的差异，必须计算另一种平方和，此平方和称为回归平方和（Sum of Squares due to Regression，记作 SSR），由自变量 X 或回归引起的方差，是已知原因所引起的方差（variation）。回归平方和的定义如下：

回归平方和： $SSR = \sum(\hat{Y}_i - \overline{Y}_i)^2$

SSE、*SST* 与 *SSR* 的关系为 $SST = SSR + SSE$。

接下来，探讨 *SSE*、*SST* 与 *SSR* 如何提供测量回归关系的适合度。如果各观测值均落在最小平方线上，此时为最佳适配的情况，直线通过每一点，所以 $SSE=0$。因此，在完全适配情况下，*SSR* 与 *SST* 必然相等，也就是说，$SSR/SST=1$。从另一方面来看，适合度不佳则导致较大的 *SSE*。然而，由于 $SST=SSR+SSE$，所以当 $SSR=0$ 时，*SSE* 为最大（适合度最差）。在这种情况下，估计回归方程式并无法预测 y。因此，最差的适配将使 $SSR/SST=0$。

假如使用 SSR/SST 评估回归关系的适合度，则此测量值将介于 0～1 之间，其值愈接近 1，表示适合度愈佳。SSR/SST 即称为判定系数（coefficient of determination），记做 r^2。

判定系数： $$r^2 = \frac{SSR}{SST} = 1 - \frac{SSE}{SST} = \frac{\sum \hat{y}^2}{\sum \overline{y}^2} = \frac{\hat{\beta}_1^2 \sum \chi_i^2}{\sum y_i^2}$$

因此 *SSR*（*SST* 与 *SSE* 之差）为可由估计回归方程式来解释的 *SST* 部分，用户可将 r^2 想成：

r^2=回归所能说明的平方和/总平方和

当以百分比表示 r^2 时，r^2 可解释为在总平方和（SST）中，可用估计回归方程式说明的百分比，也就是 $100r^2$%的因变量的变动可以由自变量 X 来解释。

较大的 r^2 值只是表示该最小平方线提供较佳的适配，即观察值较靠近最小平方线，但是无法仅依靠 r^2 来判断 X 与 Y 之间的关系是否为统计显著。若要下这类结论，必须考虑到样本大小与最小平方估计式的近似抽样分配的性质。

在实际应用中，对社会科学资料而言，即使 r^2 低于 0.25，通常也可视为有用的；对自然医疗科学资料而言，经常发现高于 0.60 的 r^2 值；事实上，有时候还能见到 r^2 值高于 0.90 的情形。

17-3 多元回归模型

多元回归（multiple regression）是简单线性回归的推广，模型包含一个因变量和 K（$K \geqslant 2$）个自变量。例如，在研究“销售量 Y”的变化时，只考虑“广告投资 X_1”可能不够，可能还要再考虑“销售人员的数量 X_2”“特定产品的价格 X_3”“个人可支配所得 X_4”等其他变量，此时采用多元回归分析是比较适当的。需要注意的是，如果因变量是类别变量，例如因变量“购买意向 Y”为二元变量时，也就是（$Y=1$ 表示肯定购买，$Y=0$ 表示不一定购买），则要采取逻辑回归（logistic regression）分析。

多元回归分析可以达到以下目的：

- 了解因变量和自变量之间的关系是否存在，以及该关系的强度。也就是以自变量所解释的因变量的变异部分是否显著，且因变量变异中有多大部分可以用自变量来解释。
- 估计回归方程式，求在特定已知自变量的情况下，因变量的理论值或预测值能达到预测目的。
- 评价特定自变量对因变量的贡献，也就是在控制其他自变量不变的情况下，该自变量的变化所导致的因变量的变化情况。
- 比较各自变量在适配 Y 的回归方程式中相对作用的大小，寻找最重要的和比较重要的自变量。

多元回归模型：

$$Y = \beta_0 + \beta_1 X_1 + \beta_2 X_2 + \beta_3 X_3 + \cdots + \beta_k X_k + \varepsilon$$

该模型可以用下面的回归方程式来估计：

$$\hat{Y} = \hat{\beta}_0 + \hat{\beta}_1 X_1 + \hat{\beta}_2 X_2 + \hat{\beta}_3 X_3 + \cdots + \hat{\beta}_k X_k$$

其中 β_0 代表截距，β_i 代表回归系数（也就是偏回归系数），一般都是通过常用的统计软件来估计，统计软件还将同时给出标准的回归系数和对应的标准误差，这些统计量与简单回归中给出的相应的统计量的意义是一致的。

17-3-1 回归效果的评估

- 决定系数

对所有自变量与因变量之间的直线回归关系的适合程度，可以用类似于简单回归中决定系数（coefficient of determination）的统计量 R^2 来度量：

$$R^2 = \frac{SSR}{SST} = 1 - \frac{SSE}{SST}$$

SST（Y 的总偏差）= SSR（可由回归解释的偏差）+ SSE（不可解释的偏差）

$$SST == \sum(Y-\bar{Y})^2,\ SSR == \sum(\hat{Y}-\bar{Y})^2,\ SSE == \sum(Y-\hat{Y})^2$$

称 R^2 为决定系数或多元相关系数 R 的平方。R 和 R^2 具有以下的意义和性质：

➤ R 可以看成是实际值 Y 和预测值 $\hat{y}$ 之间的简单相关系数 r。

➤ 决定系数 R^2 不会小于因变量 Y 和任一个自变量 X 之间的最大的决定系数 r^2，即 $R^2 \geqslant \text{Max}(r_1^2, r_2^2, r_3^2, ..., r_k^2)$，其中 r_i^2 为 Y 与 X_i 的决定系数。

➤ 自变量 X_1、X_2、X_3、...、X_k 之间相互关联的程度越低，R^2 的值就可能越高。

➤ 如果自变量 X_1、X_2、X_3、...、X_k 之间是统计上的独立，则 R^2 就等于所有自变量与因变量的决定系数之和，即 $R^2 = r_1^2 + r_2^2 + r_3^2 + ... + r_k^2$。

➤ 当回归方程式中自变量的个数持续增加时，R^2 的数值不会减小；不过，在前几个自变量之后，再增加自变量也不会对 R^2 有多大的贡献，因此，不难发现当 R^2 很大时，应考虑是否是因为变量增加所造成的结果。为避免此问题产生，此时宜加以调整，即按照自变量的个数和样本数对 R^2 进行如下的调整：

$$R_{adj}^2 = 1 - \frac{SSE/(n-k)}{SST/(n-1)} = R^2 - \frac{k(1-R^2)}{(n-k-1)}$$

此时称 R_{adj}^2 为调整后决定系数（adjusted coefficient of determination）。

由比萨数据的分析结果可知，由计算机报表所得的回归分析结果为

$$R^2 = 0.7904 \qquad R_{adj}^2 = 0.7066$$

即利用“大号蘑菇比萨的价格”和“比萨店的座位数”这两个自变量的多元回归，可以解释“就餐顾客数”Y 这个因变量的总变异的 79% 左右。回归的效果似乎还是令人满意的，不过是否显著，还需进行统计上的假设检验。

➤ 回归模型的假设检验

回归模型的显著性检验包括两个部分：

➤ 对整个回归方程式的显著性检验。

➤ 对（偏）回归系数的显著性检验。

对整个回归方程式的显著性检验的虚无假设为“总体的决定系数 ρ^2 为零”，这个虚无假设等价于“所有的总体回归系数都为零”，即

$$H_0 : \rho^2 = 0$$

或

$$H_0 : \beta_1 = \beta_2 = \beta_3 = ... = \beta_k = 0$$

检验的统计量为 R^2，最终检验统计量为 F 比值，计算公式为：

$$F = \frac{SSR/K}{SSE/(n-k-1)} = \frac{R^2/k}{(1-R^2)/(n-k-1)}$$

$$\text{自由度}=(k, n-k-1)$$

F 比值的意义实际上是“可以由回归解释的协方差”与“不能解释的协方差”之比，

由总体方差的分解式可以看到回归协方差的显著性检验与协方差分析的概念是类似的。因此也称上述验定过程为应用于回归的协方差分析，协方差分析如表 17-1 所示。

表 17-1 多元回归的 ANOVA

方差的来源	方差	自由度	协方差	F 比值
可以解释（回归）	$\sum(\hat{Y}-\bar{Y})^2$	K	$MSR=\dfrac{SSR}{k}$	$F=\dfrac{MSR}{MSE}$
不可解释（残差）	$\sum(Y-\hat{Y})^2$	$n-k-1$	$MSE=\dfrac{SSE}{(n-k-1)}$	
总计	$\sum(Y-\bar{Y})^2$	$n-1$		

由比萨数据的分析结果可知，由计算机报表所得的回归分析结果为：

$$F=9.43>5.79=F_c$$

因此，在 5%的检定水平下拒绝虚无假设，即认为利用“大号蘑菇比萨的价格”X_1 和“比萨店的座位数”X_2 这两个自变量对“用餐顾客数”Y 的多元回归，其回归效果是统计上显著的。

对某个回归系数 β_i 的显著性检验的虚无假设为：

$$H_0:\beta_i=0$$

检验的最终统计量仍为 T 值：

$$T_i=b_i/SEb_i,\quad i=1,2,3,\ldots,k$$

从回归分析结果可以知道，$T_1=-2.267$、$T_2=3.105$ 对应的概率值分别为 0.0727 和 0.0267。

因此在 5%的检验水平下，$\beta_2=0$ 的虚无假设被拒绝，但是 $\beta_1=0$ 无法被拒绝；不过如果将检验水平定为 10%，那么 $\beta_1=0$ 和 $\beta_2=0$ 的两个虚无假设都将被拒绝，即认为“大号蘑菇比萨的价格”X_1 和“比萨店的座位数”X_2 这两个自变量对“用餐顾客数”Y 的多元回归系数都是统计上显著的。

从标准回归系数 $\beta_1=-0.4761$ 以及 $\beta_2=0.6522$ 绝对值的大小也可以判断，变量 X_2“比萨店的座位数”是更为重要的变量。

17-3-2 回归变量的选择

变量的选择原则：

（1）依据专家提出的相关理论，参考相关研究文献。

（2）依据研究人员所欲探讨的变量关系来决定。

在建立回归方程式时，可能会涉及很多自变量。然而有些变量可能并不重要，太多的变量会促使模型变得过于复杂；因此，需要对大量的自变量进行必要的筛选，用尽可能少的自变量去解释因变量中最大比例的变异。选择回归变量的常用方法主要有：

所有可能回归法（All-possible-regression procedure）：将所有可能的自变量全部加入，进行回归分析。

（1）向前选择法（Forward selection）：将自变量逐个加入回归模型，检验其是否满足某个事先规定的标准；如果满足该标准，则将此变量加入回归模型，否则就不保留。例如，根据待加入变量对可解释的协方差贡献的大小，可以规定“重要的”变量加入方程式所需的最小 F 比值（如 F=3.84）或最大概率值 P（如 P=0.05）。

（2）向后淘汰法（Backward elimination）：先将全部自变量都加入回归模型中，然后逐个检验其是否满足某个事先规定的剔除比值；如果满足该标准，则将此变量从回归模型中剔除，否则就保留。例如，根据变量对可解释的协方差贡献的大小，可以规定将“不重要的”变量从方程式中剔除的 F 比值的上限（如 F=2.71）或概率值 P 的下限（如 P=0.10）。

（3）逐步回归法（Stepwise regression）：是前两种方法的结合，即根据某些事先规定的标准，逐个加入“重要的”变量，又随时剔除“不重要的”变量，直至既无不显著变量从回归方程式中剔除，又无显著变量加入回归方程式为止。

（4）注意：按照上述方法得到的回归方程式其决定系数 R^2 不一定是最大的，即回归效果不一定是最佳的。由于自变量之间可能相关（叫共线性），因此重要的变量有可能被剔除，不重要的变量也有可能被加入。因此，在变量选择的问题上要持慎重的态度，结合相关的专业知识，考虑各种可能，必要时还可将某些“不可缺少”的变量强行加入方程式。

17-4　操作范例

Microsoft 线性回归算法是一种适合回归建模的回归算法，很适合回归模型。此算法为 Microsoft 决策树算法的特定配置，通过禁用拆分取得（整个回归公式是在单个根节点中建立）。此算法支持连续属性的预测。

STEP 01 进入项目中的新建挖掘结构，使用数据挖掘向导来建立，进入“数据挖掘向导”窗口后单击“下一步”按钮，如图 17-2 所示。

STEP 02 此例从现有关系数据库或数据仓库读取数据，即为默认值，故直接在这个页面单击“下一步”按钮，如图 17-3 所示。

STEP 03 到选择挖掘技术部分，选择“Microsoft 线性回归”后，单击“下一步”按钮，如图 17-4 所示。

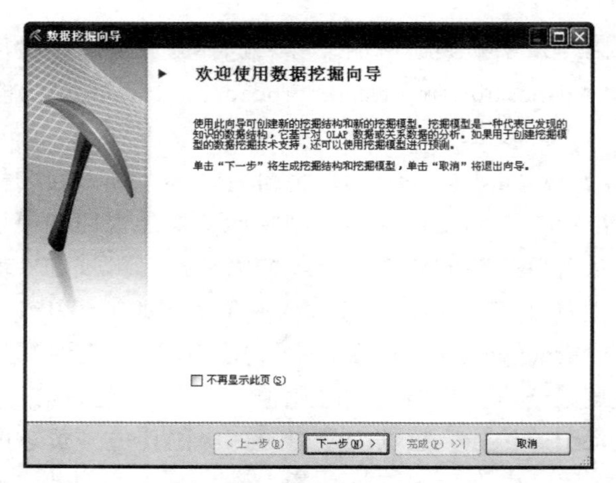

图 17-2　数据挖掘向导

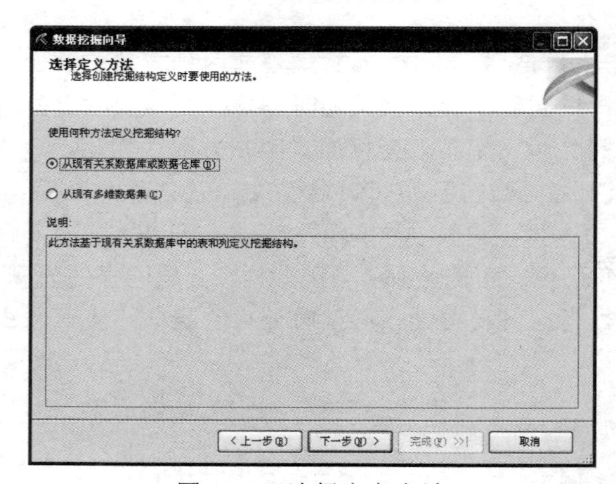

图 17-3　选择定义方法

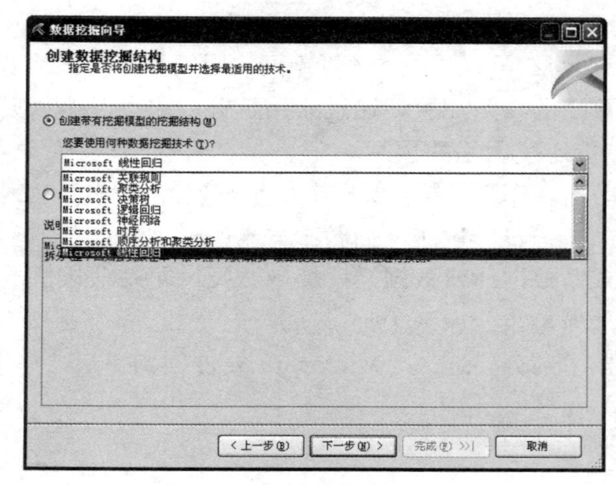

图 17-4　创建数据挖掘结构

STEP 04 选择“回归”数据库后，单击“下一步”按钮，如图 17-5 所示。

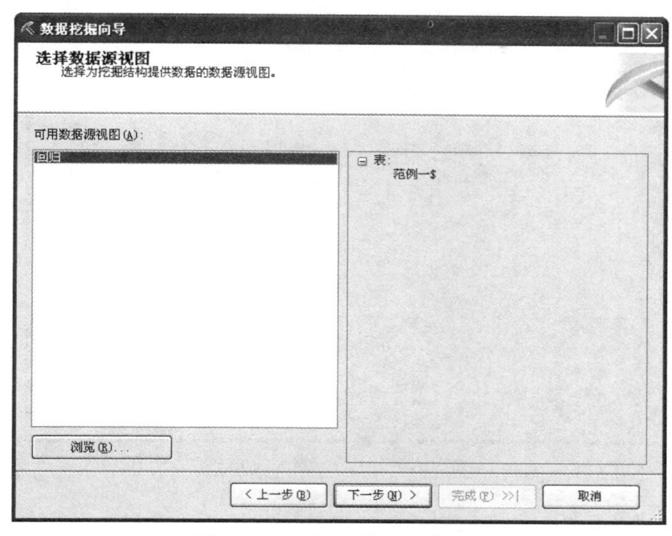

图 17-5　选择数据源视图

STEP 05 选择“范例一$”数据表后，单击“下一步”按钮，如图 17-6 所示。

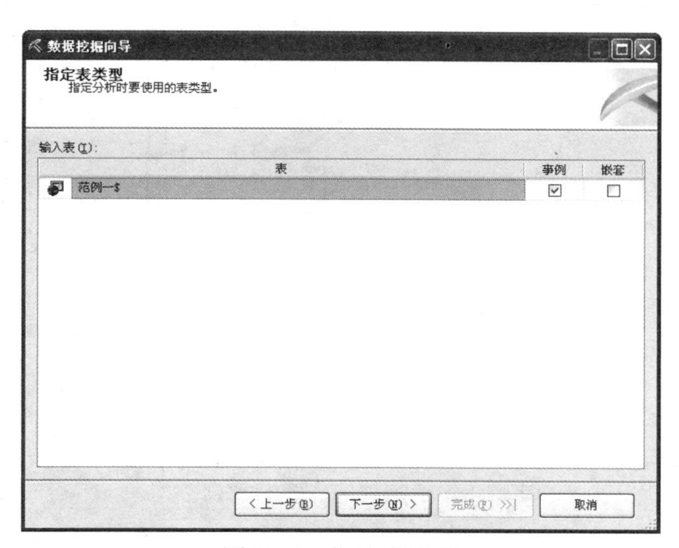

图 17-6　指定表类型

STEP 06 选择所需输入变量、预测变量以及索引键；此例以编号为索引，胆固醇为预测变量，年龄、血压及体重为输入变量，完成后单击“下一步”按钮，如图 17-7 所示。

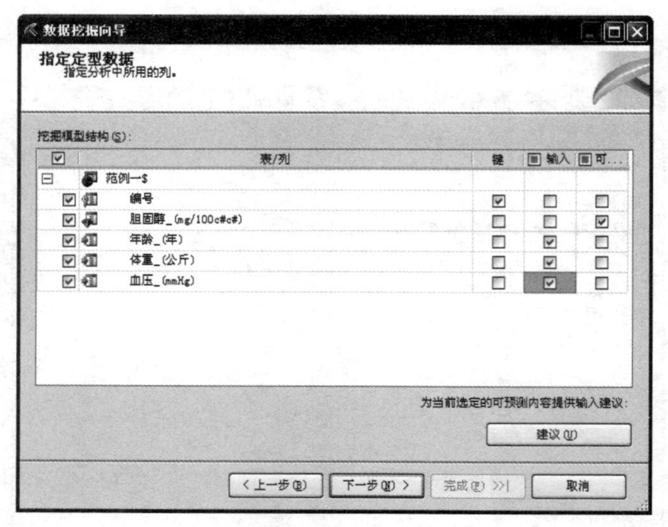

图 17-7 指定定型数据

STEP 07 声明正确的数据属性，完成后单击“下一步”按钮，如图 17-8 所示。

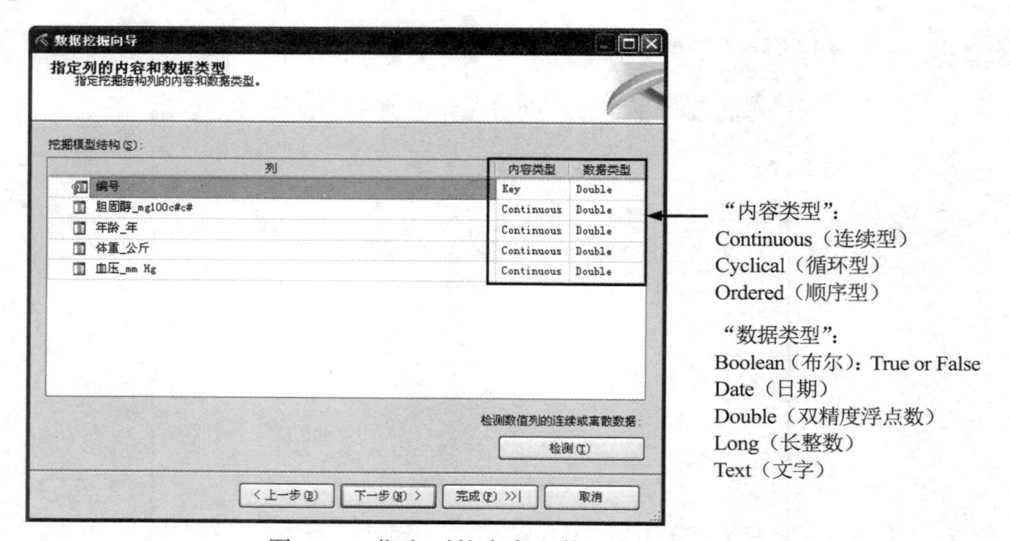

图 17-8 指定列的内容和数据类型

STEP 08 在此可选择测试数据的百分比，本事例中无测试数据，百分比选择“0”，如图 17-9 所示。

STEP 09 更改挖掘模型名称为 Regression，并选中“允许钻取”复选框，单击“完成”按钮，如图 17-10 所示。

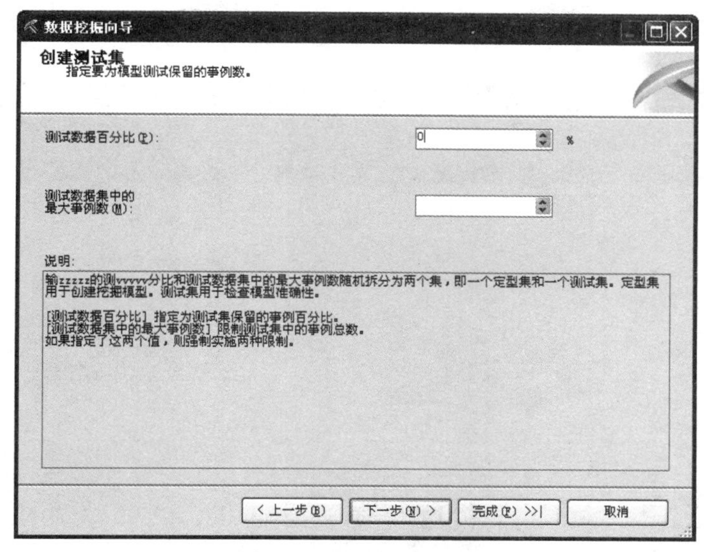

图 17-9　创建测试集

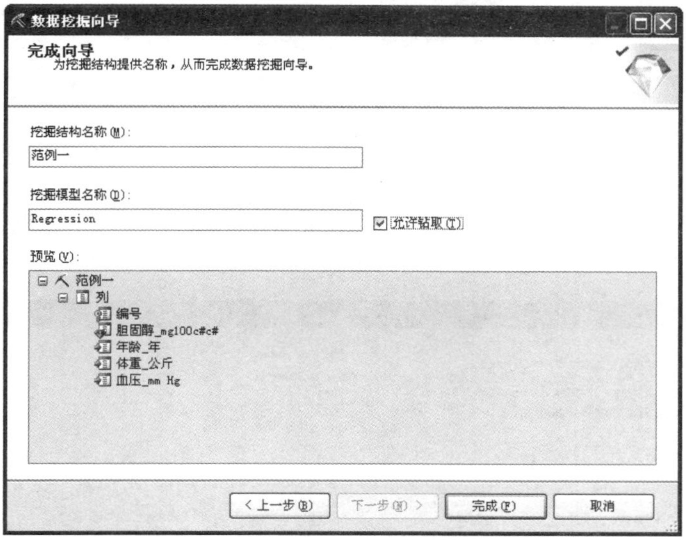

数据挖掘向导
完成向导
为挖掘结构提供名称，从而完成数据挖掘向导。
挖掘结构名称(M):
范例一
挖掘模型名称(D):
Regression
允许钻取(T)
预览(V):
范例一
列
编号
胆固醇_mg100c#c#
年龄_年
体重_公斤
血压_mm Hg
< 上一步(B)
下一步(N) >
完成(F)
取消

图 17-10　完成向导

STEP 10 选择上方的挖掘模型查看器后，程序询问是否生成和部署项目，单击“是”按钮，如图 17-11 所示。

图 17-11　生成和部署项目

STEP 11 接下来单击“运行”按钮，如图 17-12 所示。

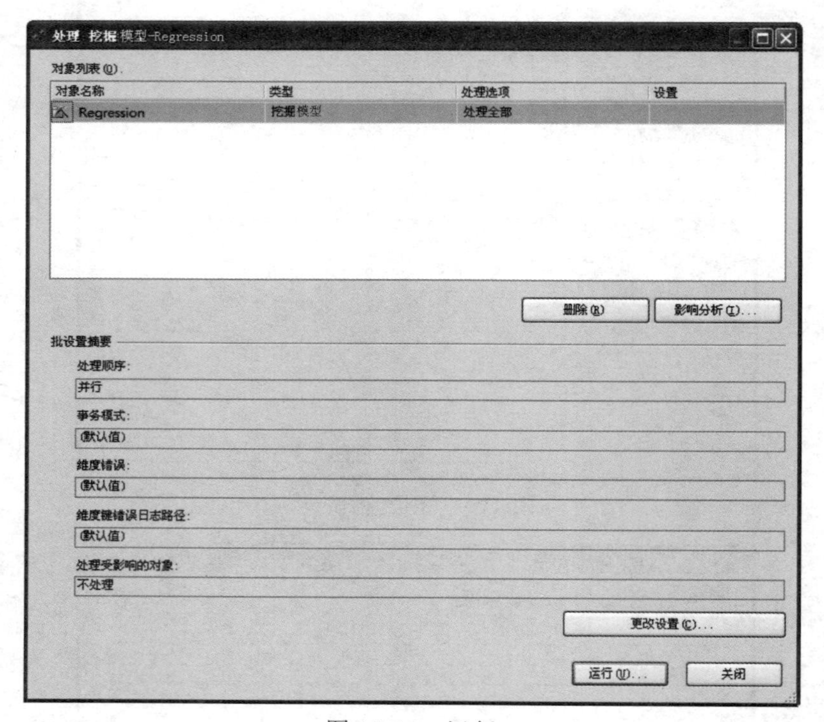

图 17-12　运行

STEP 12 运行完成后单击“关闭”按钮，如图 17-13 所示。

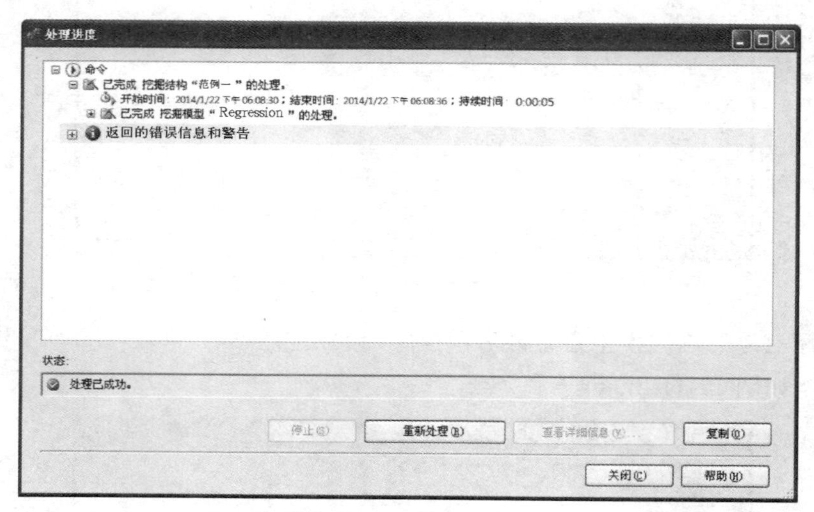

图 17-13　关闭运行

STEP 13 回到原来界面再单击一次“关闭”按钮，如图 17-14 所示。

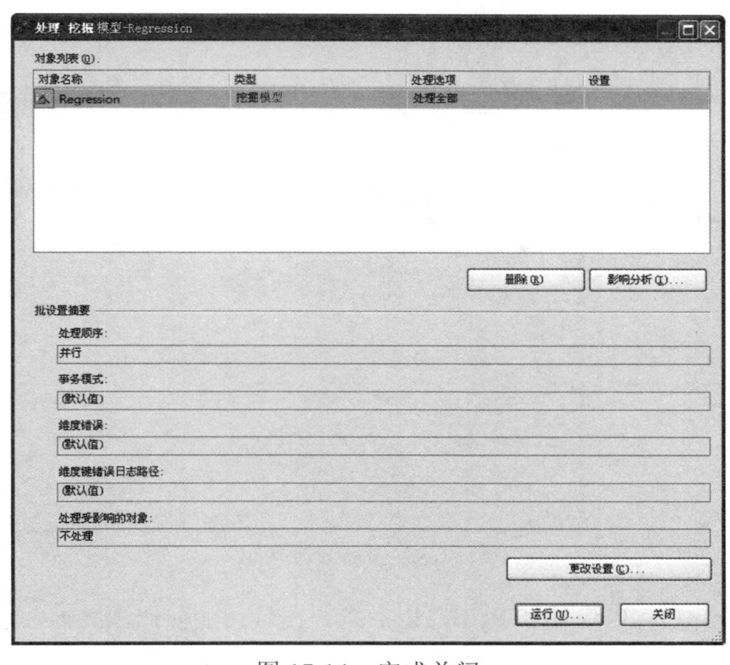

图 17-14　完成关闭

STEP 14 建模完成。在“挖掘模型”中，主要是列出已建立的挖掘模型，也可以新建挖掘模型，并调整变量，变量使用状况包含 Input（输入变量）以及 PredictOnly（预测变量），如图 17-15 所示。

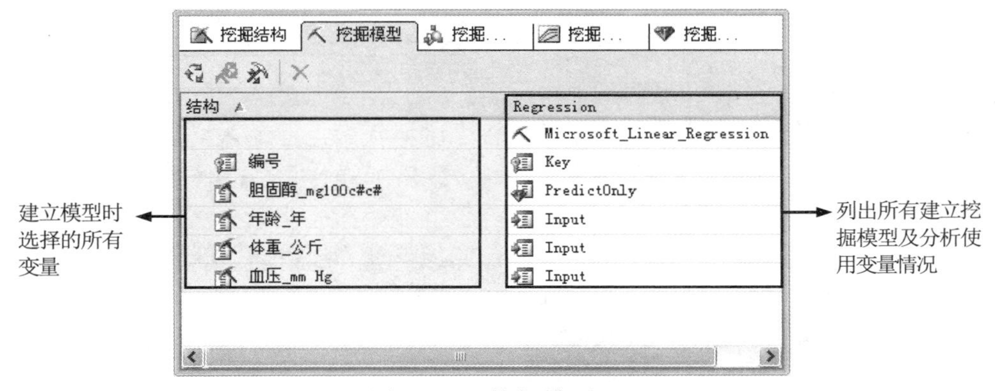

图 17-15　挖掘模型

在挖掘模型上右击，选择“设置算法参数”可针对算法的参数设置加以编辑，如图 17-16 所示。

其中包含：

- FORCE_REGRESSOR：强制算法将指定的列作为回归公式的回归量，而不考虑其在算法计算中的重要性。

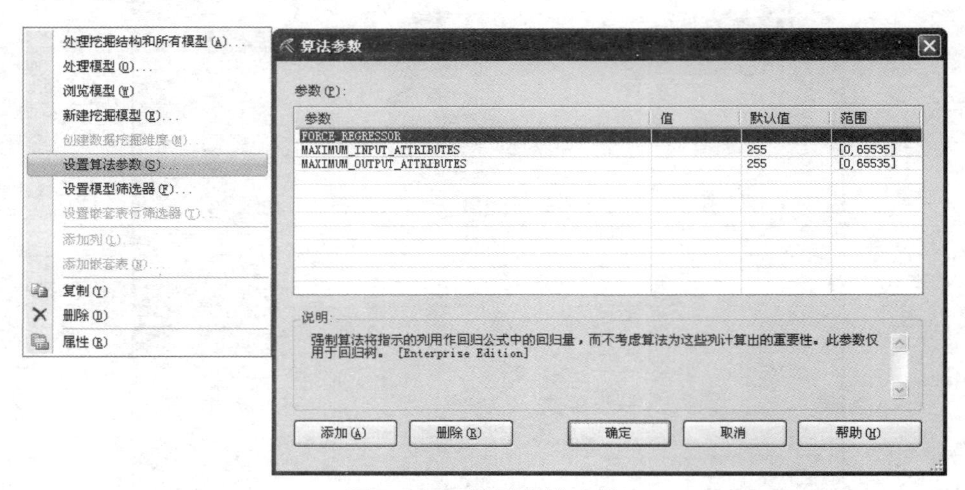

图 17-16 设置算法参数

- MAXIMUM_INPUT_ATTRIBUTES：指定在停用功能选项之前，算法可以处理输入属性的最大数目。将此值设定为“0”，会禁用输入属性的功能选项。
- MAXIMUM_OUTPUT_ATTRIBUTES：指定在停用功能选项之前，算法可以处理输出属性的最大数目。将此值设定为“0”，会禁用输出属性的功能选项。

“挖掘模型查看器”则是呈现该挖掘模型样式，通过概率的方式呈现在何种情形下，对于预测变量的概率比重为什么，以进一步加以了解，如图 17-17 所示。

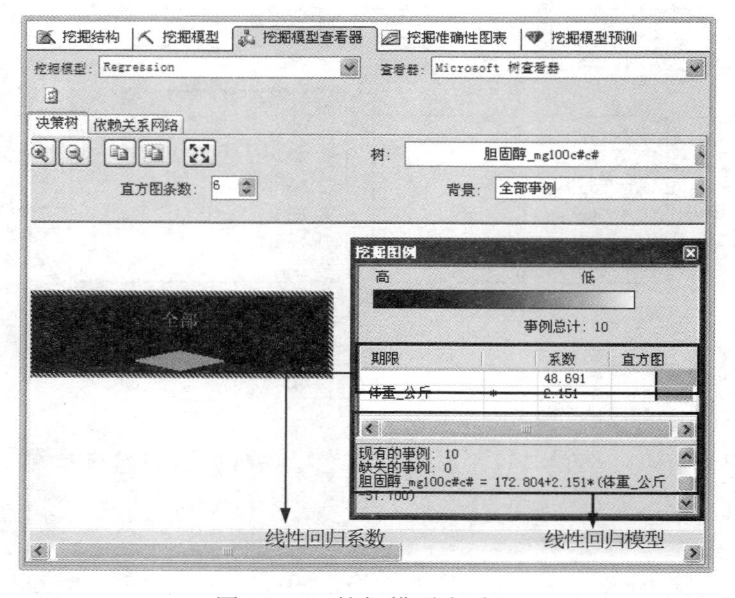

图 17-17 挖掘模型查看器

而在“依赖关系网络”图中，主要是呈现各输入变量与预测变量间的相关程度，如图 17-18 所示。

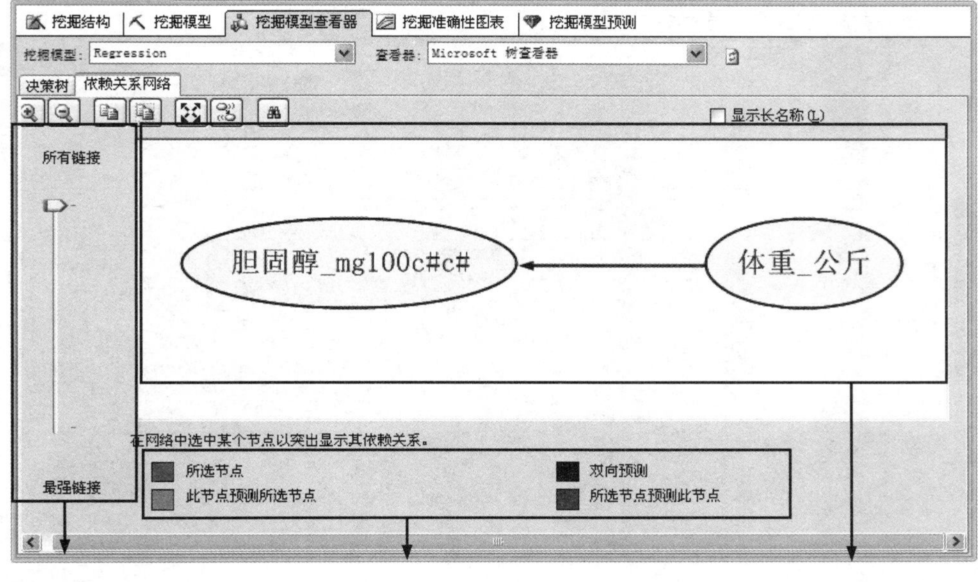

图 17-18 “依赖关系网络”图

CHAPTER

18

逻辑回归模型

18-1 基本概念

逻辑（logistic）回归模型用来分析二元类（binary）或有次序（ordinal）的因变量与解释变量间的关系。逻辑回归模型中，用自变量去预测因变量在给定某个值（如 1 或 0）时的概率。因变量通常呈现二元类中的一个值或有次序中最小的一个值。当因变量有很多不同的值时，如：等距尺度（interval Scale）或比例尺度（ratio Scale）的数据类型时，通常使用简单回归模型而不用逻辑回归模型。对一个二元类的因变量 Y，逻辑回归模型的形式如下：

$$\text{logit} / (1\text{-}P) = * + \beta$$

$P=\text{Prob}(y=Y \mid X)$：代表因变量的概率值，且 y 代表因变量 Y 中第一个。

*：代表截距参数。

β：代表斜率参数的向量。

X：代表解释变量的向量。

逻辑回归方程式即为第 i 组个别事件概率（P_i）的对数（logit）转换，也就是转换的逻辑回归模型，当作向量自变量的一条直线方程式，一般化的模型表示法是用因变量的平均数函数 $g = g(u)$ 与自变量的线性关系。g 称为链接函数（link function），其他常见的链接函数有 mormit function（被使用在 probit analysis）和补充的 log-log function。对数函数（logit function）有较易解释的优点，同时，它也可应用到将来或过去曾收集到的数据。

对数线性模型是将列联表中每格的概率（或理论频度）取对数后，分解参数所获得；而 logistic 模型则是将概率比取对数后，再进行参数化而获得，它的历史比对数线性模型长，方法也很有特色。为了较容易理解这一方法，我们先介绍 logit 变换和 logistic 分布，然后再回到列联表的 logistic 回归分析方法。

18-2 logit 变换与 logistic 分布

人们常常要研究某一事件 A 发生的概率 P，P 值的大小与某些因素有关。例如有毒药物的剂量大小与被试验的老鼠的死亡率之间的关系就是一个例子。随着剂量 x 的增大，死亡率 P 自然是增长的，但因 p 的值一定在[0,1]区间内，所以 p 不可能是 x 的线性函数或二次函数，一般的多项式函数也不适合，这样就给这一类的回归带来很多困难；另一方面，当 p 接近 0 或 1 时，即使某些因素有很大变化，p 值的变化也不可能大。像高可靠性的系统，可靠度 p 已达 0.998，即使再改善条件、工艺或系统的结构，其可靠度增大只能在小数点后面的第三位或第四位；又如灾害性天气发生的概率 p 趋近于 0，即使能找到一些刻画它发生的前兆，也不可能将 p 值提高很多。从数学上看，就是函数 p 对 x 的变化在 p=0 或 1 的附近是不敏感且缓慢的，加上非线性的程度较高，故要寻求一个 p 的函数 $\theta(p)$，使得它在 p=0 或 p=1 附近时变化幅度较大，而函数的形式又不是太复杂。因此用 $\frac{\mathrm{d}\theta(p)}{\mathrm{d}p}$ 来反映 $\theta(p)$在 p 附近的变化是合理的，在 p=0 或 1 时，$\frac{\mathrm{d}\theta(p)}{\mathrm{d}p}$ 应有较大的值，这自然要考虑

$$\frac{\mathrm{d}\theta(p)}{\mathrm{d}p} \propto \frac{1}{p(1-p)}$$

如果将上式变为等式，就有

$$\frac{\mathrm{d}\theta(p)}{\mathrm{d}p} = \frac{1}{p(1-p)} = \frac{1}{p} + \frac{1}{1-p}$$

求得

$$\theta(p) = \ln\frac{p}{1-p} \tag{18-1}$$

式（18-1）相对的变换称为 logit 变换，是否可以认为就是“log it”（取对数）之意。很明显 $\theta(p)$在 p=0 与 p=1 的附近变化幅度很大，而且当 p 从 0 变到 1 时，$\theta(p)$从 $-\infty$ 变到 ∞，这样就克服了一开始指出的两点困难。如果 p 对 x 不是线性的关系，θ 对 x 就可以是线性的关系了，这给数据处理带来很多方便。从式（18-1），将 p 由 θ 来表示，得

$$p = \frac{\mathrm{e}^{\theta}}{1+\mathrm{e}^{\theta}} \tag{18-2}$$

如果 θ 是某些自变量 $x_1,\cdots,x_k$ 的线性函数 $\sum_{i=1}^{k} a_i x_i$ ，则 p 就是 $x_1,\cdots,x_k$ 的下列函数：

$$p = \frac{\mathrm{e}^{\sum_{i=1}^{k} a_i x_i}}{1+\mathrm{e}^{\sum_{i=1}^{k} a_i x_i}} \tag{18-3}$$

因此有的书中讨论 logistic 回归时，直接从式（18-3）开始。

分布函数

$$F(x) = (1+\mathrm{e}^{-(x-\mu)/\sigma})^{-1},\ -\infty < x < \infty \tag{18-4}$$

其中 $-\infty < \mu < \infty$，$\sigma > 0$ 的分布称为 logistic 分布。式（18-4）也可写成

$$F(x) = \frac{1}{2}\left[1+\tan\left(\frac{x-\mu}{2\sigma}\right)\right]$$

它的分布密度

$$f(x) = \frac{1}{\sigma}\mathrm{e}^{-\frac{x-\mu}{\sigma}}\left[l+\exp\left(-\frac{x-\mu}{\sigma}\right)\right]^{-2} \tag{18-5}$$

在式（18-2）中 p 表示式（18-4）的 $1-F(x)$，则有

$$p = 1 - F(x) = \mathrm{e}^{-(x-\mu)/\sigma} / (1 + \mathrm{e}^{-(x-\mu)/\sigma})$$

相应的 $\theta = \dfrac{x-\mu}{\sigma}$。从这里可以看出 logit 变换与 logistic 分布的关系。式（18-4）表明，logistic 分布仍然是属于位置一尺度参数族，其中 μ 是位置参数，σ 是尺度参数，这样凡与位置一尺度参数族有关的结果，均对 logistic 分布有效。当 $\mu = 0$，$\sigma = 1$时，相应的分布称为标准 logistic 分布，它的分布函数 $F_0(x)$ 与分布密度 $f_0(x)$ 为

$$\begin{cases} F_0(x) = (1+\mathrm{e}^{-x})^{-1} \\ f_0(x) = \mathrm{e}^{-x}/(1+\mathrm{e}^{-x})^2 \end{cases} \quad -\infty < x < \infty \tag{18-6}$$

很明显，如考虑

$$G_0(x) = \mathrm{e}^{x}/(1+\mathrm{e}^{x}), -\infty < x < \infty \tag{18-7}$$

则 $G_0(x)$ 也是一个分布函数，且有关系式

$$G_0(x) = 1 - F_0(1-x) = F_0(x)$$

因此有的书上也从 $G_0(x)$ 出发，以它作为标准分布，经随机变量线性变换后导出的分布作为一般的 logistic 分布。

18-3 逻辑回归模型

现在来讨论如何将 2×2 表化为一个逻辑回归模型，以下例为背景来进行分析。

假定吸烟人患肺癌的概率是 p_1，不得肺癌的概率就是$1-p_1$，不吸烟的人患肺癌的概率是 p_2，不得肺癌的概率为$1-p_2$。于是经过 logit 变换后：

$$\theta_1 = \ln\frac{p_1}{1-p_1}, \quad \theta_2 = \ln\frac{p_2}{1-p_2}$$

如果记 θ_2 为 θ，则 $\theta_1 = \theta_2 + (\theta_1 - \theta_2) = \theta + \Delta$。因此患肺癌是否与吸烟有关，就归结为检验

$$H_0: \Delta = 0 \quad 是否成立。\tag{18-8}$$

考察了 92 个吸烟的人，其中 60 个患肺癌，对于不吸烟的 14 个人中有 3 个得肺癌。将这个概括一下，就是考察了 n_1 个吸烟的，肺癌者有 r_1 个，n_2 个不吸烟的，肺癌者有 r_2 个，因此 p_1 与 p_2 的估计值分别为 $\hat{p}_1 = \dfrac{r_1}{n_1}$，$\hat{p}_2 = \dfrac{r_2}{n_2}$。令

$$z_i = \ln\frac{r_i}{n_i - r_i}, \quad i = 1,2$$

则可以证明，当 n_i 相当大时，下述等式是可以成立的

16 17 18 19 20 逻辑回归模型

$$E(z_i)=\theta_i,\ Var(z_i)=\frac{1}{n_i p_i(1-p_i)},\ i=1,2 \qquad (18\text{-}9)$$

如果写成向量的形式，就是

$$\begin{cases} E\begin{bmatrix} z_1 \\ z_2 \end{bmatrix}=\begin{bmatrix} 1 & 1 \\ 1 & 0 \end{bmatrix}\begin{bmatrix} \theta \\ \Delta \end{bmatrix} \\ Var\begin{bmatrix} z_1 \\ z_2 \end{bmatrix}=\begin{bmatrix} \frac{1}{n_1 p_1(1-p_1)} & 0 \\ 0 & \frac{1}{n_2 p_2(1-p_2)} \end{bmatrix} \end{cases}$$

如果 z_1，z_2 是常态变量，这就是像回归的模型，而当 n_i 很大时，z_i 是接近常态的，所以这一类的问题就称为逻辑回归。

18-4　操作范例

Microsoft 逻辑回归算法是一种回归算法，很适合回归模型。此算法为 Microsoft 神经网络算法的特定配置，通过删除隐藏层取得。此算法同时支持离散和连续属性的预测。

STEP 01 进入项目中的新建挖掘结构，使用数据挖掘向导来建立，进入“数据挖掘向导”窗口后单击“下一步”按钮，如图 18-1 所示。

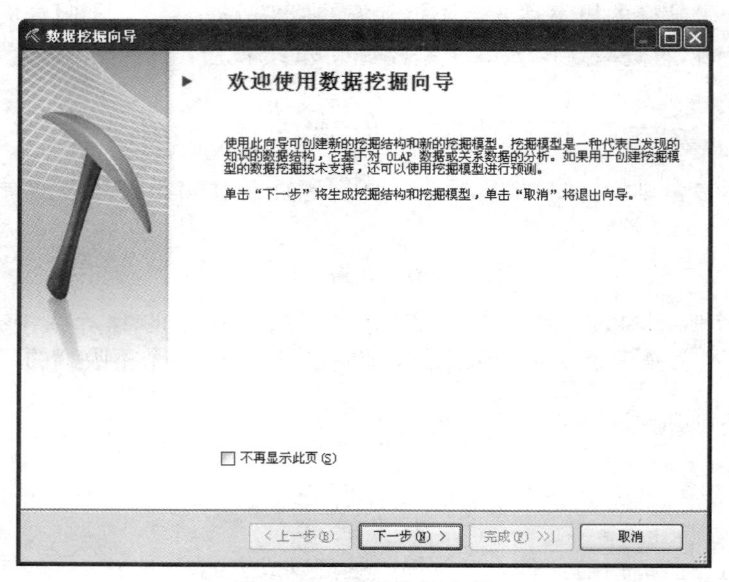

图 18-1　数据挖掘向导

STEP 02 此例从现有关系数据库或数据仓库读取数据，即为默认值，故直接在这个界面单击“下一步”按钮，如图 18-2 所示。

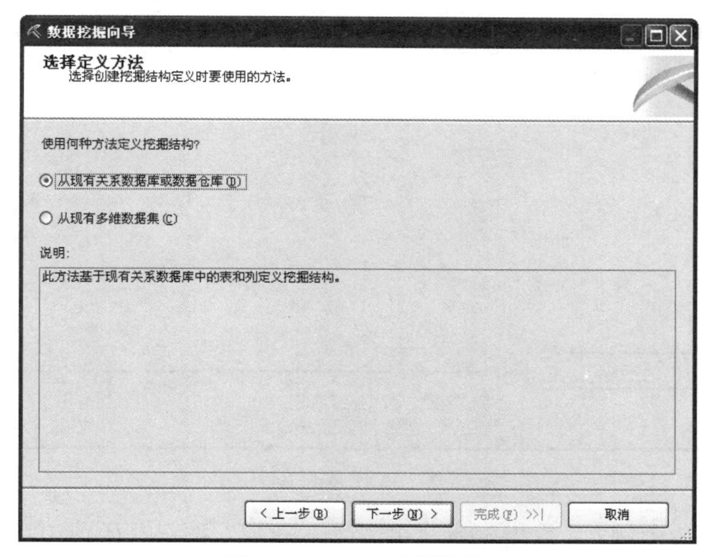

图 18-2　定义挖掘数据

STEP 03 到选择挖掘技术部分，选择“Microsoft 逻辑回归”后，单击“下一步”按钮，如图 18-3 所示。

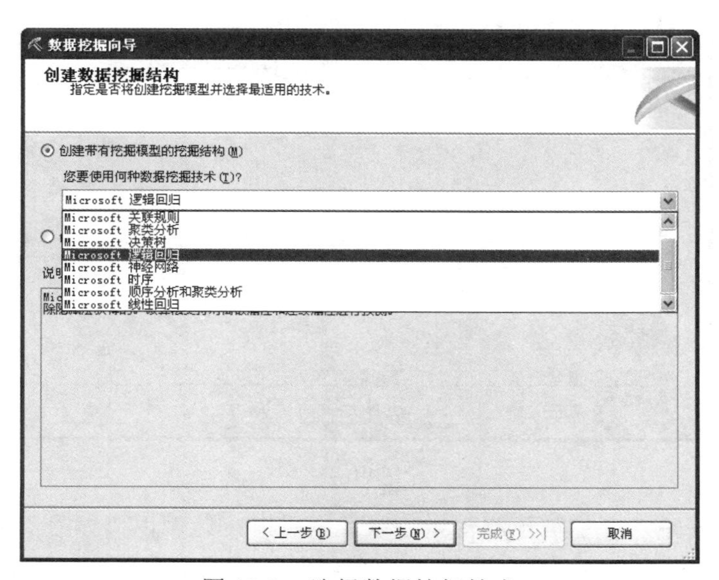

图 18-3　选择数据挖掘技术

STEP 04 选择“逻辑回归”数据库后，单击“下一步”按钮，如图 18-4 所示。

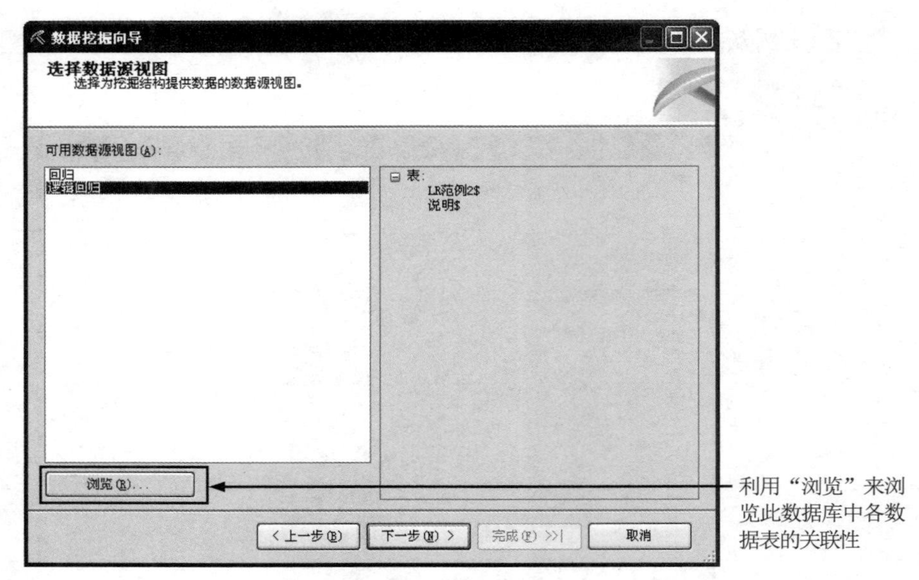

图 18-4 选择数据源视图

STEP 05 选择“LR 范例 2”数据表后，单击“下一步”按钮，如图 18-5 所示。

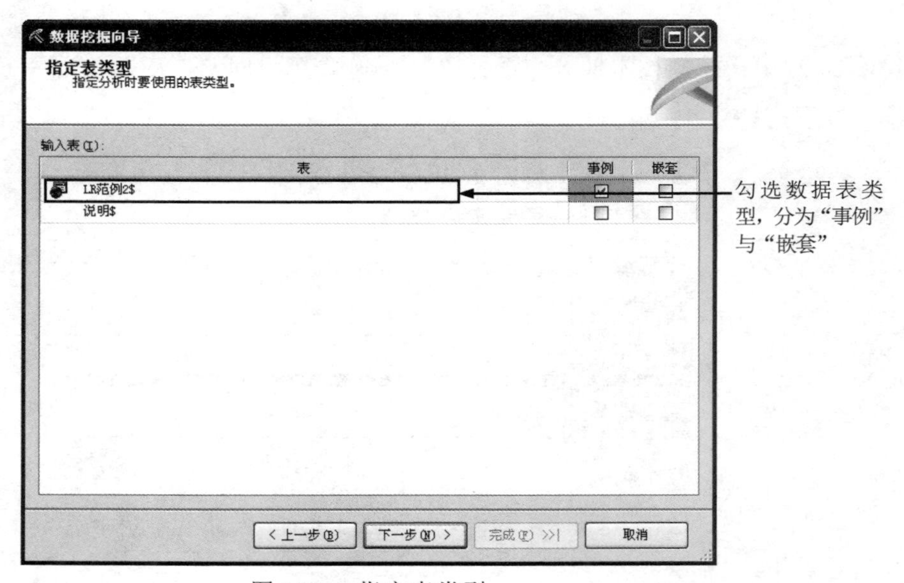

图 18-5 指定表类型

STEP 06 选择所需输入变量与预测变量，以及索引键；此例以“编号”为索引，“是否录取”为预测变量，并单击“建议”按钮以了解预测变量与其他变量间的相关性，可找出较具影响力的输入变量，完成后单击“确定”按钮，这时会回到原来的界面，如图 18-6 所示。

图 18-6　指定定型数据

STEP 07 单击“建议”按钮，此时程序会提出一些变量的相关系数，用户可自行选择输入与否，如图 18-7 所示。

图 18-7　提供相关列建议

STEP 08 最后决定输入变量及预测变量后，单击“下一步”按钮。

STEP 09 声明正确的数据属性，此例修正了一个变量的数据属性，完成后单击“下一步”按钮，如图 18-8 所示。

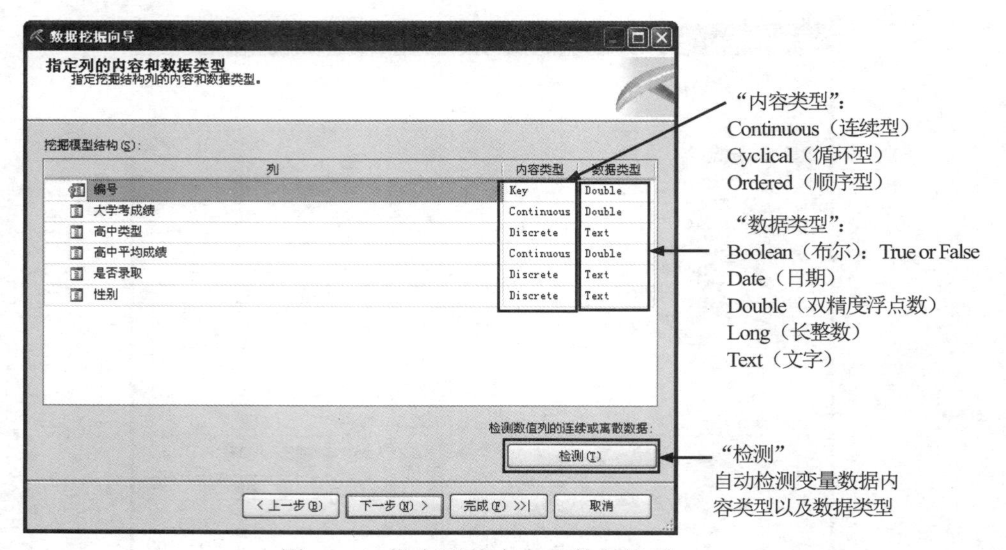

图 18-8　指定列的内容和数据类型

STEP 10 在此可选择测试数据的百分比，本事例中无测试数据，百分比选择“0”，如图 18-9 所示。

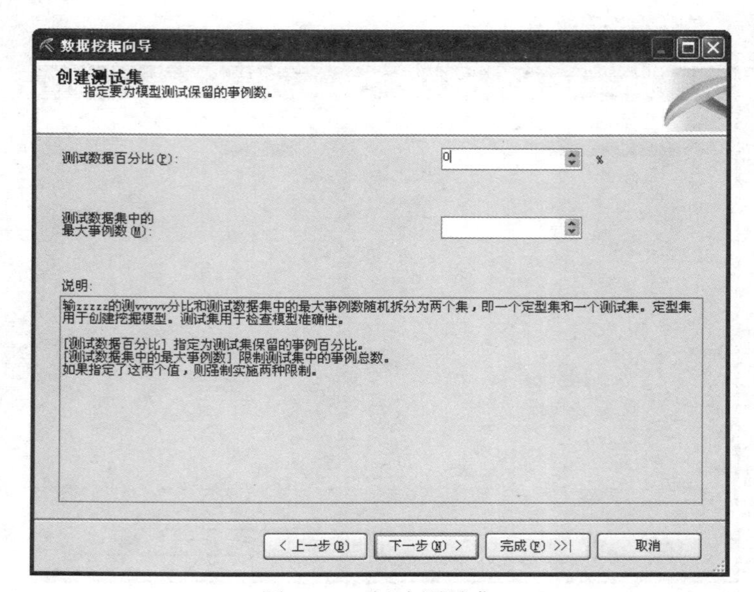

图 18-9　创建测试集

STEP 11 更改挖掘结构名称（此时无法勾选），单击“完成”按钮，如图 18-10 所示。

STEP 12 选择上方的挖掘模型查看器后，是否生成和部署项目，单击“是”按钮，如图 18-11 所示。

STEP 13 接下来单击“运行”按钮，如图 18-12 所示。

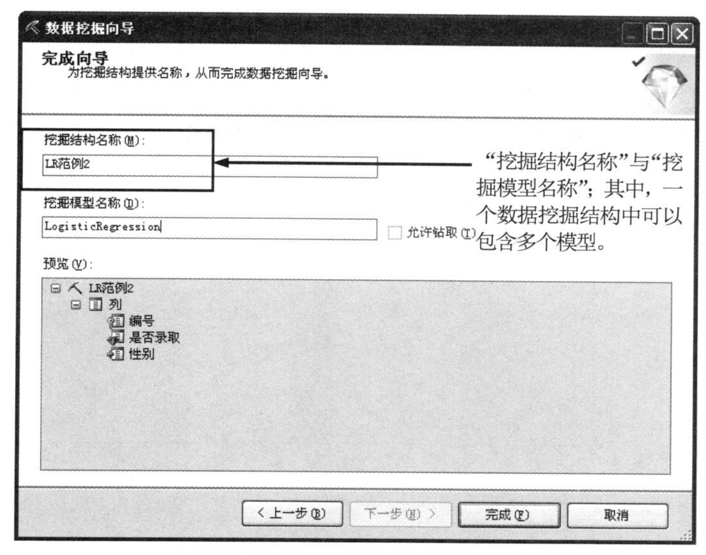

图 18-10　完成向导

图 18-11　生成和部署项目

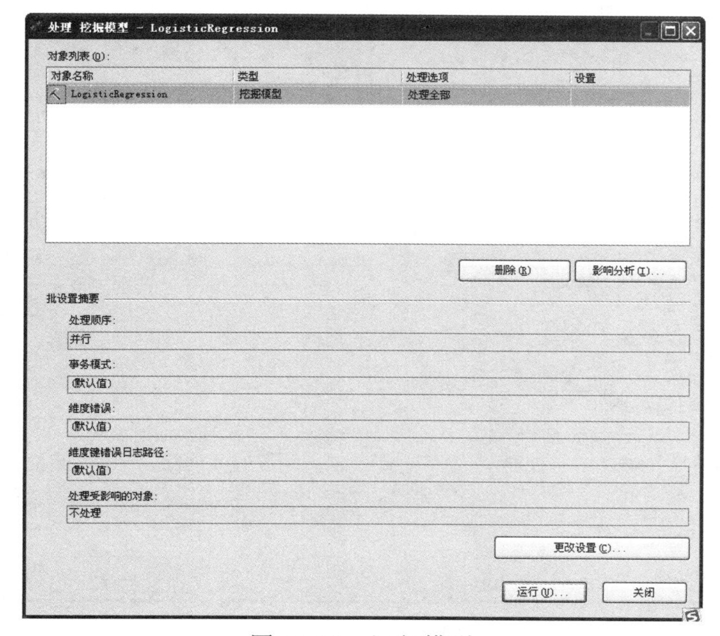

图 18-12　运行模型

STEP 14 运行完成后单击“关闭”按钮，如图 18-13 所示。

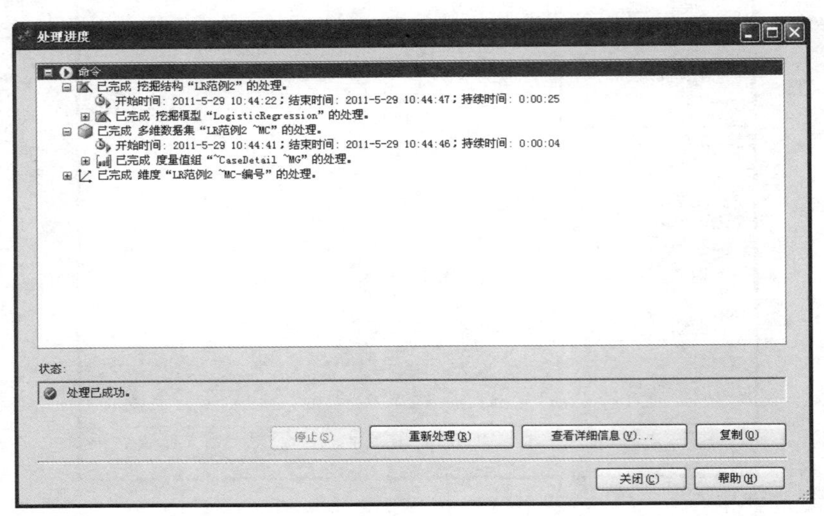

图 18-13　完成运行

STEP 15 回到原来界面再单击一次“关闭”按钮，如图 18-14 所示。

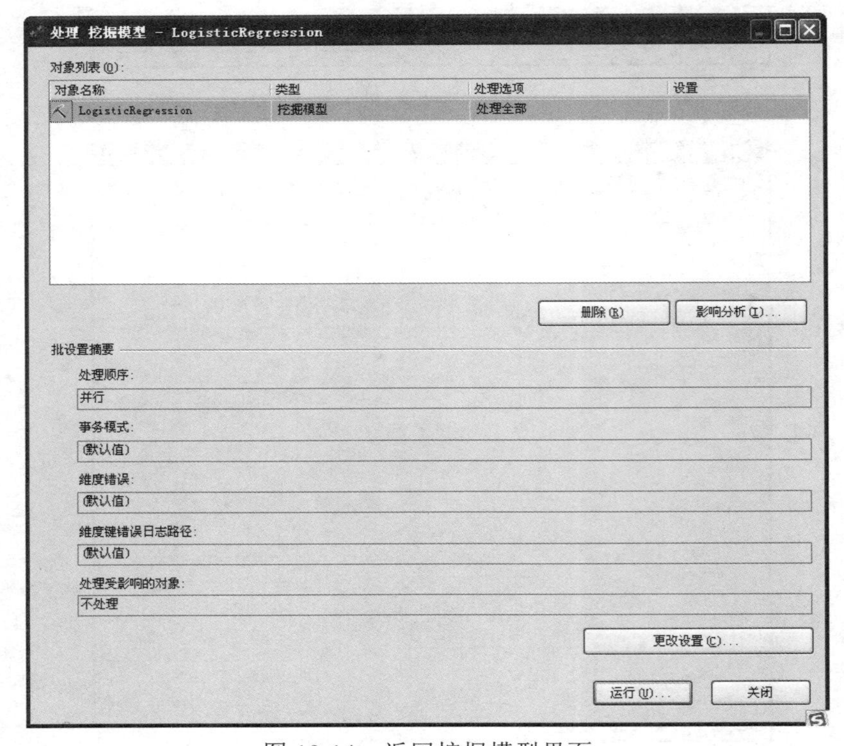

图 18-14　返回挖掘模型界面

STEP 16 建模完成。生成数据挖掘结构接口，包含 Mining Structure（挖掘结构）、Mining Models（挖掘模型）、Mining Model Viewer（挖掘模型查看器）、Mining Accuracy Chart（挖掘准确性图表）以及 Mining Model Prediction（挖掘模型预测）；其中在 Mining Structure（挖掘结构）中，主要是呈现数据间的关联性以及分析的变量，如图 18-15 所示。

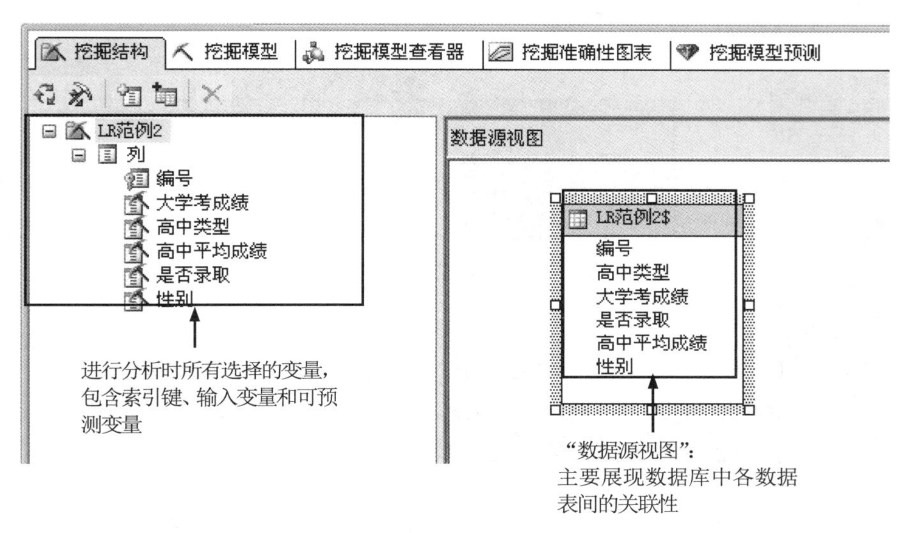

图 18-15　挖掘结构

而在“挖掘模型”中，主要是列出已建立的挖掘模型，也可以新建挖掘模型，并调整变量，变量使用状况包含 Ignore（忽略）、Input（输入变量）、Predict（预测变量、输入变量）以及 PredictOnly（预测变量），如图 18-16 所示。

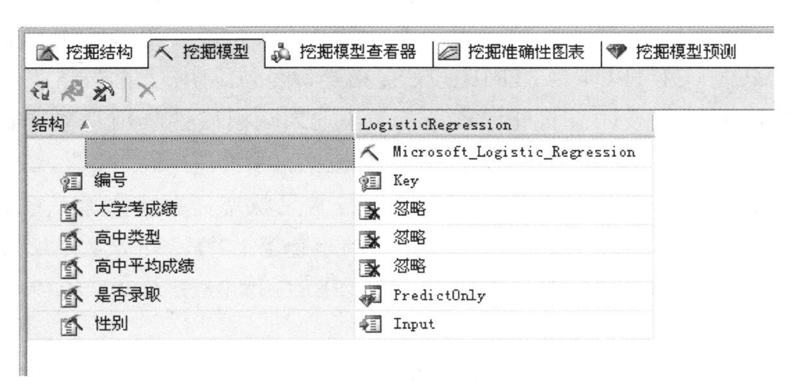

图 18-16　挖掘模型

在挖掘模型上右击，选择“设置算法参数”可针对算法的参数设置加以编辑，如图 18-17 所示。

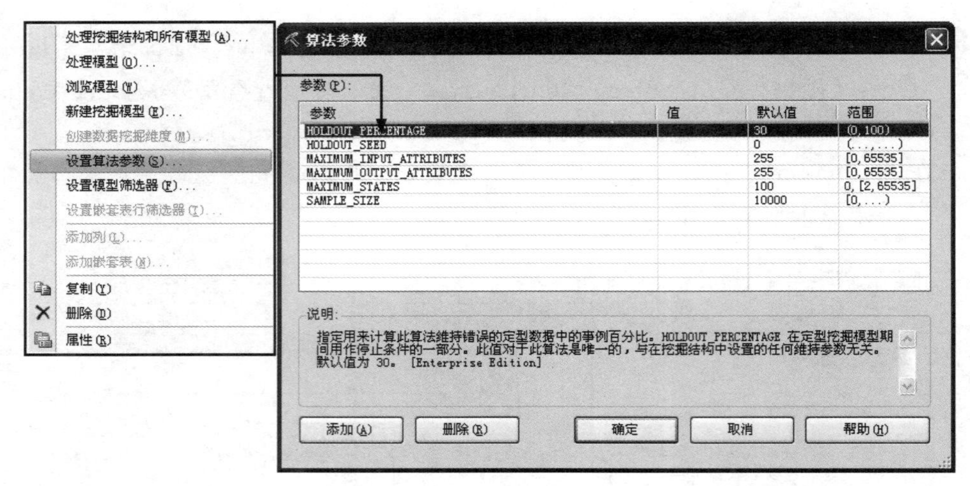

图 18-17 设置算法参数

其中包含：

- HOLDOUT_PERCENTAGE：指定用来计算此算法维持错误的定型数据中的事例百分比。HOLDOUT_PERCENTAGE 在定型挖掘模型期间用作停止条件的一部分。此值对于此算法是唯一的，与在挖掘结构中设置的任何维持参数无关。默认值为 30。
- HOLDOUT_SEED：指定在随机确定此算法的维持数据时用作伪随机生成器种子的数。如果 HOLDOUT_SEED 设置为 0，则算法将基于挖掘模型名称生成种子，这可确保在重新处理时模型内容保持不变。此值对于此算法是唯一的，与在挖掘结构中设置的任何维持参数无关。默认值为 0。
- MAXIMUM_INPUT_ATTRIBUTES：指定算法在调用功能选择之前可以处理的最大输入属性数。如果将此值设置为 0，则为输入属性禁用功能选择。
- MAXIMUM_OUTPUT_ATTRIBUTES：指定算法在调用功能选择之前可以处理的最大输出属性数。如果将此值设置为 0，则为输出属性禁用功能选择。
- MAXIMUM_STATES：指定算法支持的最大属性状态数。如果属性的状态数大于该最大状态数，算法将使用该属性的最常见状态，并将剩余状态视为不存在。
- SAMPLE_SIZE：指定用来给模型定型的事例数。算法将从 SAMPLE_SIZE 指定的数或 total_cases * (1 - HOLDOUT_PERCENTAGE/100) 的值中挑选较小的那个值来使用。

“挖掘模型查看器”则是呈现该挖掘模型样式，通过概率的方式呈现何种情形下，对于预测变量的概率比重为何，可进一步加以了解，如图 18-18 所示。

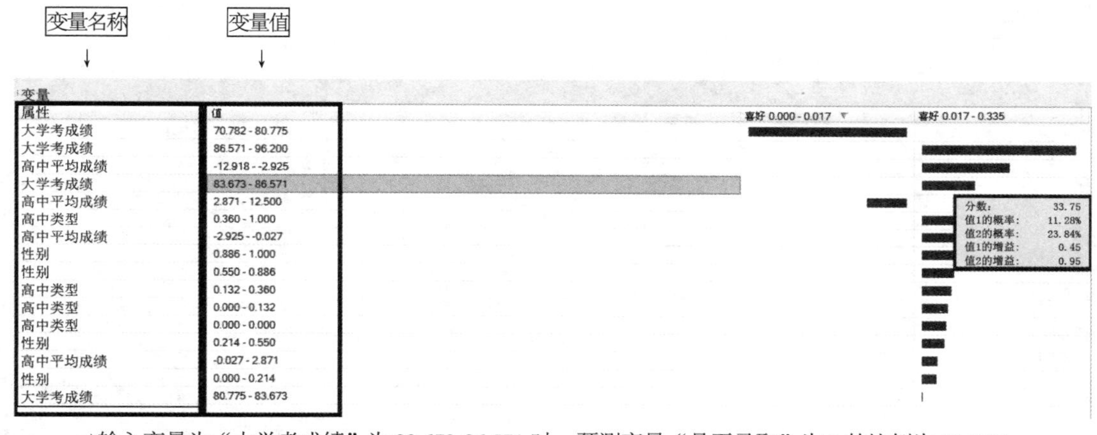

⇒输入变量为“大学考成绩”为 83.673-86.571 时，预测变量“是否录取”为 1 的比例为 11.28%。

图 18-18

CHAPTER

19

人工神经网络模型

19-1 基本概念

研究人员为了在语音及图像识别方面获得与人脑相似的功能，自 1940 年起，即着手从事此方面的研究，仿造最简单的神经元模型，开始建立最原始的人工神经网络（Artificial Neural Network，ANN）。历经几十年的发展，人工神经网络的研究工作虽曾一度陷入低潮，但近几年又再度复苏，并且结合了生理、心理、计算机等科技，成为新的研究领域。

一部机器的运作或是一个事件的发生常常有相对应的因果关系（例如：打开电器用品的开关，电器设备开始运作；脚踩油门，车子的速度增加等），若将打开开关与脚踩油门的动作称为系统的输入，电器设备与车子称为系统，而电器设备的运作与车子的速度称为系统的输出，整个输入与输出的关系可以用一个方块图来表示，如图 19-1 所示。

图 19-1　系统模型输入与输出的关系

神经网络的一个优点在于不需要了解系统的数学模型为何，直接以神经网络取代系统的模型，一样可以得到输入与输出之间的关系。其方块图如图 19-2 所示。

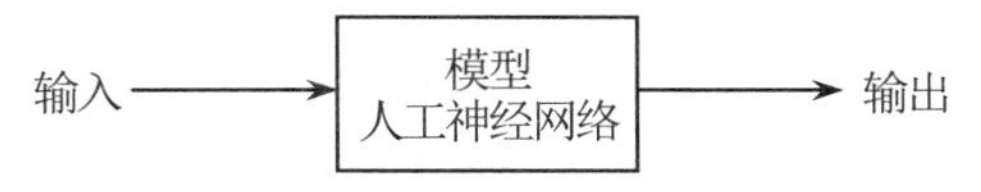

图 19-2　神经网络输入与输出的关系

人类的大脑大约由 10^{11} 个神经细胞（Nerve Cells）组成，而每个神经细胞又由 10^{4} 个突触（Synapses）与其他细胞互相连接成一个非常复杂的神经网络。一个神经单元是由一个细胞主体（Cell body）所构成，而细胞主体则具有一些分支凸起的树状突起（Dendrite）和一个单一分支的轴突（Axom）。树状突起由其他的神经单元接收信号，而当其所接受的脉冲（Impulse）超过某一特定的阈值（Threshold），这个神经单元就会被激发（Fire），并产生一个脉冲传递到轴突。

在轴突末端的分支称为突触（Synapse），它是神经与神经的连络点；它可以是抑制的或者是刺激的。抑制的突触会降低所传送的脉冲；刺激的突触则会加强之。当人类的感官受到外界刺激经由神经细胞传递信号到大脑，大脑便会下达命令传递至相关的受动器（Effectors）做出反应（例如：手的皮肤接触到烫的物体立即放开），这样的过程往往需要经由反复的训练，才能做出适当的判断，并且记忆到脑细胞中。如果大脑受到损害

（例如中风患者），便需要通过复健的方式，重新学习。

如图 19-3 所示为一个神经元的模型显示：

- *X*：称为神经元的输入（input）
- *W*：称为权重（weight）

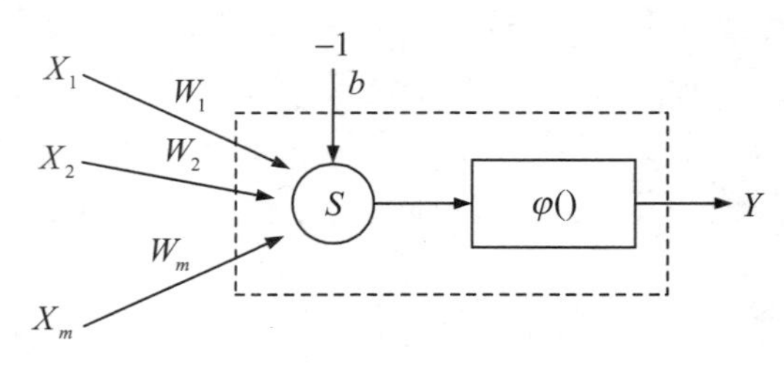

图 19-3 神经元模型

- *b*：称为偏移值（bias），有偏移的效果。
- *S*：称为加法单元（summation），此部分是将每一个输入与权重相乘后做一加总的动作。
- $\varphi(\,)$：称为激活函数（activation function），通常是非线性函数，有数种不同的形式，其目的是将 *S* 的值映像得到所需要的输出。
- *Y*：称为输出（output），亦即我们所需要的结果。

虚线的部分即为神经元，神经网络的训练就是在调整权重值，使其变得更大或是更小，通常由随机的方式产生介于+1～-1 之间的初始值。权重可视为一种加权效果，其值越大，则代表连接的神经元更容易被激发，对神经网络的影响也更大；反之，则代表对神经网络并无太大的影响，而太小的权重值通常可以移除以节省计算机计算的时间与空间。

如图 19-4 所示是四个输入与一个输出的倒传递网络模型。

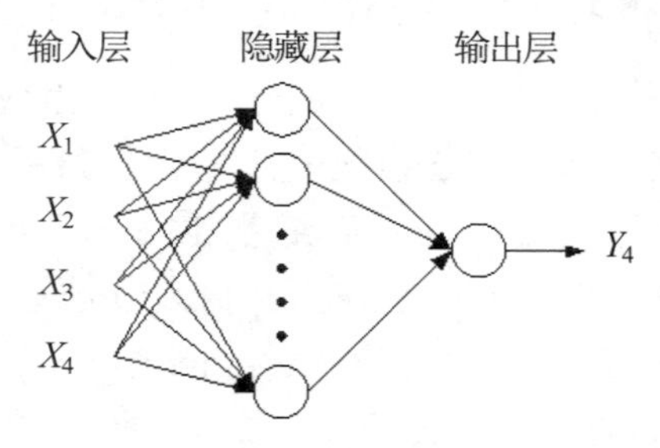

图 19-4 倒传递网络模型

※圆圈的部分代表神经元

这个网络由三层的神经单元所组成。第一层是由输入单元所组成的输入层，而这些输入单元可接收样本中各种不同特征。这些输入单元通过固定强度的链接连接到特征检测单元后，再通过可调整强度的链接连接到输出层中的输出单元，最后，每个输出单元对应到某一种特定的分类，这个网络通过调整连接强度的程序来实现学习的目的。

19-2 神经网络模型的特点

一、神经网络的特性

神经网络所擅长的与人类相似，具有几种特性，如表 19-1 所示。

表 19-1 神经网络的特性

平行处理的特性	现在因超大型平行处理的成熟及若干理论的发展，又成为人工智能中最活跃的研究领域
容错（fault tolerance）特性	其在操作上具有很高的容忍度，整个神经网络都会参与解决问题的运作。即使 10%的神经网络失效，仍能照常运作
相关性存储（Associative Memory）的特性	又称为内容寻址存储（content addressable memory），它可以存储曾经训练过的输入样式以及对应的理想输出值
解决优化（Optimization）问题	可用于处理非算法表示的问题，或是以算法处理很费时的问题
超大规模集成电路实现（VLSI Implementation）	神经网络的结构具有高度的互连（interconnection），而且简单，有规则（regularity），易以超大规模集成电路（VLSI）来完成
能处理一般算法难以处理的问题	在非常大的推销员问题中，为了增加效率起见，我们可利用“逐个击破”（divide-and-conquer）的方法，来求得一条正确可走的路径

二、神经网络的算法

神经网络的算法如表 19-2 所示。

表 19-2 算法

单层知觉网络	可形成两个决策区域（Decision Region），这两个区域由一超平面（Hyperplane）加以分隔。有一特殊情形就是，若网络只涉及两个输入，则超平面退化成一条直线
多层知觉网络	在输入层节点与输出层节点间多了一层或多层的隐藏层（Hidden Layer），即输入节点没有直接送往输出节点

19-3 神经网络模型的优劣比较

由于神经网络对于输入对应到输出有着记忆与学习的功能，并且对于未知的输入有推广性的功能，因此神经网络可运用于各种领域中，举例如表 19-3 所示。

表 19-3 神经网络在各领域的应用

工业应用	➤ 控制器设计与系统鉴别 ➤ 产品质量分析（例：汽水瓶装盖与填充监测、珍珠分级） ➤ 机电设备诊断（例：数字电路诊断、模拟 IC 诊断、汽车引擎诊断） ➤ 化工程序诊断（例：化工厂制程故障诊断） ➤ 实验数据模型建立（例：复合材料行为模型建立） ➤ 工程分析与设计（例：钢梁结构、道路铺面状况评级）
商业应用	➤ 股票投资（例：大盘基本分析、大盘技术分析、个股技术分析） ➤ 债券投资（例：债券分级、美国国库券利率预测） ➤ 期货、选择权、外汇投资（例：期货投资、选择权投资、外汇投资） ➤ 商业信用评估（例：贷款信用审核、信用卡信用审核） ➤ 其他商业应用（例：直销顾客筛选、不动产估价）
管理应用	➤ 策略管理（例：市场需求量预测方法的选择、雇工人数规划） ➤ 时程管理（例：排程策略选择、工作调度） ➤ 质量管理（例：图纸研读、半导体制造过程所需蚀刻时间估计）
信息应用	➤ 图像识别系统（例：指纹识别、卫星遥测影像分析、医学图像识别） ➤ 信号分类 ➤ 其他信息应用（例：雷达信号分类、声纳信号分类）
科学应用	➤ 医学（例：皮肤病诊断、头痛疾病诊断、心脏病诊断、基因分类） ➤ 化学（例：化合物化学结构识别、蛋白质结构分析） ➤ 其他科学应用（例：体操选手运动伤害分析、时间数列分析方法选择）
其他领域的应用	➤ 函数模型建构（例：自来水厂水质处理操作） ➤ 预测模型建构（例：电力负载预测、太阳黑子活动预测） ➤ 决策模型建构（例：排程策略选择、建筑结构材料选择）

神经网络的优缺点如表 19-4 所示。

表 19-4 神经网络优缺点

优点	缺点
1．神经网络可以构建非线性的模型，模型的准确度高 2．神经网络有良好的推广性，对于未知的输入亦可得到正确的输出 3．神经网络可以接受不同种类的变量作为输入，适应性强 4．神经网络可应用的领域相当广泛，模型构建能力强 5．神经网络具模糊推理能力，允许输入变量具有模糊性，归纳学习较难具备此能力	1．神经网络因其中间变量（即隐藏层）可以是一层或两层，数目也可设为任意数目，而且有学习速率等参数需设定，工作相当费时 2．神经网络以迭代方式更新权重值与阈值，计算量大，相当耗费计算机资源 3．神经网络的解有无限多组，无法得知哪一组解为最佳解 4．神经网络训练的过程中无法得知需要多少神经元个数，太多或太少的神经元均会影响系统的准确性，因此往往需以试误的方式得到适当的神经元个数 5．神经网络因为是以建立数值结构（含加权值的网络）来学习，其知识结构是隐性的，缺乏解释能力。而归纳学习以建立符号结构（如决策树）来学习，其知识结构是显性的，具解释能力

神经网络的限制

（1）神经网络并非人脑。人脑有不同且更复杂的结构；神经网络有相当高的模块化，而且不仅能调整连接强度的大小，还能建立新的连接。

（2）神经网络目前仍不能仿真高度认知的表征，例如符号。无论人类在实际上是否属于符号系统，我们确实有能力来产生并处理符号；如何以神经网络来处理这些工作须进一步探讨。

（3）神经网络可能具有很差的抽象程度；它本身可能无法描述高层次的程序。

（4）高层次的组织和抽象的原则是不可避免的。人脑本身是一个具有高度结构和组织的系统。

（5）人类的某些智慧行为并不是平行的。许多高层次的推理行为在本质上似乎是顺序（Sequential）的。

（6）人脑是一个相当大的组织，它具有上亿的神经。虽然在较小的系统中，我们已确定可以达成一些有用的行为，但是具有更多智能的程序所需的神经个数，可能远超过我们实际能在计算机上制作的数目。

（7）虽然神经架构是人类智慧的基础，但它们可能不是在机器上制作的最佳层次。

虽然有以上困难，但目前计算机的运算速度越来越快，神经网络的训练时间可以更为缩短。相信在未来神经网络的应用领域将会更为广泛，神经网络还是具有相当的发展潜力，而且将成为研究的一个重要焦点。

19-4 操作范例

Microsoft 神经网络算法使用渐层方法，优化多层网络的参数，以预测多个属性。它可用于分隔属性的分类以及连续属性的回归。

STEP 01 进入项目中的新建挖掘结构，使用数据挖掘向导来建立，进入“数据挖掘向导”窗口后单击“下一步”按钮，如图 19-5 所示。

STEP 02 此例从现有关系数据库或数据仓库读取数据，即为默认值，故直接单击“下一步”按钮，如图 19-6 所示。

STEP 03 到选择挖掘技术部分，选择“Microsoft 神经网络”后，单击“下一步”按钮，如图 19-7 所示。

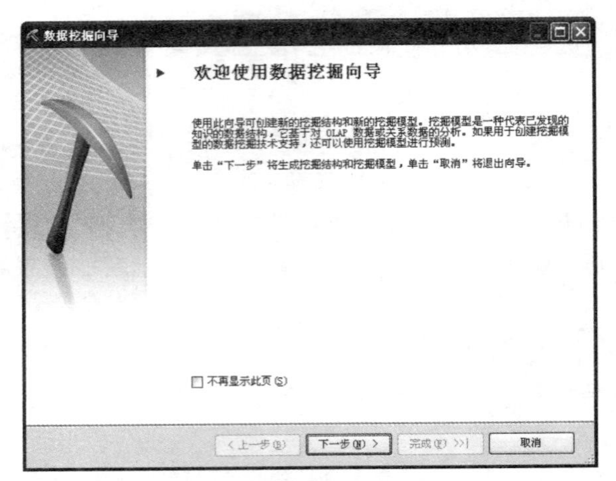

图 19-5 数据挖掘向导

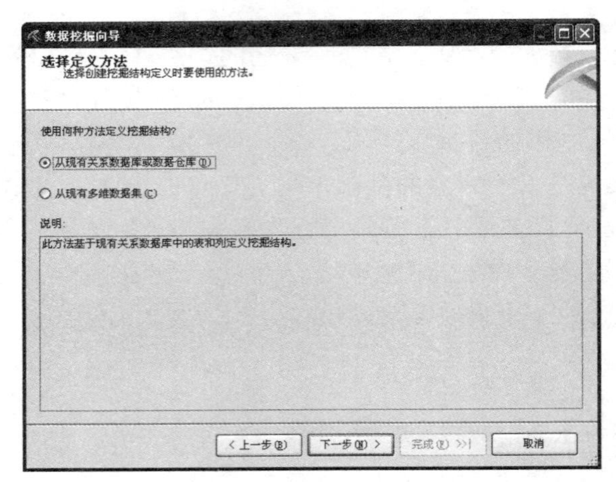

图 19-6 选择定义方法

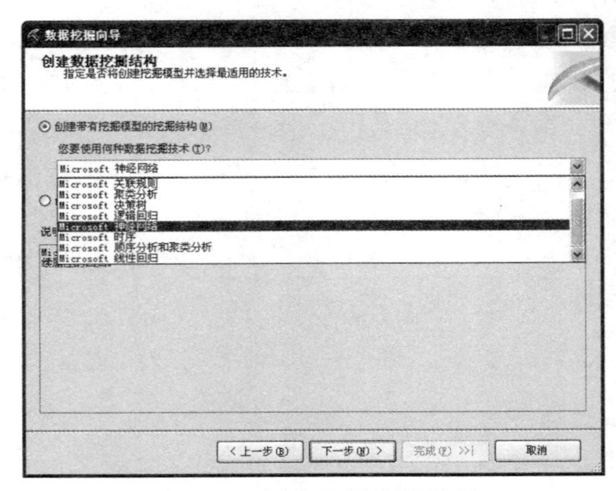

图 19-7 创建数据挖掘结构

STEP 04 选择数据库后，利用“浏览”来浏览此数据库中各数据表的关联性，单击“下一步”按钮，如图 19-8 所示。

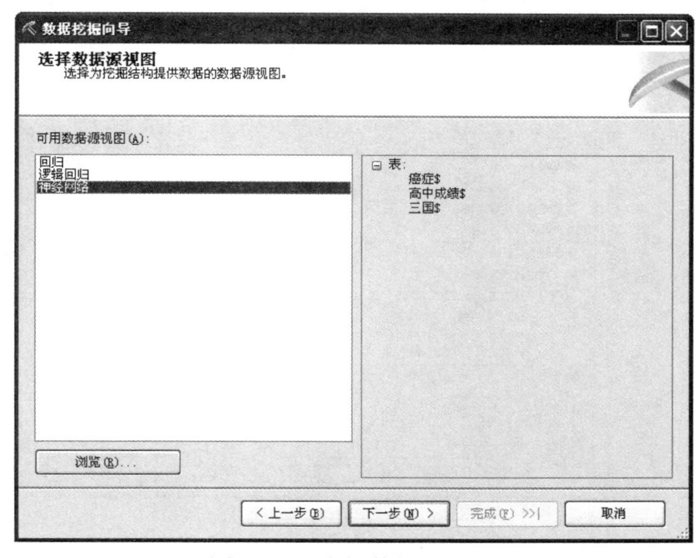

图 19-8　选择数据源视图

STEP 05 选择“癌症”数据表后，单击“下一步”按钮，如图 19-9 所示。

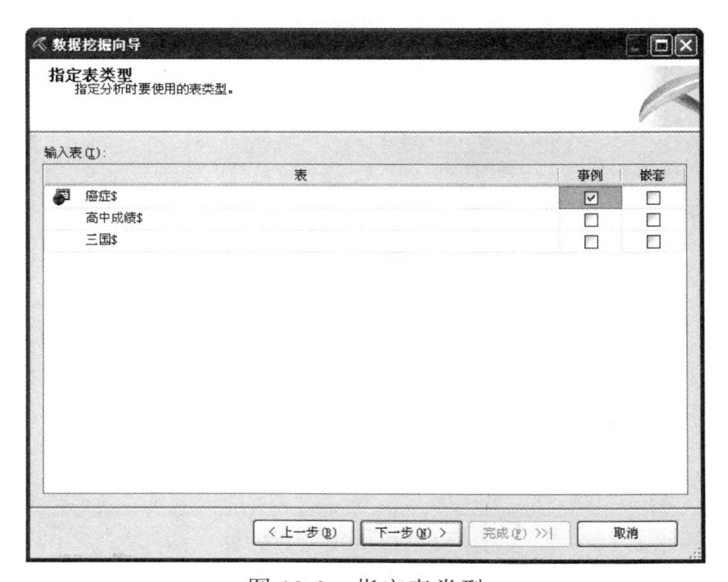

图 19-9　指定表类型

STEP 06 选择所需输入变量与预测变量，以及索引键；此例以“标本编号”为索引，“肾细胞癌转移情况”为预测变量，并单击“建议”按钮以了解预测变量与其他变量间的相关性，可找出较具影响力的输入变量，单击“下一步”按钮，如图 19-10 所示。

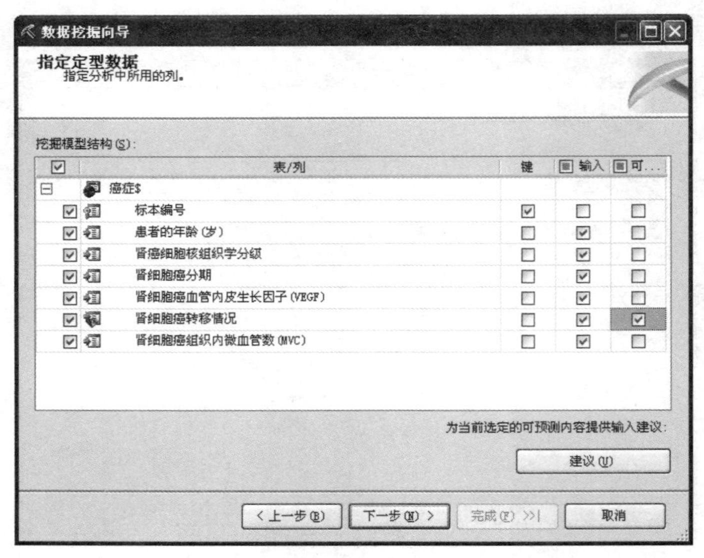

图 19-10　指定定型数据

STEP 07 单击“建议”按钮，此时程序会提出一些变量的相关系数，用户可自行选择输入与否，如图 19-11 所示。

图 19-11　提供相关列建议

STEP 08 声明正确的数据属性，完成后单击“下一步”按钮，如图 19-12 所示。

STEP 09 在此可选择测试数据的百分比，本案例中无测试数据，百分比选择“0”，如图 19-13 所示。

图 19-12 指定列的内容和数据类型

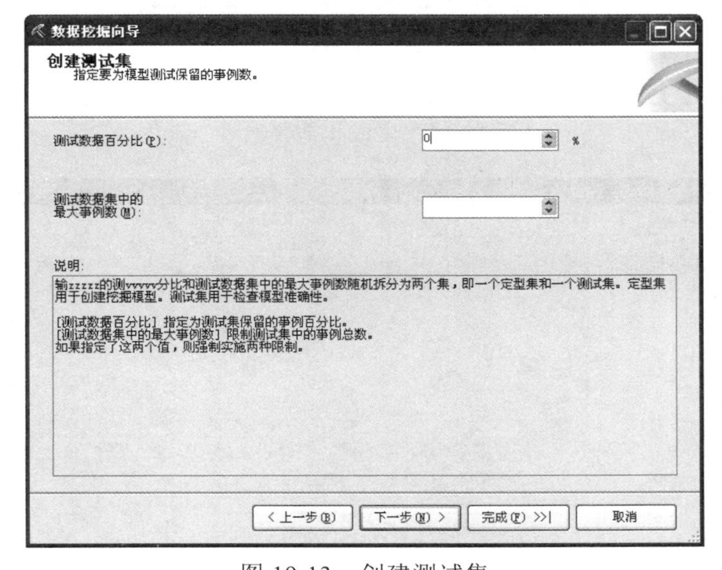

图 19-13 创建测试集

STEP 10 模型命名，在一个挖掘结构中可以包含数个挖掘模型，而多个挖掘模型间可进行比较，输入模型名称后，单击“完成”按钮结束设置，如图 19-14 所示。

STEP 11 选择上方的挖掘模型查看器后，程序询问是否生成和部署项目，单击“是”按钮，如图 19-15 所示。

STEP 12 接下来单击“运行”按钮，如图 19-16 所示。

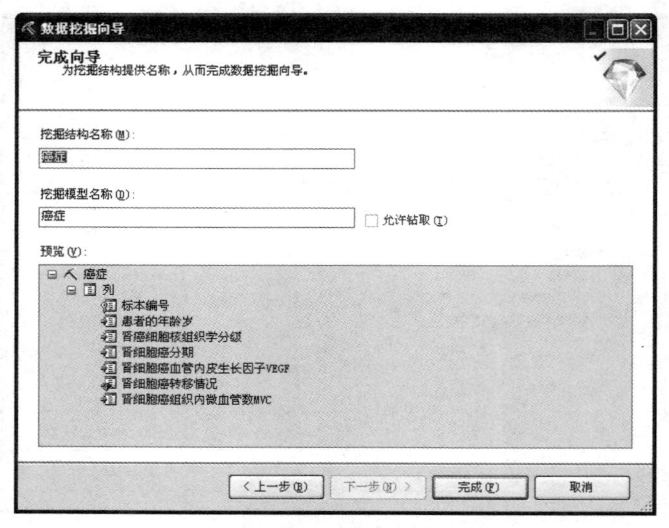

图 19-14　完成向导

图 19-15　生成和部署项目

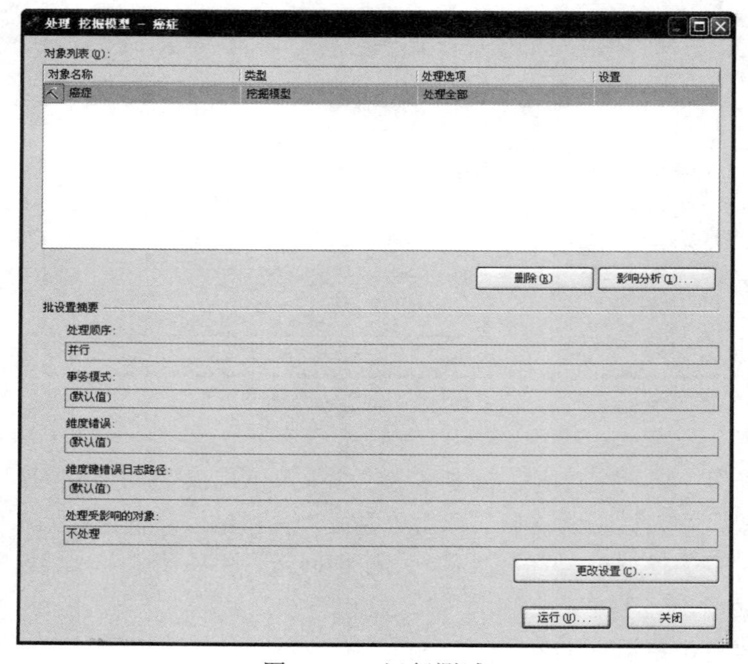

图 19-16　运行测试

STEP 13 运行完成后单击“关闭”按钮，如图 19-17 所示。

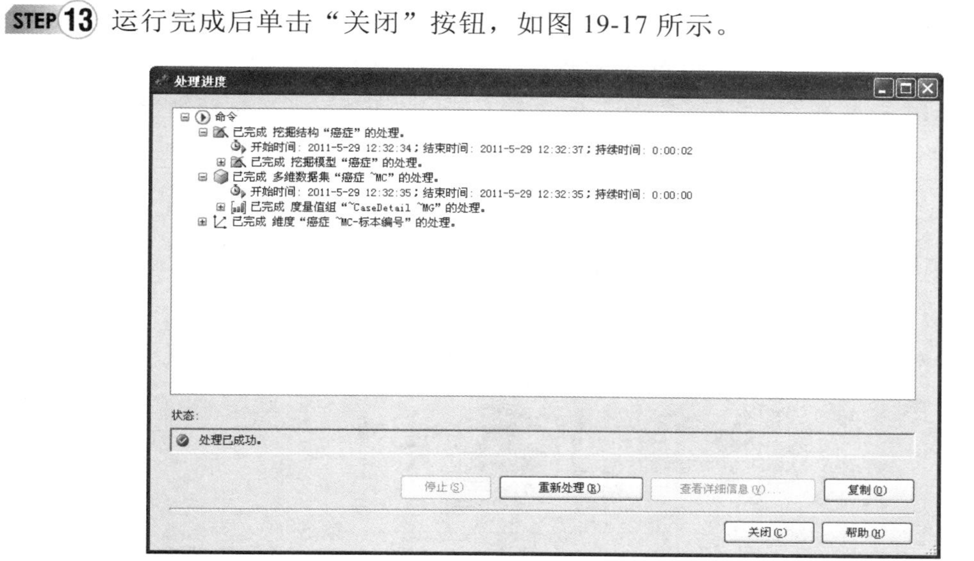

图 19-17 完成运行

STEP 14 回到原来界面再单击一次“关闭”按钮，如图 19-18 所示。

处理 挖掘模型 - 癌症

对象列表(O)：

对象名称	类型	处理选项	设置
癌症	挖掘模型	处理全部	

删除(R)　影响分析(I)...

批设置摘要

处理顺序：并行

事务模式：(默认值)

维度错误：(默认值)

维度键错误日志路径：(默认值)

处理受影响的对象：不处理

更改设置(C)...

运行(U)...　关闭

图 19-18 关闭测试

STEP 15 建模完成。生成数据挖掘结构接口包含 Mining Structure（挖掘结构）、Mining Models（挖掘模型）、Mining Model Viewer（挖掘模型查看器）、Mining Accuracy Chart（挖掘准确性图表）以及 Mining Model Prediction（挖掘模型预测）。其中在 Mining Structure（挖掘结构）中，主要是呈现数据间的关联性以及分析的变量，如图 19-19 所示。

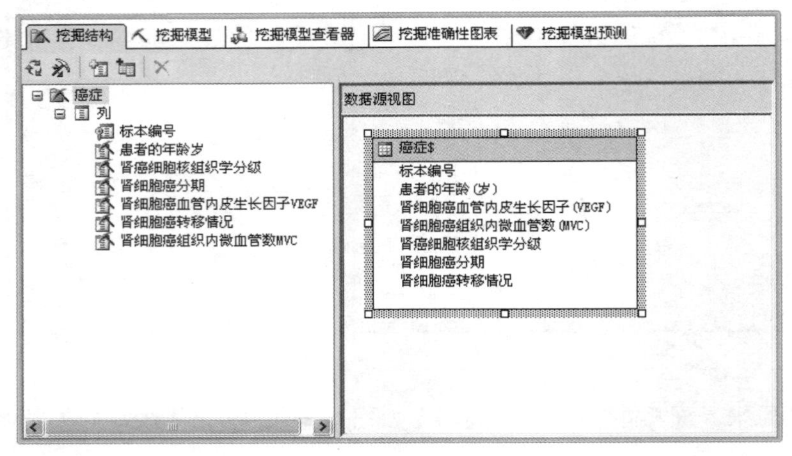

图 19-19 挖掘结构

而在 Mining Models（挖掘模型）中，主要是列出所建立的挖掘模型，也可以新建挖掘模型，并调整变量，变量使用状况包含 Ignore（忽略）、Input（输入变量）、Predict（预测变量、输入变量）以及 PredictOnly（预测变量），如图 19-20 所示。

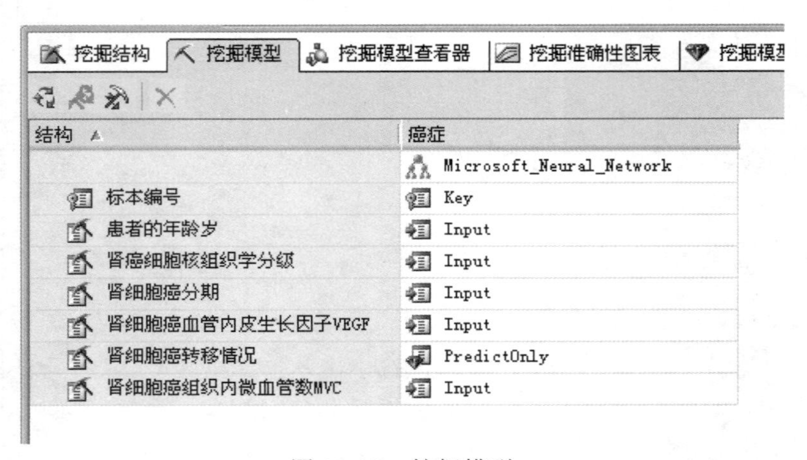

图 19-20 挖掘模型

而在挖掘模型上右击，选择“设置算法参数”可针对算法的参数设置加以编辑，如图 19-21 所示。

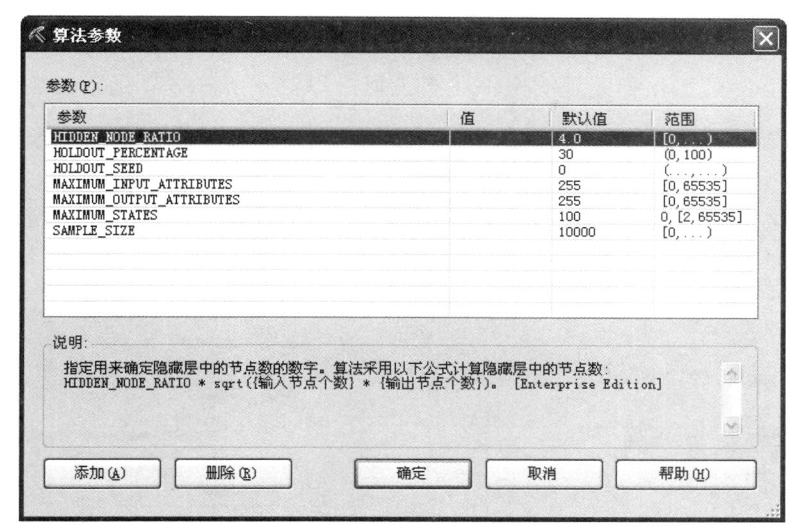

图 19-21 设置算法参数

其中包含：

- HIDDEN_NODE_RATIO：指定用来确定隐藏层中的节点数的数字。算法采用以下公式计算隐藏层中的节点数：HIDDEN_NODE_RATIO * sqrt({输入节点个数} * {输出节点个数})。
- HOLDOUT_PERCENTAGE：指定用来计算此算法维持错误的定型数据中的事例百分比。HOLDOUT_PERCENTAGE 在定型挖掘模型期间用作停止条件的一部分。其值对于此算法是唯一的，与在挖掘结构中设置的任何维持参数无关。默认值为 30。
- HOLDOUT_SEED：指定在随机确定此算法的维持数据时用作伪随机生成器种子的数。如果 HOLDOUT_SEED 设置为 0，则算法将基于挖掘模型名称生成种子，这可确保在重新处理时模型内容保持不变。该值对于此算法是唯一的，与在挖掘结构中设置的任何维持参数无关。默认值为 0。
- MAXIMUM_INPUT_ATTRIBUTES：指定算法在调用功能选择之前可以处理的最大输入属性数。如果将此值设置为 0，则为输入属性禁用功能选择。
- MAXIMUM_OUTPUT_ATTRIBUTES：指定算法在调用功能选择之前可以处理的最大输出属性数。如果将此值设置为 0，则为输出属性禁用功能选择。
- MAXIMUM_STATES：指定算法支持的最大属性状态数。如果属性的状态数大于该最大状态数，算法将使用该属性的最常见状态，并将剩余状态视为不存在。
- SAMPLE_SIZE：指定用来给模型定型的事例数。算法将从 SAMPLE_SIZE 指定的数或 total_cases * (1 - HOLDOUT_PERCENTAGE/100) 的值中挑选较小的那个值来使用。

Mining Model Viewer（挖掘模型查看器）则是呈现该挖掘模型样式，透过概率的方式呈现何种情形下，对于预测变量的概率比重为何，以进一步加以了解，如图 19-22 所示。

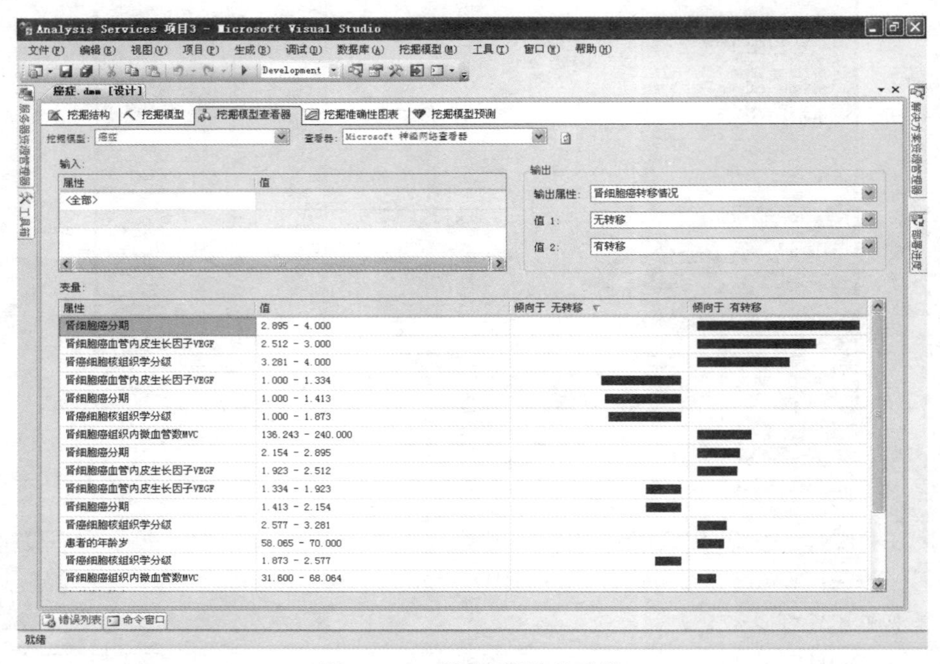

图 19-22　挖掘模型查看器

CHAPTER

20

时序模型

20-1 基本概念

生物现象的观察值，有时常随时间的变化而发生一系列有规则的变化，这种数据称为时序数据，而对这种数据的分析方法称为时序分析法。在自然界中，常常有很多数据具有时序的特征，这些特征就是我们解决问题的重要信息。或者无法以分配论的公式进行分析的数据，如以时序排序而用时序的方法分析时，可探讨其现象变化的原因。

人类社会的各种活动所产生的数据如以发生的时间来区分，则可分为横截面数据（Cross Section Data）及时序数据（Time Series Data）两种。横截面数据是指发生于同一时期的数据。时序数据指的是同一元素的同一特质（变量）于不同时点或不同时期的数据，包括逐日的日数据、周数据、月数据、季数据及年数据等。例如：1990 年 8 月 4 日至 1990 年 10 月 3 日间每日中石油的股票交易数据。时序分析的目的在于观察、分析过去的数据，以预测未来。

时序：按时间过程所得变量的观测值称为时序，即按事件或数据发生的时间先后，依序排列的一群观测值。

准确地说，时序是一群发生在连续的时间点上或是整个连续时期上的观察值所形成的集合。本章将介绍几种分析时序数据的方法，其目的在于对时序的未来数值提供良好的预测（Forecasts）。

预测方法可分为定量法与定性法两种，定量的预测方法是分析时序或可能有关的其他时序的过去数据的方法。若预测的方法仅限于使用该序列的过去数据值，则此方法称为时序法。若在定量预测方法中所使用的过去数据涉及其他的时序，且此序列与试图预测的时序相关联，则称为因果法。多元回归分析即为因果预测法。定性预测方法通常是运用专家的判断，其优点是可使用于无过去数据可供参考的情形，将在之后讨论。

时序分析已被各界广泛地采用，其主要目的为：

（1）对数列未来趋势作预测。

（2）将数列分解成主要趋势成份（Trend Components）和季节变化成份（Seasonal Components）。

（3）对理论性模型与数据进行适合度检验，以讨论模型是否能正确地表示所观测的现象，如一些常见的经济模型。

大部分的数列分析法都先假设其数列存在着某种数学结构的排序，然后在此结构下延伸推导出分析结果来。一数列常被假设为平稳型（Stationary），或者是通过某些方法使其平稳，最常用的方法是对数据进行差分（Differencing）。在探讨统计模型是否合适之前应该要先诊断数列的性质是否符合所使用方法的假设前提。然而，欲检查一数列是否符合时序分析法的假设前提是一项艰难的工作。因此，在实际分析中，经常以图形或某些统计量对数列的基本性质做初步的判断。

在经济及商业方面，有许多应用时序分析法的实际例子，如国民生产总值（GNP）、失业率与股价。而我们所关心的主题是去了解数列的行为，不仅只是数列本身与过去的自我相关，还包括与其他数列的相关程度。这些数列最重要的共同特征即是很少重复出现。一般可利用随机变量 x_i 建构时序 $x_1,x_2,x_3,\ldots$，但是在时序的情况下这些变量 $x_1,x_2,x_3,\ldots$ 却仅能观测一次，这是与其他统计分析法所不同的地方。

经济与商业时序的另一项难题是数列的结构常因政策变动或偶发事件而改变。配合过去对时序的经验，有大量的文献探讨时序的理论。在 20 世纪 40 年代由 Norbort Wiener 和 Andrei Kolmogorov 提出平稳型时序的基本理论，而目前时序模型的推论过程也已转换成较具实务性课题方面的应用，对此项转变有重要贡献的学者有 Whittle、Quenuille、Rosenblatt、Parzen、Hannan、Box、Grenander、Rozanov、Granger、Tiao 等。

在 20 世纪 60－70 年代，一份工程文献提出了新的时序的技巧，著名的学者 Kalman Kailath、Lennart Ljung 和 B.D.O. Anderson 所强调时序分析法的技巧与统计学家及经济学家略有不同。由于工程学的研究数据经常是庞大的，所以他们对过滤法（Filtering）、平滑法（Smoothing）、算法（Algorithm）的发展感兴趣。另一方面，统计学家则是花了许多心思在模型的构建、参数的估计和数据的适合度检验上，其在推导的过程中仅需要适中的观测值个数，而不像工程学那样庞大。

自此，时序分析法应用分成两种，第一种是着重于时序的频谱密度（Spectral Density）及频域分解（Frequency Domain Decomposition）的频域法（Frequency Domain Approach），这是一种无参数的时序分析方法，常应用于自然科学方面，如工程学和物理学，但目前在经济学方面也开始逐渐受到重视。由频率定义分析所得的结果常被视为系统中基本的变动。

第二种时序分析法则是利用数列参数模型（Parametric Modeling）的 ARIMA（Auto Regressive Integrated Moving Average）模型及较为复杂的多变量 ARMA 模型，而 ARMA 模型则包含两个重要的子模型 AR（Auto Regressive）和 MA（Moving Average）。

当利用 ARMA 模型对一平稳型数列建模时，即是利用其参数的结构来描述数据的存储类型。此法则能让我们在建模时仅需利用有限个参数，而相较于无参数的光谱密度法来说可使参数的估计更合理可行，且需要的观测值个数也较少。利用参数建模时更可提供一种由过去数据预测数列未来趋势的实用方法。

此外，可利用差分及过滤法对非平稳型（Nonstationary）数列建模。在时序建模时最重要的思路即是如何利用过去的数据来判定一个变量的未来走向及不同变量间同期（Concurrent）或前后期（Lead-Lag）的关联性。

相较于过去传统的 Box 和 Jenkins 单变量时序模型，近来已有许多学者对多变量时序模型进行研究，例如 Box 和 Tiao（1982）及 Tiao 和 Tsay（1983）。

多变量时序分析法的研究因应了两种目的，一是加入另一个相关的数列后更能解释过去仅由单变量建模的不足之处，另一个则是经由分析一个时序与另一个时序的关系以获得数列间的相关信息，更增进对整体系统的了解。

近十五年来在非线性及多变量时序分析法的领域中有许多新的进展，较为重要的研究课题包含 ARCH Models、Threshold AR Model、Co-Integration、Reduced Rank Models、Scalar Component Models 和 State-Space Models。在本书中引用了 Box 在 1980 年提出的进阶建模技术并且探究以递归的方式对时序数据建构模型。

时序具有如下几个特性：

（1）时序中的观测值由 4 个影响成分所组成，分别是长期趋势（Trend）、周期波动（Cyclical Fluctuation）、季节波动（Seasonal Fluctuation）和不规则波动（Irregular Fluctuation）。因此进行时序时应先将这 4 个成分分解出来，以了解各个成分的影响。

（2）时序的各个观测值通常互有关联，时间相隔越长，关联越小。

（3）因分析需要，不同时间单位的数列数据，可以转换成相同时间单位的时序。例如年数据转换为月平均数据。

（4）时序应依时间先后顺序排列，不可任意变更。

（5）时序的时间单位可是年、季、月、周和日等，应划分为相同间隔的时间单位。

时序的数据在分析前，须将数据按时间次序，以纵轴为变量，横轴为时间作图，此图称为时序图，如图 20-1 所示。从图中，可大略探知时序的特性，但相似的次数分配图（图右），时序的变动也常有差异，如 A、B 两时序虽有相同的次数分配，但其时序的变化并不相同。

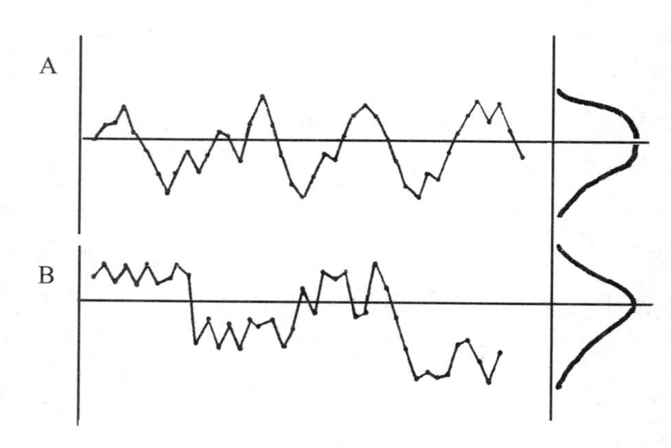

图 20-1　时序与次数分配图

20-2　时序的构成

为了说明时序数据的模型或行为，经常将时序视为由几种成分组成。通常时序由四个成分——趋势、循环、季节与不规则而构成特定值。现在仔细了解一下这四个成分。

一、趋势成分

时序分析的测量数据，可取自于每一小时、天、星期、月或年，或任何其他有规则的区间。假设序列的记录值是来自相等的区间，若是不相等区间的观察值的处理问题，则超出了本书的范围。虽然一般的时序数据呈现随机的上下变动，但就长期间来看，它仍然逐渐地变动或移动成在一定范围内变动的值，这逐渐变动的时序，经常是由于长期因素所导致的，例如人口的变动，人口统计上的特征改变，工业技术的改进，及顾客的喜好改变等，故称之为时序的趋势。

二、周期成分

当时序在长期间里呈现逐渐变动或趋势的模型时，用户不能预期所有时序的未来值将落在趋势线上。事实上时序的变动数值经常落于趋势线的上方与下方。落于趋势线的上方与下方序列点的任何超过一年的有规则的模型都属于时序的周期成分（Cyclical Component）。

许多时序的连续观察值规则地落于趋势线的上方与下方，而呈现周期的现象。一般相信在经济上多年的周期变动，可以用这种时序的成分来代表。

三、季节成分

虽然时序趋势与周期成分是由分析过去多年的数据方能辨认，然而有许多时序在一年内即呈现规则的变动情形。例如，游泳池的制造商可以预测其在秋冬季的月份中销售较差，在春夏季的月份则销售较好。而除雪器材及冬衣的制造商每年的预期模型却恰好相反，这种随着季节的影响而变动的时序成分，称之为季节成分。一般都认为时序的季节变动是在一年之内，然而常用它来表示少于一年的连续重复的模型。例如每天的交通流量也呈现了一天内的“季节”情况，在尖峰时间最为拥挤，白天的其他时间及傍晚流量为中等，而从午夜至凌晨则流量为最低。

四、不规则成分

时序的不规则成分是完全以趋势、周期及季节等分量来说明此时序时，用来解释实际的时序值与预期的序列值之间的离差的残差因素。它用来说明时序的随机变动。时序的不规则成分，常是由短期不可预知或非重复的因素所引起的。正因为它是用来说明时序的随机变动，故无法预测，更无法事先预知其对该时序的冲击。

时序的四个成分的关系可分为两种模型：

（1）相加模型（Additive Model）：$Y=T+S+C+I$。

1）模型中所有的数值均以原始单位表示。

2）若 $S>0$ 表示季节变动对 Y 有正的影响。

3）若 $C>0$ 表示景气循环正在衰退。

4）若 $I>0$ 显示有些随机事件对 Y 有负的影响。

相加模型最大的缺点是假设各个成分彼此独立，但在现实生活中，任一个成分变动有时都会引起其他成分的变动，因此在经济活动中，此模型并不适合。

（2）相乘模型（Multiple Model）：$Y=T\cdot S\cdot C\cdot I$。

1）模型中 T 以原始单位表示，C、S、I 以百分比表示。

2）C、S、I 均大于 1 时表示相对效果高于趋势值，小于 1 时表示相对效果低于趋势值。

3）相乘模型假设各个成分彼此相互影响，并非独立。

4）由于季节变动只发生于一年，因此对于年数据的相乘模型为 $Y=T\cdot C\cdot I$。

五、时序数据的图形介绍

图 20-2 至图 20-8 是一些表示时序数据的图形。图 20-2 中为连续观测一项化学反应的 70 笔产量的观测值，这 70 笔数列数据的明显特征就是在一固定的水平（为 50）左右，并且都在 20～80 的固定范围内变动。大致说来数列不论何时都维持相同的行为，这类型的数列称为平稳型数列（Stationary Series）（数学上的定义则稍后再说明），除了在实验过程中发生基本的改变之外，对此类数列的预测可以数列的平均值为准。在此例中，所预测的产量的平均水平应为 50，且都在 20～80 之间。若再仔细观察数列的行为可发现一趋势：若观测值大于平均数，则下一个观测值将小于平均数，反之亦然，于是两两邻近的观测呈现负相关，如能适当利用此相关性可使预测更精确。

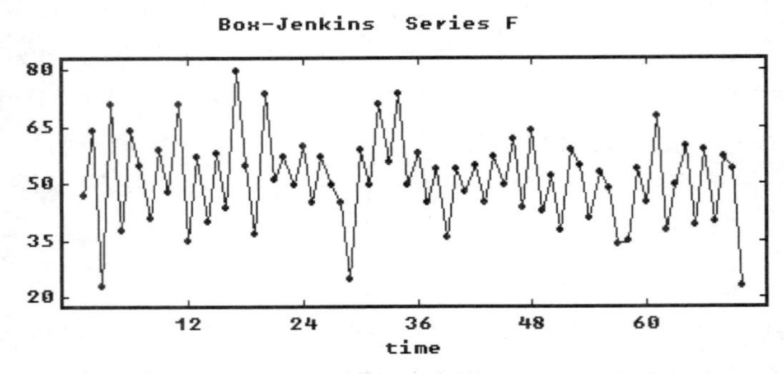

图 20-2 化学反应产出量（每次观测间隔两小时）

例如最后一个观测值小于平均水平很多，于是可预测下一个观测值应大于平均水平，而再下一个观测值应小于平均水平，如此一直循环下去，可见只要能够找到一个合适的概率模型（Probabilistic Model）来描述观测值在时间上的依赖性，则必能使预测值更精确。然而如图 20-2 所示的平稳型数列在商业领域的应用却很少出现，较常遇到的数据类型是如图 20-3 至图 20-5 所示的数据。

图 20-3 是每个月的电冰箱需求量，图 20-4 为美国 1800－1981 年每年的利率及物价指数，相比较于图 20-2 的化学反应的实验数据，这些数列表现了一种盲目漫游的行为，此种数列称为无定向型数列或非平稳型数列（Non-Stationary Series）。由于此种数列的平均水平本身随时间改变，因此无法再以一固定的值来预测未来的变动。

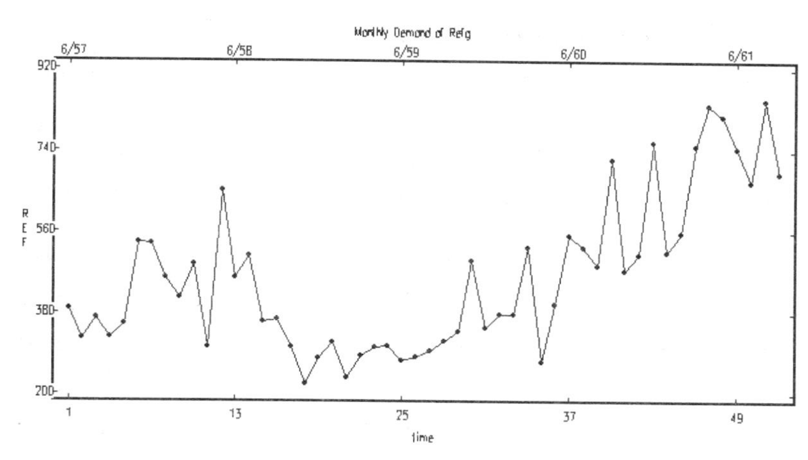

图 20-3　美国电冰箱月度需求（千台）

（1957 年 6 月－1961 年 9 月）

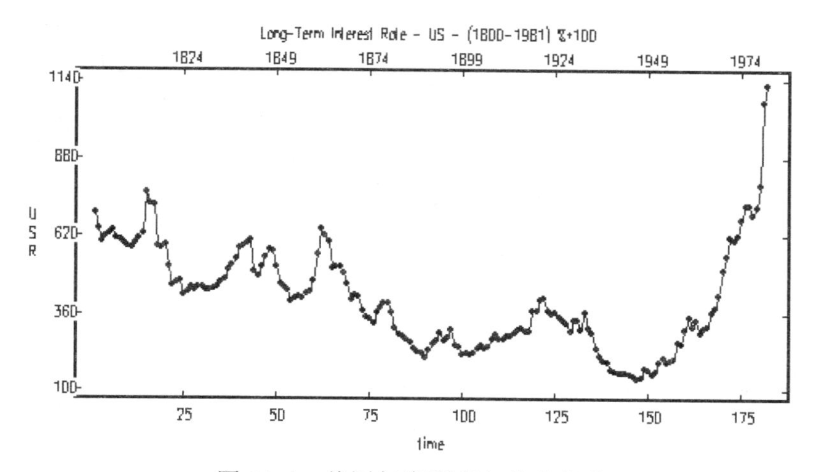

图 20-4　美国年度利率与物价指数

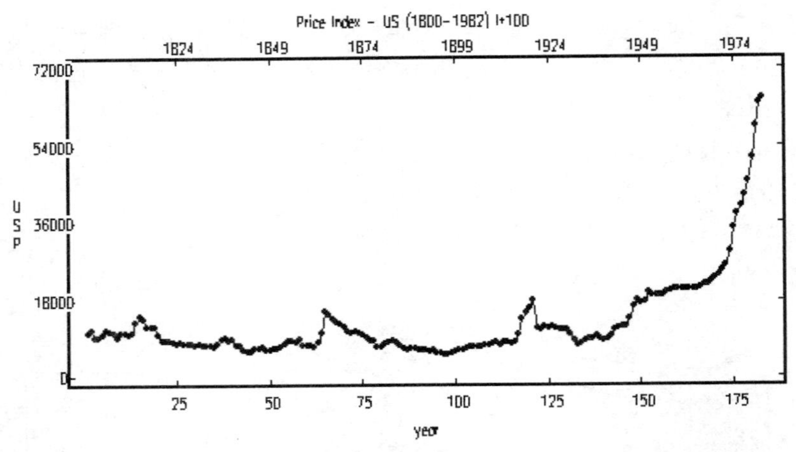

图 20-4 美国年度利率与物价指数（续图）

（1800－1981 年）

此种数列的模型将不同于图20-2数列的模型，当然预测的方法也将有所不同。图20-5则是美国月度工业生产指数，可由图中发现此数列的行为有持续上升的趋势，所以应可仿真出一条直线来拟合数据。然而若仔细观察资料走势可画出三条平行直线，第一条表现的区间为 1947－1960 年，第二条为 1961－1975 年，第三条则为 1975－1993 年。所以如何找出一种合适的概率模型来拟合这些并行线，并且如何从此模型去预测未来的观测值是以后所要探讨的。

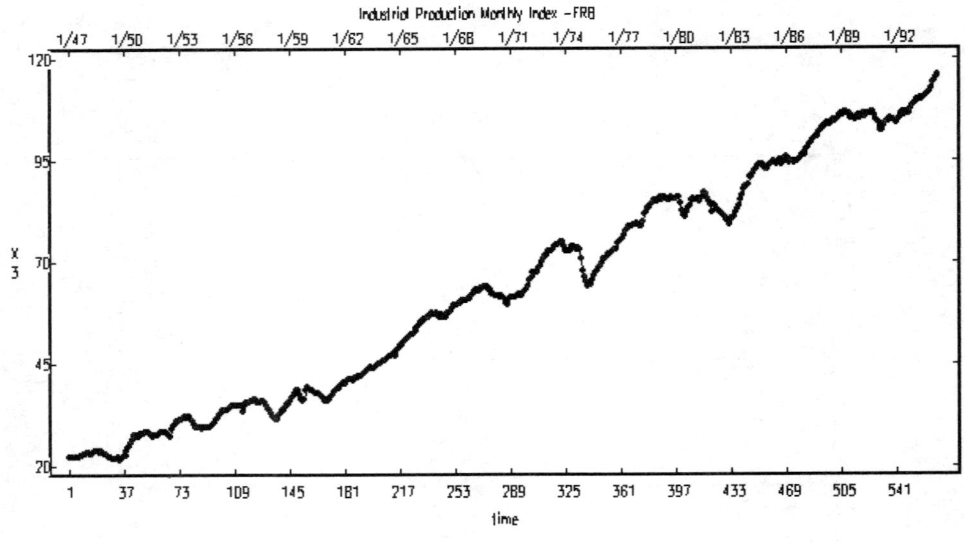

图 20-5 美国月度工业产值指数

（1947 年 1 月－1993 年 12 月）

最后一个例子，如图 20-6 所示是每月国际航线旅客总数，取对数后的数据如图 20-7 所示；如图 20-8 所示是 Magnavox 彩色电视每月销售量的数据，这些数据最明显的特征为具有季节性的变化行为。而在大部分的原始商业数据常可见此种季节性变化的行为，此季节性的行为清楚地表现出每隔 12 个月数据的相关性，因此在构建合适的预测模型时，不仅要考虑每个月间的相关性，更需考虑同一月份在不同年之间的相关性。

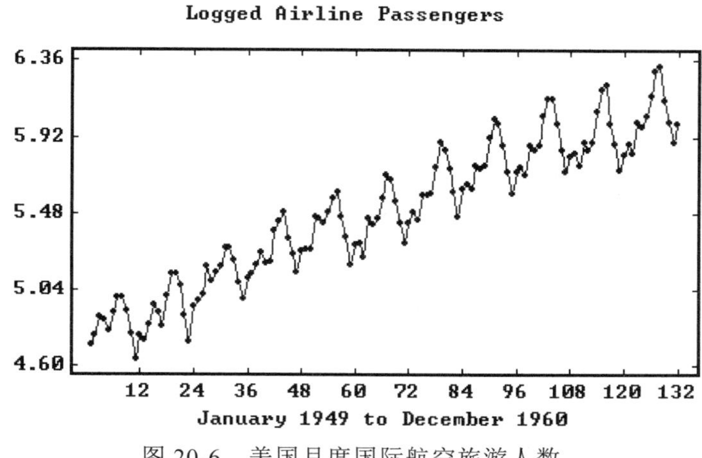

图 20-6 美国月度国际航空旅游人数

（1949 年 1 月－1960 年 12 月）

*取自 Box-Jenkins（1976）数列 G

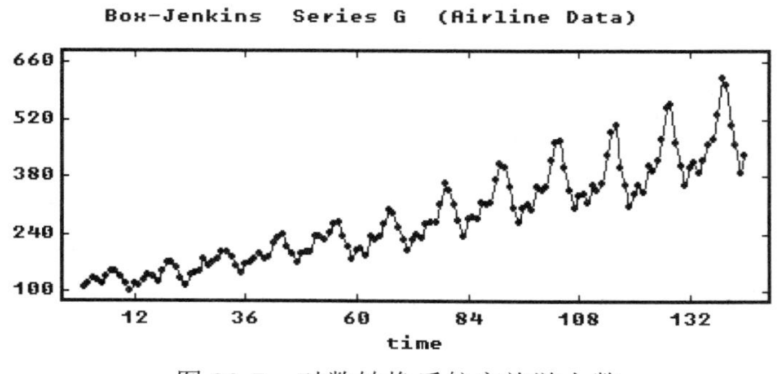

图 20-7 对数转换后航空旅游人数

上述的各种例子说明了针对不同类型的数列数据需要构建不同类型的模型，并且没有任何一个预测模型能够适合所有的数列。所以在上述的例子中，用户需做的就是建立一个能够合适地表达数据时间依赖关系的概率模型，一旦建立此概率模型后，便可做有效的预测了。

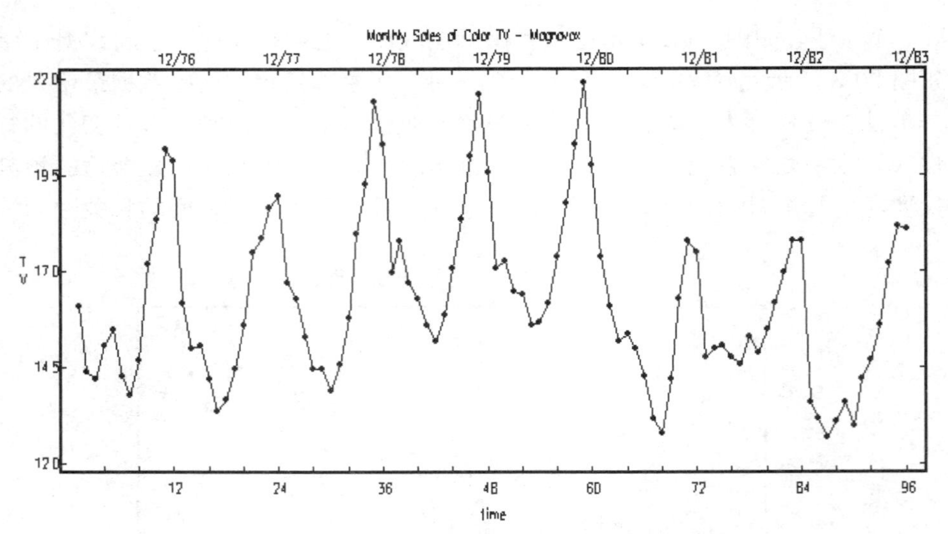

图 20-8　Magnavox 牌彩色电视机月度销售量（千台）
（1976 年 1 月－1983 年 12 月）

总结时序的型态大致包含下述五种：

（1）平稳型（Stationary）。

（2）无定向型（Drifting）。

（3）趋势型（Trend）。

（4）季节型（Seasonality）。

（5）外部影响型（Exogenous Effect）。

20-3　简单时序的预测

一、简算法

所谓“简算法”（Naive Method），是指一种不需依靠繁琐的计算和复杂的理论即可由过去数据得出预测值的方法，由于它较其他预测方法简单、快速，所以是一种有用的预测方法。通常有下列两种方法：

方法一：$\hat{Y}_{t+1} = Y_t$

方法二：$\hat{Y}_{t+1} = Y_t \times \left(1 + \dfrac{Y_t - Y_{t-1}}{Y_{t-1}}\right)$

其中 Y_t 为一组时序数据；

$\hat{Y}_{t+1}$代表未来一期的预测值。

由方法一可以得知，第$t+1$期的预测值，即等于第t期的观测值。并了解，在没有特殊状况的情形下，用简算法做预测，是直接而合理的，但是在使用这样的方法时，通常要辅以其他方法。

在方法二中，第$t+1$期的预测值即等于第t期的观测值加上第t期的观测值乘以第t期的成长率。这样的方法，考虑了第t期的成长趋势对第$t+1$期的影响，一般说来，对稳定成长的时序做预测，用这样的方法并无不妥。若第t期有正成长，第$t+1$期便同样是正成长；若第t期正成长，第$t+1$期便为同幅度的正成长。

二、利用回归模型预测时序

回归分析讨论中说明了如何以一个（含）以上的自变量预测单一因变量的值。将回归分析视为预测工具，则欲预测的时序值可视为因变量。因此，若能找到一组良好的自变量或预测变量，就可建立预测时序的估计回归方程式。

记得在建立估计回归方程式时，需要一个包含因变量及所有自变量的观察值样本，而在时序分析中，N个时期的时序数据，恰可作为用于此分析中的每一个变量的N个观察值样本。对含有k个自变量的函数而言，以下列的符号表示：

Y_t = 第t期时序的实际值。

X_{1t} = 第t期的第1个自变量数值。

X_{2t} = 第t期的第2个自变量数值。

⋮

X_{kt} = 第t期的第k个自变量数值。

可以想象到，在一个预测模型中，自变量的选择有许多种，其中一种可能的选择是以时间为一自变量。当以时间为一自变量时的线性函数来估计该时序趋势时，即为这种选择。令$X_{1t}=t$则可求得估计回归方程式：

$$\hat{Y}_t = b_0 + b_1 t$$

其中$\hat{Y}_t$为时序Y_t值的估计值，而b_0与b_1为估计回归系数。在更复杂的模型中，可加入时间的高次幂项。例如，令

$$X_{2t} = t^2$$

且

$$X_{3t} = t^3$$

则估计回归方程式变成：

$$\begin{aligned}\hat{Y}_t &= b_0 + b_1 X_{1t} + b_2 X_{2t} + b_3 X_{3t} \\ &= b_0 + b_1 t + b_2 t^2 + b_3 t^3\end{aligned}$$

注意此模型可提供具曲线时间特征的时序的预测值。

回归方法能否提供一个良好的预测值，全依赖于所得到的自变量数据，是否与此时序有紧密的关系而定。一般在建立一个估计回归方程式时，会考虑到许多种自变量的组合。所以回归分析的部分程序，即将注意力集中于所要选择的自变量上，以期望能提供一个最好的预测模型。

前面曾提到因果预测模型利用与欲预测的序列相关的时序说明了一时序行为的因果。回归分析即为常用于建立这些因果模型的工具；相关的时序变为自变量，而欲预测的时序则为因变量。

另一种以回归为基础的预测模型，则其自变量为此时序的所有前期值。例如，若以 $Y_1, Y_2, \cdots, Y_n$ 表示时序值，而因变量为 Y_t，则我们可能试图建立 $\hat{Y}_t = b_0 + b_1X_{t-1} + b_2X_{t-2} + b_3X_{t-3}$ 对 Y_{t-1}, Y_{t-2} 等近期时序值的估计回归方程式。若以最近三期为自变量，则其估计回归方程式为：

$$\hat{Y}_t = b_0 + b_1Y_{t-1} + b_2Y_{t-2} + b_3Y_{t-3}$$

以时序的前期值为自变量的回归模型称为自回归模型（Autoregressive Model）。

最后，另一种以回归为基础的预测方法则是综合前述所讨论的自变量。例如，可能选择时间变量、一些经济及人口统计变量与一些前期值的综合。

20-4 包含趋势与季节成分的时序预测

一、预测含趋势成分的时序

在之前描述自变量 X 与因变量 Y 之间的线性关系的估计回归方程为：

$$\hat{Y} = b_0 + b_1X \tag{20-1}$$

而在预测时，为了要使自变量为时间的事实更明显，以 t 代替式（20-1）中的 X，另外以 T_t 代替 $\hat{Y}$。因此估计销售量的线性趋势即可被表示成式（20-2）的时间函数：

线性趋势的方程式：

$$T_t = b_0 + b_1t \tag{20-2}$$

式中：

T_t = 第 t 期的时序预测值（以趋势为准）；

b_0 = 趋势线的截距；

b_1 = 趋势线的斜率；

t = 时间点。

在式（20-2）中，令 $t=1$ 表示时序数据第一个实际值所对应的时间，$t=2$ 为第二个观察值所对应的时间等。至于估计回归系数（b_0与b_1）的计算公式在前面已经提过了，再重述如下，并以 t 代替 X，Y_t代替Y_i：

斜率（b_1）与截距（b_0）的计算：

$$b_1 = \frac{\sum tY_t - (\sum t \sum Y_t)/n}{\sum t^2 I - (\sum t)^2 / n}$$

$$b_0 = \overline{Y} - b_1 \overline{t}$$

式中：

Y_t = 第 t 期的时序实际值；

n = 期数；

$\overline{y}$ = 时序的平均值：$\overline{y} = \sum Y_t / n$；

$\overline{t}$ = t 的平均值：$\overline{t} = \sum t / n$。

二、预测含趋势与季节两成分的时序

前一节说明了如何预测含趋势成分的时序，本节将讨论如何预测含趋势与季节两成分的时序。所使用的方法是由时序中先除去季节效应或季节成分，此步骤称为消除季节性。在消除季节性后，时序将仅含趋势成分，然后就可用前一节所介绍的方法，辨识其趋势成分。而后应用趋势投射计算，将可预测未来时期的时序的趋势成分。最后再以季节指数调整趋势投射。如此一来，将可对比趋势与季节成分，并在预测时同时考虑二者。

除了趋势成分（T）与季节成分（S）之外，假设该时序也有不规则成分（I）。不规则成分系说明无法由趋势与季节成分解释的任何随机效应。以 T_t、S_t 及 I_t 指明时间 t 的趋势、季节与不规则成分，假设实际的时序模型（Multiplicative Time Series Model）表示：

$$Y_t = T_t \times S_t \times I_t$$

在此模型中，T_t是以预测项目的单位度量的趋势。而 S_t 与 I_t 则是以相对数值度量，若其值高于 1.00，则表示效应在趋势之上；若其值低于 1.00，则表示效应在趋势之下。

（1）消除时序的季节性。

求季节指数的目的通常是欲消除时序中的季节效应，此过程称为消除时序的季节性。像当前商业调查与《华尔街日报》等刊物常报导经季节变异调整过后的经济时序（除去季节性的时序）。利用乘法模型的符号，可得到：

$$Y_t = T_t \times S_t \times I_t \tag{20-3}$$

将各时序观察值除以对应的季节指数，即可将季节效应除去。

（2）消除季节性的时序识别趋势。

当已有消除季节性的数据后，可以直接利用这些数据的量值来计算。因此估计量的线性趋势方程式，可以写成如下的时间函数：

$$T_t = b_0 + b_1 t$$

式中：

T_t = 第 t 期量的趋势值；

b_0 = 趋势线的截距；

b_1 = 趋势线的斜率。

跟以前一样，令 $t=1$ 为时序的第一个观察值的时间，$t=2$ 为第二个观察值的时间等。在此计算 b_0 与 b_1 值的公式如下：

$$b_1 = \frac{\sum tY_t - (\sum t \sum Y_t)/n}{\sum t^2 - (\sum t)^2/n}$$

$$b_0 = \overline{Y} - b_1 \overline{t}$$

式中：Y_t 是时间 t 时的除去季节性的时序值，而非时序的实际值。

（3）周期成分。

在数学上，可将式（20-3）的乘法模型推广为如下的含周期成分的模型：

$$Y_t = T_t \times C_t \times S_t \times I_t$$

周期成分与季节成分相同，都以趋势的百分比来表示。如前一节所述，此成分归因于时序的多年循环。其与季节成分相类似，但经过的时间较长而已。然而由于时间太长，很难收集足够的相关数据以估计周期成分。

20-5 参数化的时序预测模型

假设随机变量 Y_t 为在时间 t 的一个观测值，那么一组 Y_t 所成的序列，就称为一个随机过程（Stochastic Process）。所谓的 ARIMA（Auto Regressive Integrated Moving Average）模型，记作 Y_t~ARIMA(p, d, q)，其公式如下：

$$\phi_p(B)Z_t = \theta_q(B)a_t$$

式中：

$$\phi_p(B) = 1 - \phi_1 B - \phi_2 B^2 - \cdots - \phi_p B^p$$

$$\theta_q(B) = 1 - \theta_1 B - \theta_2 B^2 - \cdots - \theta_q B^p$$

$$Z_t = (1-B)^d Y_i$$

- 后移运算符（Backward Shift Operator）B：

$$BZ_t = Z_{t-1}$$

$$B^m Z_t = Z_{t-m}$$

Z_t：t 时的观察值。

- 反向差分（Backwrd Difference）$1-B$：

$$\overline{V}Z_t = Z_t - Z_{t-1} = (1-B)Z_t$$

➤ 相加运算（Summation Operation）S：

$$S = \overline{V}^{-1}$$

$$\sum_{j=0}^{\infty} Z_{t-j} = Z_t + Z_{t-1} + Z_{t-2} + \cdots\cdots$$

$$= (1 + B + B^2 + \cdots)Z_t$$

$$= (1-B)^{-1} Z_t = SZ_t = \overline{V}^{-1} Z_t$$

➤ 白噪音（White Noise）：$a_t, a_{t-1}, \cdots, a_{t-k}, \cdots$

$$E(a_t) = 0 \qquad V(a_t) = \sigma_a^2$$

一、自我回归模型（Auto Regressive Models, AR Model）

$$\tilde{Z}_t = Z_t - u$$

$$\tilde{Z}_t = \phi_1 \tilde{Z}_{t-1} + \phi_1 \tilde{Z}_{t-2} + \cdots + \phi_p \tilde{Z}_{t-p} + a_t$$

$$\tilde{Z}_t = \phi_1 B \tilde{Z}_t + \phi_2 B^2 \tilde{Z}_t + \cdots + \phi_p B^p \tilde{Z}_t + a_t$$

$$\therefore\ a_t = (1 - \phi_1 B - \phi_2 B^2 - \cdots - \phi_p B^p)\tilde{Z}_t = \phi(B)\tilde{Z}_t$$

$$\phi(B)\tilde{Z}_t = a_t \Leftrightarrow \tilde{Z}_t = \psi(B)a_t$$

$$\psi(B) = \phi^{-1}(B)$$

二、均值滑动过程模型（Moving Average Process Model，MA Model）

$$\tilde{Z}_t = a_t - \theta_1 a_{t-1} - \theta_2 a_{t-2} - \cdots - \theta_q a_{t-q}$$

（Moving Average (MA) Process Of Order q）

$$\tilde{Z}_t = a_t - \theta_1 B a_t - \theta_2 B^2 a_t - \cdots - \theta_q B^q a_t$$

$$= a_t (1 - \theta_1 B - \theta_2 B^2 - \theta_3 B^3 - \cdots - \theta_q B^q$$

$$\therefore \tilde{Z}_t = \theta(B)a_t \qquad \theta(B) \Rightarrow \text{MA Operator}$$

三、AR-MA 混合模型（Mixed AR-MA Model）

$$\tilde{Z}_t = \phi_1 \tilde{Z}_{t-1} + \phi_2 \tilde{Z}_{t-2} + \cdots + \phi_p \tilde{Z}_{t-p} + a_t - \theta_1 a_{t-1} - \theta_2 a_{t-2} - \cdots - \theta_q a_{t-q}$$

$$\tilde{Z}_t - \phi_1 B \tilde{Z}_t - \phi_2 B^2 \tilde{Z}_{t-2} - \cdots - \phi_p B^p \tilde{Z}_t = a_t - \theta_1 B a_t - \theta_2 B^2 a_t - \cdots - \theta_q B^q a_t$$

$$\phi(B)\tilde{Z}_t = \theta(B)a_t$$

在实际运用中 AR-MA 模型的 p、q 值少于 2，即 $p,q \leqslant 2$ 。

四、季节循环性时序模型（Seasonal Auto Regressive Integrated Moving Average Model, SARIMA Model）

有些时序有季节循环的特性，称为 SARIMA（Seasonal Auto Regressive Integrated Moving Average）模型，记作 $Y_t \sim SARIMA(p.d.q)(P,D,Q)_S$，其公式如下：

$$\Phi_P(B)Z_t = \Theta_Q(B)a_t$$

式中：

$$\Phi_P(B) = 1 - \Phi_1 B - \Phi_2 B^2 - \cdots - \Phi_P B^{PS}$$

$$\Theta_P(B) = 1 - \Theta_1 B - \Theta_2 B^2 - \cdots - \Theta_P B^{PS}$$

S 为季节循环期数 $Z_t = (1-B^S)^D Y_t$。

时序模型是依照随机变量间的相关性而建立，若是有外在的因素介入，则时序趋势必有所改变，有鉴于此，再做时序分析时，可以考虑介入因子模型：

$$Y_t = \frac{\omega(B)B^b}{\delta(B)} I_t + N_t$$

式中：N_t 为单变量时序模型。

$I_t = S_t = 0$ 介入因子发生之前。

$I_t = S_t = 1$ 介入因子发生之后。

在应用时序分析方法时，最重要的假设是这个序列的平稳性（Stationarity）。但是在实际应用方面，许多时序都不符合平稳的要求，针对这个问题，有两个解决之道：一是对 Y_t 作方差稳定变换（Variance Stabilizing Transformation），二是对 Y_t 作差分（Differencing）。在实际应用时，应该先决定是否要作方差稳定变换，其次再决定如何作差分。模型中的 a_t 表示残差项，如果模型配置良好，残差项应该像是一个白噪声过程（White Noise Process）。单变量时序模型的建立过程主要有三个阶段：模型认定（Identification）、参数估计（Estimation）和模型诊断（Diagnostic Checking），如图 20-9 所示。当在模型诊断时发现适配不良，应注意适配不良的模型有何特征，以便决定其他可能的模型，此时再重复建立模型的三个阶段。这样的过程不断重复，直到找出适配良好的模型为止。

五、时间趋势预测模型

时间趋势模型（Trend Curve Analysis）是以需求量为被解释变量而以时间为解释变量，依据各种组合模型试图适配一最佳模型来表示需求量与时间之间的关系。十种函数关系如下（Martin And Witt，1989）：

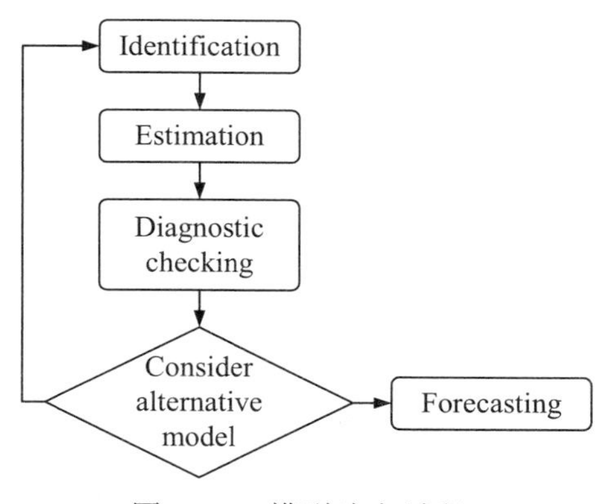

图 20-9　模型建立过程

（1）线性函数（Linear）：

$$\hat{Y}_t = \beta_0 + \beta_1 t + \varepsilon_t$$

（2）双曲线函数（Hyperbolic）：

$$\hat{Y}_t = \beta_0 + \beta_1 t^{-1} + \varepsilon_t$$

（3）限制型双曲线函数（Constrained Hyperbolic）：

$$1/\hat{Y}_t = \beta_0 + \beta_1 t^{-1} + \varepsilon_t$$

（4）修正双曲线函数（Modified Hyperbolic）：

$$1/\hat{Y}_t = \beta_0 + \beta_1 t + \varepsilon_t$$

（5）指数函数（Exponential）：

$$\ln \hat{Y}_t = \beta_0 + \beta_1 t + \varepsilon_t$$

（6）修正指数函数（Modified Exponential）：

$$\ln \hat{Y}_t = \beta_0 + \beta_1 t^{-1} + \varepsilon_t$$

（7）半对数函数（Semilog）：

$$\hat{Y}_t = \beta_0 + \beta_1 \ln t + \varepsilon_t$$

（8）几何函数（Geometric）：

$$\ln \hat{Y}_t = \beta_0 + \beta_1 \ln t + \varepsilon_t$$

（9）二次函数（Quadratic）：

$$\hat{Y}_t = \beta_0 + \beta_1 t + \beta_2 t^2 + \varepsilon_t$$

（10）对数二次函数（Log Quadratic）：

$$\ln \hat{Y}_t = \beta_0 + \beta_1 t + \beta_2 t^2 + \varepsilon_t$$

式中 $\hat{Y}_t$ 为 t 期的需求量， β_0,β_1,β_2 为参数， ε_t 为随机干扰项。

上述模型即一般的回归模型，因此在参数估计方面以最小平方法估计。在模型选取时，以模型解释度的高低及参数估计值的显著与否，再综合模型预测能力强度；实际应用时，由 Adj R-Square 值反映模型的解释能力及由 MAPE、RMSPE 评估其预测能力，选取相对最合适的理想模型。

20-6 操作范例

SQL 中的时序与一般所熟知的时序方法不尽相同，它是使用线性回归决策树的方法来分析时间相关的数据，它建立的模型可用来预测未来时间步骤的值。

STEP 01 进入项目中的新建挖掘结构，使用数据挖掘向导来建立，进入“数据挖掘向导”窗口后单击“下一步”按钮，如图 20-10 所示。

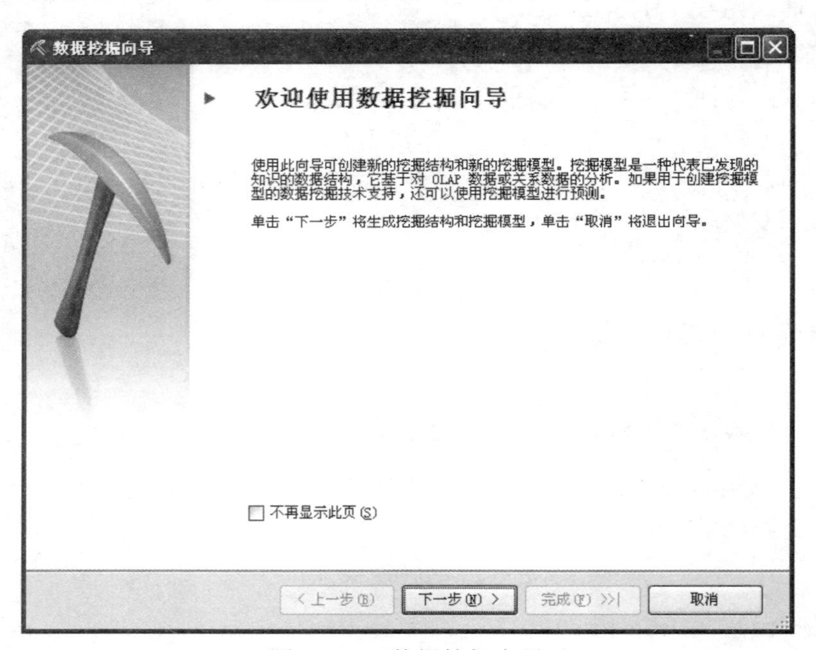

图 20-10 数据挖掘向导

STEP 02 此例从现有的关系数据库或数据仓库读取数据，即为默认值，故直接在这个界面单击“下一步”按钮，如图 20-11 所示。

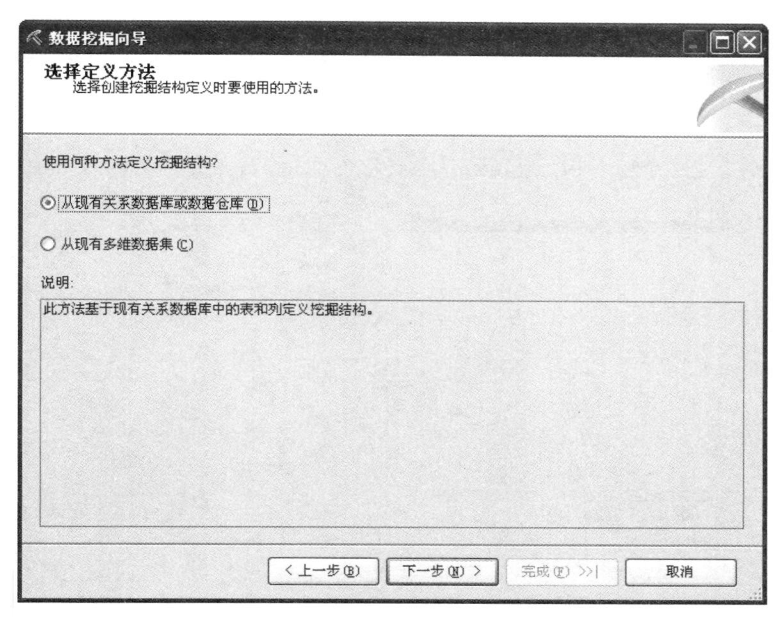

图 20-11　选择定义方法

STEP 03 到创建数据挖掘结构部分，选择“Microsoft 时序”后，单击“下一步”按钮，如图 20-12 所示。

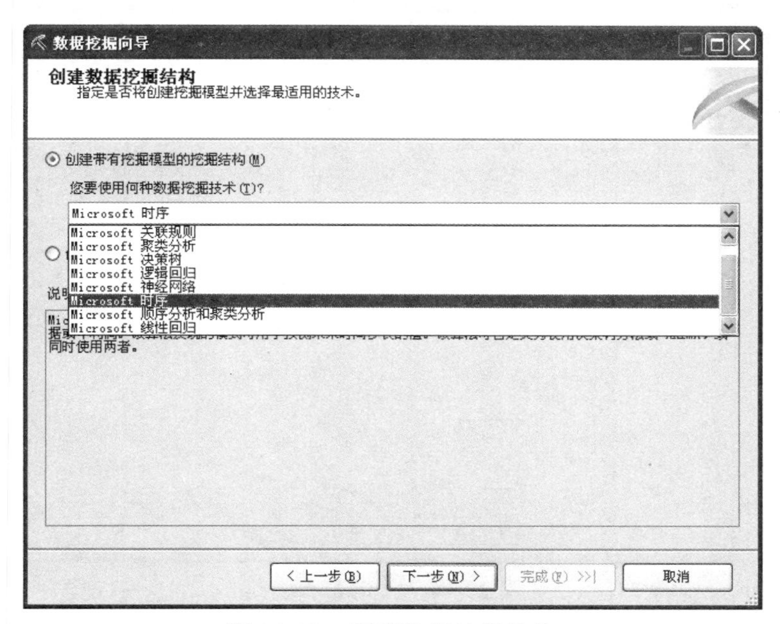

图 20-12　创建数据挖掘结构

STEP 04 选择数据库后，单击“下一步”按钮，如图 20-13 所示。

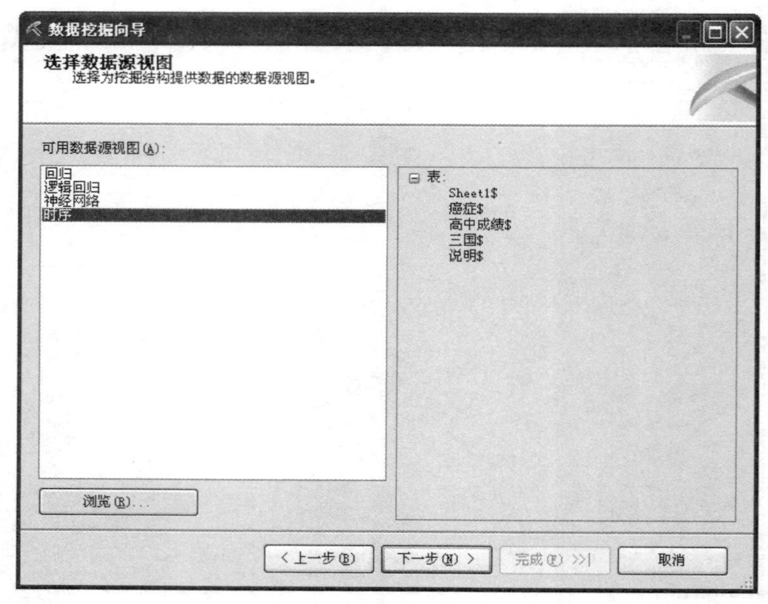

图 20-13 选择数据源视图

STEP 05 选择 Sheet1$ 数据表后，单击“下一步”按钮，如图 20-14 所示。

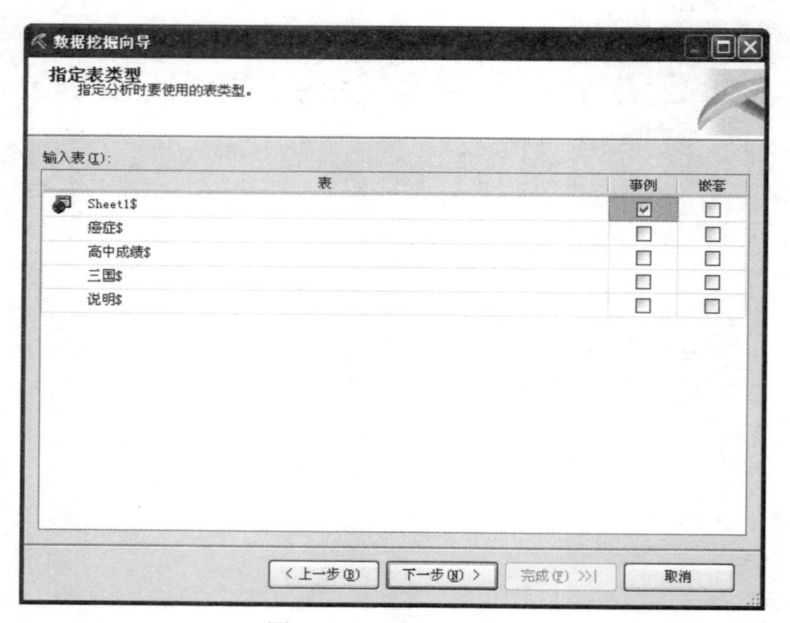

图 20-14 指定表类型

STEP 06 选择所需输入变量与预测变量，以及索引键；此例以“供电量（值）”为输入变量及预测变量，单击“下一步”按钮，如图 20-15 所示。

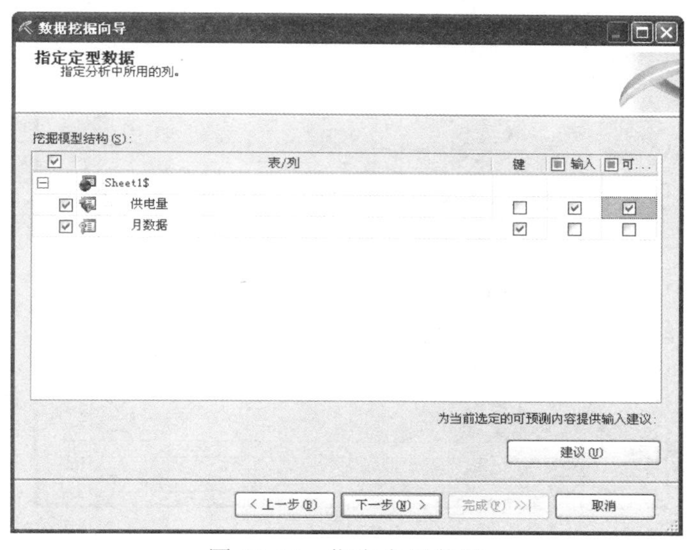

图 20-15 指定定型数据

STEP 07 声明正确的数据属性，完成后单击“下一步”按钮，如图 20-16 所示。

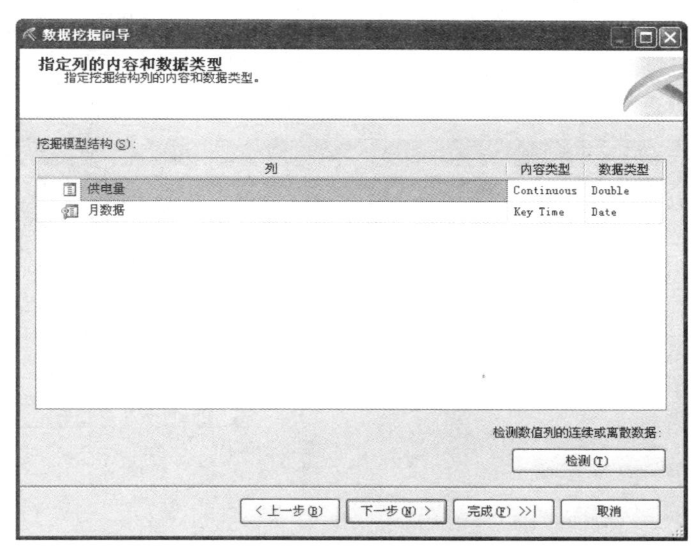

图 20-16 指定列的内容和数据类型

STEP 08 模型命名，在一个挖掘结构中可以包含数个挖掘模型，而多个挖掘模型间可进行比较，输入模型名称后，单击“完成”按钮结束设置，如图 20-17 所示。

STEP 09 选择上方的挖掘模型查看器后，程序询问是否生成和部署项目，单击“是”按钮，如图 20-18 所示。

STEP 10 接下来单击“运行”按钮，如图 20-19 所示。

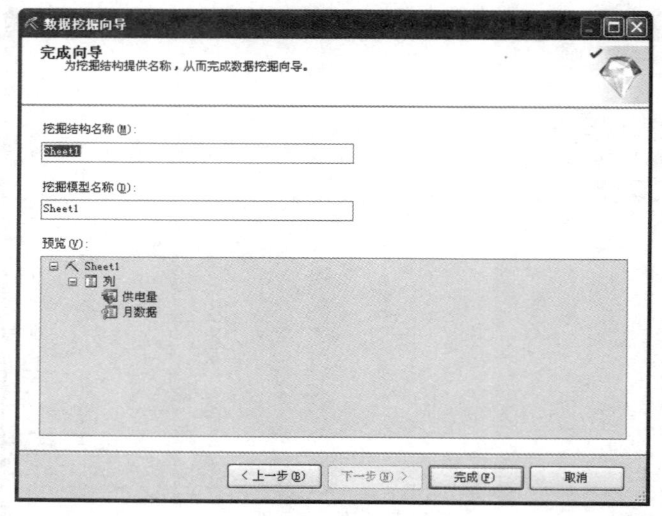

图 20-17　完成向导

图 20-18　生成和部署项目

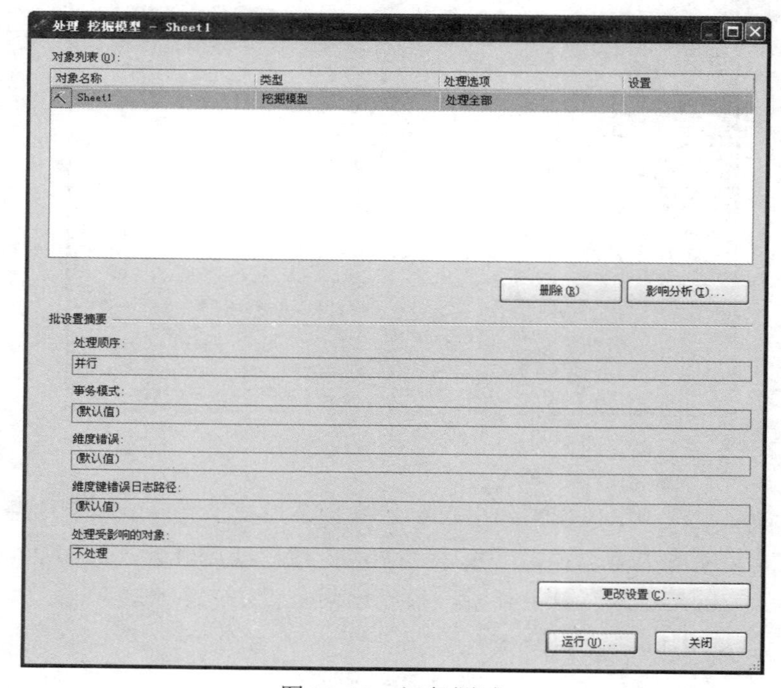

图 20-19　运行测试

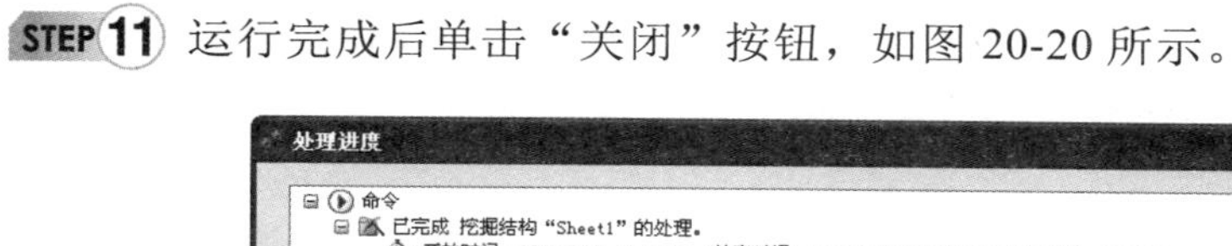

STEP 11 运行完成后单击“关闭”按钮，如图 20-20 所示。

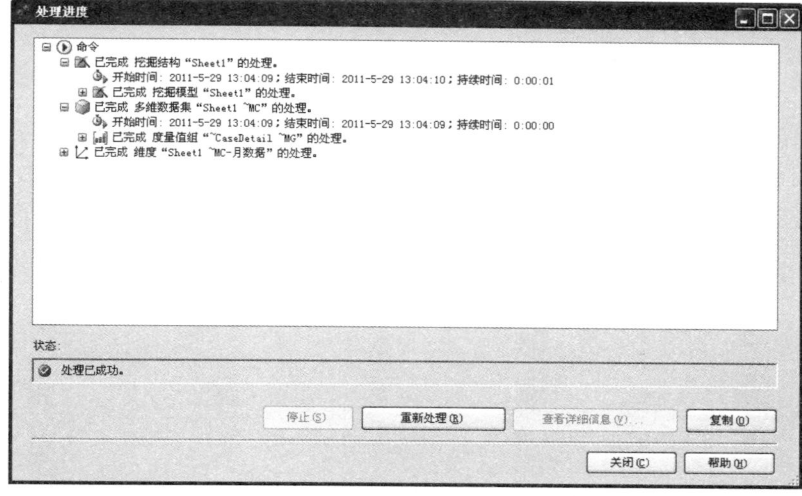

图 20-20　完成运行

STEP 12 回到原来界面再单击一次“关闭”按钮，如图 20-21 所示。

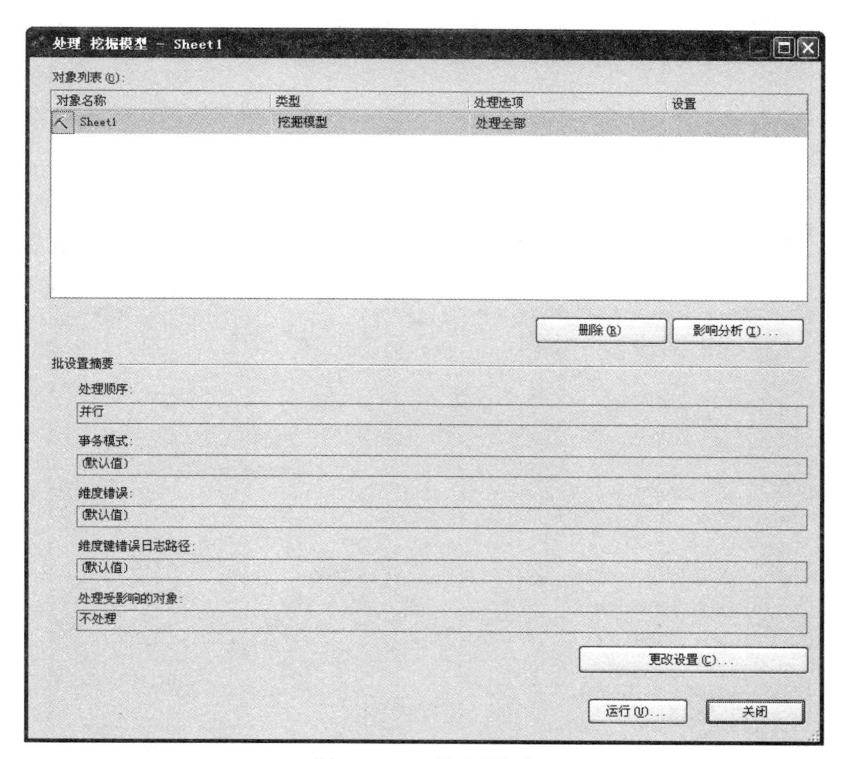

图 20-21　关闭测试

小技巧：

（1）对某一个节点右击，选择“隐藏图例”。

（2）对某一个节点右击，选择“显示图例”，即可得知此节点的模型。

而在挖掘模型中，主要是列出已建立的挖掘模型，也可以新建挖掘模型，并调整变量，变量使用状况包含 Input（输入变量）、Predict（预测变量、输入变量），如图 20-22 所示。

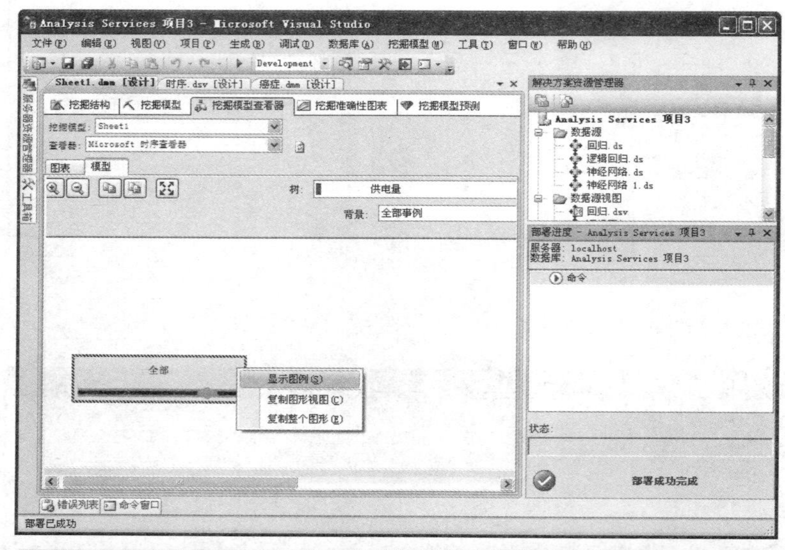

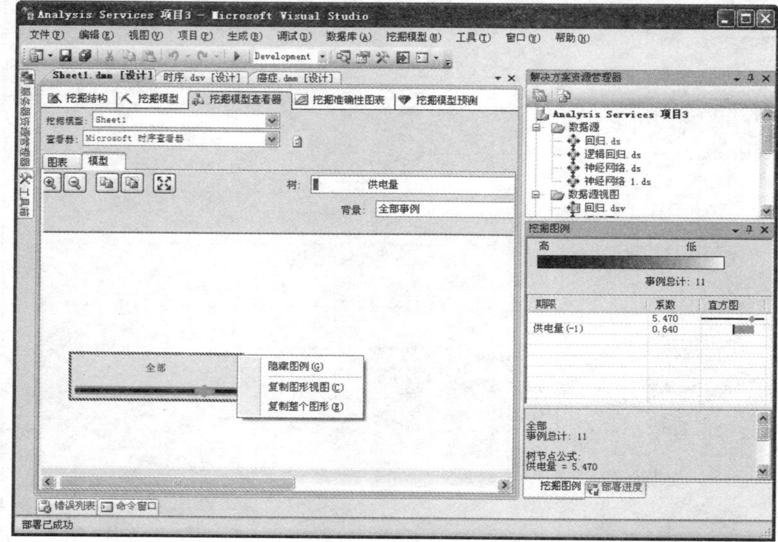

图 20-22 调整变量

而在挖掘模型上右击，选择“设置算法参数”可针对算法的参数设置加以编辑，如图 20-23 所示。

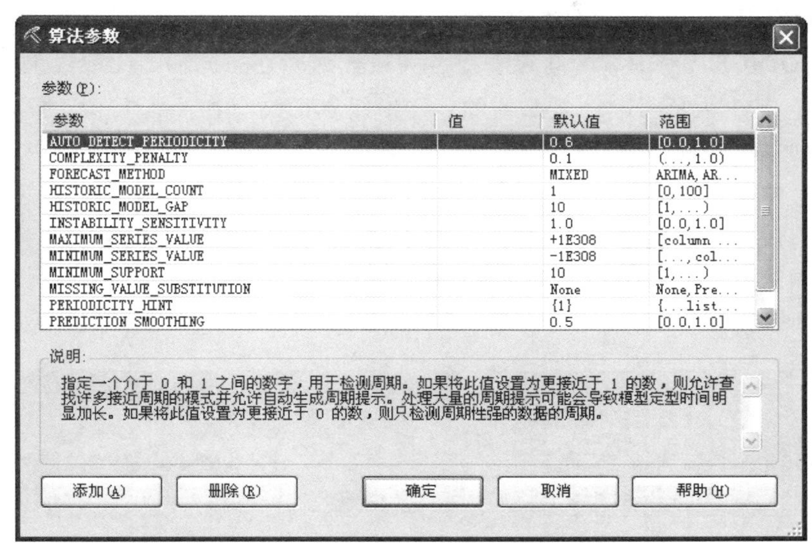

图 20-23　设置算法参数

其中包含：

- AUTO_DETECT_PERIODICITY：指定一个介于 0～1 之间的数字，用于检测周期。如果将此值设置为更接近于 1 的数，则允许查找许多接近周期的模型并允许自动生成周期提示。处理大量的周期提示可能会导致模型定型时间明显加长。如果将此值设置为更接近于 0 的数，则只检测周期性强的数据的周期。
- COMPLEXITY_PENALTY：抑制决策树的生长。该值越小，拆分的可能性越大；该值越大，拆分的可能性越小。
- HISTORIC_MODEL_COUNT：指定将要生成的历史模型数。
- HISTORIC_MODEL_GAP：指定两个连续的历史模型之间的时间间隔。例如，如果将此值设置为 g，则以 g、2g、3g（依此类推）的时间间隔为被时间段截断的数据生成历史模型。
- MAXIMUM_SERIES_VALUE：指定用于任何时序预测的上限约束值。在任何情况下预测值都不会大于该约束值。
- MINIMUM_SERIES_VALUE：指定用于任何时序预测的下限约束值。在任何情况下预测值都不会小于该约束值。
- MINIMUM_SUPPORT：指定在每个时序树中生成一个拆分所需的最小时间段数。
- MISSING_VALUE_SUBSTITUTION：指定用来填充历史数据中的空白的方法。

在默认情况下，数据中不允许存在不规则的空白或参差不齐的边缘。可用来填充不规则空白或边缘的方法有：使用以前的值、使用平均值或使用特定的数字常量。此参数仅用于输入数据的不完整行。

- PERIODICITY_HINT：向算法提供关于数据周期的提示。此参数采用 {*n* [, *n*]} 格式，其中大括号 {} 是必需的，*n* 指任意正数。中括号 [] 内的 *n* 为可选项，可添加多个值以指示数据中可能包含的多个时间段。

挖掘模型查看器则是呈现该挖掘模型样式，其中包含模型以及图表，由于 Microsoft 时序是根据 Microsoft 决策树衍生出来的，所以会以决策树的方式呈现，并在挖掘图例的窗口中，输出时序模型的系数以及建立的时序模型，如图 20-24 所示。

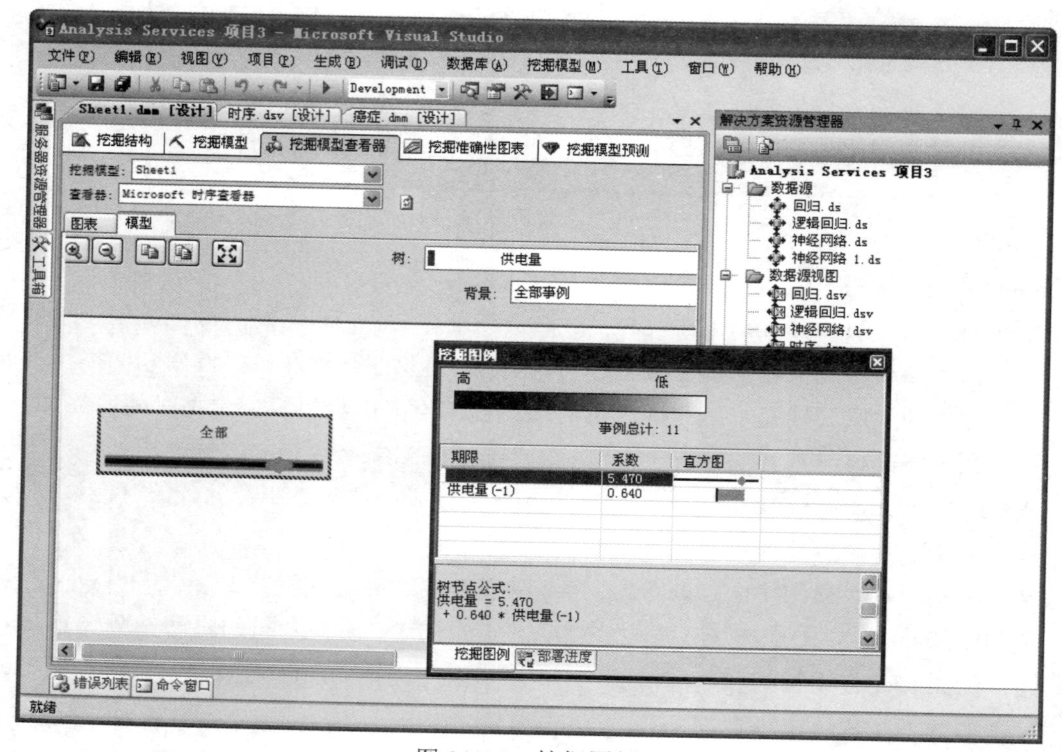

图 20-24 挖掘图例

而在图表中，主要是呈现预测电力用电量变量的过去值、预测值，以及其误差区间，如图 20-25 所示。

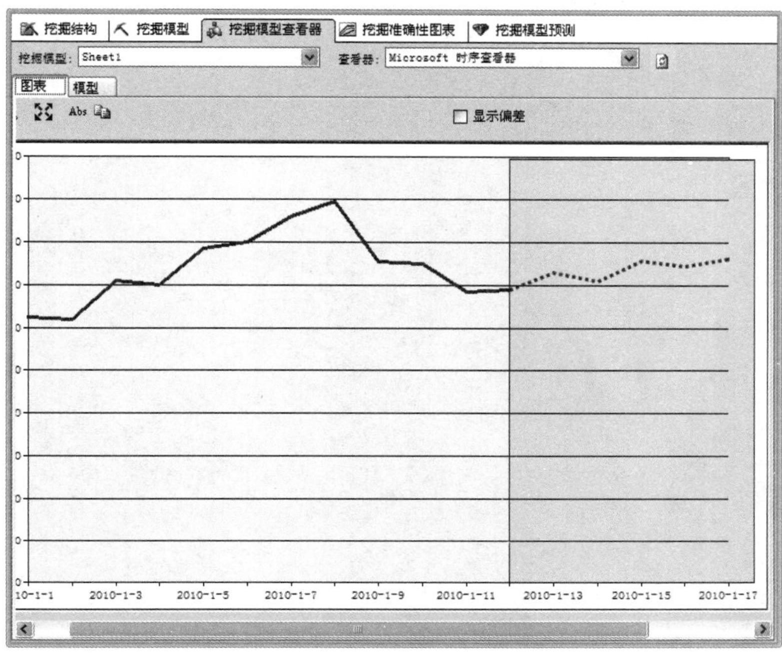

图 20-25 挖掘模型图表

PART

IV

Microsoft SQL Server 数据挖掘应用实例

CHAPTER

21

决策树模型实例

决策树模型实例

一、实例说明

根据三国时期的武将资料，利用决策树分析，找出三国武将特性分布。其中变量包含名称、统御、武力、智慧、政治、魅力、忠诚、国别、出身及身份，如图 21-1 所示。

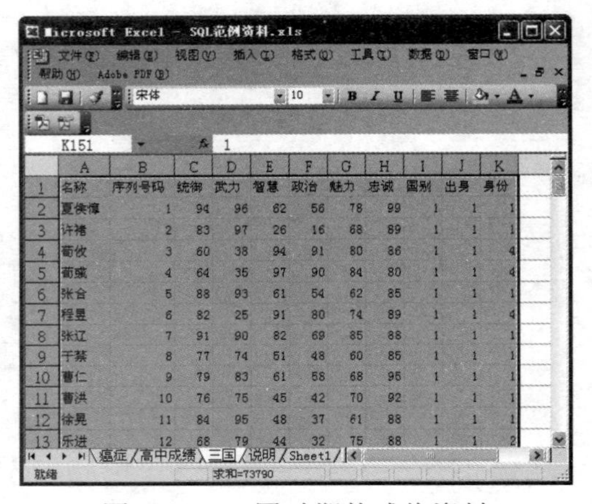

名称	序列号码	统御	武力	智慧	政治	魅力	忠诚	国别	出身	身份
夏侯惇	1	94	96	62	56	78	99	1	1	1
许褚	2	83	97	26	16	68	89	1	1	1
荀攸	3	60	38	94	91	80	86	1	1	4
荀彧	4	64	35	97	90	84	80	1	1	4
张合	5	88	93	61	54	62	85	1	1	1
程昱	6	82	25	91	80	74	89	1	1	4
张辽	7	91	90	82	69	85	88	1	1	1
于禁	8	77	74	51	48	60	85	1	1	1
曹仁	9	79	83	61	58	68	95	1	1	1
曹洪	10	76	75	45	42	70	92	1	1	1
徐晃	11	84	95	48	37	61	88	1	1	1
乐进	12	68	79	44	32	75	88	1	1	2

图 21-1　三国时期的武将资料

二、分析过程

STEP 01 选中数据呈现方式“从现有关系数据库或数据仓库”单选按钮，如图 21-2 所示。

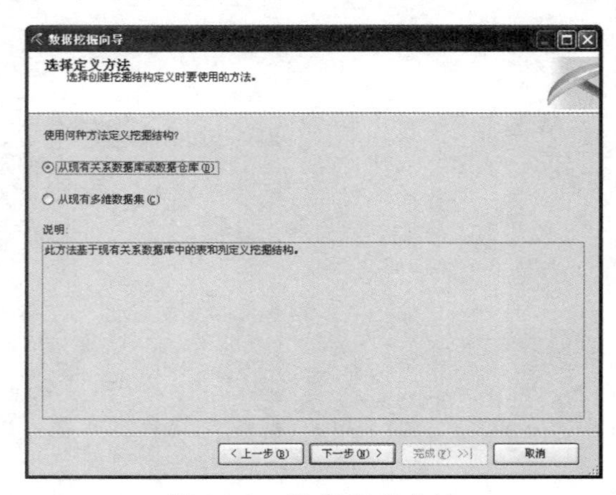

图 21-2　选择定义方法

STEP 02 选择“Microsoft 决策树”，如图 21-3 所示。

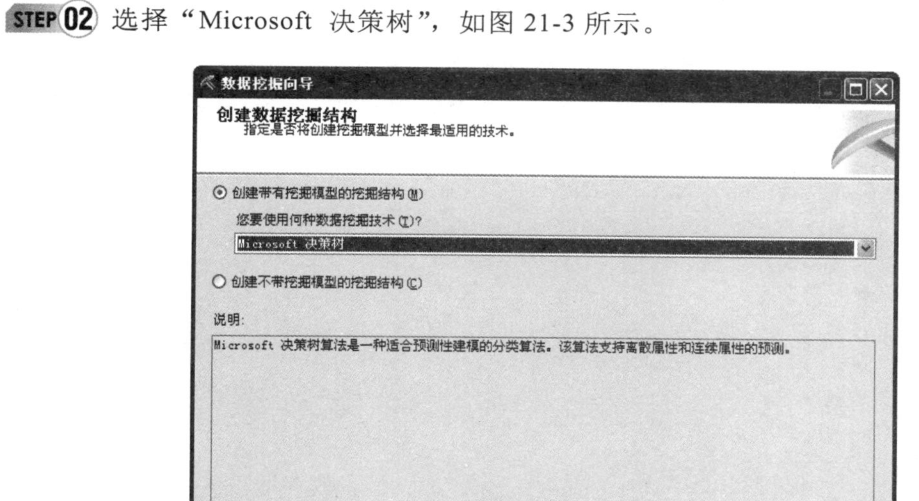

图 21-3　创建数据挖掘结构

STEP 03 确认数据库中的数据表，如图 21-4 所示。

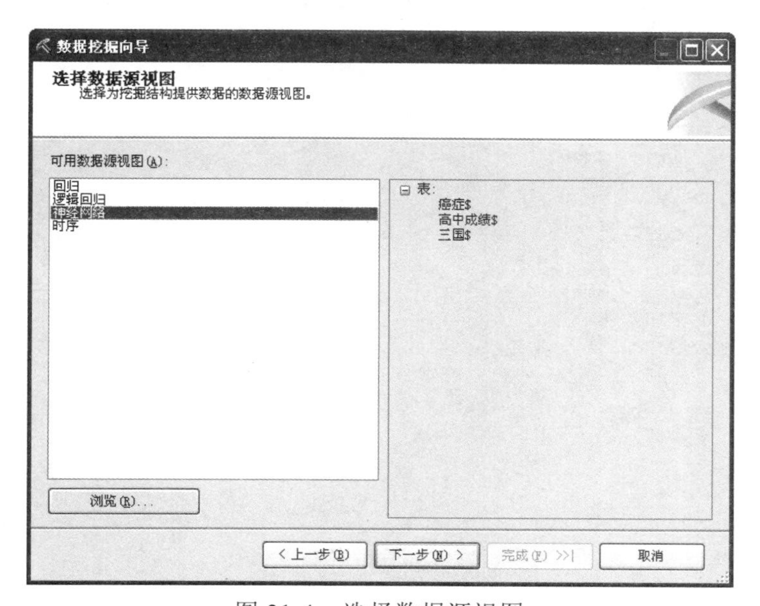

图 21-4　选择数据源视图

STEP 04 选择“三国$”数据表进行分析，然后选中“事例”复选框，如图 21-5 所示。

STEP 05 选择变量，其中预测变量为“身份”，而输入变量有“统御、武力、智慧、政治、魅力、忠诚、国别及出身”，如图 21-6 所示。

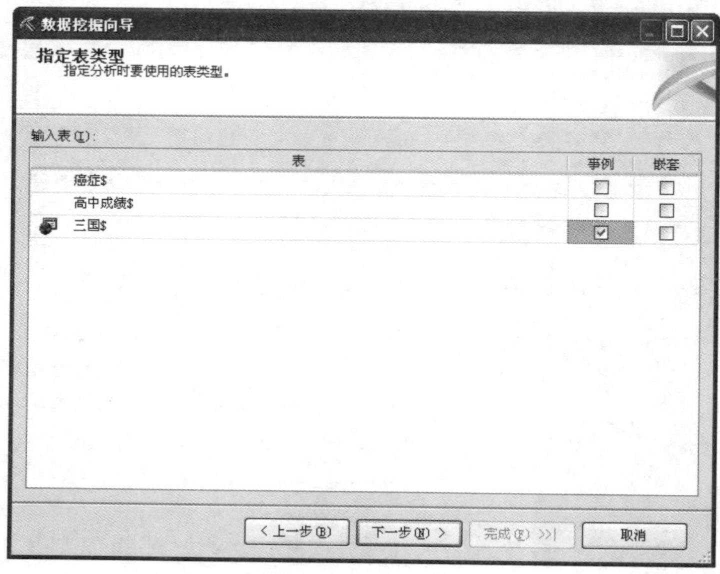

图 21-5　指定表类型

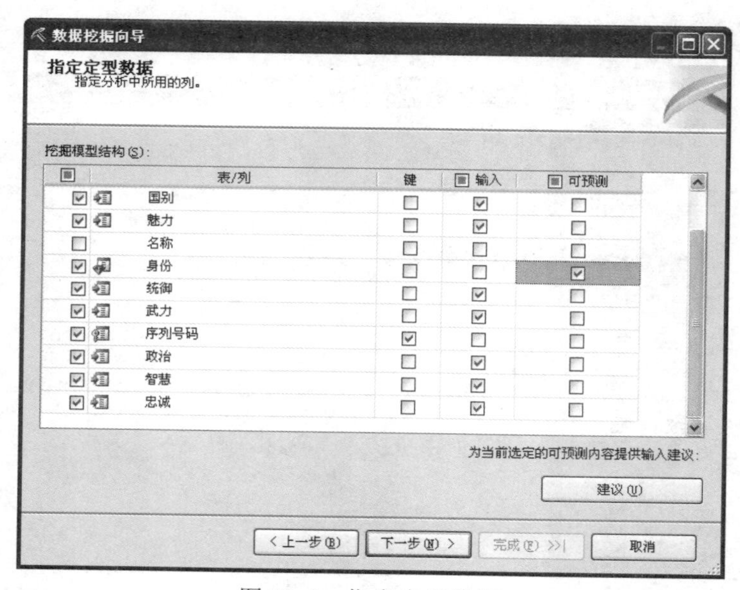

图 21-6　指定定型数据

STEP 06 要确定变量的数据内容以及数据类型，如图 21-7 所示。

STEP 07 在此可选择测试数据的百分比，本事例中无测试数据，百分比选择“0”，如图 21-8 所示。

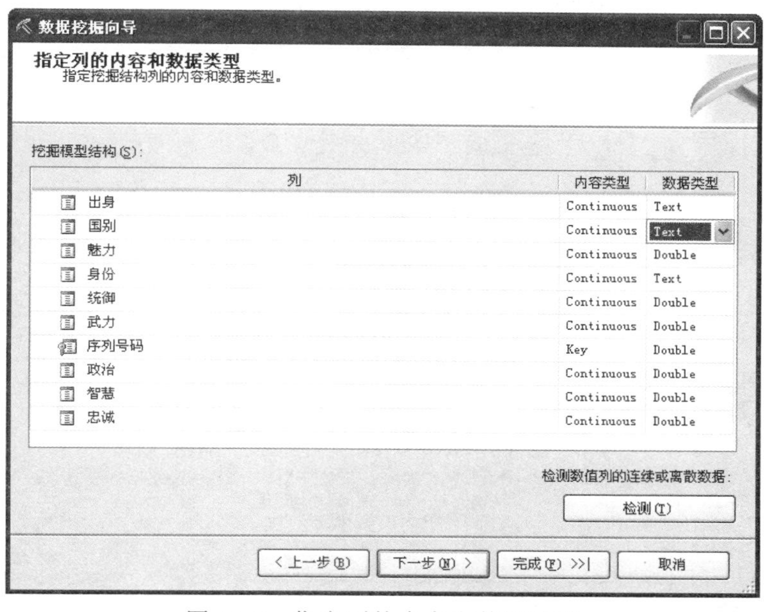

图 21-7　指定列的内容和数据类型

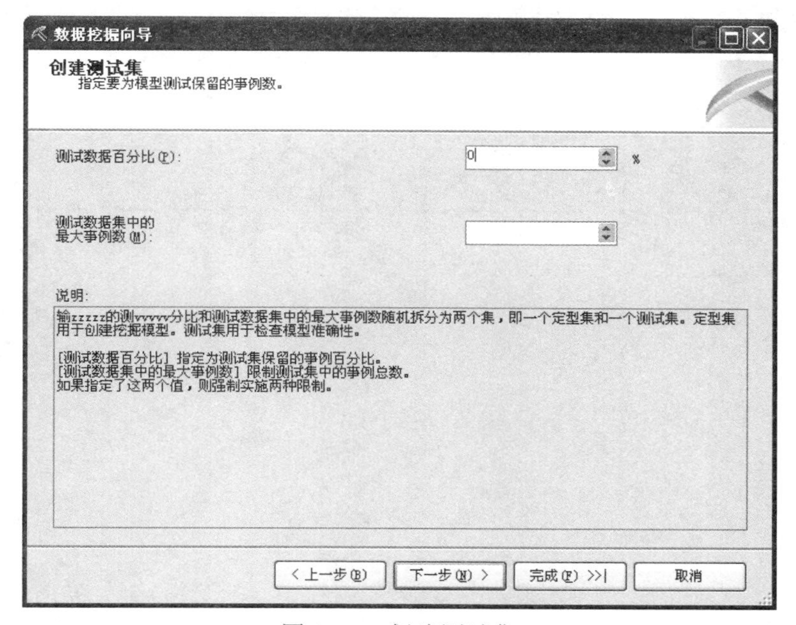

图 21-8　创建测试集

STEP 08 从挖掘模型查看器可以看到所产生的决策树模型与依赖关系网络，并可以从中看出重要影响变量及其特性，如图 21-9 所示。

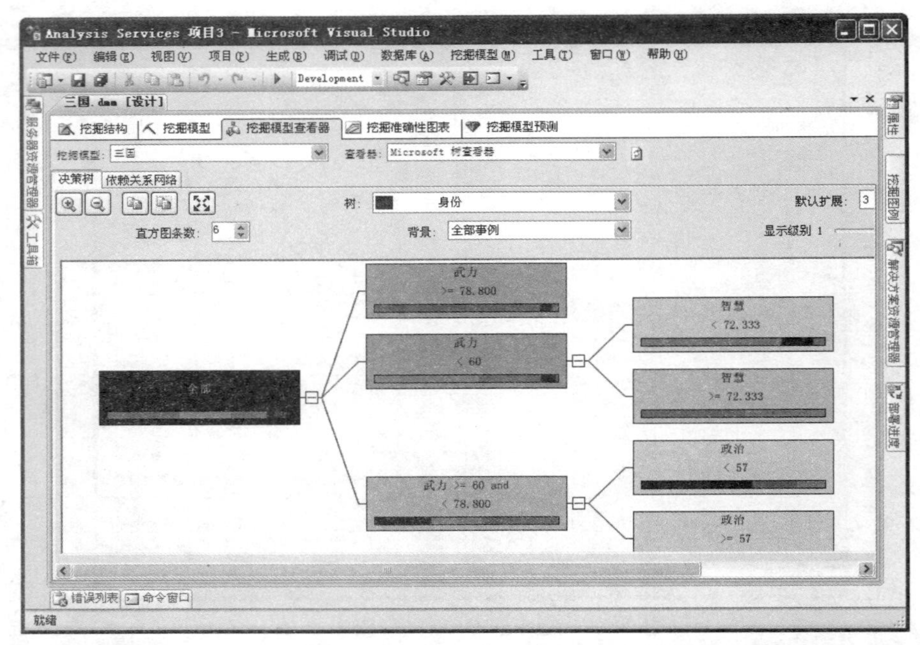

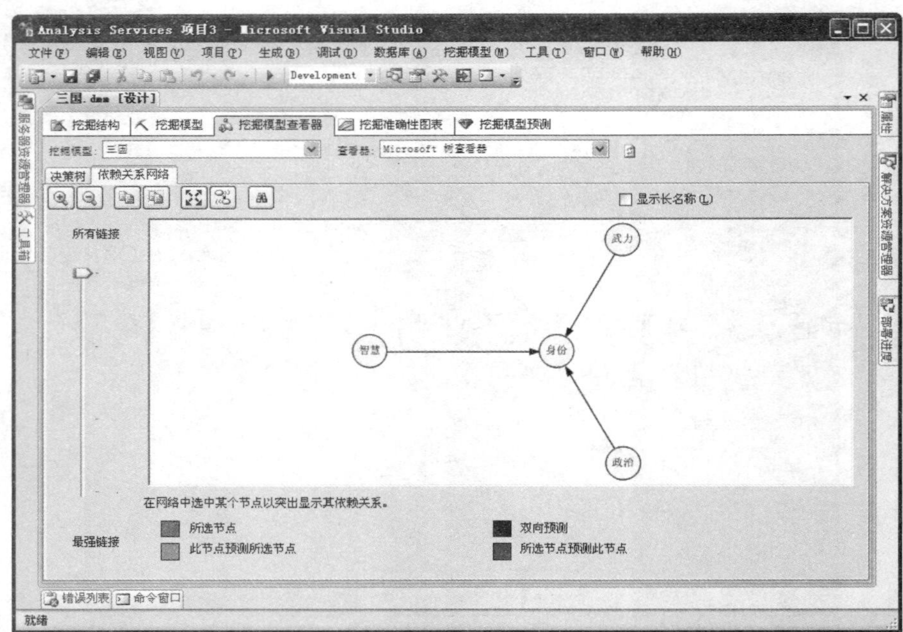

图 21-9 决策树模型与依赖关系网络

STEP 09 根据挖掘准确度图表，红线越靠近蓝色表示越准确。此事例中原始模型（红线）与理想模型（蓝线）并没有很靠近，表示此模型准确度不高，如图 21-10 所示。

STEP 10 再根据分类矩阵，建立的决策树模型所预测结果与实际分类结果的预测正确率有

70.67%，主要是因为实际为文官的，有 15 位被误判为军师，也因为文官与军师在衡量的项目上具有一定程度的同构性，才会造成误判情况，如图 21-11 所示。

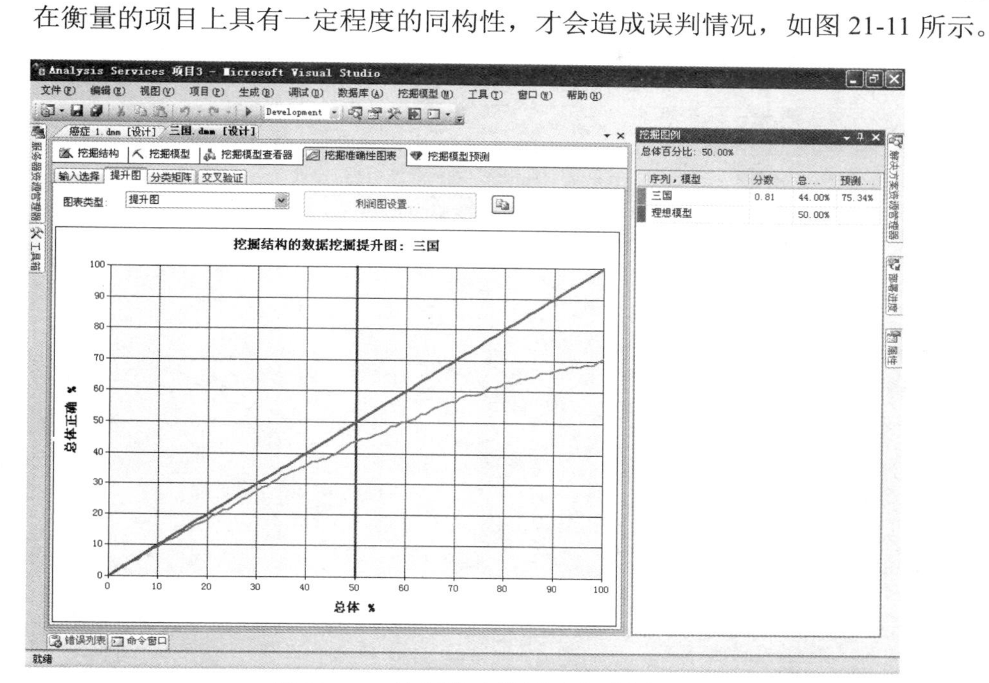

图 21-10　挖掘准确性图表提升图

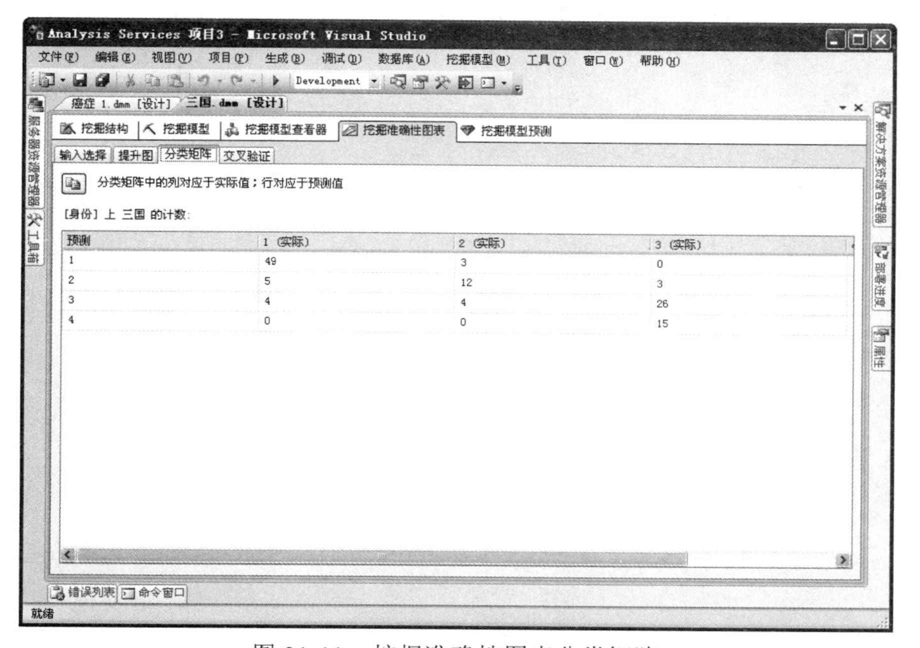

预测	1 (实际)	2 (实际)	3 (实际)
1	49	3	0
2	5	12	3
3	4	4	26
4	0	0	15

图 21-11　挖掘准确性图表分类矩阵

STEP 11 再根据此模型，生成预测值，由图 21-12 可以发现荀攸、荀彧、程昱，其身份都是文官，但都被误判为军师（其中：1 为将军，2 为武官，3 为文官，4 为军师），如图 21-12 所示。

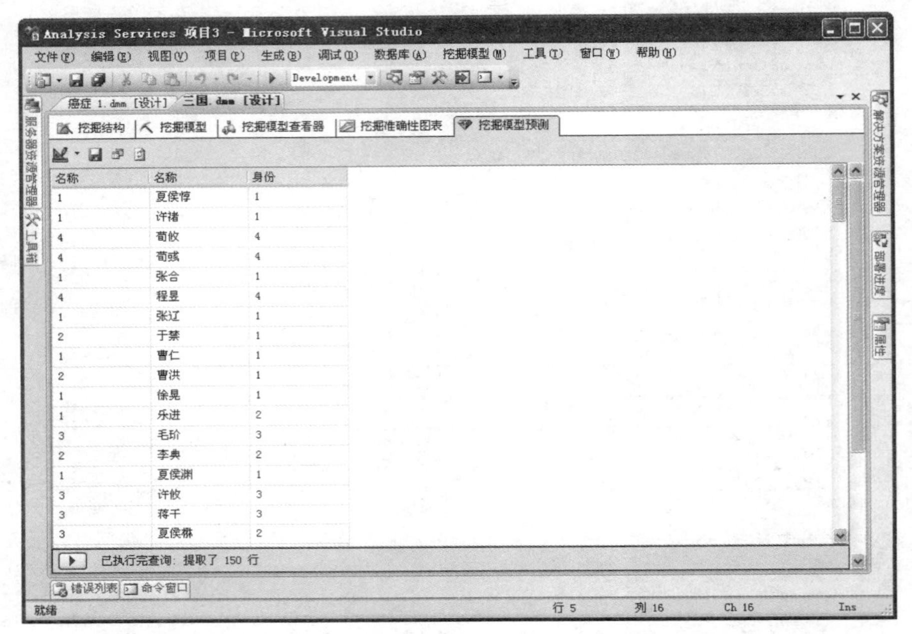

图 21-12 挖掘模型预测

CHAPTER

22

逻辑回归模型实例

22-1 回归模型实例一：肾细胞癌转移的回归模型

一、实例说明

某研究人员在进行肾细胞癌转移的有关临床病理因素研究中，收集了一批根治肾切除手术患者的肾癌标本资料，现从中抽取 26 例数据作为示例进行逻辑回归分析（本例选自《卫生统计学》（第四版）第 11 章），如表 22-1 所示。

表 22-1 肾癌标本资料

i	x1	x2	x3	x4	x5	y
1	59	2	43.4	2	1	0
2	36	1	57.2	1	1	0
3	61	2	190	2	1	0
4	58	3	128	4	3	1
5	55	3	80	3	4	1
6	61	1	94.4	2	1	0
7	38	1	76	1	1	0
8	42	1	240	3	2	0
9	50	1	74	1	1	0
10	58	3	68.6	2	2	0
11	68	3	132.8	4	2	0
12	25	2	94.6	4	3	1
13	52	1	56	1	1	0
14	31	1	47.8	2	1	0
15	36	3	31.6	3	1	1
16	42	1	66.2	2	1	0
17	14	3	138.6	3	3	1
18	32	1	114	2	3	0
19	35	1	40.2	2	1	0
20	70	3	177.2	4	3	1
21	65	2	51.6	4	4	1
22	45	2	124	2	4	0
23	68	3	127.2	3	3	1

续表

i	x1	x2	x3	x4	x5	y
24	31	2	124.8	2	3	0
25	58	1	128	4	3	0
26	60	3	149.8	4	3	1

其中变量说明如下；

i：标本编号；

x1：看诊时患者的年龄（岁）；

x2：肾细胞癌血管内皮生长因子（VEGF），其阳性表述由低到高共 3 个等级；

x3：肾细胞癌组织内微血管数（MV）；

x4：肾癌细胞核组织学分级，由低到高共 4 级；

x5：肾细胞癌分期，由低到高共 4 期；

y：肾细胞癌转移情况（有转移 y=1；无转移 y=0）。

二、分析过程

STEP 01 选中数据呈现方式“从现有关系数据库或数据仓库”单选按钮，如图 22-1 所示。

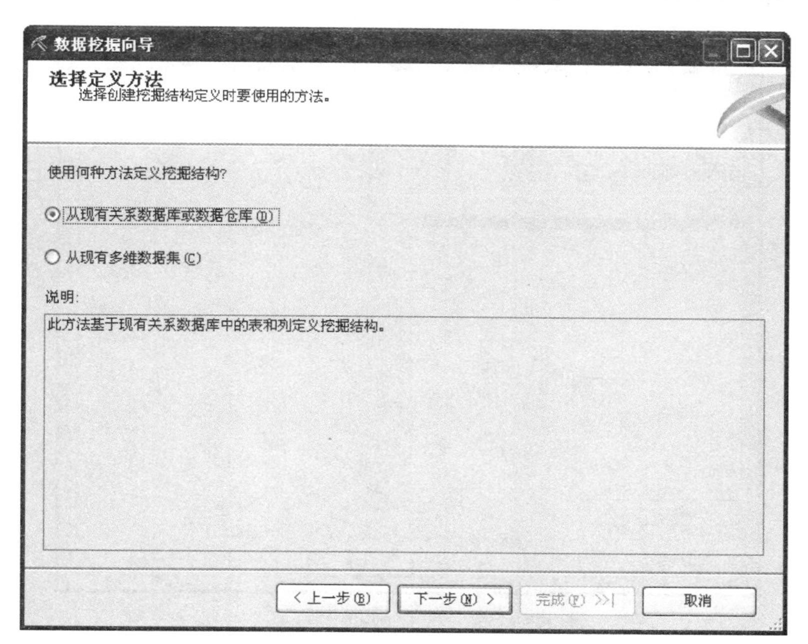

图 22-1　选择定义方法

STEP 02 选择“Microsoft 逻辑回归”，如图 22-2 所示。

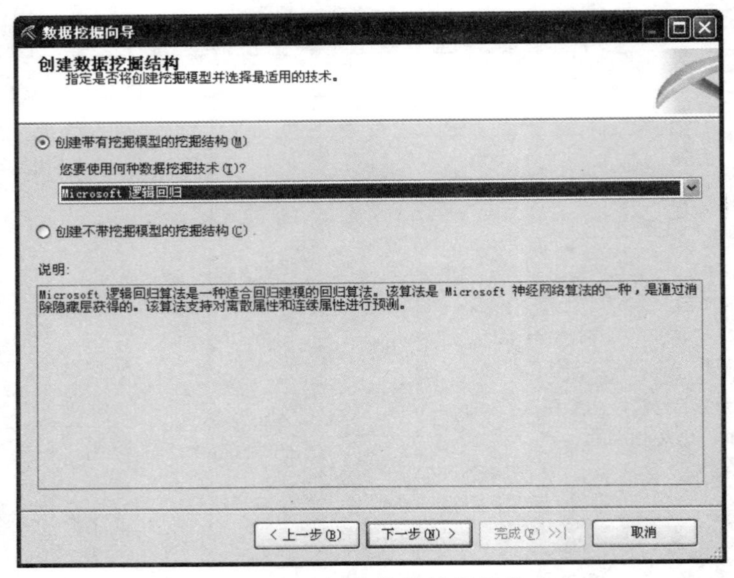

图 22-2　创建数据挖掘结构

STEP 03 确认数据库中的数据表，如图 22-3 所示。

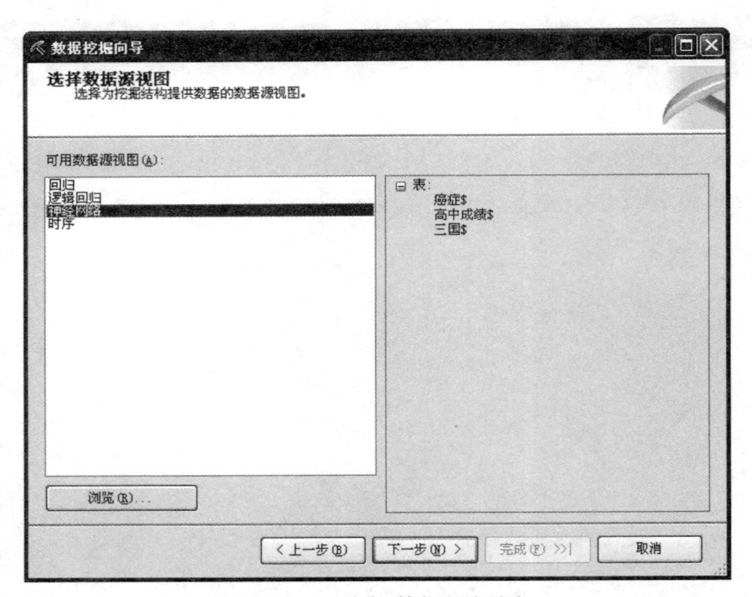

图 22-3　选择数据源视图

STEP 04 选择“癌症$”数据表进行分析，选中“事例”复选框，如图 22-4 所示。

STEP 05 选择变量，其中预测变量为“肾细胞癌转移情况”，输入变量为“患者的年龄（岁）”“肾细胞癌血管内皮生长因子（VEGF）”“肾细胞癌组织内微血管数

(MV)”“肾癌细胞核组织学分级”与“肾细胞癌分期”，如图 22-5 所示。

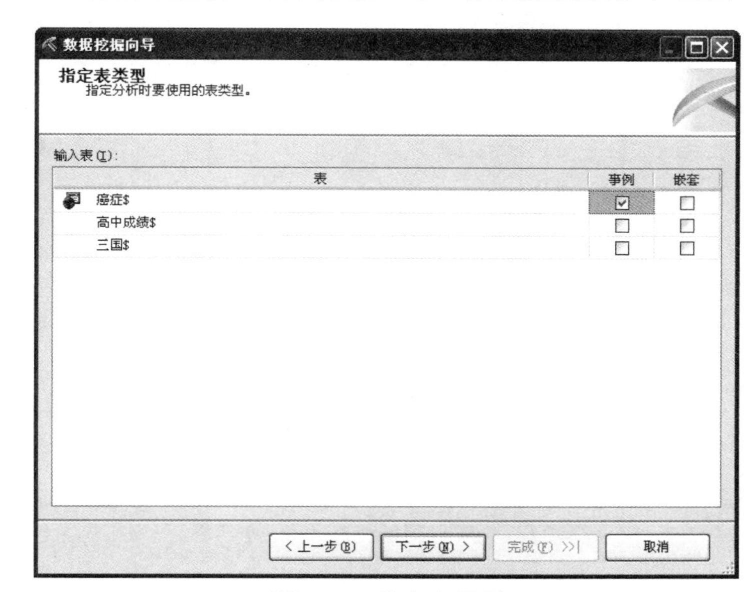

图 22-4　指定表类型

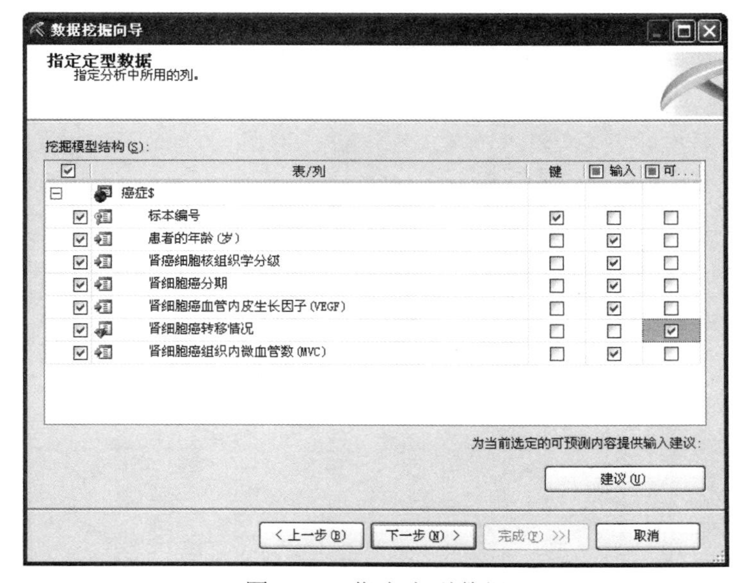

图 22-5　指定定型数据

STEP 06 确定变量的数据内容及数据类型，其中输入变量中“患者的年龄（岁）”“肾细胞癌组织内微血管数（MV）”为 Continuous，其他皆为 Discrete，如图 22-6 所示。

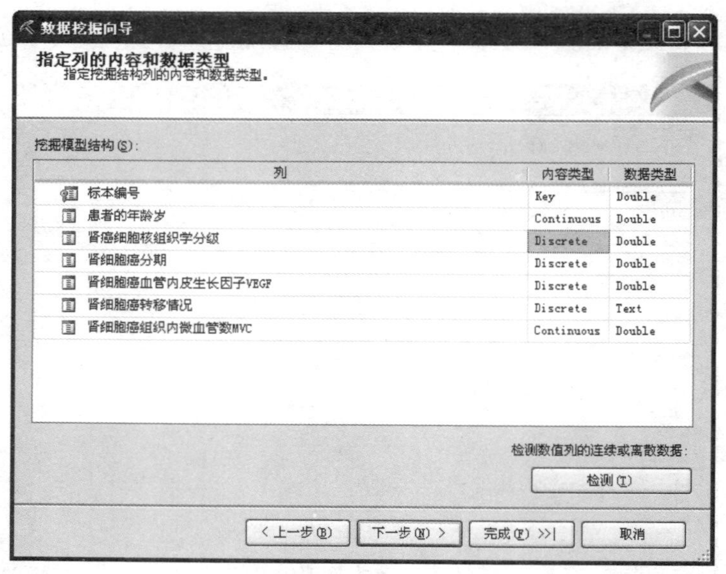

图 22-6　指定列的内容和数据类型

STEP 07 在此可选择测试数据的百分比，本事例中无测试数据，百分比选择“0”，如图 22-7 所示。

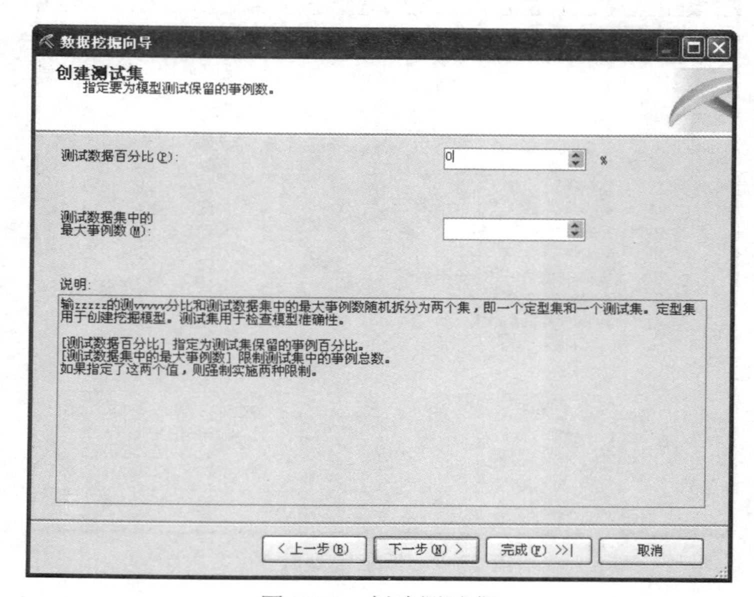

图 22-7　创建测试集

STEP 08 切换到“挖掘模型查看器”选项卡，所呈现的是概率值，即在对应的输入变量条件下，其预测变量所发生的概率，如图 22-8 所示。

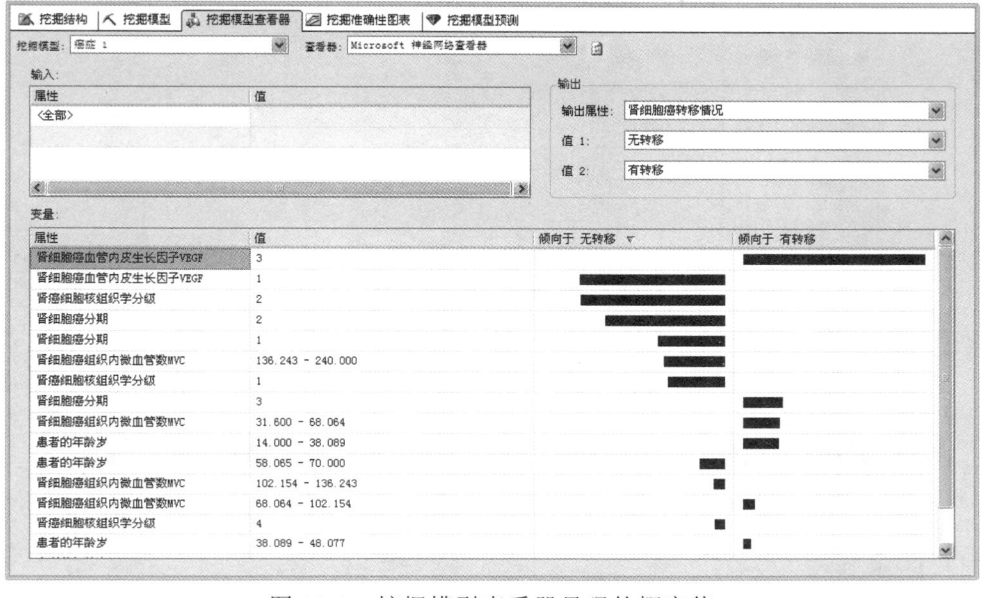

图 22-8　挖掘模型查看器呈现的概率值

STEP 09 根据挖掘准确度图表，红线越靠近蓝色表示越准确。此案例中原始模型（红线）与理想模型（蓝线）很接近，表示此模型准确度较高，如图 22-9 所示。

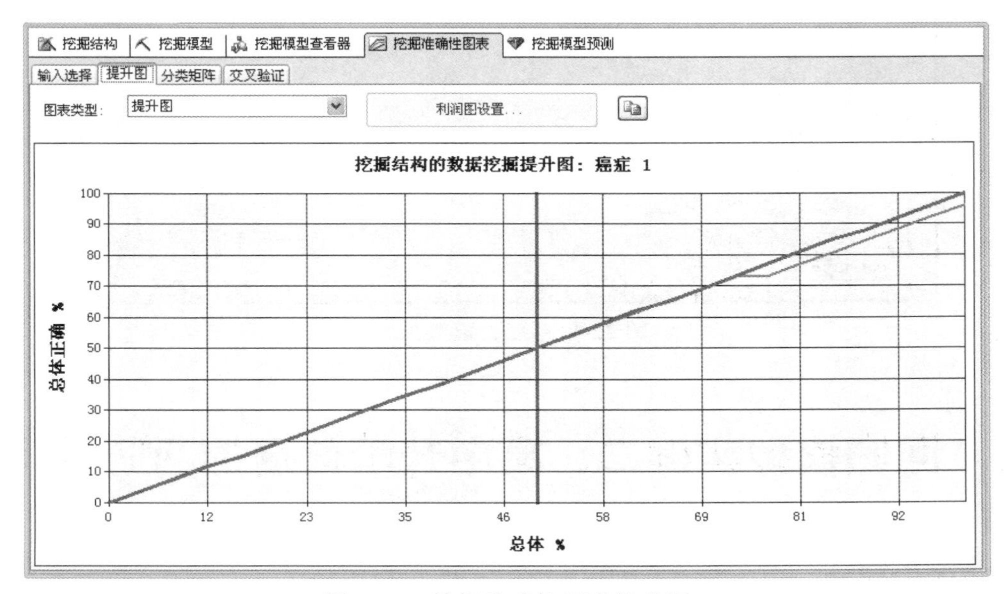

图 22-9　挖掘准确性图表提升图

STEP 10 再根据分类矩阵可以发现，建立的逻辑回归模型所预测结果与实际分类结果的预测正确率高达 96.15%，如图 22-10 所示。

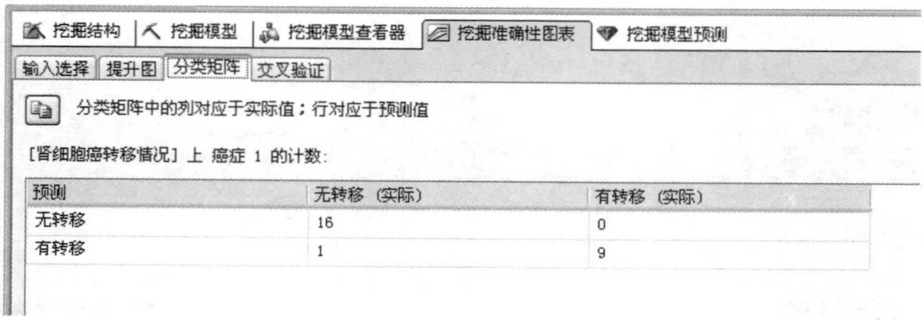
挖掘结构
挖掘模型
挖掘模型查看器
挖掘准确性图表
挖掘模型预测
输入选择
提升图
分类矩阵
交叉验证
分类矩阵中的列对应于实际值；行对应于预测值
[肾细胞癌转移情况] 上 癌症 1 的计数:
预测 无转移（实际） 有转移（实际）
无转移 16 0
有转移 1 9

图 22-10　挖掘准确性图表分类矩阵

STEP 11 根据逻辑回归模型，利用“挖掘模型预测”选项卡生成预测值，如图 22-11 所示。

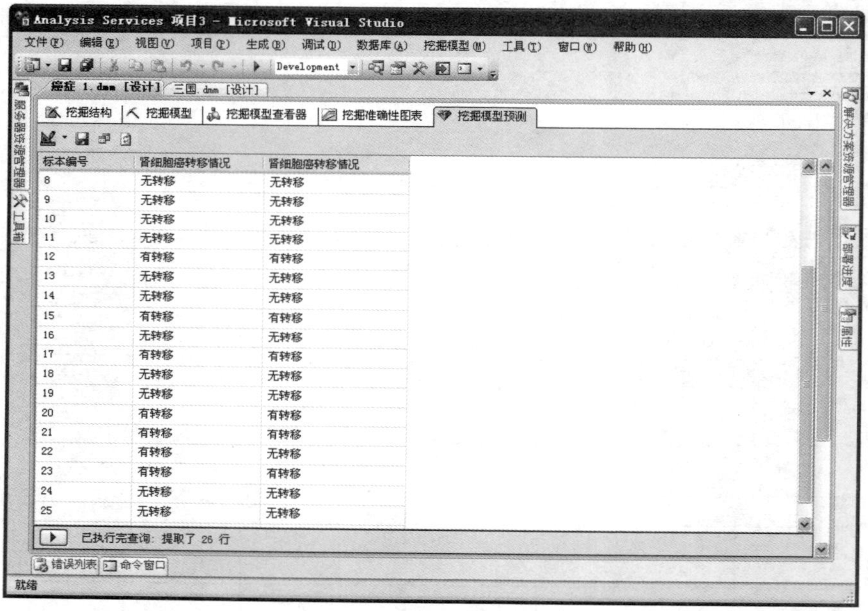
Analysis Services 项目3 - Microsoft Visual Studio
文件(F) 编辑(E) 视图(V) 项目(P) 生成(B) 调试(D) 数据库(A) 挖掘模型(M) 工具(T) 窗口(W) 帮助(H)
Development
癌症 1.dmm [设计]
三国.dmm [设计]
挖掘结构
挖掘模型
挖掘模型查看器
挖掘准确性图表
挖掘模型预测
标本编号 肾细胞癌转移情况 肾细胞癌转移情况
8 无转移 无转移
9 无转移 无转移
10 无转移 无转移
11 无转移 无转移
12 有转移 有转移
13 无转移 无转移
14 无转移 无转移
15 有转移 有转移
16 无转移 无转移
17 有转移 有转移
18 无转移 无转移
19 无转移 无转移
20 有转移 有转移
21 有转移 有转移
22 有转移 无转移
23 有转移 有转移
24 无转移 无转移
25 无转移 无转移
已执行完查询：提取了 26 行
错误列表
命令窗口
就绪
服务器资源管理器
工具箱
解决方案资源管理器
部署进度
属性

图 22-11　挖掘模型预测

22-2　回归模型实例二：高中升学数据的回归模型

一、实例说明

产生一组模拟高中生升学数据，共产生 1000 笔数据，其中变量有“高中类型”“大学考成绩”“是否录取”“高中平均成绩”和“性别”五个变量，如表 22-2 所示。

表 22-2　高中生升学资料

编号	高中类型	大学考成绩	是否录取	高中平均成绩	性别
1	普通高中	82.2	未考取大学	-1.5	女生
2	普通高中	91.8	考取大学	8.1	女生
3	普通高中	89.8	考取大学	6.1	女生
4	普通高中	87.3	考取大学	3.6	女生
5	普通高中	81.7	未考取大学	-2	女生
6	普通高中	79	未考取大学	-4.7	女生
7	普通高中	84.7	未考取大学	1	女生
8	普通高中	79.3	未考取大学	-4.4	女生
9	普通高中	78.4	未考取大学	-5.3	女生
10	普通高中	80.5	未考取大学	-3.2	女生

二、分析过程

STEP 01 选中数据呈现方式“从现有关系数据库或数据仓库”单选按钮，如图 22-12 所示。

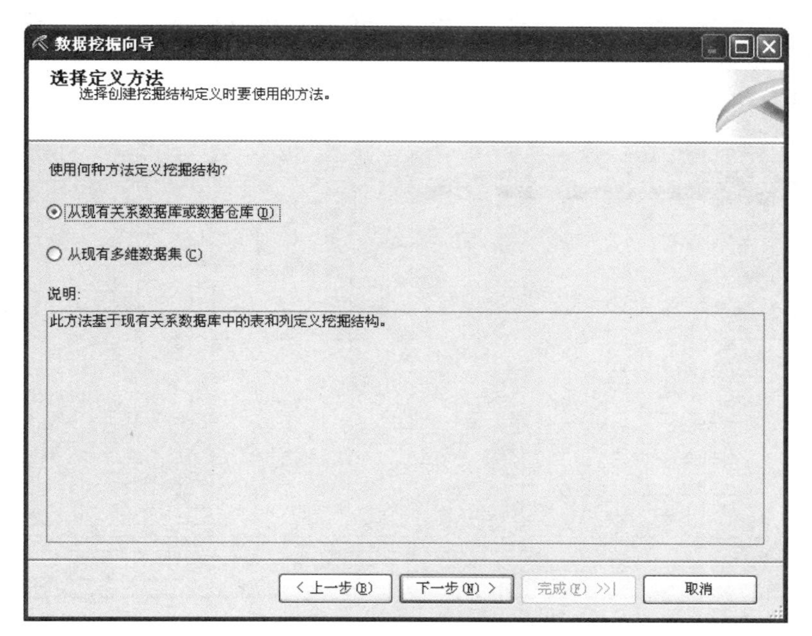

图 22-12　选择定义方法

STEP 02 选择“Microsoft 逻辑回归”，如图 22-13 所示。

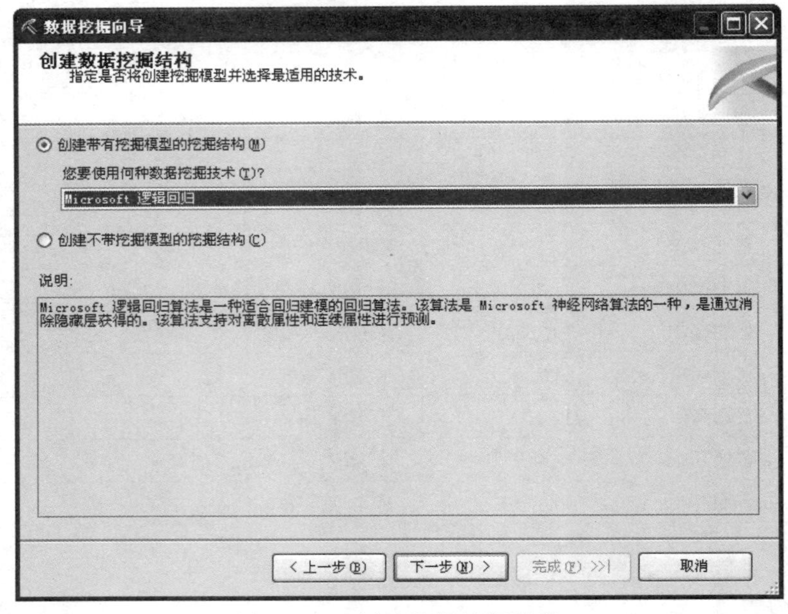

图 22-13　创建数据挖掘结构

STEP 03 确认数据库中的数据表，如图 22-14 所示。

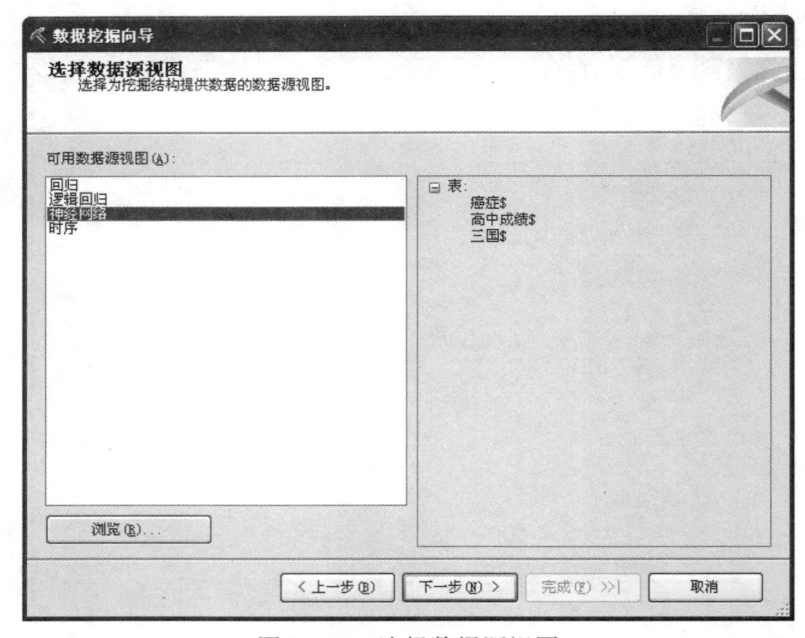

图 22-14　选择数据源视图

STEP 04 选择“高中成绩$”数据表进行分析，选中“事例”复选框，如图 22-15 所示。

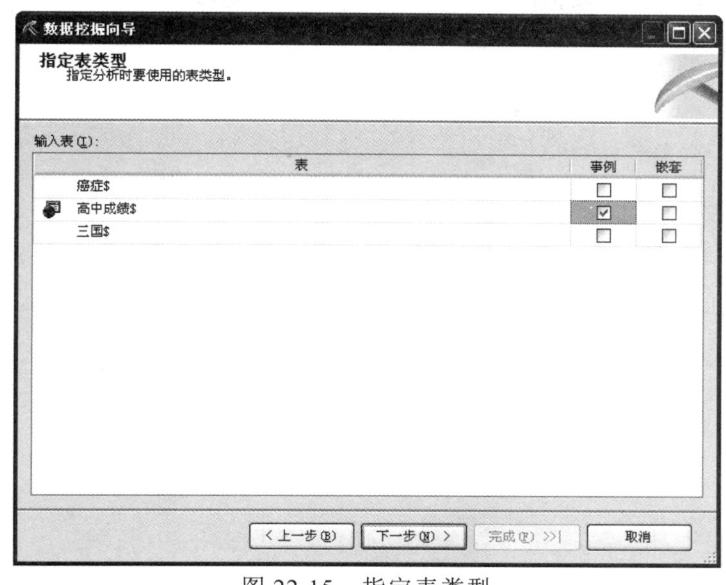

图 22-15 指定表类型

STEP 05 选择变量，其中预测变量为“是否录取”，输入变量为“大学考成绩”“性别”“高中平均成绩”与“高中类型”，如图 22-16 所示。

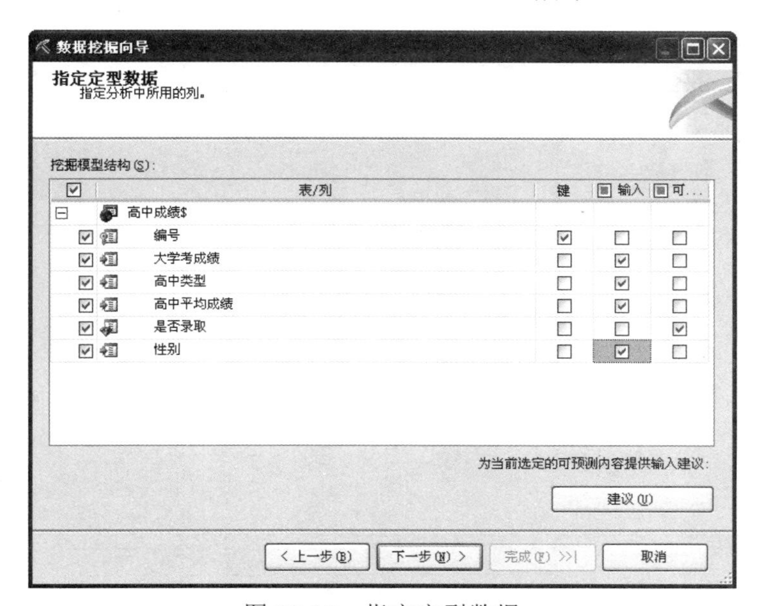

图 22-16 指定定型数据

STEP 06 要确定变量的数据内容以及数据类型，输入变量中“大学考成绩”“高中平均成绩”为 Continuous，其他皆为 Discrete，如图 22-17 所示。

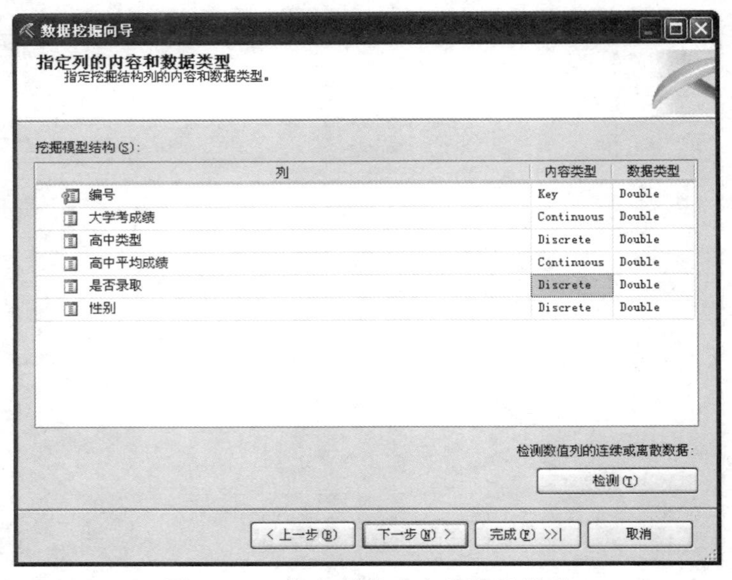

图 22-17　指定列的内容和数据类型

STEP 07 在此可选择测试数据的百分比，本事例中无测试数据，百分比选择“0”，如图 22-18 所示。

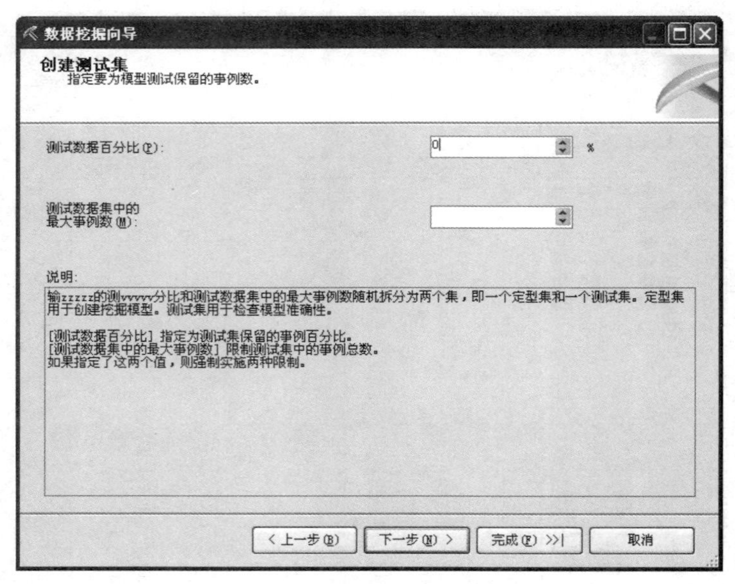

图 22-18　创建测试集

STEP 08 单击“挖掘模型查看器”选项卡，所呈现的是概率值，即在对应的输入变量条件下，其预测变量所发生的概率，如图 22-19 所示。

再根据分类矩阵可以发现，建立的逻辑回归模型所预测的结果与实际分类结果的预测正确率高达 81.2%，如图 22-20 所示。

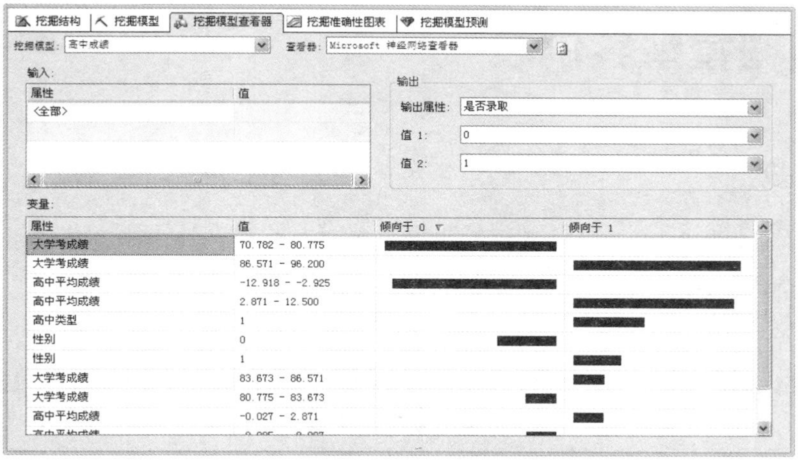

挖掘结构 | 挖掘模型 | 挖掘模型查看器 | 挖掘准确性图表 | 挖掘模型预测

挖掘模型：高中成绩　查看器：Microsoft 神经网络查看器

输入：

属性	值
<全部>	

输出

输出属性：是否录取

值 1：0

值 2：1

变量：

属性	值	倾向于 0	倾向于 1
大学考成绩	70.782 - 80.775		
大学考成绩	86.571 - 96.200		
高中平均成绩	-12.918 - -2.925		
高中平均成绩	2.871 - 12.500		
高中类型	1		
性别	0		
性别	1		
大学考成绩	83.673 - 86.571		
大学考成绩	80.775 - 83.673		
高中平均成绩	-0.027 - 2.871		
高中平均成绩	[illegible]		

图 22-19　挖掘模型查看器呈现的概率值

分类矩阵中的列对应于实际值；行对应于预测值

[是否录取] 上 高中成绩 的计数：

预测	0（实际）	1（实际）
0	591	111
1	74	224

图 22-20　分类矩阵建立的逻辑回归模型所预测的结果与实际分类结果

STEP 09 根据逻辑回归模型，利用“挖掘模型预测”选项卡产生预测值，如图 22-21 所示。

编号	是否录取	是否录取
1	0	0
2	1	1
3	1	1
4	0	1
5	0	0
6	0	0
7	0	0
8	0	0
9	0	0
10	0	0
11	0	0
12	0	0
13	0	0
14	0	0
15	0	1
16	0	0
17	0	0
18	0	0
19	0	0
20	0	0
21	0	0
22	0	0
23	0	0

图 22-21　根据逻辑回归模型产生的预测值

22-3 回归模型实例三

一、实例说明

根据三国志 4 代的武将能力资料，应用逻辑回归分析，找出不同国别的武将特性差异，如表 22-3 所示。

表 22-3 三国志 4 代的武将能力

名称	序列号码	统御	武力	智慧	政治	魅力	忠诚	国别	出身	身份
夏侯惇	1	94	96	62	56	78	99	1	1	1
许褚	2	83	97	26	16	68	89	1	1	1
荀攸	3	60	38	94	91	80	86	1	1	4
荀彧	4	64	35	97	90	84	80	1	1	4
张合	5	88	93	61	54	62	85	1	1	1
程昱	6	82	25	91	80	74	89	1	1	4
张辽	7	91	90	82	69	85	88	1	1	1
于禁	8	77	74	51	48	60	85	1	1	1
曹仁	9	79	83	61	58	68	95	1	1	1
曹洪	10	76	75	45	42	70	92	1	1	1
徐晃	11	84	95	48	37	61	88	1	1	1
乐进	12	68	79	44	32	75	88	1	1	2
毛玠	13	48	63	47	78	55	75	1	1	3
李典	14	70	72	46	38	55	86	1	1	2
夏侯渊	15	90	92	57	56	78	98	1	1	1
许攸	16	50	46	62	77	42	65	1	1	3
蒋干	17	31	22	22	26	13	66	1	1	3

二、分析过程

STEP 01 选中数据呈现方式“从现有关系数据库或数据仓库”单选按钮，如图 22-22 所示。

STEP 02 选择“Microsoft 逻辑回归”，如图 22-23 所示。

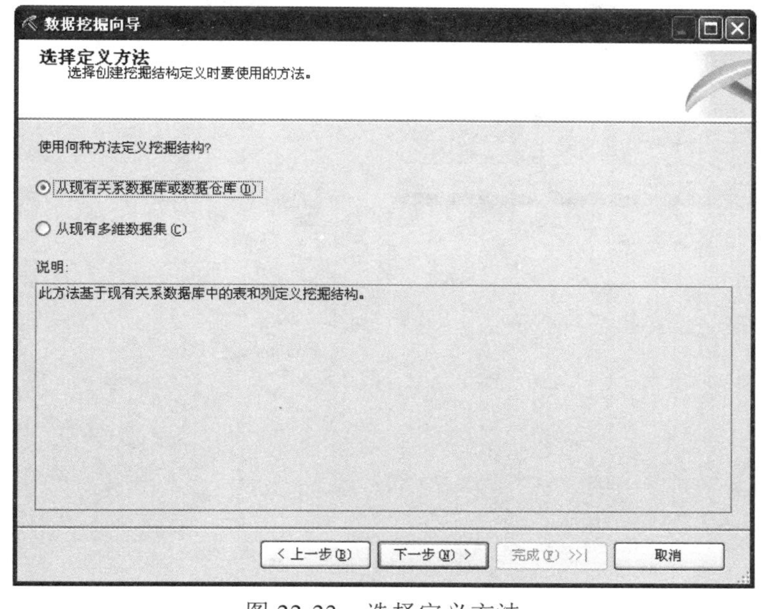

图 22-22　选择定义方法

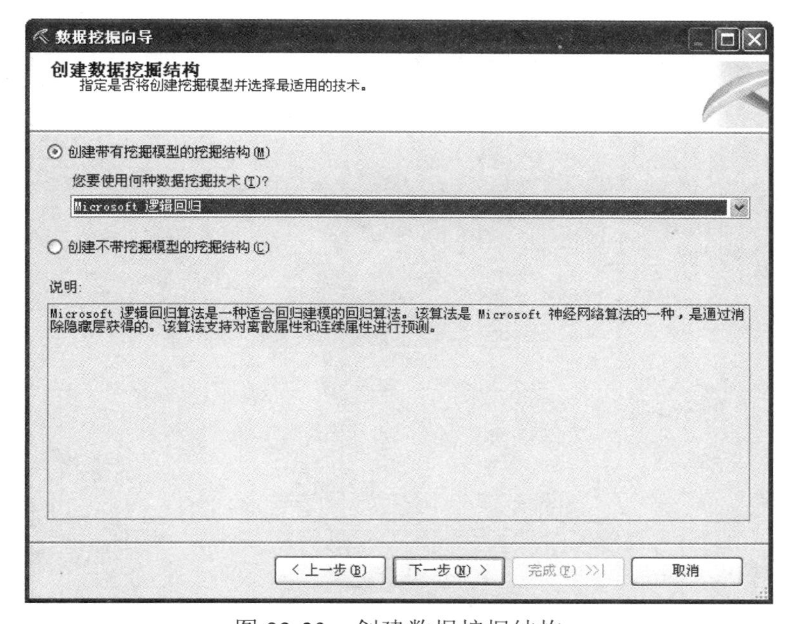

图 22-23　创建数据挖掘结构

STEP 03 确认数据库中的数据表，如图 22-24 所示。

STEP 04 选择“三国$”数据表进行分析，选中“事例”复选框，如图 22-25 所示。

STEP 05 选择变量，其中预测变量为“国别”，输入变量为“出身”“名称”“身份”“忠诚”“武力”“政治”“统御”“智慧”与“魅力”，如图 22-26 所示。

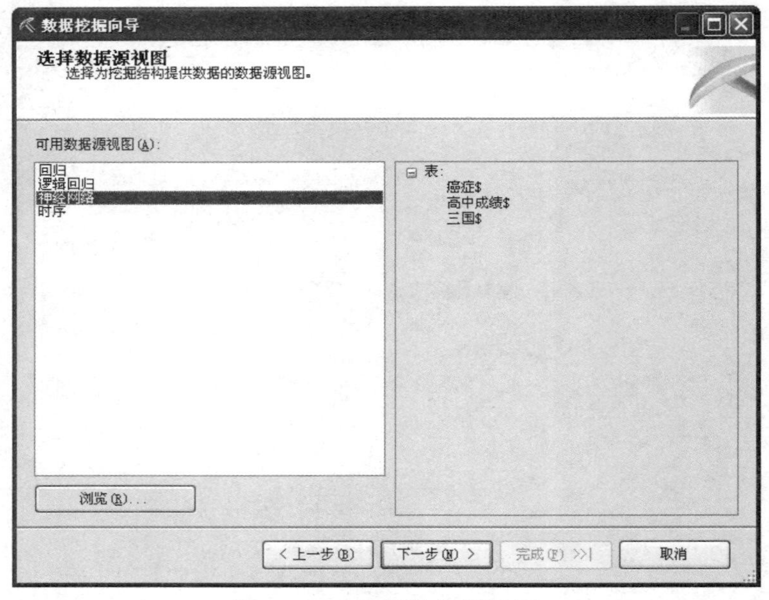

图 22-24　选择数据源视图

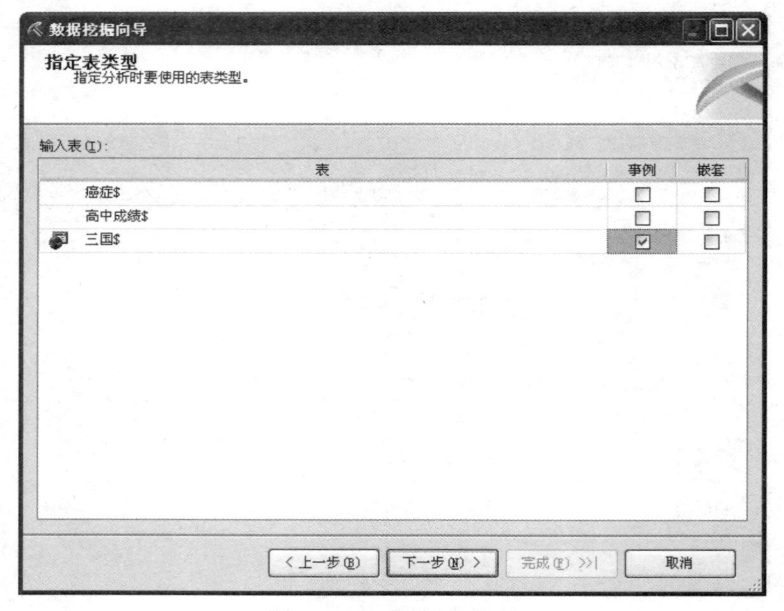

图 22-25　指定表类型

STEP 06 要确定变量的数据内容以及数据类型，其中输入变量“出身”“名称”“身份”为 Discrete，其他皆为 Continuous；预测变量为 Discrete；在此例中，国别为一分类变量，即不仅包含 0 和 1，还有 1，2，3，4，5，6，7，如图 22-27 所示。

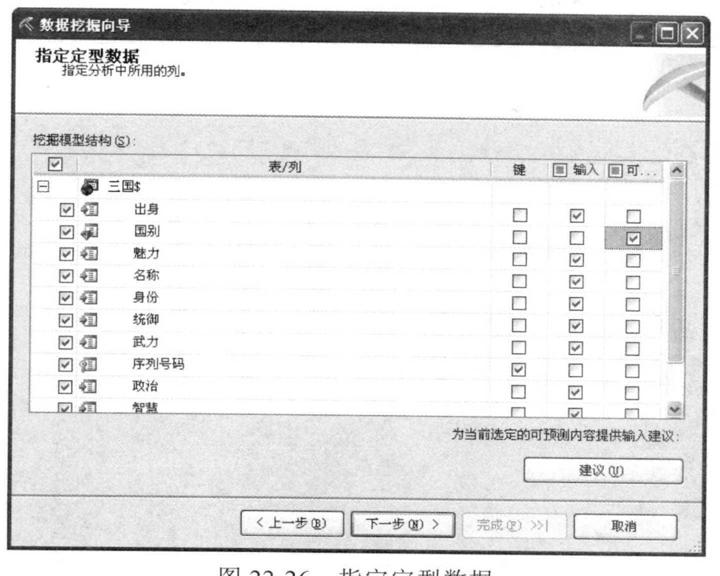

图 22-26　指定定型数据

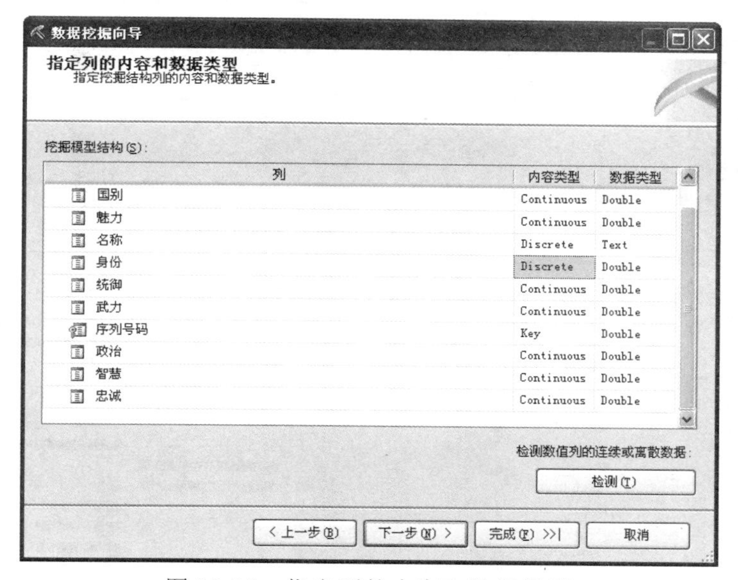

图 22-27　指定列的内容和数据类型

STEP 07 在此可选择测试数据的百分比，本事例中无测试数据，百分比选择“0”，如图 22-28 所示。

STEP 08 单击“挖掘模型查看器”选项卡，所呈现的是概率值，即在预测值中输入对应条件，计算其预测变量所发生的概率。图 22-29 显示国别为 1（曹魏）与 2（蜀汉）时，其对应概率值及其特性。

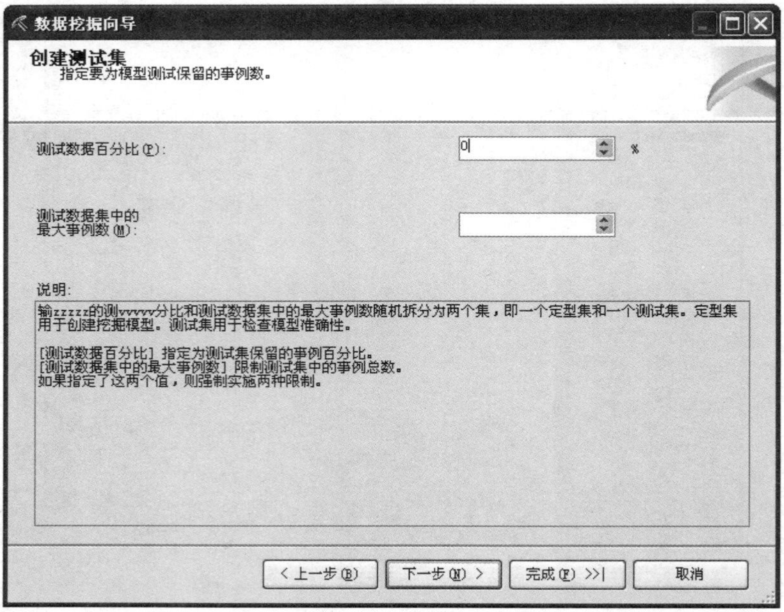

数据挖掘向导
创建测试集
指定要为模型测试保留的事例数。
测试数据百分比(P):
0
%
测试数据集中的
最大事例数(M):
说明:
输zzzzz的测vvvvvv分比和测试数据集中的最大事例数随机拆分为两个集，即一个定型集和一个测试集。定型集用于创建挖掘模型。测试集用于检查模型准确性。
[测试数据百分比] 指定为测试集保留的事例百分比。
[测试数据集中的最大事例数] 限制测试集中的事例总数。
如果指定了这两个值，则强制实施两种限制。
< 上一步(B)
下一步(N) >
完成(F) >>|
取消

图 22-28　创建测试集

挖掘结构
挖掘模型
挖掘模型查看器
挖掘准确性图表
挖掘模型预测
挖掘模型: 三国 1
查看器: Microsoft 神经网络查看器
输入:
属性
值
<全部>
输出
输出属性: 国别
值 1: 1
值 2: 2
变量:
属性
值
倾向于 1
倾向于 2
名称
法正
马超
曹叡
曹洪
满宠
费祎
陈登
曹植
司马师
刘禅
马谡
刘备
糜竺
廖化
毛玠

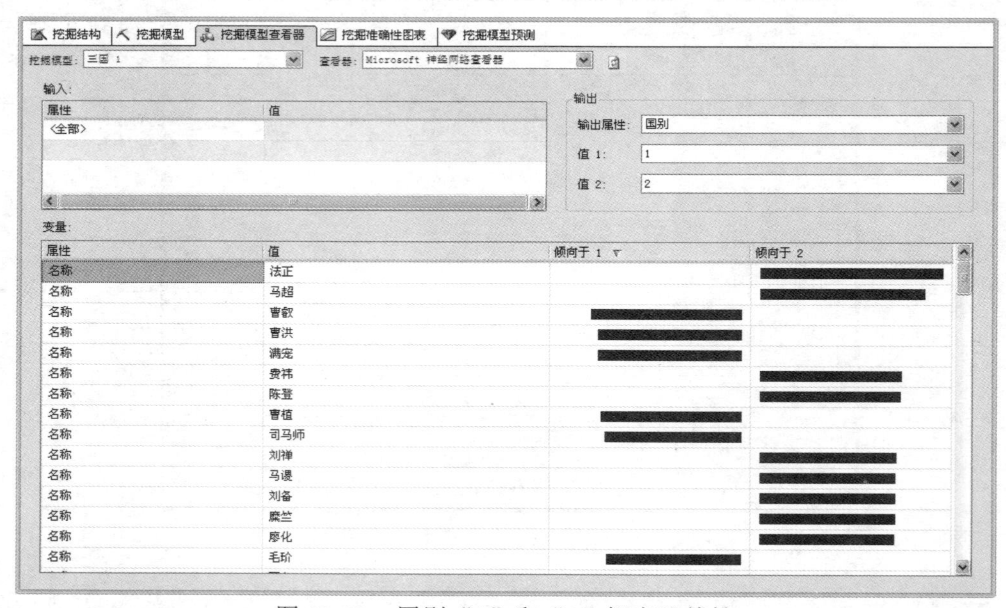

图 22-29　国别“1”和“2”概率及特性

针对国别为 1（曹魏）与 3（孙吴）进行比较，再通过所产生的概率值进一步分析“两国”间特性的差异，如图 22-30 所示。

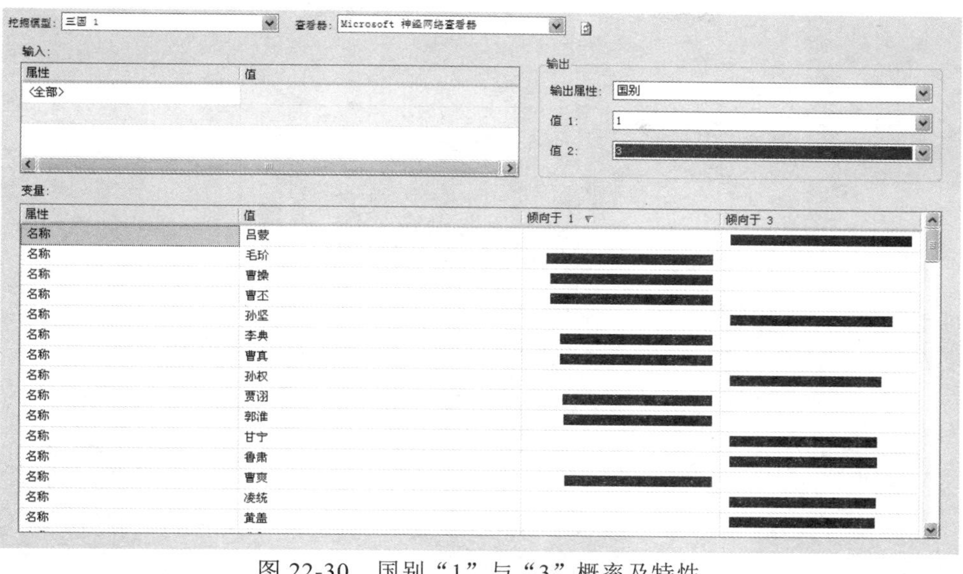

图 22-30　国别“1”与“3”概率及特性

CHAPTER

23

神经网络模型实例

23-1　实例一：肾细胞癌转移的神经网络模型

一、实例说明

某研究人员在进行肾细胞癌转移的有关临床病理因素研究中，收集了一批根治肾切除手术患者的肾癌标本资料，现从中抽取 26 例数据作为示例进行神经网络分析，如表 23-1 所示。

表 23-1　肾癌标本资料

i	x1	x2	x3	x4	x5	Y
1	59	2	43.4	2	1	0
2	36	1	57.2	1	1	0
3	61	2	190	2	1	0
4	58	3	128	4	3	1
5	55	3	80	3	4	1
6	61	1	94.4	2	1	0
7	38	1	76	1	1	0
8	42	1	240	3	2	0
9	50	1	74	1	1	0
10	58	3	68.6	2	2	0
11	68	3	132.8	4	2	0
12	25	2	94.6	4	3	1
13	52	1	56	1	1	0
14	31	1	47.8	2	1	0
15	36	3	31.6	3	1	1
16	42	1	66.2	2	1	0
17	14	3	138.6	3	3	1
18	32	1	114	2	3	0
19	35	1	40.2	2	1	0
20	70	3	177.2	4	3	1
21	65	2	51.6	4	4	1
22	45	2	124	2	4	0
23	68	3	127.2	3	3	1
24	31	2	124.8	2	3	0

续表

i	x1	x2	x3	x4	x5	Y
25	58	1	128	4	3	0
26	60	3	149.8	4	3	1

其中变量说明如下：

i：标本编号；

x1：看诊时患者的年龄（岁）；

x2：肾细胞癌血管内皮生长因子（VEGF），其阳性表述由低到高共 3 个等级；

x3：肾细胞癌组织内微血管数（MVC）；

x4：肾癌细胞核组织学分级，由低到高共 4 级；

x5：肾细胞癌分期，由低到高共 4 期；

y：肾细胞癌转移情况（有转移 y=1；无转移 y=0）。

二、分析过程

STEP 01 选中数据呈现方式“从现有关系数据库或数据仓库”单选按钮，如图 23-1 所示。

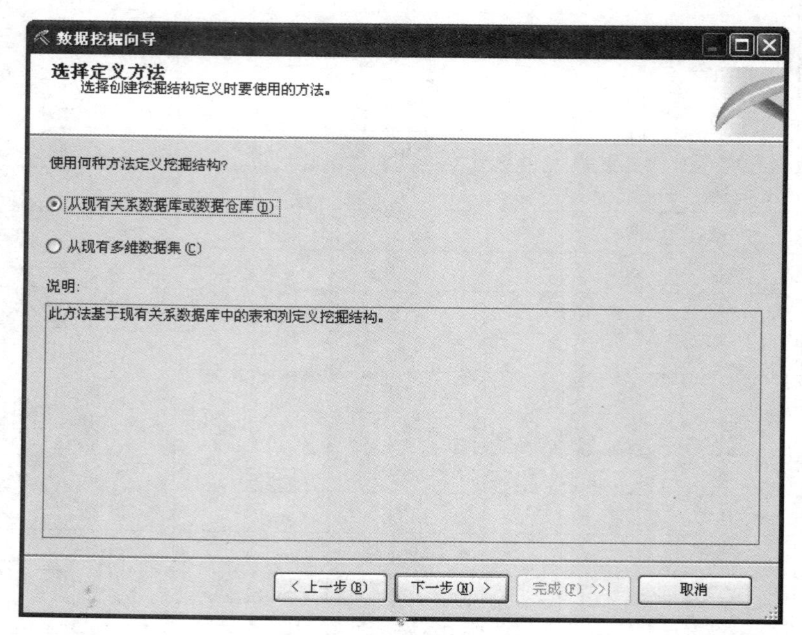

图 23-1　选择定义方法

STEP 02 选择“Microsoft 神经网络”，如图 23-2 所示。

STEP 03 确认数据库中的数据表，如图 23-3 所示。

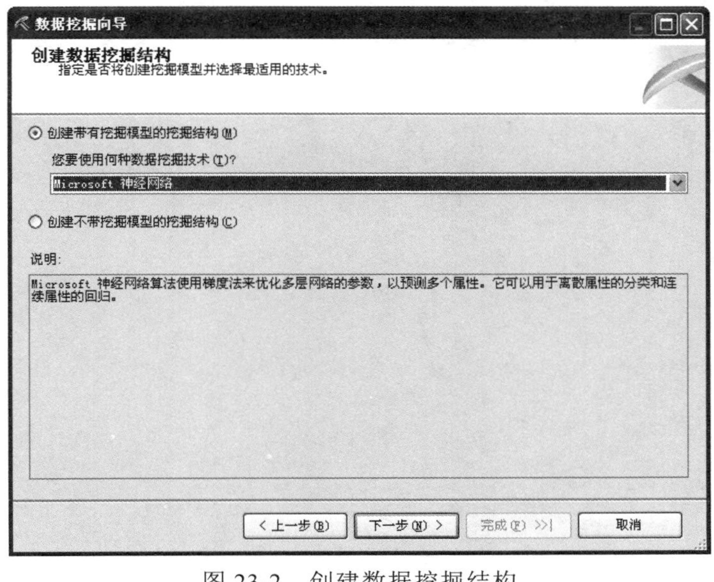

图 23-2　创建数据挖掘结构

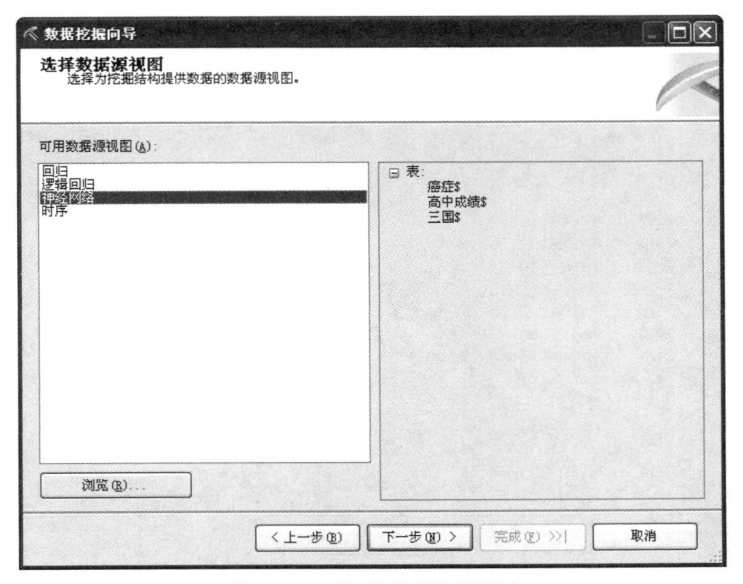

图 23-3　选择数据源视图

STEP 04 选择“癌症$”数据表进行分析，选中“事例”复选框，如图 23-4 所示。

STEP 05 选择变量，其中预测变量为“肾细胞癌转移情况”，输入变量为“患者的年龄（岁）”“肾细胞癌分期”“肾细胞癌血管内皮生长因子（VEGF）”“肾细胞癌组织内微血管数（MVC）”“肾癌细胞核组织学分级”与“肾细胞癌分期”，如图 23-5 所示。

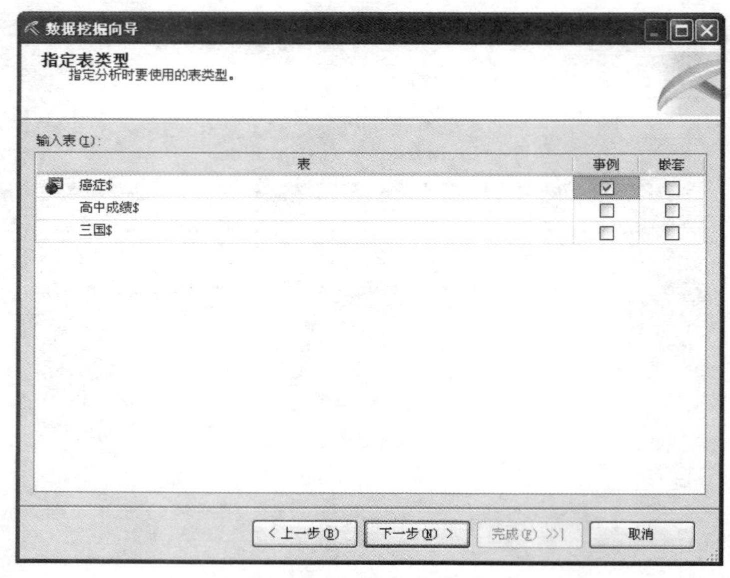

图 23-4　指定表类型

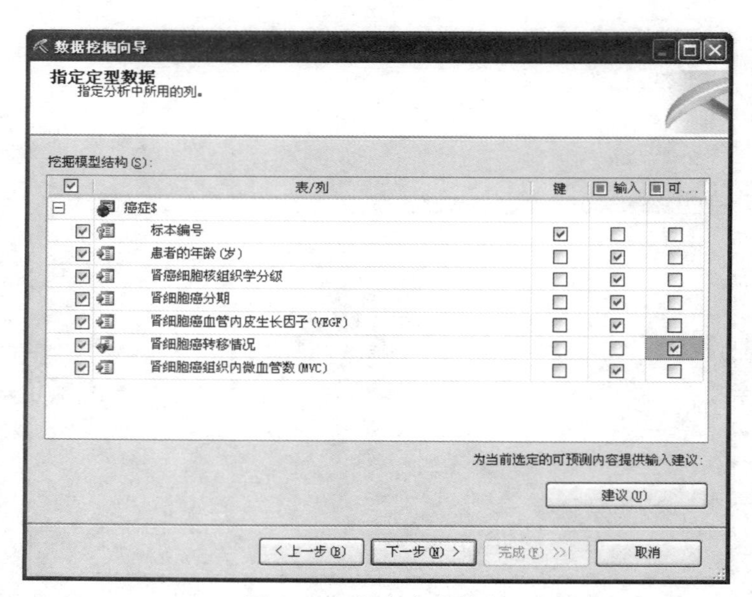

图 23-5　指定定型数据

STEP 06 要确定变量的数据内容以及数据类型，其中输入变量中只有“肾细胞癌组织内微血管数（MVC）”为 Continuous，其他皆为 Discrete，如图 23-6 所示。

STEP 07 在此可选择测试数据的百分比，本事例中无测试数据，百分比选择“0”，如图 23-7 所示。

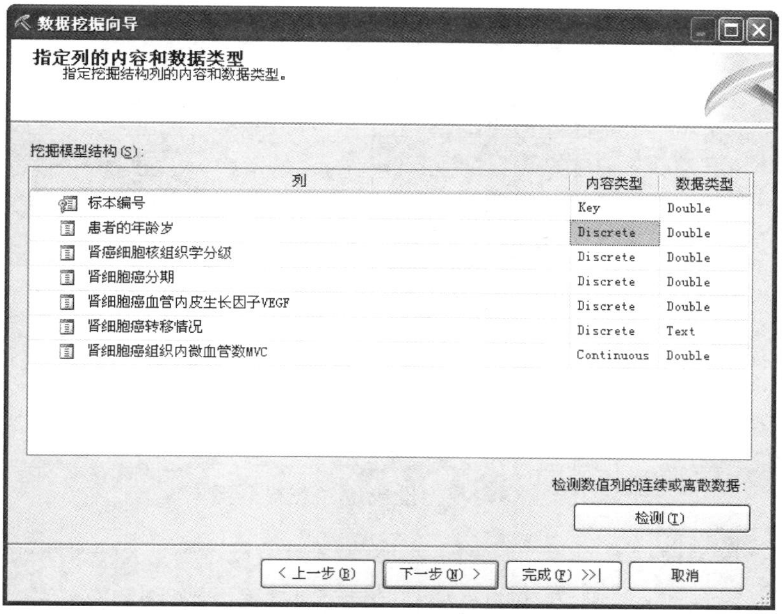

数据挖掘向导

指定列的内容和数据类型

指定挖掘结构列的内容和数据类型。

挖掘模型结构(S):

列	内容类型	数据类型
标本编号	Key	Double
患者的年龄岁	Discrete	Double
肾癌细胞核组织学分级	Discrete	Double
肾细胞癌分期	Discrete	Double
肾细胞癌血管内皮生长因子VEGF	Discrete	Double
肾细胞癌转移情况	Discrete	Text
肾细胞癌组织内微血管数MVC	Continuous	Double

检测数值列的连续或离散数据:

检测(T)

< 上一步(B)　下一步(N) >　完成(F) >>|　取消

图 23-6　指定列的内容和数据类型

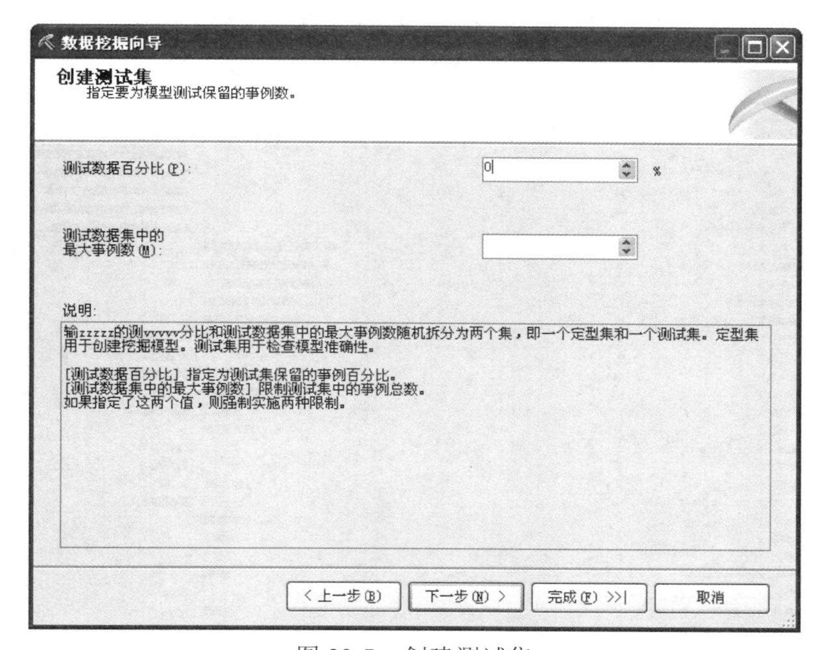

图 23-7　创建测试集

STEP 08 根据挖掘准确度图表，红线越靠近蓝色表示越准确。此事例中原始模型（红线）与理想模型（蓝线）并没有很靠近，表示此模型离理想模型还有一段距离，如图 23-8 所示。

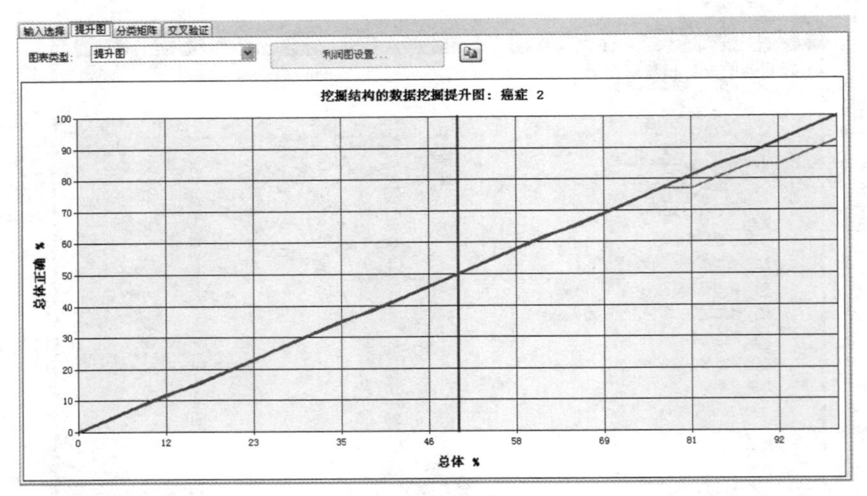

图 23-8 挖掘准确度图表提升图

STEP 09 单击“挖掘模型查看器”选项卡，所呈现的是概率值，即在对应的输入变量条件下，其预测变量所发生的概率，倾向于 1 表示肾癌细胞有转移，倾向于 0 表示肾癌细胞没有转移。从图 23-9 可以看出，肾癌细胞血管内皮生长因素 VEGF 值为 3，表示发生肾癌细胞转移的比例偏高；肾癌细胞血管内皮生长因素 VEGF 值为 1，表示发生肾癌细胞转移的比例较低。

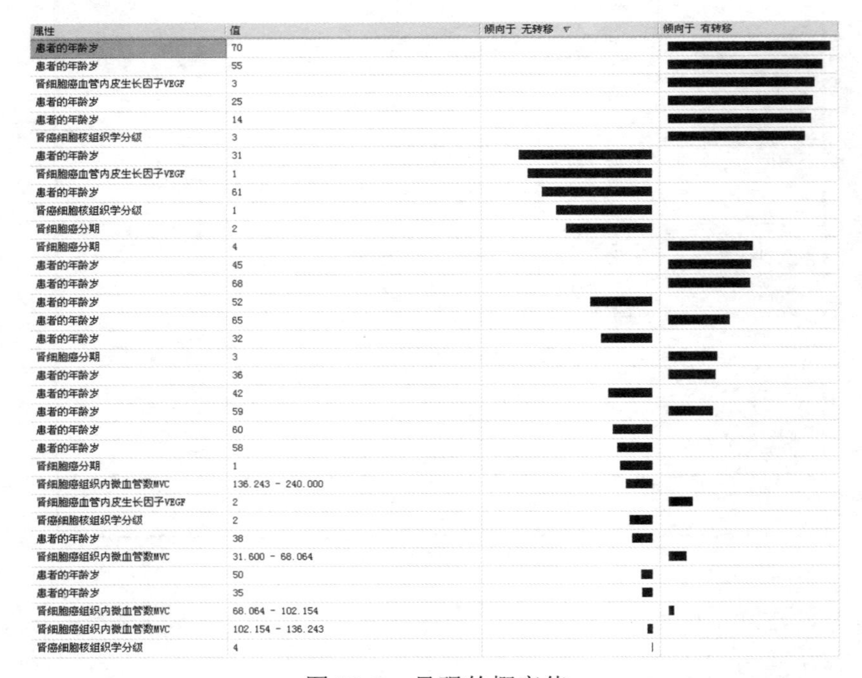

属性	值	倾向于 无转移	倾向于 有转移
患者的年龄岁	70		
患者的年龄岁	55		
肾细胞癌血管内皮生长因子VEGF	3		
患者的年龄岁	25		
患者的年龄岁	14		
肾癌细胞核組织学分级	3		
患者的年龄岁	31		
肾细胞癌血管内皮生长因子VEGF	1		
患者的年龄岁	61		
肾癌细胞核組织学分级	1		
肾细胞癌分期	2		
肾细胞癌分期	4		
患者的年龄岁	45		
患者的年龄岁	68		
患者的年龄岁	52		
患者的年龄岁	65		
患者的年龄岁	32		
肾细胞癌分期	3		
患者的年龄岁	36		
患者的年龄岁	42		
患者的年龄岁	59		
患者的年龄岁	60		
患者的年龄岁	58		
肾细胞癌分期	1		
肾细胞癌組织内微血管数MVC	136.243 - 240.000		
肾细胞癌血管内皮生长因子VEGF	2		
肾癌细胞核組织学分级	2		
患者的年龄岁	38		
肾细胞癌組织内微血管数MVC	31.600 - 68.064		
患者的年龄岁	50		
患者的年龄岁	35		
肾细胞癌組织内微血管数MVC	68.064 - 102.154		
肾细胞癌組织内微血管数MVC	102.154 - 136.243		
肾癌细胞核組织学分级	4		

图 23-9 呈现的概率值

STEP 10 再根据分类矩阵可以发现，所建立的类神经预测模型所预测结果与实际分类结果的预测正确率高达 84%，如图 23-10 所示。

分类矩阵中的列对应于实际值；行对应于预测值

[肾细胞癌转移情况] 上 癌症 2 的计数:

预测	无转移（实际）	有转移（实际）
无转移	15	0
有转移	2	9

图 23-10　分类矩阵建立的类神经预测模型所预测结果与实际分类结果

STEP 11 根据神经网络模型，利用“挖掘模型预测”选项卡产生预测值。可看出肾癌细胞转移的预测情形与实际情形，如图 23-11 所示。

标本编号	肾细胞癌转移...	肾细胞癌转移...
1	无转移	无转移
2	无转移	无转移
3	无转移	无转移
4	有转移	有转移
5	有转移	有转移
6	无转移	无转移
7	无转移	无转移
8	无转移	无转移
9	无转移	无转移
10	无转移	无转移
11	有转移	无转移
12	有转移	有转移
13	无转移	无转移
14	无转移	无转移
15	有转移	有转移
16	无转移	无转移
17	有转移	有转移
18	无转移	无转移
19	无转移	无转移
20	有转移	有转移
21	有转移	有转移
22	有转移	无转移
23	有转移	有转移
24	无转移	无转移
25	无转移	无转移
26	有转移	有转移

图 23-11　根据神经网络模型产生的预测值

23-2　实例二：电信行业神经网络模型

一、实例说明

通信产业属于垄断类产业，通信服务都以一家或几家独占的模式经营，由于产业中一家独大，使得消费者无从选择，通信产业中也不存在营销的问题。但通信产业放开之后将带来重大的改变，竞争的引入会提升业者的经营效率，也会使得通信服务价格降低，进一步刺激更广大的通信消费市场。然而，自由化与国际化为全球通信业务未来的发展趋势，通信产业将扮演提升整体竞争力与生产力的重要角色。我国通信服务市场将逐渐开放竞争，会造就通信产业战国时代的来临，当然原本独占经营的电信公司将面临严峻的挑战与考验。纵观我国地区通信产业自重组以来，移动电话市场的激烈竞争便从未间断过；而在各厂商的竞争中，市场持续呈现高度成长的状态。

由于各运营商相继投入各项新技术的研发，促使各厂家不断推出新产品以及各类型促销项目，使得我国移动电话市场的规模与日俱增且竞争日益激烈，而且手机持有者的年龄层逐年下降，充分显示出市场开发的潜力。各系统厂商都看好这次商机，全力强攻市场，成为近年来媒体广告上的热门议题，而原来掌握在卖方手中的市场主导权也将转到买方手中，变成顾客选择商品的时代，因此通信厂商如何提供多样化的服务以吸引顾客上门，也成为各厂商亟待重视的课题之一。

通信市场的开放，让顾客可以多样化地去选择所需的产品或服务。对顾客而言，将是一项利多，客户将真正成为“头家”，可以主导各项游戏规则的制定。倘若运营商不能完全满足客户的需求，将会失去客户的青睐，而移情别恋；同时客户因可以主控全局，而可以获得比以往更多的利益，例如更便宜的资费、更高质量及多样化的服务，以提高现有顾客的满意度及忠诚度，并进一步发掘潜在客户。由此可见，通信业中的电信服务，以移动电话的未来远景最为可观。

由于通信市场蓬勃发展，产业的开放也带动了我国通信产业的成长。在如此自由化的触动之下，衍生出的巨大商机成为目前的焦点，也因此通信产业的特性与营销策略的制定也跟着成为大家所关注的议题。移动电话通信频率与日俱增，顾客数据量庞大，因此，需通过数据挖掘（Data mining）技术配合相关的统计方法去分析数据并从中挖掘电信市场中的潜在顾客群，以提供给业者一盏明灯，指引电信相关业者未来决策与经营方向的参考。

本实例主要利用数据挖掘技术来为电信业带来更深入的信息，以提供在决策上的判断依据，更希望能在既有的数据库当中找出潜在顾客的存在。故利用统计抽样方法结合数据挖掘技术，以集群分析、判别分析等统计相关分析方法，针对样本数据进行相关分析，并建立区隔判别模型，将现有顾客数据加以分群，找出各群中不同特性的分布情形，以便从大量的顾客资料中发掘出通信产业中的潜在客户群，以提供相关信息给业者，并协助业者开发各种产品，以满足各式各样的顾客，由此提升市场占有率。

主要探讨主题有二，针对移动用户以及联通用户进行特性分析，根据顾客对系统服务以及信号覆盖两方面进行了解。其分析变量见表 23-2。

表 23-2 针对用户及顾客对系统服务及信号覆盖调查表

变量名称	变量名称
是否为移动用户	通话清晰满意度
是否为联通用户	计费方式合理度
哪家通信系统	服务效率满意度

续表

变量名称	变量名称
预付卡或月租	服务人员满意度
室内信号覆盖状况	整体服务满意度
室外信号覆盖状况	性别
郊外信号覆盖状况	年龄
车上信号覆盖状况	教育程度
有无换过号	籍贯
换过几次号	职业
上次属哪家系统	户籍

二、移动用户——分析过程

STEP 01 选中数据呈现方式“从现有关系数据库或数据仓库”单选按钮，如图 23-12 所示。

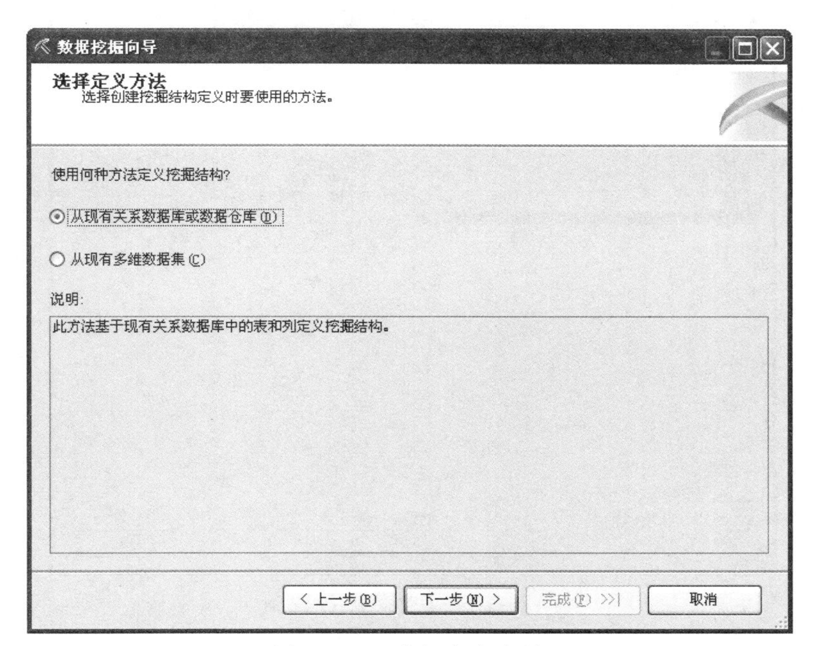

图 23-12　选择定义方法

STEP 02 选择“Microsoft 神经网络”，如图 23-13 所示。

STEP 03 确认数据库中的数据表，如图 23-14 所示。

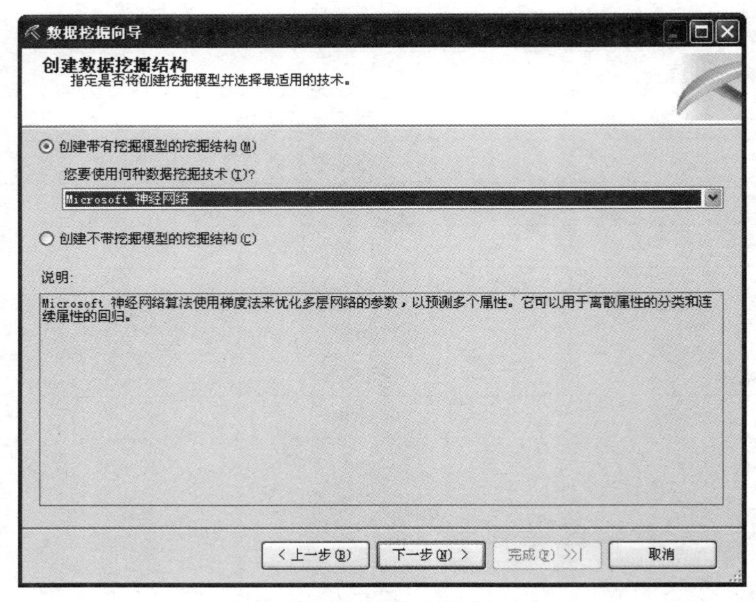

图 23-13 创建数据挖掘结构

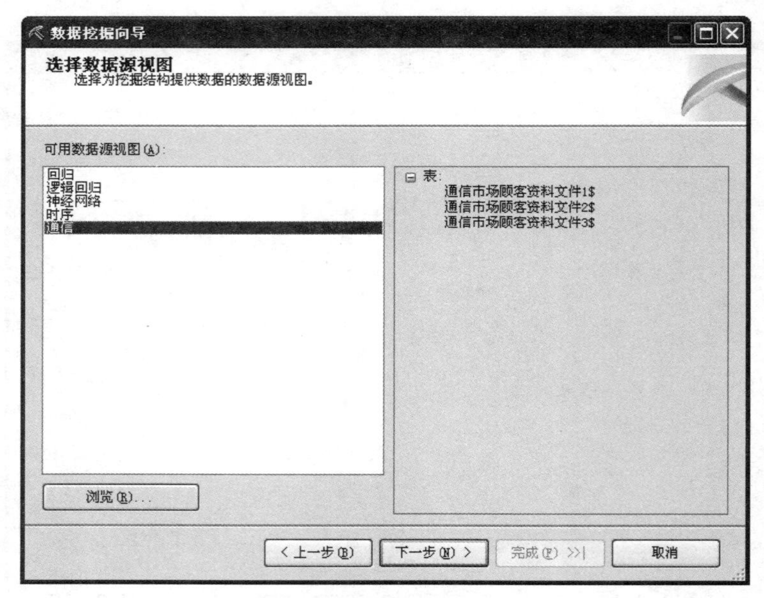

图 23-14 选择数据源视图

STEP 04 选择“通信市场顾客资料文件 1$”数据表进行分析，选中“事例”复选框，如图 23-15 所示。

STEP 05 选择变量，其中预测变量为“是否为移动用户”，输入变量主要为对系统服务满意度及信号状况两部分的变量，如图 23-16 所示。

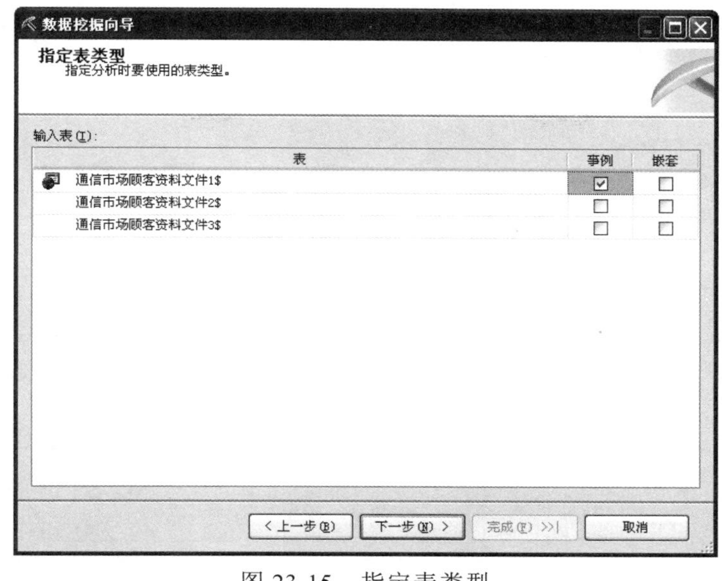

图 23-15　指定表类型

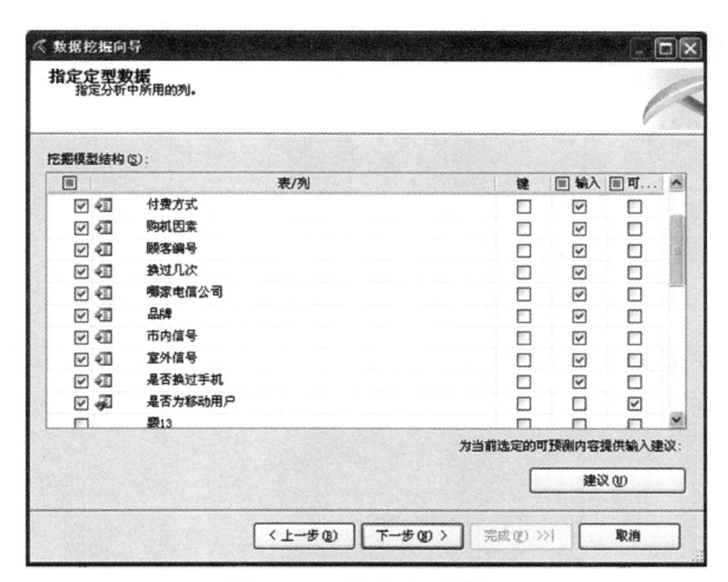

图 23-16　指定定型数据

STEP 06 要确定变量的数据内容以及数据类型，在此例中所有变量皆为 Discrete 类型，如图 23-17 所示。

STEP 07 在此可选择测试数据的百分比，本事例中无测试数据，百分比选择“0”，如图 23-18 所示。

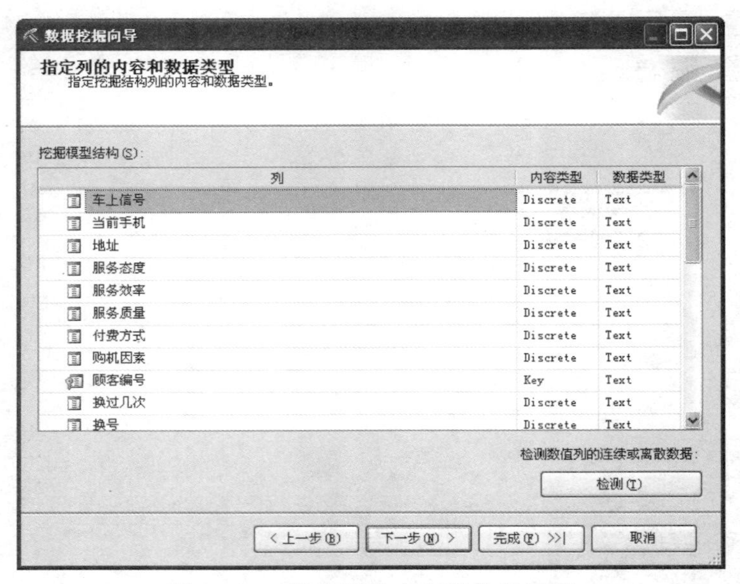

图 23-17 指定列的内容和数据类型

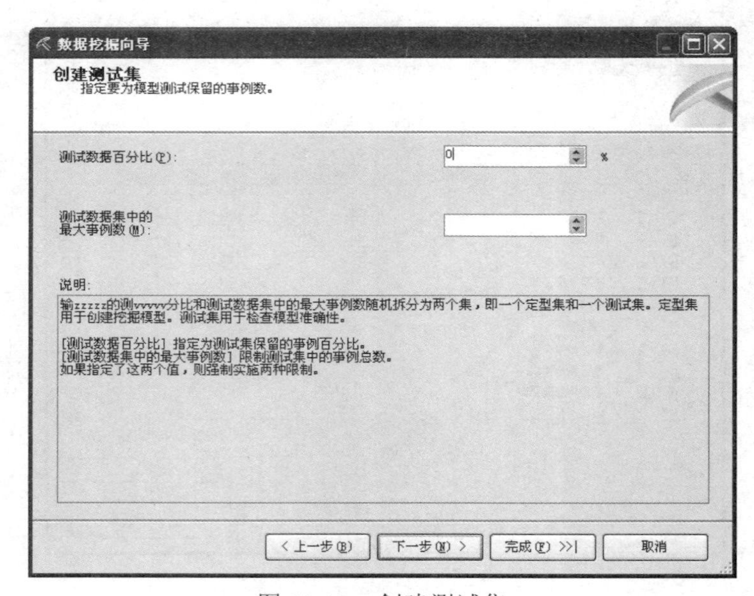

图 23-18 创建测试集

STEP 08 单击“挖掘模型查看器”选项卡，可以看出移动用户的特性及概率值，倾向于 1 为移动用户，倾向于 0 为非移动用户，如图 23-19 所示。

STEP 09 根据挖掘准确度图表，红线越靠近蓝色表示越准确。此事例中原始模型（红线）与理想模型（蓝线）并没有很靠近，表示此模型准确度离准确模型还有一段距离，如图 23-20 所示。

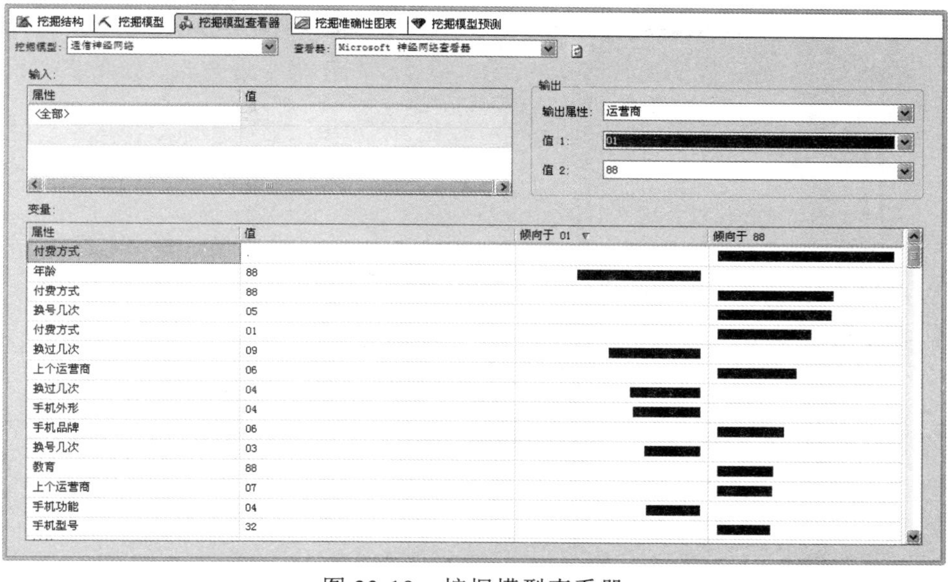

图 23-19　挖掘模型查看器

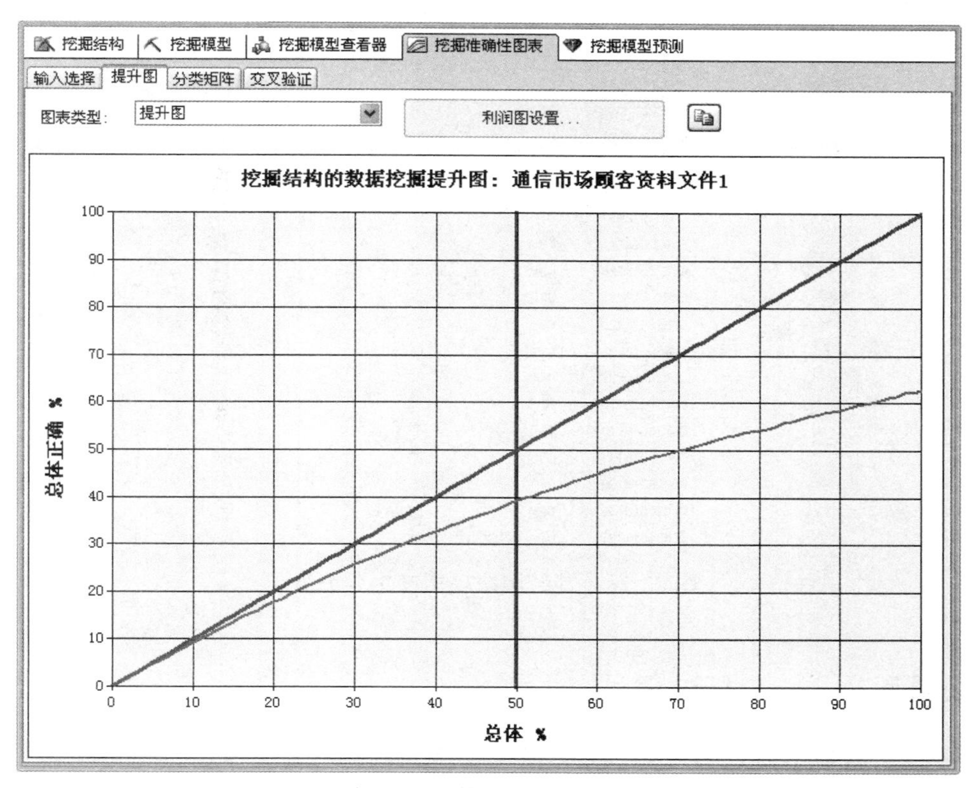

图 23-20　挖掘准确性图表

STEP 10 再根据分类矩阵可以发现，所建立的人工神经预测模型所预测结果与实际分类结果中，预测正确的笔数有 9506 笔，整体预测正确率为 80%，如图 23-21 所示。

预测	05（实际）	88（实际）
05	9339	56
88	0	167

图 23-21 分类距阵

STEP 11 根据神经网络模型，再利用“挖掘模型预测”选项卡产生预测值。首先，选择要输出的变量，如图 23-22 所示。

源	字段	别名	显示
通信市场顾客资...	顾客编号		☑
通信市场顾客资...	运营商		☑
通信神经网络	运营商		☑
			☐

图 23-22 产生预测值

再根据神经网络模型产生预测值，如图 23-23 所示。

顾客编号	运营商	运营商
CDMS0018689	02	02
CDMS0018690	04	02
CDMS0018691	02	02
CDMS0018692	02	02
CDMS0018693	05	05
CDMS0018697	01	02
CDMS0018711	88	02
CDMS0018720	02	02
CDMS0018721	02	02
CDMS0018723	02	07
CDMS0018726	05	05
CDMS0018727	04	03
CDMS0018728	02	02
CDMS0018730	02	02
CDMS0018734	03	03
CDMS0018735	07	05
CDMS0018736	02	02
CDMS0018737	01	02

图 23-23 神经网络模型产生预测值

三、联通用户——分析过程

STEP 01 选中数据呈现方式“从现有关系数据库或数据仓库”单选按钮，如图 23-24 所示。

STEP 02 选择“Microsoft 神经网络”，如图 23-25 所示。

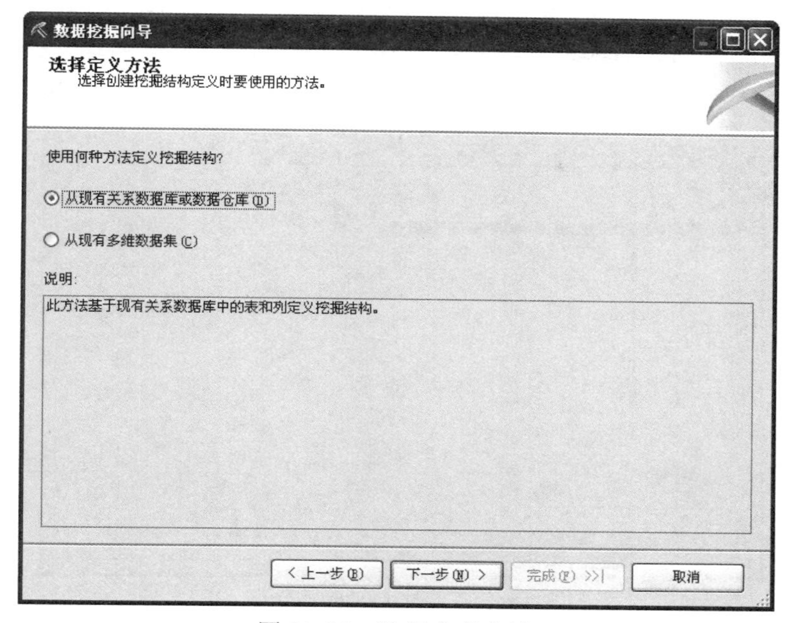

图 23-24　选择定义方法

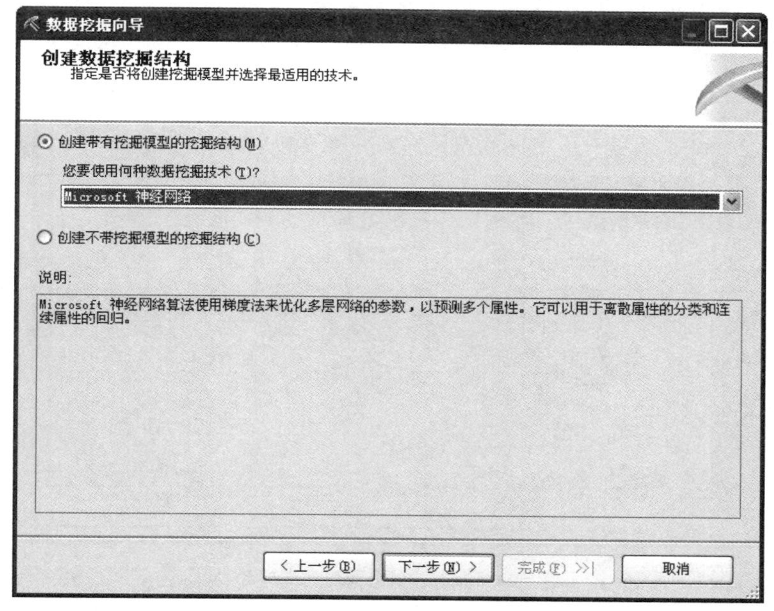

图 23-25　创建数据挖掘结构

STEP 03 确认数据库中的数据表，如图 23-26 所示。

STEP 04 选择数据表进行分析，选择“通信市场顾客资料文件 1$”，如图 23-27 所示。

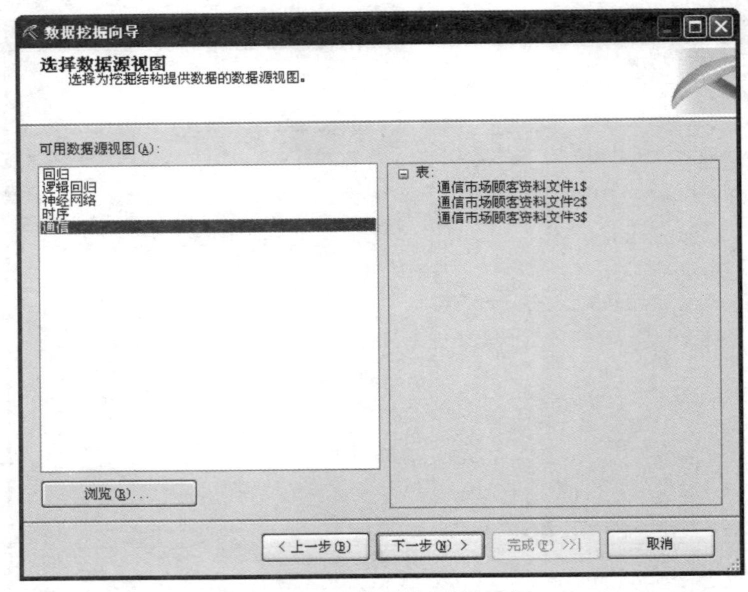

图 23-26 选择数据源视图

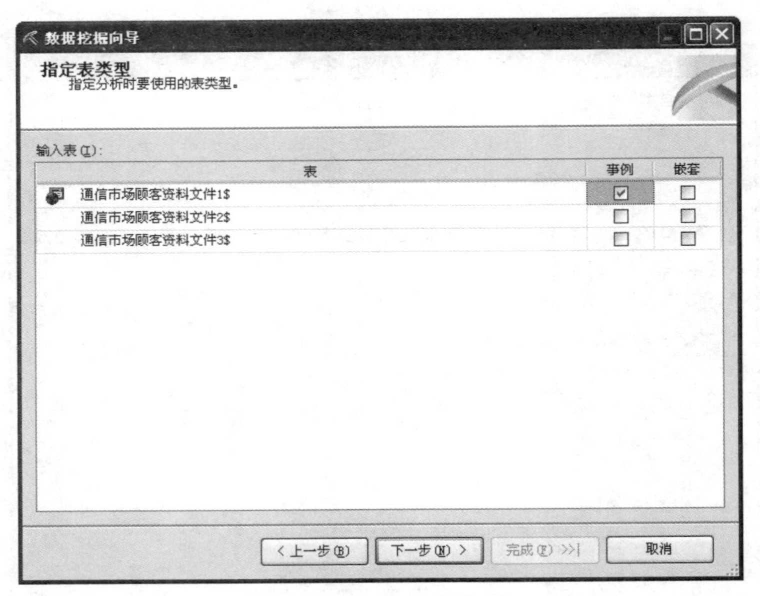

图 23-27 指定表类型

STEP 05 选择变量，其中预测变量为“运营商”，输入变量主要为对系统服务满意度及信号状况两部分的变量，如图 23-28 所示。

STEP 06 要确定变量的数据内容以及数据类型，在此例中所有变量皆为 Discrete 类型，如图 23-29 所示。

图 23-28　指定定型数据

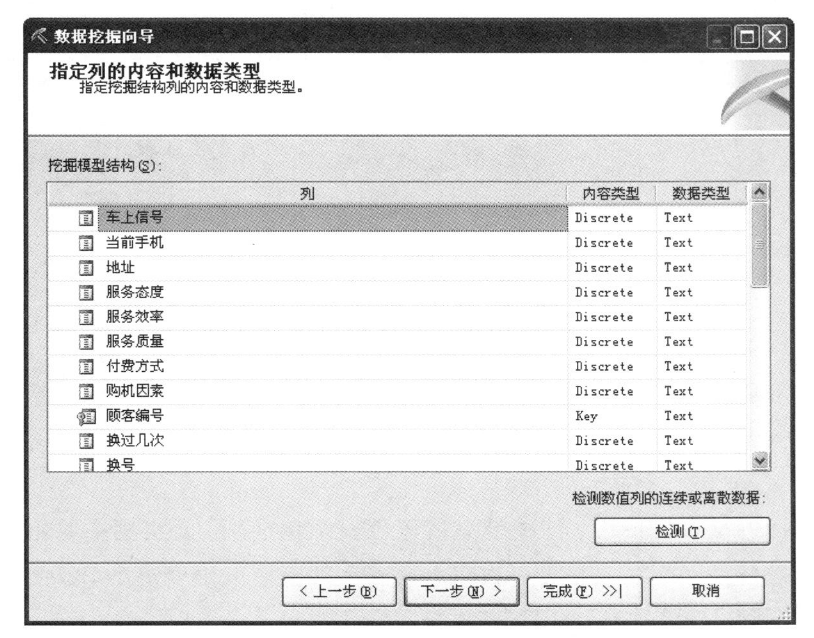

图 23-29　指定列的内容和数据类型

STEP 07 在此可选择测试数据的百分比，本事例中无测试数据，百分比选择“0”，如图 23-30 所示。

STEP 08 单击“挖掘模型查看器”选项卡，可以看出联通用户的特性及概率值，倾向于

05 为联通用户，倾向于 88 为非联通用户，上个运营商为 06 时联通用户概率较高，手机型号为 31 时联通用户概率较高，如图 23-31 所示。

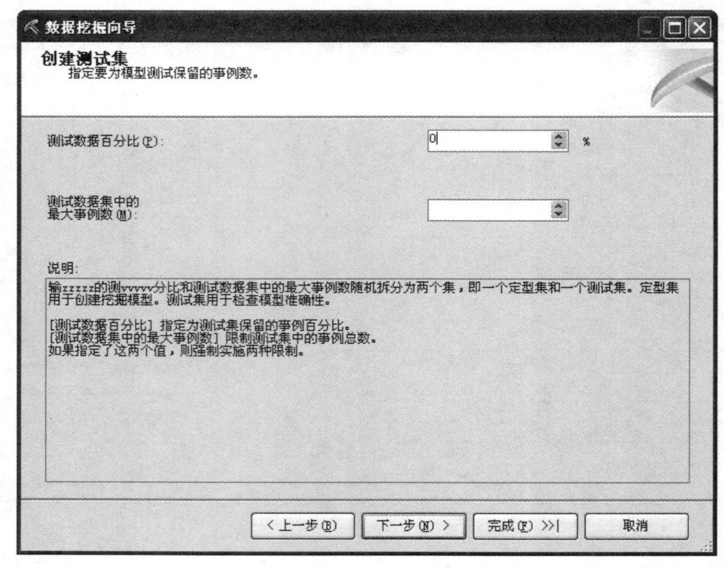

图 23-30 创建测试集

属性	值	倾向于 05	倾向于 88
室外信号	.		
室外信号	01		
职业	05		
车上信号	.		
地址	05		
换号几次	05		
手机型号	31		
职业	99		
室外信号	88		
地址	21		
郊外信号	.		
手机型号	.		
上个运营商	06		
手机型号	11		
换过几次	05		

图 23-31 实例

STEP 09 根据挖掘准确性图表，红线越靠近蓝色表示越准确。此实例中原始模型（红线）与理想模型（蓝线）并没有很靠近，表示此模型准确度离准确模型还有一段距离，如图 23-32 所示。

STEP 10 再根据分类矩阵可以发现，建立的神经预测模型所预测结果与实际分类结果中，预测正确的笔数有 11567 笔，整体预测正确率为 84.26%，如图 23-33 所示。

STEP 11 根据神经网络模型产生预测值，1 为联通用户，0 为非联通用户，如图 23-34 所示。

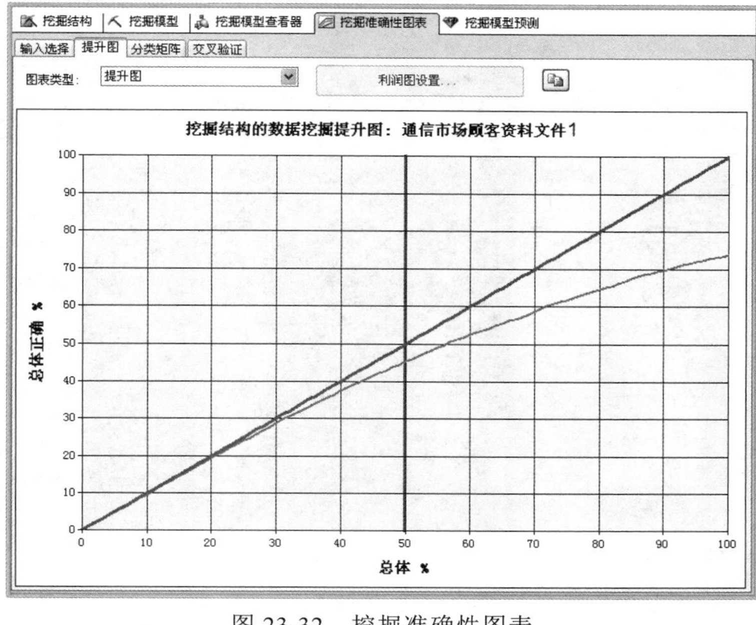

图 23-32　挖掘准确性图表

预测	05（实际）	88（实际）
05	11123	111
88	0	444

图 23-33　分类矩阵

顾客编号	运营商	运营商
CDMS0018689	02	02
CDMS0018690	04	02
CDMS0018691	02	02
CDMS0018692	02	02
CDMS0018693	05	05
CDMS0018697	01	02
CDMS0018711	88	02
CDMS0018720	02	05
CDMS0018721	02	02
CDMS0018723	02	02
CDMS0018726	05	02
CDMS0018727	04	04
CDMS0018728	02	02
CDMS0018730	02	02
CDMS0018734	03	03
CDMS0018735	07	07
CDMS0018736	02	02
CDMS0018737	01	02
CDMS0018738	02	02
CDMS0018739	03	03
CDMS0018740	07	07
CDMS0018741	06	06
CDMS0018743	03	02

图 23-34　神经网络模型产生预测值

CHAPTER

24

时序模型实例

24-1　实例一：电力负载的时序模型

一、实例说明

电力为经济发展的基础，用电需求与国家经济发展有着密不可分的关系。我国在经济发展与国内生产总值持续增长的环境下，用电需求也相对大幅增加，近年来随着人们生活水平的不断提高和全球气候环境的不稳定变化，也间接成为了用电量大增的催化剂，如何有效且实时评估预测未来用电负荷，并通过预测信息，整合整体电力使用规划和开发电源计划，便成为相关单位须重视的课题。

利用我国某地区 2001 年－2004 年电力负载月数据，其中包含供电量、平均负载以及高峰负载三变量，通过 SQL Analysis Services 所提供的数据挖掘功能建立时序预测模型，表 24-1 所示为供电量月资料。

表 24-1　供电量月资料

月数据	供电量（十亿）	平均负载（百万）	高峰负载（百万）	月数据	供电量（十亿）	平均负载（百万）	高峰负载（百万）
01-01	12.5	14.8	19.6	03-01	14.5	16.9	20.4
01-02	12.4	16.3	19.8	03-02	12.7	16.6	21.1
01-03	14.2	16.8	20.4	03-03	14.9	17.7	21.5
01-04	14.0	17.2	21.9	03-04	15.5	19.1	23.7
01-05	15.7	19.1	24.0	03-05	16.7	19.9	25.0
01-06	16.0	20.1	25.5	03-06	16.8	20.7	26.2
01-07	17.2	20.9	26.2	03-07	19.9	23.9	28.6
01-08	17.9	21.8	26.3	03-08	19.4	23.2	28.1
01-09	15.1	18.5	23.4	03-09	18.0	22.1	27.2
01-10	15.0	17.8	22.0	03-10	16.8	19.9	25.3
01-11	13.7	16.8	21.0	03-11	15.7	19.3	23.7
01-12	13.8	16.4	20.4	03-12	15.6	18.5	22.2
02-01	13.8	16.4	20.3	04-01	14.7	17.3	22.1
02-02	11.8	15.4	19.6	04-02	14.7	18.5	22.1
02-03	14.7	17.3	20.8	04-03	16.1	18.8	23.0
02-04	15.2	18.5	23.5	04-04	16.2	19.6	25.2
02-05	16.5	19.6	23.9	04-05	18.4	21.8	27.1

续表

月数据	供电量（十亿）	平均负载（百万）	高峰负载（百万）	月数据	供电量（十亿）	平均负载（百万）	高峰负载（百万）
02-06	16.9	21.0	27.1	04-06	18.6	22.7	28.8
02-07	18.2	21.8	26.5	04-07	19.9	23.6	28.8
02-08	18.4	22.0	26.9	04-08	19.9	23.7	28.8
02-09	16.4	20.2	25.0	04-09	18.5	22.5	29.0
02-10	16.1	19.2	23.8	04-10	17.1	20.0	25.9
02-11	14.6	17.9	21.8	04-11	16.4	20.0	24.7
02-12	14.9	17.5	21.9	04-12	16.3	19.1	23.5

二、分析过程

STEP 01 选中数据呈现方式“从现有关系数据库或数据仓库”单选按钮，如图 24-1 所示。

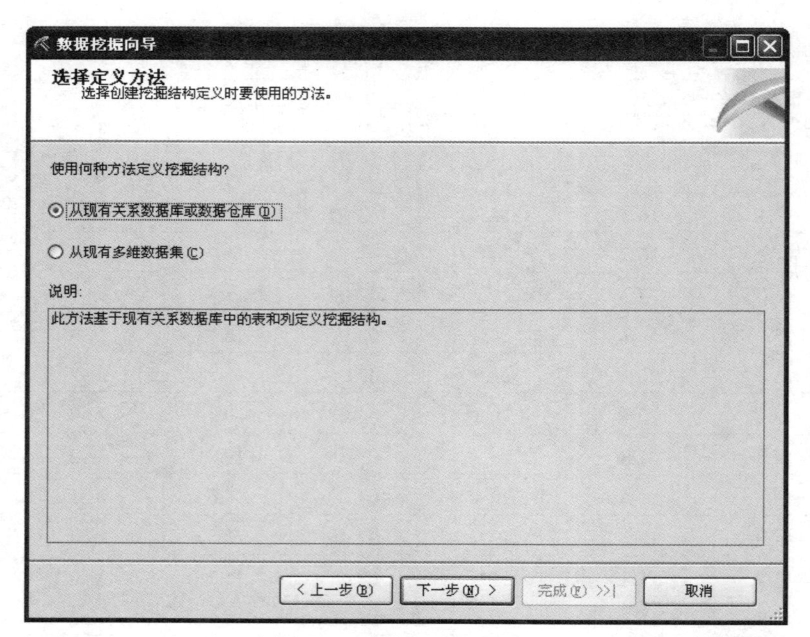

图 24-1 选择定义方法

STEP 02 选择“Microsoft 时序”，如图 24-2 所示。

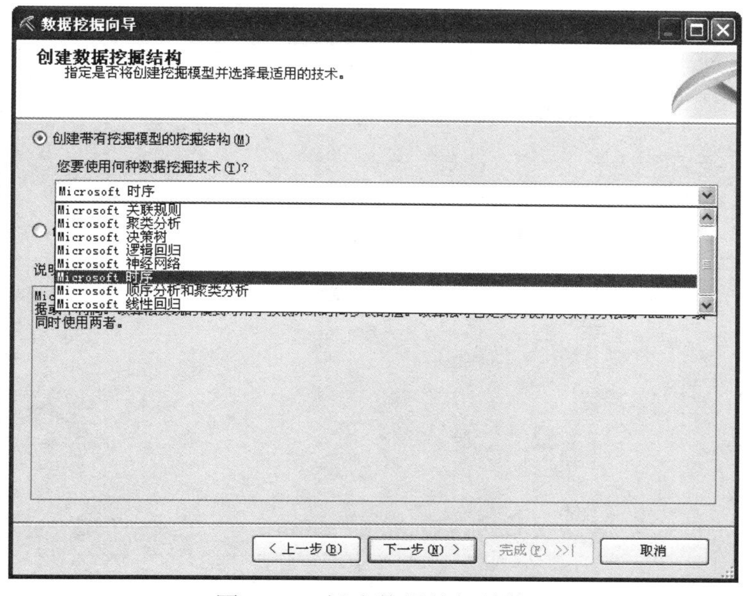

图 24-2　创建数据挖掘结构

STEP 03 确认数据库中的数据表，如图 24-3 所示。

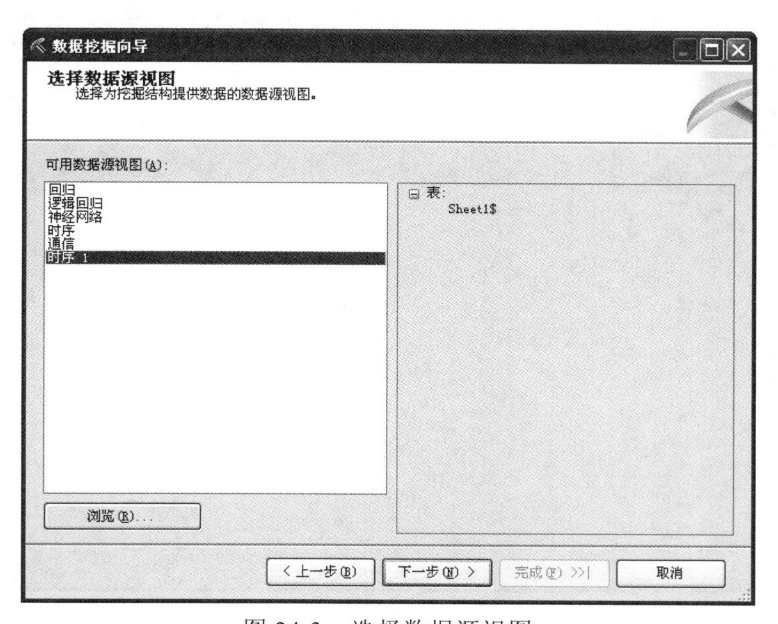

图 24-3　选择数据源视图

STEP 04 选择“Sheet1$”数据表进行分析，选中“事例”复选框，如图 24-4 所示。

STEP 05 选择变量，其中“供电量（十亿）”（值）为输入变量及预测变量，“月数据”为键。如图 24-5 所示。

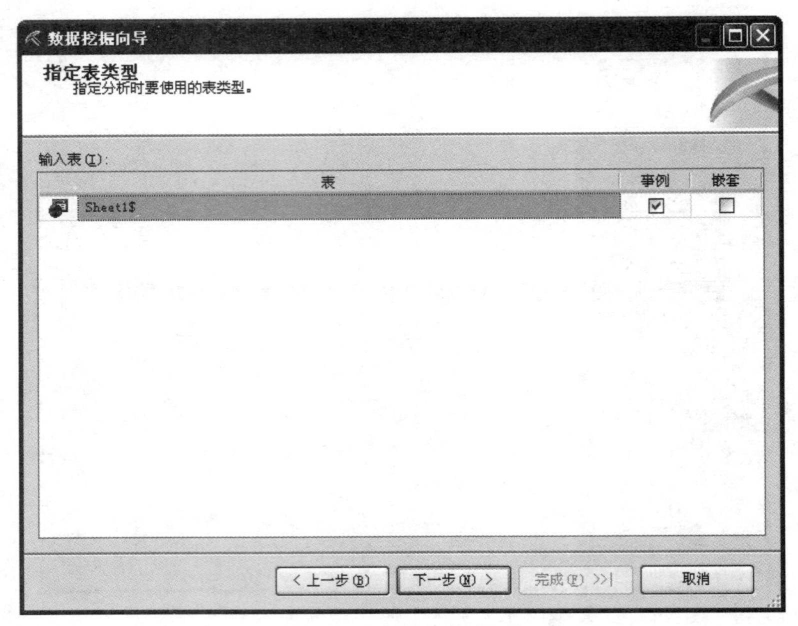

图 24-4 指定表类型

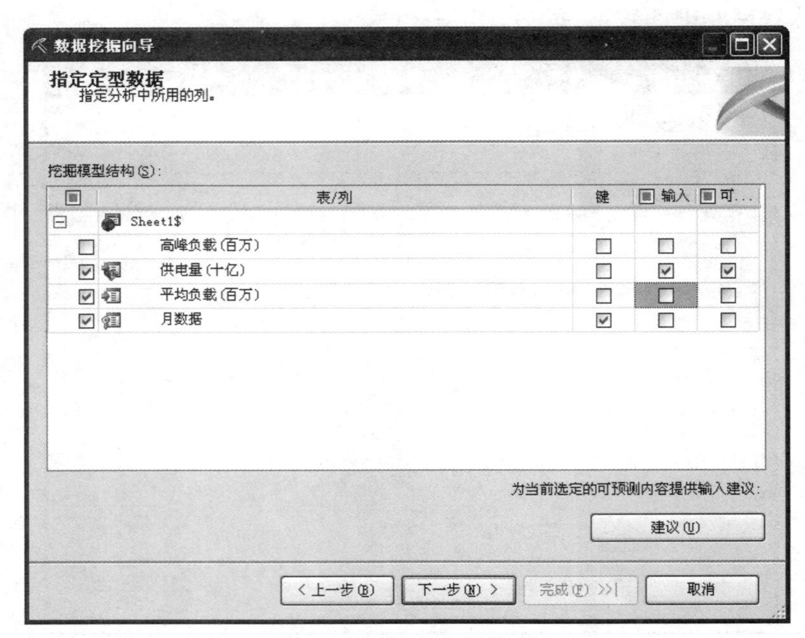

图 24-5 指定定型数据

STEP 06 确定输入变量的数据内容类型为 Continuous，数据类型为 Double，且须注意“月数据”变量的数据类型必须为 Date，如图 24-6 所示。

STEP 07 单击“数据模型查看器”选项卡，经过计算后生成挖掘图例，其中针对供电量所建立的时序预测模型以 2010/03/18 为分隔做出两个模型，如图 24-7 和图 24-8 所示。

供电量=27.999+0.166*供电量(-1)-0.859*供电量(-6)+0.062*供电量(-16)

供电量=21.599+0.306*供电量(-1)-0.666*供电量(-6)

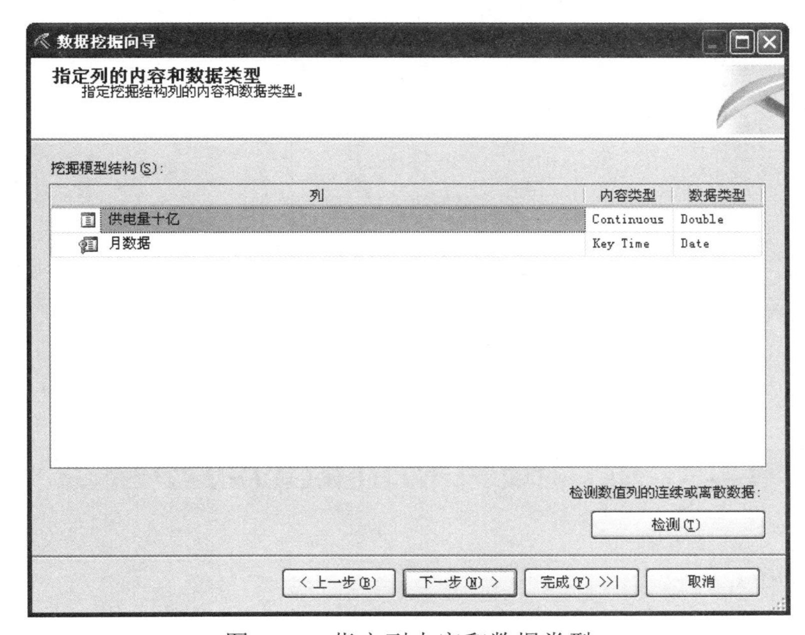

图 24-6　指定列内容和数据类型

STEP 08 再进一步绘制时序的预测图，其中包含预测的误差区间，其中范例点的预测值为 15.47，如图 24-9 所示。

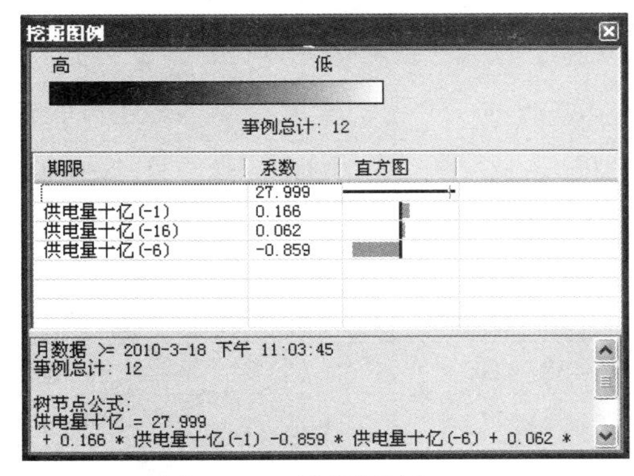

图 24-7　挖掘图例一

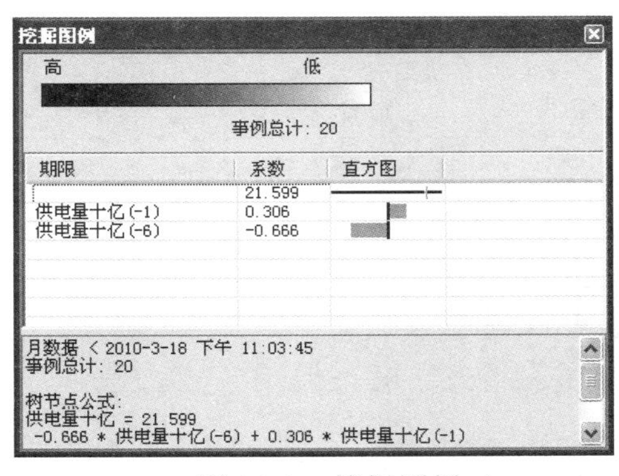

图 24-8　挖掘图例二

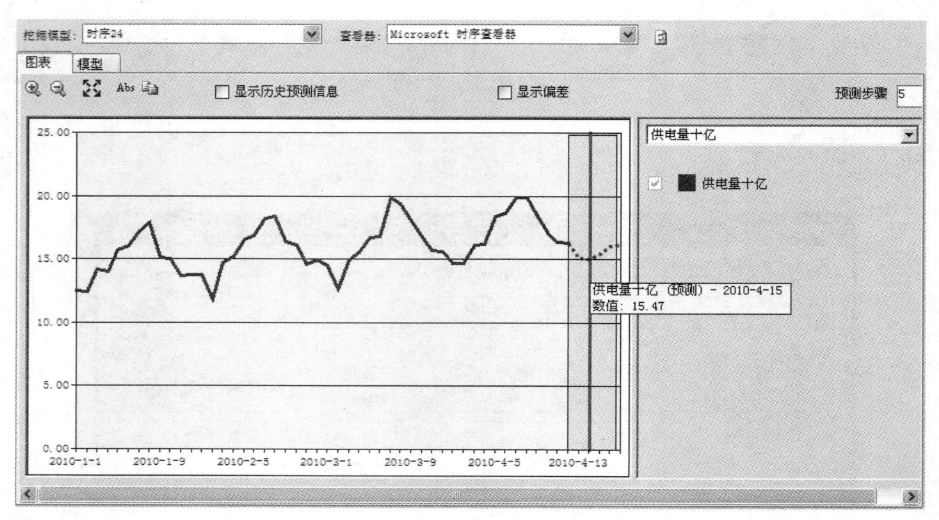

图 24-9　预测图

24-2　实例二：进出品货物价值的时序模型

一、实例说明

对外贸易一直是我国沿海地区赖以生存的主要经济来源，各项产品的出口，造就了我国沿海地区的经济繁荣。而近年来，随着亚洲各国的蓬勃发展，使得我国沿海地区的货物产品出口备受威胁。试以时序分析初步预测沿海地区未来的进出口货物价值，了解沿海地区未来进出口货物的成长趋势。表 24-2 所示为贸易进出口值月资料。

表 24-2　贸易进出口值月资料

年/月	出口净值	年/月	出口净值	年/月	出口净值
J-01	9,770,297	J-03	10,004,129	J-05	15,204,409
F-01	10,059,364	F-03	9,762,475	F-05	11,710,305
M-01	11,651,692	M-03	12,545,049	M-05	15,688,843
M-01	10,092,682	M-03	11,204,276	M-05	16,236,231
A-01	10,763,681	A-03	11,387,521	A-05	15,565,060
J-01	10,258,555	J-03	11,524,871	J-05	14,794,385
J-01	9,637,577	J-03	11,573,299	J-05	15,342,929
A-01	9,387,320	A-03	12,230,034	A-05	15,760,605
S-01	8,814,542	S-03	12,486,498	S-05	16,108,137
O-01	11,361,508	O-03	13,031,304		

续表

年/月	出口净值	年/月	出口净值	年/月	出口净值
N-01	10,125,128	N-03	13,721,673		
D-01	10,210,740	D-03	13,946,753		
J-02	9,618,634	J-04	11,757,015		
F-02	8,006,982	F-04	13,126,311		
M-02	11,384,222	M-04	14,680,472		
A-02	10,794,060	A-04	13,999,919		
M-02	10,977,782	M-04	15,600,759		
J-02	11,155,516	J-04	14,344,829		
J-02	11,073,997	J-04	14,586,165		
A-02	10,823,487	A-04	14,656,704		
S-02	11,192,312	S-04	14,871,186		
O-02	11,421,734	O-04	15,300,715		
N-02	11,850,322	N-04	15,423,418		
D-02	11,582,707	D-04	14,798,884		

数据来源：我国沿海地区海关

二、分析过程

STEP 01 选中数据呈现方式“从现有关系数据库或数据仓库”单选按钮，如图 24-10 所示。

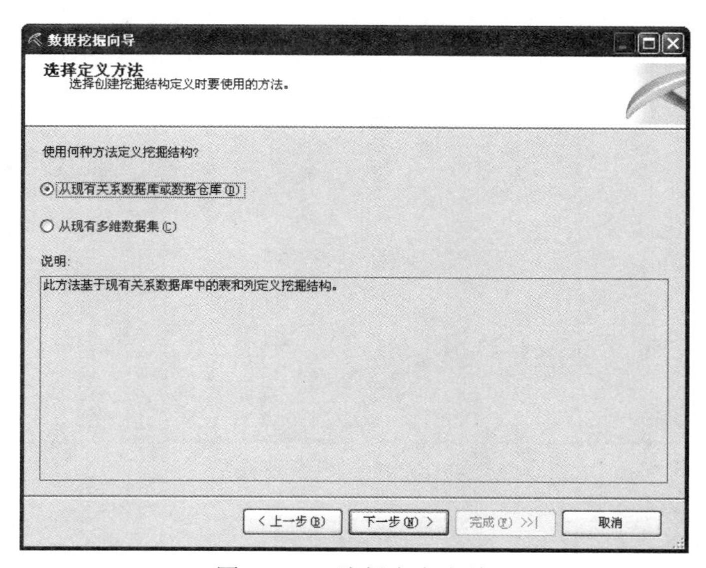

图 24-10 选择定义方法

STEP 02 选择“Microsoft 时序”，如图 24-11 所示。

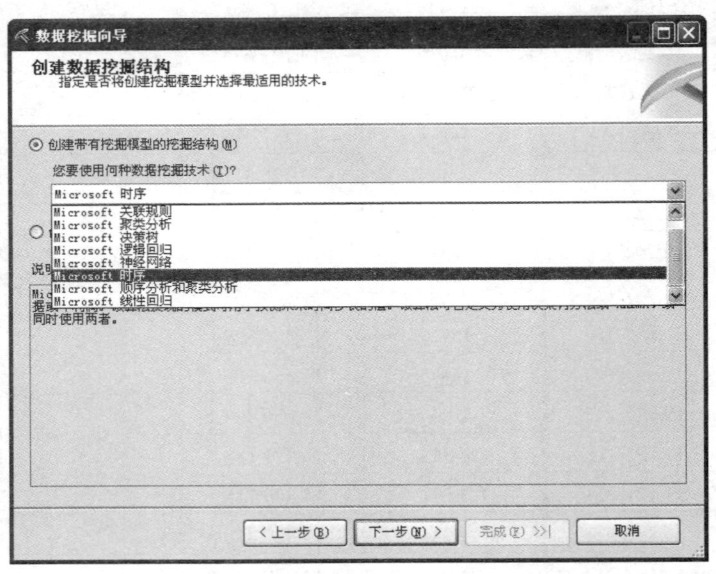

图 24-11 创建数据挖掘结构

STEP 03 确认数据库中的数据表，如图 24-12 所示。

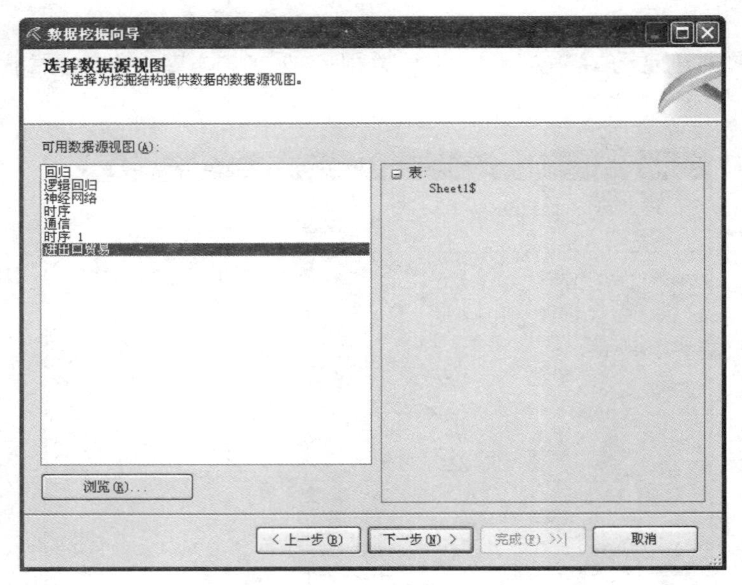

图 24-12 选择数据源视图

STEP 04 选择“Sheet1$”数据表进行分析，选中“事例”复选框，如图 24-13 所示。

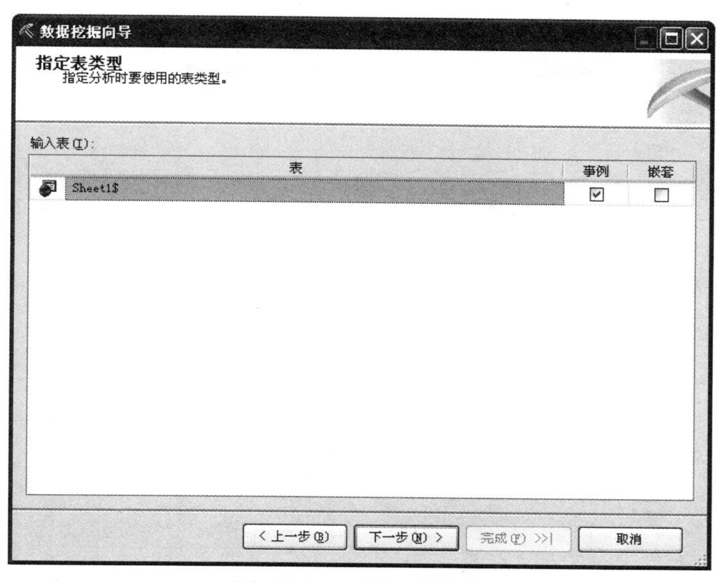

图 24-13　指定表类型

STEP 05 选择变量，其中“出口净值”为输入变量及预测变量，“年/月”为键，如图 24-14 所示。

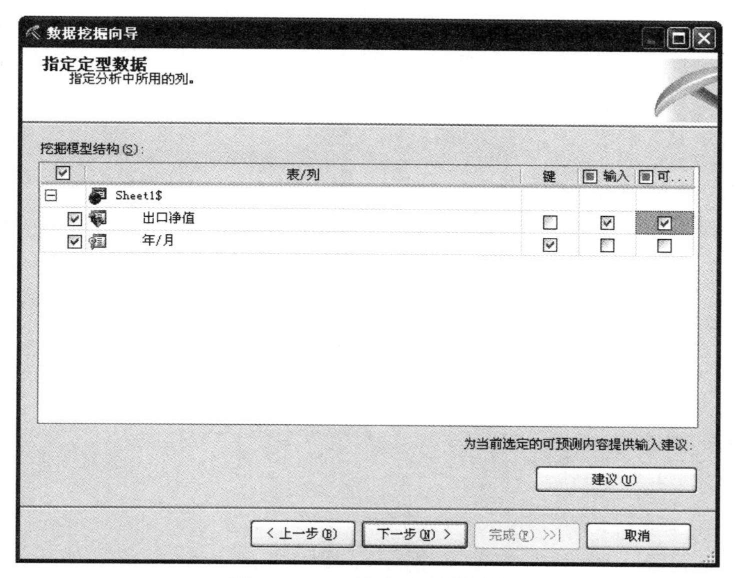

图 24-14　指定定型数据

STEP 06 确定预测变量的数据内容类型为 Continuous，数据类型为 Double，如图 24-15 所示。

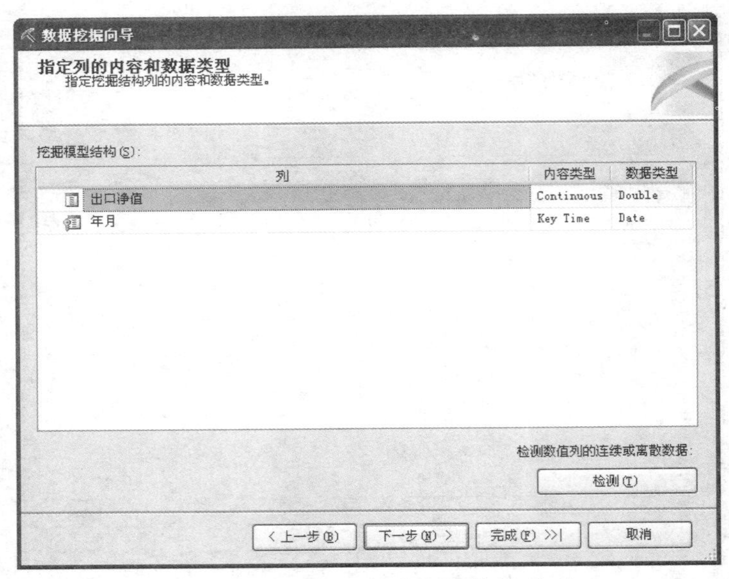

图 24-15　指定列的内容和数据类型

STEP 07 单击“挖掘模型查看器”选项卡，经过计算后生成挖掘图例，其中所建立的时序预测模型为：

出口净值 = 20614190.086 -0.392 * 出口净值(-1)，如图 24-16 所示。

出口净值 = 11498429.553 -0.028 * 出口净值(-1)，如图 24-17 所示。

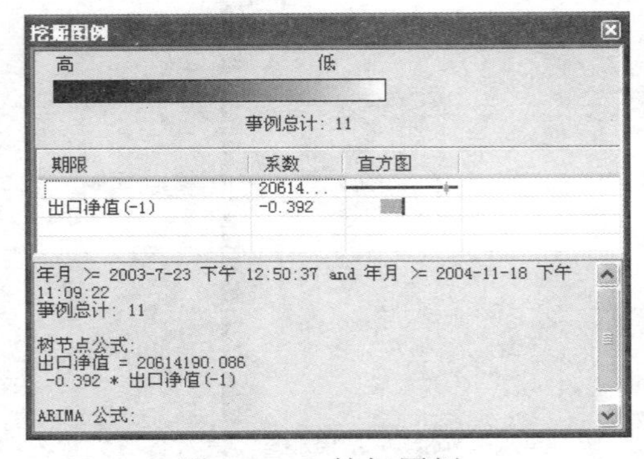

图 24-16　挖掘图例一

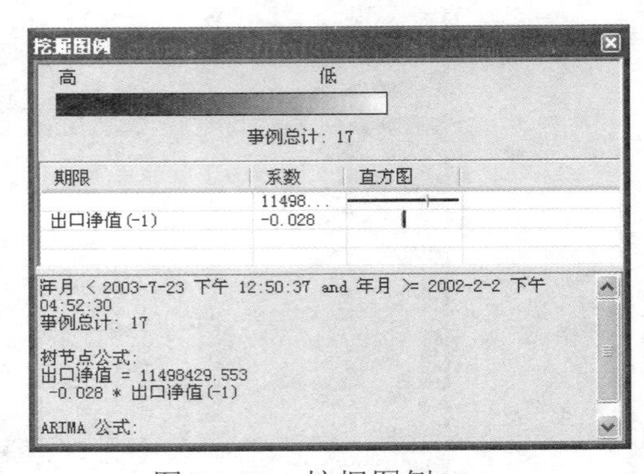

图 24-17　挖掘图例二

出口净值 = 12414637.446，如图 24-18 所示。

STEP 08 针对出口净值，绘制时序的预测图，其中范例点中，预测值为 12779465.97。

如图 24-19 所示，未来两年的出口净值持续上升，但是上升幅度趋缓，因此除提升产业的产能外，亦可以提升产业的形象，以提升出口总值。

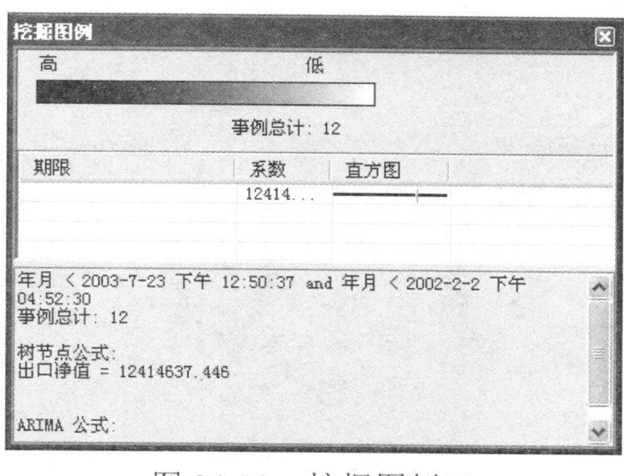

图 24-18　挖掘图例三

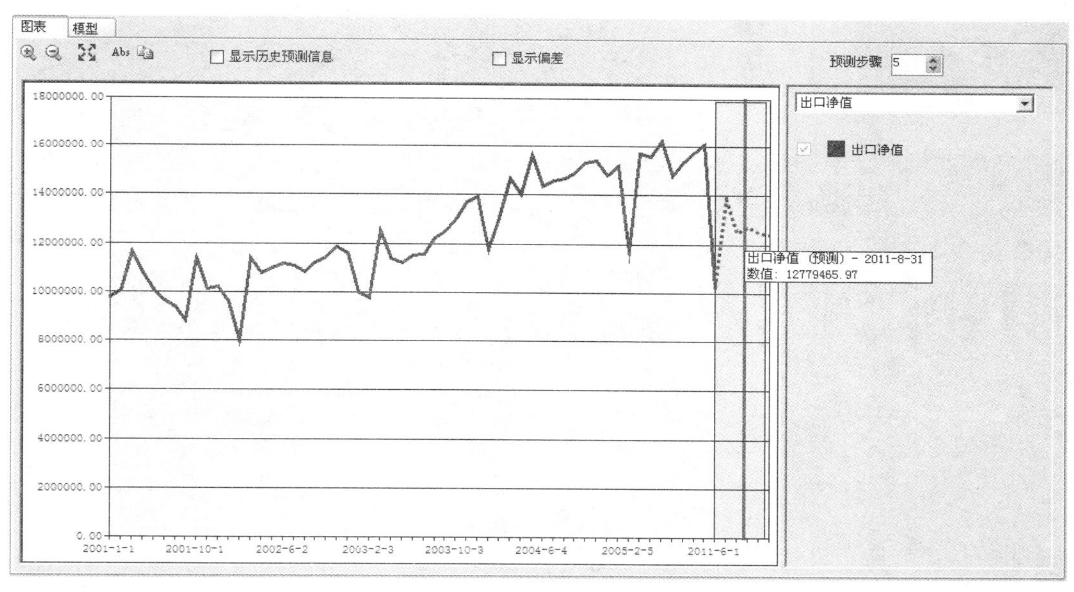

图 24-19　预测图

CHAPTER 25

如何评估数据挖掘模型

25-1 评估图节点 Evaluation Chart Node 介绍

评估图节点提供一个容易评估与对比预测模型的方法，让用户能选择最好的模型。评估图显示模型的预测结果。评估图首先将数据依据预测值与预测的可信度排序，将相同大小（分位数）的数据分组，然后将商业规则量化，从最高到最低。如按指定的特定值处理或指定准确度的范围。准确度常常指出一些成功的类型（如销售产品给客户）或是感兴趣的事情（如特定的医疗诊断）。

对话框中的选项可以定义准确度准则。或者，可以使用默认的准确度准则，如下所述：

- 标识（Flag）：输出字段比较简单明确；准确度的值为 true 值。
- 对于集合（Set）输出字段，集合的第一个值定义为准确度。
- 对于范围（Range）输出字段，准确度值大于等于字段范围的中间点。

评估图有五种类型，而每一种评估图的评估准则皆不同。

- 收益图（Gains Charts）

  收益是依据每一个模型在整体准确度比例上的定义。收益图会显示在使用每一个模型时，理论上增加的相关收益。收益计算：（在模型中的准确度值数/准确度值数的总数）× 100%。

- 提升图（Lift Charts，见图 25-1）

  提升是比较每一个模型的百分比与总体数据准确度的百分比。提升图会比较每一个模型的预测准确度。提升计算：（在模型中的准确度/在模型中的笔数）/（总准确度/总笔数）×100%。

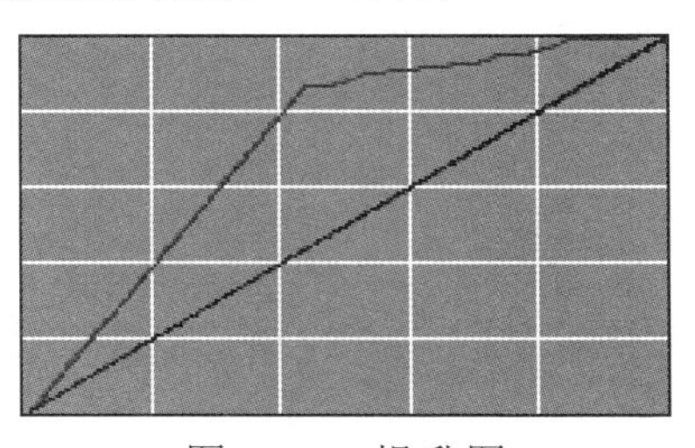

图 25-1　提升图

- 响应图（Response Charts）

  响应分析是看模型中的数据笔数的准确度。如给予某一个数量的顾客名单，有多少百分比的顾客会响应。响应分析计算：（在模型中的准确度/在模型中的笔数）×100%。

- 利润图（Profit Charts）

  利润就是每一笔收入减去成本。简易的利润模型是：模型中的每一笔利润的总和。可以在数据的字段中定义利润与成本。利润分析计算：（模型中每一笔收入的总和）–（模型中每一笔成本的总和）。

- 收益率图（ROI Charts）

  收益率类似于收入与成本之间的利润。收益率就像是模型中利润对成本的比较。收益率分析计算：（模型中的利润）/（模型中的成本）× 100%。

  评估图形也可以用累积式的，模型中值的每一个点相当于分位数加上所有更高的分位数。累积式的图形往往能够表现出较好的整体模型，而非累积式的图形则较能指出模型中特殊的问题区域。

- 评估图形的设置选择
  - 图形种类（Chart type）：Gains（收益图）、Response（响应图）、Lift（提升图）、Profit（利润图）、ROI（收益率图）。
  - 累积式的绘图（Cumulative plot）：选择建立累积式的图形。累积图形是以每一个分位数加上所有更高分位数所绘制的。
  - 包含基准线（Include baseline）：选择包含基准线在图形上，指出准确度的完全随机分布，信任度变成不适当（包含基准线不可用在利润图与收益率图上）。
  - 包含最佳线（Include best line）：选择包含最佳线在图形上，指出完全的信任（准确度=100%）。
  - 绘图（Plot）：从下拉列表中选择分位数的大小来绘图。选项包含：Quartiles（四分位）、Quintiles（五分位）、Deciles（十分位）、Vingtiles（二十一分位）、Percentiles（百分位）、1000-tiles（千分位）。
  - 图示（Style）：选择以线或点为图形样式。从下拉列表中指定以点为图形样式。选项包括：Dot（小圆点）、Rectangle（矩形）、Plus（加号）、Triangle（三角）、Hexagon（六角）、Horizontal dash（水平破折号）、Vertical dash（垂直破折号）。
- 针对利润图与收益率图，允许额外指定成本、收入与权重。
  - 成本（Costs）：对每笔数据指定相关的成本。可以选择固定成本或是变动成本。在固定成本部分，指定成本的值。在变动成本部分，单击字段选择按钮设定其成本字段。
  - 收入（Revenue）：对每笔相当于准确度的数据指定相关的收入。可以选择固定收入或是变动收入，并且可以设定固定收入与变动收入的字段。
  - 权重（Weight）：若该笔数据以多于一个单位呈现，可以使用次数权重来调整结果。使用固定权重或是变动权重来对每笔数据设定相关的权重。在固定权重部分，指定权重的值（每笔数据的单位数）。在变动权重部分，单击字段选择按钮设定其权重字段。
- 模型评估的判读结果

除了一些普通的特性以外，评估图的解释依据图形类型的某些范围。对于累积式的图形，在图形的左边，用明显标示指出较好的模型。在许多事例中，当有多个模型比较时其线条会交叉，所以在模块图中有一条线会高于其中一条线，其他的线又会高于其他不同的线。当决定选择哪一个模型时，需要考虑要什么的样本部分（在 x 轴上定义的点）。

大部分非累积式的图形都非常类似。对于好的模型，非累积式的图形应该为左高右低的图形（若非累积式的图形显示锯齿的模式，可以用降低分位次数的方式将它平滑移去再重新执行图形）。降低图的左边或是定住右边可以指出模型预测不足的区域。平线横跨整个图意味模型没有提供信息。

➤ 收益图（Gains charts）

  累积式的收益图形是由左到右，从 0%～100%依次呈现。一个好的模块，收益图会向 100%的方向陡升然后再持平地结束。若模块没有提供任何信息时，会从左下方到右上方呈现一个对角线（包含被选择的基准线也会显示在图形中）。

➤ 提升图（Lift charts）

  累积式的收益图形趋势是由左到右，从 1.0 以上逐渐下降到接近 1.0 依次呈现。图形的右边缘呈现全部的数据集，所以在累积式分位数中的准确度比例到数据的准确度是 1.0。一个好的模型，提升应该在左边 1.0 要有好的起点，剩下的向右边的高原上移动，然后在图形的右边向 1.0 迅速减弱。若模块没有提供任何信息，整个图的线条会徘徊在 1.0 之间（包含被选择的基准线，显示在 1.0 的并行线仅作参考）。

➤ 响应图（Response charts）

  累积式的响应图形趋势非常类似累积提升，除了图形的缩放之外。响应图经常从接近 100%开始，然后逐渐下降到接近整体数据的响应比率（total hits / total records）直到图形右边的边缘上。一个好的模型，图形线会从左边的 100%或是接近 100%开始，剩下的向右边的高原上移动，然后在图形的右边向整体响应比率迅速减弱。若模块没有提供任何信息，整个图的线条会徘徊在整体响应比率之间（包含被选择的基准线，显示在整体响应比率的垂直线仅作参考）。

➤ 利润图（Profit charts）

  累积式的利润图形是依据从左移到右所增加的样本大小显示的利润总和。利润图经常从接近 0 开始，然后向右平稳的增加，在中间点位置达到最高峰，然后再向右下降到图的右边缘。一个好的模型，会在图的中间点某处高峰清楚地显示利润。若模块没有提供任何信息，图形线条可能会是递增的直线、递减的直线或是水平的直线，完全依据所提供的成本/收入结构而定。

- 收益率图（ROI charts）

  累积式的收益率图形趋势非常类似响应图与提升图，除了图形的缩放之外。收益率图经常从 0 以上开始，然后逐渐下降到接近整体收益率的所有数据集（可以是负数的）。一个好的模型，图形线会从 0%开始，剩下的向右边的高原上移动，然后在图形的右边向整体收益率迅速减弱。

  若模块没有提供任何信息，图形线条会徘徊在整体收益率值之间。

使用评估图形

使用鼠标来探索评估图，类似于使用直方图或是图表。

X 轴代表模型横轴指定的分位数值标记，像是二十一分位或十分位。可以用鼠标单击将 X 轴分割成几个区段，或是用分割显示图选择自动将 X 轴分割成相等区段。可以手动编辑图形区段的边界。更详细的信息请参阅 Editing Graph Bands。

一、使用区段产生反馈

要是有一个定义的区段，可以有很多的方法更深一层探索图形。依照以下方式在图形窗口中使用鼠标来产生反馈。

- 在区段上方徘徊以提供特殊点的信息。
- 在区段内右击来检验区段的范围，以及在窗口底部下方有个回馈框可供读取。
- 在区段内右击弹出快捷菜单，如产生节点处理。
- 在区段内右击可以重新命名区段。默认的区段名称为 bandN，其中 N 是 X 轴从左到右的区段数字。
- 在区段的线上右击来删除该区段。

二、产生节点

当建立一个评估图形时，要定义区段及检查结果，可以在菜单上使用相关菜单的选项，将节点自动建立在图上。依据包含特殊区段范围的值在内，产生一个节点来指出模型的准确度。

25-2 在 SQL Server 中如何评估模型

在 SQL Server 里，可以使用 Mining Accuracy Chart 来评估模型的好坏，可使用的图形有提升图（Lift Chart）、利润图（Profit Chart）、分类矩阵（Classification Matrix）、离散图等。

- 提升图：横轴为名单百分比，纵轴为预测正确的百分比。
- 利润图：根据成本以及销售成功利润，计算出累积利润图。
- 分类矩阵：横轴为预测结果，纵轴为实际结果。
- 离散图：针对连续变量，可以利用此功能了解实际值与预测值间的差异性以及预测的趋势变动情形。

从交叉矩阵看

横轴为预测结果，纵轴为实际结果。用来比较各类预测正确与错误的组合，如图 25-2 所示。

预测	1(实际)	2(实际)	3(实际)	4(实际)
1	14	6	1	0
2	1	0	0	0
3	0	3	3	2
4	3	0	4	8

图 25-2　比较预测

提升图，有三种不同的呈现方式

第一，当选择一个离散型的目标变量并指定一个目标值，则会得到标准的提升图，包含一条理想的预测正确曲线、一条随机猜测会得到的正确曲线，以及一条通过模型预测后可得到的正确曲线，如图 25-3 所示。

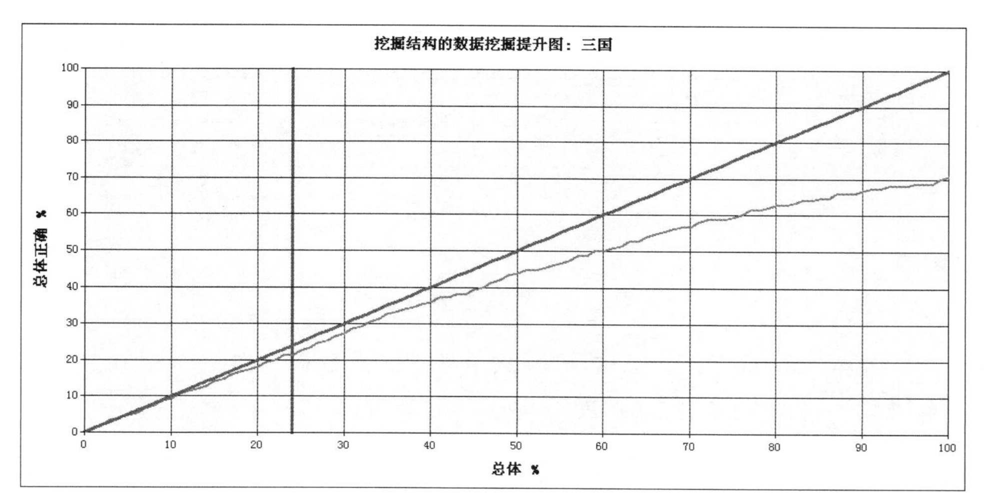

图 25-3　数据挖掘提升图

第二，当选择连续型变量，则会得到离散图，比较每一事例实际值与预测值的差异，如图 25-4 所示。

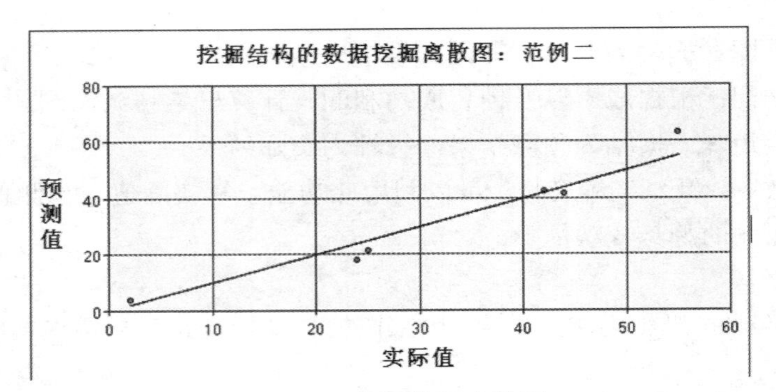

图 25-4 数据挖掘离散图

- 利润图，可加入要用多少样本来画利润图、固定成本、个别成本、个别收益等信息，对于公司而言可得到更佳的商业信息，如图 25-5 所示。

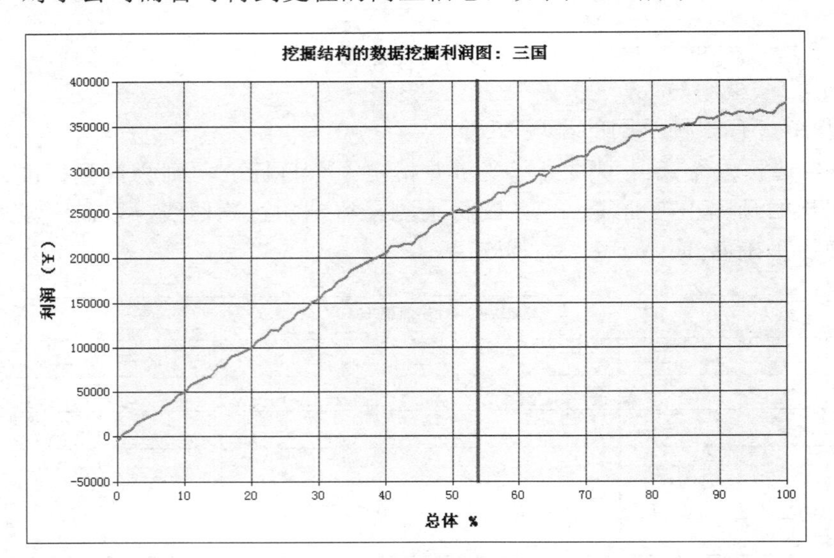

图 25-5 数据挖掘利润图

- 分类矩阵，从中可看出通过模型预测后正确的次数有多少，矩阵中的列代表模型的预测值，行代表实际值，如图 25-6 所示。

预测	1(实际)	2(实际)	3(实际)	4(实际)
1	14	6	1	0
2	1	0	0	0
3	0	3	3	2
4	3	0	4	8

图 25-6 分类矩阵

- 在进行模型效益评估前必须先选择数据表，并在模型中勾选要进行评估比较的模型，如图 25-7 所示。

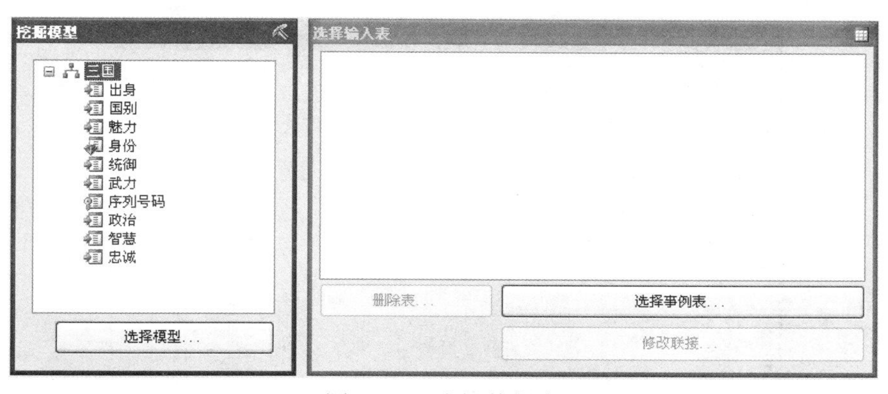

图 25-7　选择数据表

➤ 单击“选择事例表”按钮，弹出“选择表”窗口后，选择“三国$(dbo)”，如图 25-8 所示。

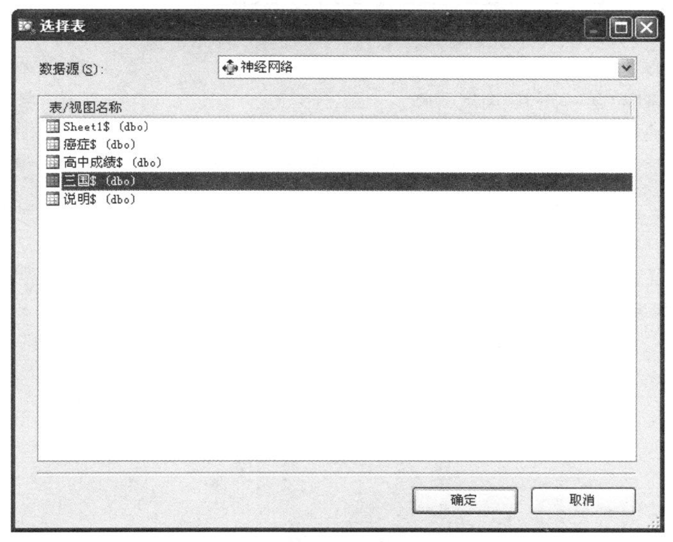

图 25-8　选择表

➤ 然后勾选需要对比的模型，如图 25-9 所示。

- 分类矩阵：比较神经网络与逻辑模型，由神经模型发现，预测正确的笔数有 9+4+7+6=26；而逻辑分析模型的正确预测数据为 10+5+8+6=29，也可看出逻辑分类结果较神经分类结果好，如图 25-10 所示。
- 提升图：主要展现在整体的百分比上所累积的效益状况。
从挖掘图例中了解各模型的收益状况与预测几率值，如图 25-11 所示。

图 25-9 输入选择

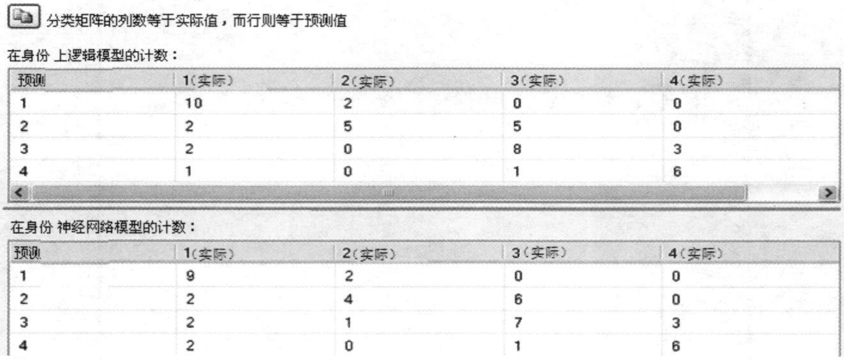

分类矩阵的列数等于实际值，而行则等于预测值

在身份 上逻辑模型的计数：

预测	1(实际)	2(实际)	3(实际)	4(实际)
1	10	2	0	0
2	2	5	5	0
3	2	0	8	3
4	1	0	1	6

在身份 神经网络模型的计数：

预测	1(实际)	2(实际)	3(实际)	4(实际)
1	9	2	0	0
2	2	4	6	0
3	2	1	7	3
4	2	0	1	6

图 25-10 分类矩阵

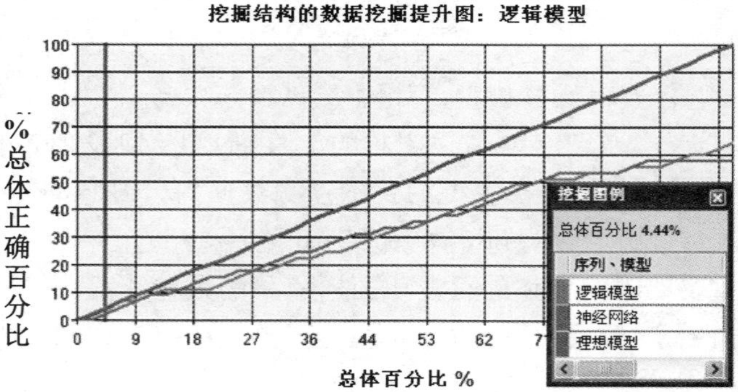

挖掘结构的数据挖掘提升图：逻辑模型

100
90
80
70
60
50
40
30
20
10
0
%总体正确百分比
0 9 18 27 36 44 53 62 7
总体百分比 %
挖掘图例
总体百分比 4.44%
序列、模型
逻辑模型
神经网络
理想模型

图 25-11 数据挖掘提升图

➤ 收益图：可根据所设定的固定成本、单位成本以及单位营收加以计算，找出最佳获利点。

分别从挖掘图例中了解各模型的收益状况与预测几率值，如图 25-12 所示。

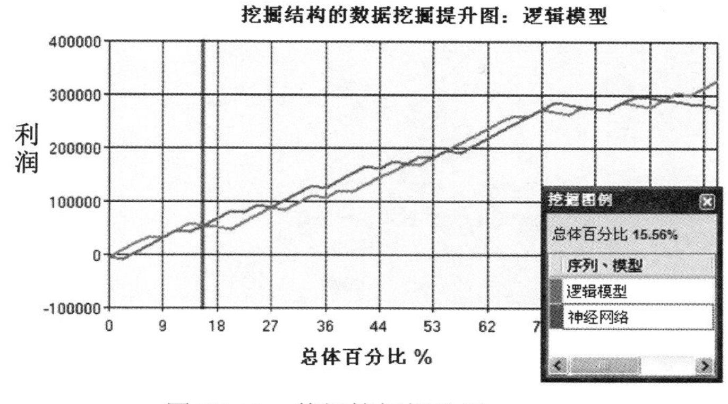

图 25-12　数据挖掘提升图

➤ 离散图：了解各模型的预测值、预测趋势以及实际值，如图 25-13 所示。

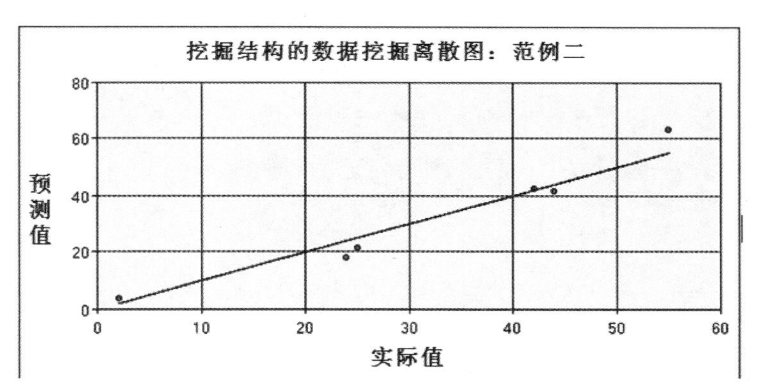

图 25-13　数据挖掘离散图

25-3　规则度量：支持度与可信度

范例一

先举个例子来简单说明：

假设已分析出同时购买尿布与啤酒的客户几率，那么如何去测定其支持度与可信度，如图 25-14 所示。

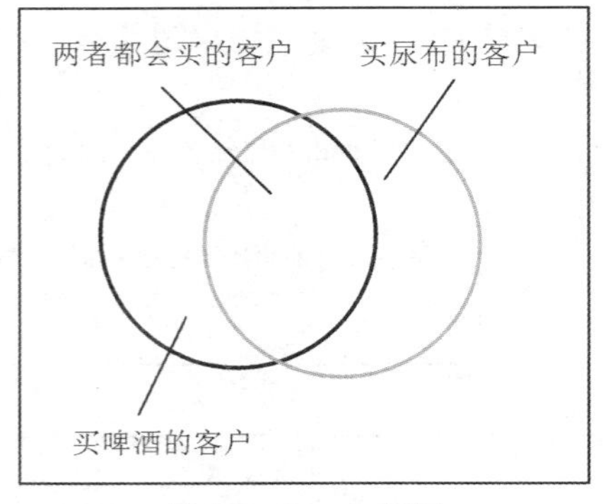
两者都会买的客户
买尿布的客户
买啤酒的客户

图 25-14 文氏图

范例二

当买衬衫的消费者有 70%的人会再买领带；我们发现这种现象在所有的购买行为中占 13.5%，如图 25-15 所示。

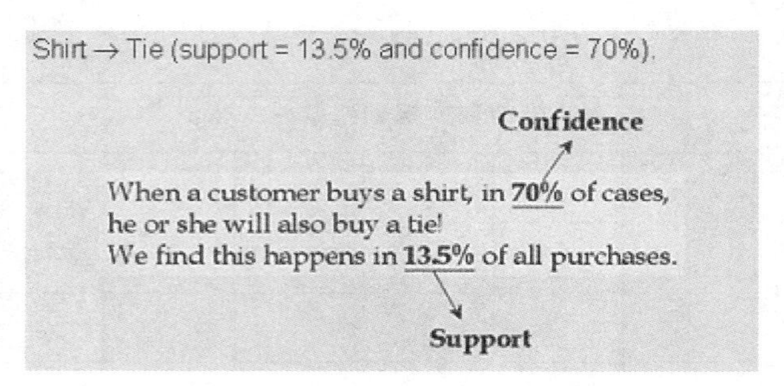
Shirt → Tie (support = 13.5% and confidence = 70%).
Confidence
When a customer buys a shirt, in 70% of cases,
he or she will also buy a tie!
We find this happens in 13.5% of all purchases.
Support

图 25-15 购买行为

- 支持度与可信度（Support and Confidence）规则解释，如图 25-16 所示。

交易ID	购买商品
2000	A,B,C
1000	A,C
4000	A,D
5000	B,E,F

最小值尺度 50%
最小可信度 50%

频繁项集	支持度
{A}	75%
{B}	50%
{C}	50%
{A,C}	50%

图 25-16 支持度

先查找所有的规则 X & Y⇒Z 具有最小支持度和可信度。

- 支持度 S：一次交易中包含{X，Y，Z}的可能性。
- 可信度 C：包含{X，Y}的交易中也包含 Z 的条件概率。

- 最小支持度与可信度（Minimum Support and Confidence）

设最小支持度为 50%，最小可信度为 50%，则可得到

- A⇒C(50%, 66.6%)　单一维度
- C⇒A(50%, 100%)

对于 A ⇒ C：

支持度 support = support({A，C}) = 50%

可信度 confidence = support({A，C})/support({A}) = 66.6%

25-4　结论

前面举了几个例子，可以发现，要评估数据挖掘模型的好坏，并不是单纯从数据上来说话，而是需要相关的知识。数据挖掘技术在很多领域都是一个很好的分析工具，但是在使用这些工具之前，用户必须具备相当程度的领域知识，这样才可以将分析工具得出的结果好好地加以解释，进而变成有用的信息，为决策者提供重要信息。

现在是信息量非常庞大的时代，数据挖掘分析工具能够将所搜集到的信息加以分析并找出 Pattern，让用户能够从杂乱无章的数据中迅速找到需要的信息。而知道如何从大数据、巨量数据中找出 Pattern 的人，将会是接下来十年中炙手可热的人才！